高等学校电子信息类专业"十三五"规划教材

嵌入式系统原理与开发

（第三版）

主编　夏靖波　陈雅蓉

参编　胡健生　王　航

西安电子科技大学出版社

内 容 简 介

本书全面介绍了嵌入式系统基本技术和开发方法，根据嵌入式系统的结构体系，从基本概念出发，分层次介绍了嵌入式系统的设计原理，并保持了各层次之间的相关性。嵌入式系统从结构上可划分为嵌入式处理器、嵌入式外围硬件、设备驱动、实时操作系统和嵌入式应用程序五个层次。本书在阐述每个层次原理的基础上，基于 ARM 处理器和 μC/OS-Ⅱ操作系统平台，完整地分析了嵌入式系统开发所涉及的基本技术方法、开发工具、调试原理与方法，并给出了相应的应用实例。

本书结构合理，内容系统、全面，可作为高等院校计算机网络工程、电子工程、自动化控制等相关专业本科生或研究生的教材，也可作为从事嵌入式系统开发的工程技术人员的参考书。

图书在版编目(CIP)数据

嵌入式系统原理与开发/夏靖波，陈雅蓉主编. —3 版. —西安：西安电子科技大学出版社，2017.8
ISBN 978-7-5606-4517-9

Ⅰ. ①嵌…　Ⅱ. ①夏…　②陈…　Ⅲ. ①微型计算机—系统设计　Ⅳ. ①TP360.21

中国版本图书馆 CIP 数据核字(2017)第 150645 号

策　　划	云立实
责任编辑	买永莲
出版发行	西安电子科技大学出版社(西安市太白南路 2 号)
电　　话	(029)88242885　88201467　　　邮　编　710071
网　　址	www.xduph.com　　　　　电子邮箱　xdupfxb001@163.com
经　　销	新华书店
印刷单位	陕西利达印务有限责任公司
版　　次	2017 年 8 月第 1 版　2017 年 8 月第 1 次印刷
开　　本	787 毫米×1092 毫米　1/16　印 张 20.75
字　　数	493 千字
印　　数	17 001～20 000 册
定　　价	42.00 元

ISBN　978 - 7 - 5606 - 4517 - 9/TP

XDUP 4809003-7

前　言

　　《嵌入式系统原理与设计(第一版)》自 2006 年出版以来，已被国内 30 余所高等院校相关专业选为授课教材。与该书配套开发的网络课程在第十三届全国多媒体教育软件大奖赛中，获得高等教育组网络课程一等奖。2010 年，编者对第一版进行了修订，更新了部分内容，推出了该书的第二版，受到读者的广泛欢迎。

　　近年来随着微电子、通信和网络等技术的迅猛发展，嵌入式技术不断更新，各类产品功能日趋强大，应用范围更加广泛。因此，我们在第二版的基础上，结合长期工程实践和教学活动经验，增加了嵌入式技术的最新发展动态，更新了部分数据，扩展了部分技术原理及应用实例，同时删减了一些陈旧内容。具体如下：更新了 ARM 处理相关的统计数据，增加了对 ARM 处理器总线架构和 Cortex 系列产品的介绍；对硬件接口电路及应用实例进行了完善，增加了 SD 卡电路设计与实例、LCD 控制原理、IIS 控制原理与应用实例以及 Wi-Fi 技术等相关内容；添加了基于 ARM11 和 FPGA 的图像采集处理系统应用实例；对嵌入式系统设计流程和方法等内容进行了完善，删除了第一、二版中关于系统设计形式和方法等理论知识的介绍，增加了电子器件封装、硬件开发与软件开发常用工具的介绍。

　　通过上述几个方面的修改和完善，新版本紧跟当前嵌入式技术的最新发展趋势，内容上覆盖了嵌入式系统中常用接口技术和典型应用实例，更加贴近工程实践。

编　者
2017 年 4 月

目　　录

第 1 章　嵌入式系统概述

1.1　嵌入式系统的产生和发展

嵌入式系统起源于微型计算机时代。20 世纪 70 年代，微处理器的出现使得计算机发生了历史性的变化，以微处理器为核心的微型计算机走出机房，深入到千家万户。这一时期被人们称为 PC 时代。

由微型机不断增强的计算能力所表现出来的智能化水平，人们首先想到的就是将其用于自动控制领域中，例如给微机配置相应的外围接口电路后用于实现对电厂发电机的状态监测与工作控制。在更多的场合下，人们还将计算机嵌入到对象体系中，实现对象体系的智能化控制，例如飞机、舰船的自动驾驶，洗衣过程的自动化，汽车的自动点火、自动刹车等。在如此众多的应用背景下，这类计算机便逐渐失去了原来的形态和通用的计算功能，从而成为一种嵌入到对象体系中，实现对象体系智能化控制的计算机，我们称之为嵌入式计算机系统，简称嵌入式系统。

分析嵌入式计算机系统的产生背景，可以发现它与通用计算机系统有着完全不同的技术要求和技术发展方向。通用计算机系统要求的是高速、海量的数值运算，在技术发展方向上追求总线速度的不断提升、存储容量的不断扩大。而嵌入式计算机系统要求的是对象体系的智能化控制能力，在技术发展方向上追求针对特定对象系统的嵌入性、专用性和智能化。这种技术发展的分歧导致 20 世纪末计算机进入了通用计算机系统和嵌入式计算机系统两大分支并行发展的时期。这一时期被人们称为后 PC 时代。

嵌入式系统能够走上独立发展道路的一个重要的技术支撑来源于现代微电子技术的发展。在大多数应用背景下，微型机的体积、价格、可靠性都无法满足对象体系的嵌入式要求。在这种情况下，人们需要将计算机系统全部或部分地集成到一个芯片中，实现计算机的芯片化，这就是通常所说的单片机。世界上最早的单片机是 1976 年 Intel 公司开发的8048，几年后 Intel 公司又在它的基础上开发出了著名的 8051，同时期的还有 Motorola 公司的 68HC05、Zilog 公司的 Z80 等。Philips 公司又进一步将 MCS-51 发展成为 MCU(Micro Controller Unit，微控制器)。单片机一般都集成了 8/16 位微处理器、RAM、ROM、串口、并口、定时器、ADC/DAC、看门狗、PWM 定时器、中断控制器等。用户在单片机的外围增加若干接口电路、设计相应的控制程序就可以实现多种应用。单片机被广泛用于消费电子、医疗电子、智能控制、通信、仪器仪表、工业控制、安全报警、交通管理等各领域。

根据应用的需求，单片机的发展方向主要有两个：一个是提升 CPU 的性能，如提高微处理器的运行速度、降低芯片的功耗等；另一个是扩充各种功能，把各种不同的外围设备继续向芯片内部集成，并与成本相结合，衍生出面向不同应用的各种型号。单片机发展的结果被称为 MCU，通常根据微处理器的字长划分成 8 位、16 位、32 位、64 位机。

在嵌入式系统应用领域不断发展的过程中，伴随着大量需要进行数字信号处理的应用，如数字音频处理、数字图像处理、信号变换、数字滤波、谱分析等。数字信号处理(Digital Signal Processing，DSP)在 20 世纪 60～70 年代主要处于理论研究阶段。进入 80 年代，随着微电子技术的发展，出现了 DSP 器件，这些器件的出现使得各种 DSP 的算法得以实现，使 DSP 从仅限于理论研究进而推广到实际应用。1983 年，美国 TI 公司推出 TMS320 系列的第一个产品，标志着实时数字信号处理领域的重大突破。DSP 技术的迅速发展，使其应用范围拓展到通信、控制、计算机等领域。

20 世纪 80 年代后，嵌入式系统的另一个发展则得益于软件技术的进步，这些进步一方面体现在编程语言上，另一方面体现在实时操作系统的使用上。在微处理器出现的初期，为了保障嵌入式软件的空间和时间效率，只能使用汇编语言进行编程。随着微电子技术的进步，系统对软件时空效率的要求不再苛刻，从而使得嵌入式软件可以使用 C 语言等高级语言。高级编程语言的使用提高了软件的生产效率，保障了软件的可重用性，缩短了软件的开发周期。另外，嵌入式系统大多是实时系统，对于复杂的嵌入式系统而言，除了需要高级语言开发工具外，还需要嵌入式实时操作系统的支持。20 世纪 80 年代初，一些软件公司开始推出商业嵌入式实时操作系统和各种开发工具，相关的操作系统有 Ready System 公司的 VRTX 和 XRAY、Integrated System Incorporation(ISI)的 pSOS 和 PRISM+、WindRiver 公司的 VxWorks 和 Tornado、QNX 公司的 QNX 等。这些嵌入式实时操作系统都具有强实时、可裁剪、可配置、可扩充、可移植的特点，并且支持主流的嵌入式微处理器。开发工具则有各种面向软、硬件开发的工具，如硬件仿真器、源码级的交叉调试器等。在这些软件的支持下，嵌入式软件工程师开始使用操作系统来开发自己的软件。嵌入式操作系统的出现和推广带来的最大好处就是可以使嵌入式产业走向协同开发和规模化发展的道路，从而促使嵌入式应用拓展到更加广阔的领域。

嵌入式系统的全面发展是从 20 世纪 90 年代开始的，主要被分布式控制、数字化通信、信息家电、网络等应用需求所牵引。现在，人们可以随处发现嵌入式系统的应用，如智能手机、MP4 播放器、数码相机、机顶盒、路由器、交换机等。嵌入式系统在软、硬件技术方面迅速发展：首先，面向不同应用领域、功能更加强大、集成度更高、种类繁多、价格低廉、低功耗的 32 位微处理器逐渐占领统治地位，DSP 器件向高速、高精度、低功耗发展，而且可以和其他的嵌入式微处理器相集成；其次，随着微处理器性能的提高，嵌入式软件的规模呈指数型增长，嵌入式应用具备了更加复杂和高度智能化的功能，软件在系统中的重要程度越来越高，嵌入式操作系统在嵌入式软件中的使用越来越多，所占的比例逐渐提高，同时，嵌入式操作系统的功能不断丰富，在内核基础上发展成为包括图形接口、文件、网络、嵌入式 Java、嵌入式 CORBA、分布式处理等完备功能的集合；最后，嵌入式开发工具更加丰富，已经覆盖了嵌入式系统开发过程的各个阶段，现在主要向着集成开发环境和友好人机界面等方向发展。

如今，嵌入式系统已经无处不在，在应用数量上已远超通用计算机，据相关机构统计，2012 年全球嵌入式软件的销售规模已经达到了 500 亿美元，而嵌入式体系产品的产值达到了 6000 亿美元。2004 年～2011 年，全球嵌入式系统市场的收入规模比 2011 年增长了 30.1%；2015 年，全球智能系统的设备量则达到了 150 亿之巨。

1.2　嵌入式系统的概念

1.2.1　嵌入式系统的定义

嵌入式计算系统简称为嵌入式系统。那么究竟什么是嵌入式系统呢？

在 Wayne Wolf 所著的一本有关嵌入式系统设计的教科书《嵌入式计算系统设计原理》中这样定义："不严格地说：它是任意包含一个可编程计算机的设备，但这个设备不是作为通用计算机而设计的。因此，一台个人电脑并不能被称为嵌入式计算系统，尽管个人电脑经常被用于搭建嵌入式计算系统。"

IEEE(国际电气和电子工程师协会)的定义是："Device used to control, monitor, or assist the operation of equipment, machinery or plants"。

微机学会的定义是："嵌入式系统是以嵌入式应用为目的的计算机系统"，并将其分为系统级、板级、片级。系统级包括各类工控器、PC104 模块等；板级包括各类带 CPU 的主板和 OEM 产品；片级包括各种以单片机、DSP、微处理器为核心的产品。

目前被大多数人接受的一般性定义是："嵌入式系统是以应用为中心，以计算机技术为基础，软、硬件可裁剪，适应应用系统对功能、可靠性、成本、体积和功耗等严格要求的专用计算机系统。"

由于嵌入式系统的概念从外延上很难统一，其应用形式多种多样，因此定义嵌入式系统非常困难。不过，通过分析上述定义后不难发现，从嵌入式系统概念的内涵上讲，它的共性是一种软、硬件紧密结合的专用计算机系统。通常我们所说的嵌入式系统，硬件以嵌入式微处理器为核心，集成存储系统和各种专用输入/输出设备；软件包含系统启动程序、驱动程序、嵌入式操作系统、应用程序等，将这些软件有机结合，便可构成特定系统的一体化软件。这种专用计算机系统必然在可靠性、实时性、功耗、可裁剪性等方面具有一系列特点。如果我们关注一下嵌入式系统的特性，也许能够对嵌入式系统的概念有更深入的理解。

1.2.2　嵌入式系统的特点

由于嵌入式系统面向的是专业领域中工作在特定环境下的应用系统，不同于通用计算机系统应用的多样性和普遍适应性，因此具有以下特点。

1. 专用的计算机系统

嵌入式系统通常面向特定任务，是专用的计算机系统。整个系统的设计必须满足具体的应用需求，一旦任务变更，整个系统将很可能需要重新设计。这种"量体裁衣"型的专用计算平台与通用计算平台有很大的不同，主要表现在如下几个方面：

(1) 形式多样。在共同的基本计算机系统架构上，针对不同的应用领域，嵌入式系统的构造不尽相同，处理器、硬件平台、操作系统、应用软件等种类繁多。不同的嵌入式微处理器的体系结构和类型的适应面不同。嵌入式系统工业成为不可垄断、高度分散的工业。

(2) 对运行环境依赖。在众多应用背景下，温度、湿度、震动、干扰、辐射等因素构成了嵌入式系统赖以生存的环境，因此在系统设计时就需要充分考虑其运行环境的各种因素。

(3) 综合考虑成本、资源、功耗、体积等因素。这些等原本在基于通用计算平台进行系统设计时无需考虑或无需过多考虑的因素，在基于专用计算平台的系统设计中都需要充分考虑。对于大量的消费类数字化产品，成本是影响产品竞争力的关键因素之一。为了节省成本，就必须精简使用和合理利用资源。进一步讲，在很多情况下，由于环境、功耗、体积等因素的存在，系统能够使用的资源可能会受到限制。例如，对于需要考虑抗震的系统，最好不要采用硬盘存储。考虑功耗的原因一方面是因为系统本身紧张的电能供给，如便携式设备和电池供电的设备；另一方面是系统散热的问题，如环境或体积的因素使得无法采用风扇散热。对于航空电子设备，在体积、重量等方面的因素往往成为一项决定性的系统约束。成本、资源、功耗、体积等因素往往相互关联，设计时必须权衡轻重，这也增加了系统设计的难度。

(4) 软、硬件紧密结合，高效设计。嵌入式微处理器与通用微处理器的最大区别在于每种嵌入式微处理器大多专用于某种或几种特定应用，工作在为特定用户群设计的系统中。它通常具有功耗低、体积小、集成度高等特点。把通用微处理器中许多由板卡完成的功能集成在芯片内部，有利于嵌入式系统设计小型化，增强移动能力，增强与网络的耦合度。嵌入式软件是应用程序和操作系统两种软件的一体化程序。对于嵌入式软件而言，系统软件和应用软件的界限并不明显，原因在于嵌入式环境下应用系统的配置差别较大，所需操作系统的裁剪配置不同，I/O 操作没有标准化，驱动程序通常需要自行设计。最终，这种不同配置的操作系统和应用程序被连接编译成统一运行的软件系统。这些过程都需要在系统总体设计目标指引下综合设计和实现，因此整个系统是高效设计的。

2. 代码固化

嵌入式系统的目标代码通常固化在非易失性存储器中，如 ROM、EPROM、EEPROM、Flash 等。这样做一方面是因为系统资源受限，而更主要的原因是为了提高系统的执行速度和系统的可靠性。

3. 实时性要求

嵌入式系统大多有实时性要求，根据系统对实时性要求的强度的不同，嵌入式系统可分为硬实时系统和软实时系统。

4. 可靠性要求

嵌入式系统一般要求具有出错处理和自动复位功能，特别是对于运行在极端环境下或重要场合的嵌入式系统而言，其可靠性设计尤其重要。在嵌入式系统设计中一般要使用一些硬件和软件机制来保证系统的可靠性，如硬件的看门狗定时器、软件的内存保护和重启机制等。

5. 操作系统的支持

嵌入式软件可以在没有操作系统支持的情况下进行设计，但是随着系统功能的复杂程度和性能要求的进一步提高，需要采用多任务结构设计软件。为了合理地进行任务调度、利用系统资源以及各种函数接口，必须使用嵌入式操作系统平台开发软件。嵌入式系统在嵌入式操作系统的支持下设计，一方面可以保证程序执行的实时性和可靠性，另一方面可以有效地减少开发周期，保障软件质量。嵌入式操作系统是嵌入式行业走向标准化道路的基础。

嵌入式操作系统通常支持多种类型的处理器，并且与通用操作系统相比具有体积小、可裁剪、实时性好、可靠性高、可固化等特点。与嵌入式微处理器相同，嵌入式操作系统也具有专用性的特点，并且通过不同的裁剪和配置，可适应不同的应用背景。因此，嵌入式操作系统也是多种多样的。

6．专门的开发工具、环境和方法

由于嵌入式系统是软、硬件紧密结合的系统，因此嵌入式系统的开发通常是软件与硬件并行设计、开发的过程，软、硬件协同设计的开发方法是最适合嵌入式系统开发的方法。其开发过程一般分为以下几个阶段：系统定义、软件与硬件的设计与实现、软件与硬件集成、系统测试、可靠性评估等。嵌入式系统在可靠性方面的特点使得系统测试和可靠性评估非常重要，这方面的方法的研究已经发展成一门学科。

由于系统资源有限，嵌入式系统一般不具备自主开发能力，设计完成后，用户也不能对其中的软件进行修改，即嵌入式系统的开发必须借助于一套专门的开发工具(开发环境)，包括设计、编译、调试、测试等工具，采用交叉开发的方式进行。交叉开发环境由宿主机和目标机组成，如图 1-1 所示。宿主机一般采用通用计算机系统，利用通用计算机的丰富资源，来承担开发的大部分工作，构成主要的开发环境；目标机就是所要开发的嵌入式系统，构成最终的执行环境，配合宿主机完成开发工作。

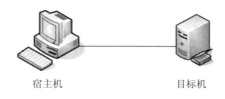

宿主机　　　　　　　目标机

图 1-1　交叉开发环境

目前的嵌入式微处理器基本上都在片上集成了专用的调试电路，如 ARM 的 Embedded ICE。片上调试电路成为嵌入式开发的必要条件之一，为嵌入式系统的调试提供了方便的解决方案。综合而言，这种解决方案更有利于嵌入式系统的经济性，因此嵌入式微处理器包含专用调试电路已成为嵌入式开发的一个特点。

7．知识集成系统

嵌入式系统是先进的计算机技术、半导体技术、电子技术、通信网络技术以及各个应用领域的专用技术相结合的产物。这一特点决定了它必然是一个技术密集、资金密集、高度分散、不断创新的知识集成系统。嵌入式系统的广泛应用和巨大的发展潜力已使它成为 21 世纪 IT 技术发展的热点之一。

从某种意义上讲，通用计算机行业的技术是垄断的。占整个计算机行业 90%的 PC 产业，80%采用 Intel 公司的 8x86 体系结构，芯片基本上出自 Intel、AMD、Cyrix 等几家公司。

在几乎每台计算机必备的操作系统和办公软件方面，Microsoft 公司的 Windows 及 Office 约占 80%～90%，并且凭借操作系统还可以搭配其他应用程序。因此，当代的通用计算机行业的基础被认为是由 Wintel(Microsoft 和 Intel 于 20 世纪 90 年代初建立的联盟)垄断的行业。

嵌入式系统则不同，嵌入式行业的基础是以应用为中心的芯片设计和面向应用的软件产品开发。它是一个高度分散的行业，充满了竞争、机遇和创新，没有哪一个系列的处理器和操作系统能够垄断全部市场。即便在体系结构上存在着主流，各不相同的应用领域也决定了不可能由少数公司、少数产品垄断全部市场。因此，嵌入式系统领域的产品和技术必然是高度分散的，留给各个行业的中小规模高技术公司的创新余地很大。并且，社会上的各个应用领域是在不断向前发展的，要求其中的嵌入式微处理器核心也同步发展，这也构成了推动嵌入式行业发展的强大动力。

另外，通用计算机的开发人员一般是计算机科学或计算机工程方面的专业人士，而嵌入式系统则要和各个不同行业的应用相结合，要求更多的计算机以外的专业知识，其开发人员往往以各个应用领域的专家为主。当然，这也要求开发工具具有易学、易用、可靠、高效的特点。

1.2.3 嵌入式系统的组成结构

在不同的应用场合，嵌入式系统虽然呈现出不同的外观和形式，但是其核心的计算系统仍然可以抽象出一个典型的组成模型。嵌入式系统的组成结构一般可划分为硬件层、中间层、软件层和功能层，如图 1-2 所示。

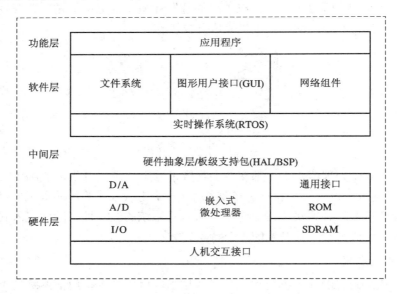

图 1-2　嵌入式系统的组成结构

1. 硬件层

硬件层由嵌入式微处理器、存储系统、通信接口、人机交互接口、其他 I/O 接口(A/D、D/A、通用 I/O 等)以及电源等组成。嵌入式系统的硬件层以嵌入式微处理器为核心，附带有电源电路、时钟电路和存储器电路(RAM 和 ROM 等)。它们共同构成了一个嵌入式核心控制模块，操作系统和应用程序都可以固化在 ROM 中。

2．中间层

硬件层与软件层之间为中间层，它把系统软件与底层硬件部分隔离，使得系统的底层设备驱动程序与硬件无关。中间层一般包括硬件抽象层(Hardware Abstract Layer，HAL)和板级支持包(Board Support Package，BSP)。

硬件抽象层是位于操作系统内核与硬件电路之间的接口层，其目的是将硬件抽象化，即可以通过程序来控制所有硬件电路(如 CPU、I/O、存储器等)的操作，这就使得系统的驱动程序与硬件设备无关，从而大大提高了系统的可移植性。从软/硬件测试的角度看，软/硬件的测试工作可分别基于硬件抽象层完成，使得软/硬件的测试工作能够并行进行。在定义 HAL 时，需要规定统一的软/硬件接口标准，其设计工作需要基于系统需求来做，代码编写工作可由对硬件层比较熟悉的人员来完成。HAL 一般应包含相关硬件的初始化、数据的输入/输出操作、硬件设备的配置操作等功能。

板级支持包介于主板硬件和操作系统中的驱动层程序之间，一般认为它属于操作系统的一部分，主要实现对操作系统的支持，为上层的驱动程序提供访问硬件设备寄存器的函数包，使之能够在硬件主板上更好地运行。BSP 是相对操作系统而言的，不同的操作系统对应于不同定义形式的 BSP。因此，BSP 一定要按照该系统 BSP 的定义形式来写(BSP 的编程过程大多是在某一个成型的 BSP 模板上进行修改)，这样才能与上层的操作系统保持正确的接口，良好地支持上层操作系统。BSP 一般实现以下两个方面的功能：系统启动时完成对硬件的初始化；为驱动程序提供访问硬件的手段，即为上层的驱动程序提供访问硬件设备寄存器的函数包。

3．软件层

软件层由实时操作系统(Real Time Operating System，RTOS)、文件系统、图形用户接口(Graphical User Interfaces，GUI)、网络组件组成。RTOS 是嵌入式应用软件的基础和开发平台。大多数 RTOS 都是针对不同微处理器优化设计的高效实时多任务内核，可以在不同微处理器上运行而为用户提供相同的 API 接口。因此，基于 RTOS 开发的应用程序具有非常好的可移植性。

4．功能层

功能层由基于 RTOS 开发的应用程序组成，用来完成实际所需的应用功能。功能层是面向被控对象和用户的，当用户操作时往往需要提供一个友好的人机界面。

1.2.4　嵌入式系统的分类

嵌入式系统可按照嵌入式微处理器的位数、实时性、软件结构以及应用领域等进行分类。

1．按照嵌入式微处理器的位数分类

按照嵌入式微处理器字长的位数，嵌入式系统可分为 4 位、8 位、16 位、32 位和 64 位。其中，4 位、8 位、16 位嵌入式系统已经获得了大量应用，32 位嵌入式系统正成为

主流，而一些高度复杂和要求高速处理的嵌入式系统已经开始使用 64 位嵌入式微处理器。

2．按照实时性分类

实时系统是指系统执行的正确性不仅取决于计算的逻辑结果，还取决于结果产生的时间。根据嵌入式系统是否具有实时性，可将其分为嵌入式实时系统和嵌入式非实时系统。

大多数嵌入式系统都属于嵌入式实时系统。根据实时性的强弱，实时系统又可进一步分为硬实时系统和软实时系统。

硬实时系统是指系统对响应时间有严格要求，如果响应时间不能满足，就会引起系统崩溃或出现致命错误，如飞机的飞控系统。软实时系统是指系统对响应时间有一定要求，如果响应时间不能满足，不会导致系统崩溃或出现致命错误，如打印机、自动门。可以认为两者的区别在本质上属于客观要求和主观感受的区别。

3．按照嵌入式软件结构分类

按照嵌入式软件的结构分类，嵌入式系统可分为循环轮询系统、前后台系统和多任务系统。

1) 循环轮询系统

循环轮询(polling loop)是最简单的软件结构，程序依次检查系统的每个输入条件，如果条件成立就执行相应处理。其流程图如图 1-3 所示。

示意代码如下：

```
initialize( )
while(true) {
        if (condition_1) action_1( )
        if (condition_2) action_2( )
                ⋮
        if (condition_n) action_n( )
}
```

2) 前后台系统

前后台(foreground/background)系统属于中断驱动机制。后台程序是一个无限循环，通过调用函数实现相应操作，又称任务级。前台程序是中断处理程序，用来处理异步事件，又称中断级。设计前后台的目的主要是通过中断服务来保证时间性很强的关键操作(critical operation)。

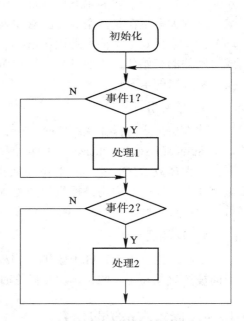

图 1-3　循环轮询系统流程图

通常情况下，中断只处理需要快速响应的事件，将输入/输出数据存放在内存的缓冲区里，再向后台发信号，由后台来处理这些数据，如运算、存储、显示、打印等。其流程图如图 1-4 所示。

在前后台系统中，主要考虑的问题包括中断的现场保护和恢复、中断的嵌套、中断与主程序共享资源等问题。系统性能由中断延迟时间、响应时间和恢复时间来描述。

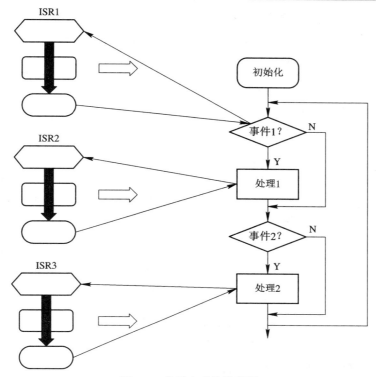

图 1-4　前后台系统流程图

　　一些不复杂的小系统比较适合采用前后台系统的结构来设计程序。甚至在某些系统中，为了省电，平时让处理器处于停机状态(halt)，所有工作都依靠中断服务来完成。

　　3) 多任务系统

　　对于较复杂的嵌入式系统而言，许多互不相关的过程有时需要计算机同时处理，在这种情况下就需要采用多任务(multitasking)系统。采用多任务结构设计软件有利于降低系统的复杂度，保证系统的实时性和可维护性。

　　多任务系统的软件由多个任务、多个中断服务程序以及嵌入式操作系统组成。任务是顺序执行的，其并行性通过操作系统完成。操作系统主要负责任务切换、任务调度、任务间以及任务与中断服务程序之间的通信、同步、互斥、实时时钟管理、中断管理等。其流程图如图 1-5 所示。

　　多任务系统的特点包括如下内容：

　　(1) 每个任务都是一个无限循环的程序，等待特定的输入，从而执行相应的处理。

　　(2) 这种程序模型将系统分成相对简单、相互合作的模块。

　　(3) 不同的任务共享同一个 CPU 和其他硬件，嵌入式操作系统对这些共享资源进行管理。

　　(4) 多个顺序执行的任务在宏观上看是并行执行的，每个任务都运行在自己独立的 CPU 上。

　　在单处理器系统中，任务在宏观上看是并发执行的，但在微观上看实际是顺序执行的。在多处理器系统中，可以让任务同时在不同的处理器上执行，因此在微观上看任务也是并发执行的。多处理器系统可分为单指令多数据流(SIMD)系统和多指令多数据流(MIMD)系统。MIMD 系统又可分为紧耦合(tightly-coupled)系统和松耦合(loosely-coupled)系统。紧耦合系统是指多个处理器之间通过共享内存空间的方式交换信息，松耦合系统是指多个处理器之间通过通信线路进行连接和交换信息。

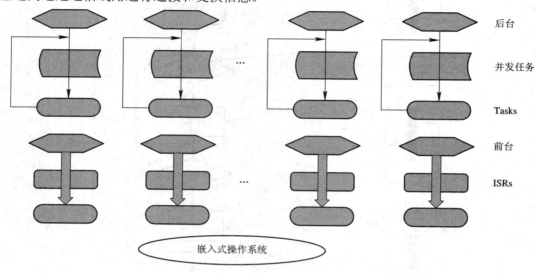

图 1-5　多任务系统流程图

表 1-1 是这三种系统优、缺点的比较。

表 1-1　三种系统的比较

系统分类	优　　点	缺　　点
循环轮询系统	编程简单； 没有中断，不会出现随机问题	应用领域有限； 不适合有大量输入/输出的服务； 程序规模增大后不便于调试
前后台系统	可并行处理不同的异步事件； 设计简单，无需学习操作系统的相关知识	对于复杂系统，其主程序设计复杂，可靠性降低； 实时性只能通过中断来保证，一旦主程序介入处理事件，其实时性难以保证； 中断服务程序与主程序之间共享、互斥的问题需要解决
多任务系统	复杂的系统被分解成相对独立的多个任务，降低了系统的复杂度； 可以保证系统的实时性； 系统模块化，可维护性强	需要引入新的软件设计方法； 需要对每个共享资源进行互斥； 任务间存在竞争； 嵌入式操作系统的使用将会增加系统开销

从表 1-1 可以看出，循环轮询系统适合于实时性要求不高、非常简单的系统；前后台系统适合于小型、较简单的系统；多任务系统适合于大型、复杂、实时性要求较高的嵌入式系统。目前，多任务系统已经广泛应用于 32 位嵌入式系统。

4．按照应用领域分类

按照应用领域分类，嵌入式系统可分为信息家电类、消费电子类、医疗电子类、移动终端类、通信类、汽车电子类、工业控制类、航空电子类、军事电子类等。

1.3 嵌入式系统的应用领域

目前，嵌入式系统已经广泛应用于消费电子、通信网络、仪器仪表、汽车电子、工业控制、信息家电、医疗仪器、机器人、航空航天、军事等众多领域。嵌入式技术为各种现有行业提供了技术变革、技术升级的手段，同时也创造出许多新兴行业，其市场前景非常广阔。嵌入式系统的应用逐步形成了一个充满商机的巨大产业。现在嵌入式技术的应用所带来的工业年产值已超过了 1 万亿美元。下面仅就一些应用领域作具体的阐述。

1．消费电子领域

随着技术的发展，消费电子产品正向数字化、网络化的方向发展。嵌入式技术和其他电子技术紧密结合，应用到各种消费电子产品中，产生出各种新型的产品，使产品的功能和性能都得以大大提高。

高清晰度数字电视取代了传统的模拟电视，数码相机/摄像机取代了传统的胶片相机/摄像机，IP 电话取代了固定电话，智能网络家电取代了现有的各种传统家电。这些产品可以通过信息家电控制中心连接至 Internet，实现远程控制、信息交互、网上娱乐、远程医疗、远程教育等功能。

手机的发展是嵌入式技术与其他技术相结合并获得成功应用的良好范例。随着网络传输速率的进一步提高，包括多媒体、彩色动画、移动商务等新的无线应用不断涌现，手机以提供数据服务为主，而不仅仅是提供通话功能。手机还进一步融合了诸如 PDA、电子商务、摄像/照相、MP3、电子游戏等功能，从而发展成为一种智能型手持终端。

家用机器人和各种智能玩具中也大量应用嵌入式系统。机器人帮助人们做家务，帮助残疾人行走、阅读，提供家庭娱乐和家居安全保护。智能玩具所面向的用户群已经从儿童发展到各类成人，除了娱乐功能之外，还可以帮助人们学习。

2．通信网络领域

通信领域大量应用嵌入式系统，主要包括程控交换机、路由器、IP 交换机和其他传输设备等。随着宽带网络的发展，xDSL Modem/Router 等设备的数量远远超过传统的网络设备。在企业和家庭网络中，这些主要基于 32 位的嵌入式系统提供更加廉价、方便、灵活的网络解决方案。

3．工业控制领域

在工业控制领域，嵌入式系统主要应用于各种智能仪器仪表、数控装置、可编程控制器、分布式控制系统、现场总线仪表及控制系统、工业机器人、机电一体化设备等。

4．汽车电子领域

据统计，一般家用汽车大约拥有 24 个以上的嵌入式微处理器，高档汽车中大约有 60 个以上的嵌入式微处理器在工作。从车身控制、底盘控制、发动机管理、主被动安全系统，到车载娱乐、信息系统，都离不开嵌入式技术的支持。

例如 BMW 7 系列轿车中，平均安装有 63 个嵌入式微处理器，车前的大灯和车后的尾灯都是用微处理器控制的。智能化的侧视镜与光学传输系统相连，可以指向汽车的下方，使得驾驶员在倒车时可以从车内看清楚车体下的情况。车体内的音响与传感器和控制器相连，可以根据车内环境噪声的电平适当调整音响音量。

汽车 SOC(System On Chip)是嵌入式技术在汽车电子上的高端应用，满足了现代汽车电控系统功能不断扩展、逻辑渐趋复杂、子系统间通信频率不断提高的要求，以性能极高的 32 位甚至 64 位嵌入式处理器为核心，在对海量离散时间信号要求快速处理的场合使用 DSP 作为协处理器，在嵌入式操作系统的支持下具有实时多任务处理能力，同时与网络的耦合更为紧密。

5．医疗仪器领域

在医疗仪器领域，嵌入式系统主要应用在各种医疗电子仪器中，如 X 光机、超声诊断仪、计算机断层成像系统、心脏起搏器、监护仪、辅助诊断系统和专家系统等。

6．航空航天与军事领域

嵌入式系统最早的应用是在军事和航空航天领域。目前军事应用的范围继续拓展，如各种武器控制系统(火炮控制、导弹控制、智能炸弹的制导引爆)，坦克、舰艇、战斗机等陆、海、空军用电子装备，雷达、电子对抗军事通信装备，各种野战指挥作战专用设备等。航空航天领域的应用更是不胜枚举，航空电子设备、卫星、导航、航天测控等系统中到处都可以见到嵌入式系统这个"幕后英雄"在辛勤工作。

7．物联网领域

随着 IT 技术的飞速发展，人类已经进入了"物联网"时代。"物联网"的目的是让物体具有智能，并将这些智能设备通过网络链接起来，这就需要有嵌入式技术的支持。这是因为，物体作为一种物理实体(对象)，是不具备智能的，也是不可能直接与互联网链接的，它们都需要一个能够接入网络的智能终端，实现对外围环境的自主感知，与其他物体的信息交互，以及对事件的自主处理等，而由于受到物体种类、大小、性状等限制，相比普通 PC 而言，只有嵌入式系统才能够胜任这类场合。可以说，物联网是基于互联网的嵌入式系统。

1.4　嵌入式系统的发展趋势

嵌入式系统在上述应用领域的不断深入和持续扩展，为整个嵌入式行业展现了美好的市场前景，同时也对嵌入式技术本身提出了许多新的挑战，其中主要包括支持日趋增长的功能密度，提供灵活的网络链接，提供更加轻便的移动服务，提供多媒体信息处理能力，提供低功耗、支持互动的友好人机界面，支持二次开发和动态升级等。

针对这些应用需求，嵌入式系统正朝着以下趋势进一步发展：

(1) 行业性开放的嵌入式系统正日趋流行，行业标准日趋完善。

嵌入式系统不会像通用计算机那样只具有单一平台，但是随着应用领域的不断扩展，嵌入式系统仍需要在不同的行业形成统一的行业标准，这也是增强行业性产品竞争力的有效手段。统一的行业标准应该具有开放、设计技术共享、软/硬件可重用、构件可兼容、维护方便以及可合作生产等特点。

在硬件方面，应用于工业控制领域的嵌入式 PC 已成为一种标准的软/硬件平台。它在硬件上兼容 PC，以 ISA、CPCI 为标准总线，并扩展了 DOC(Disk On Chip)、DOM(Disk On Module)和 Flash 等多种存储方式。在软件方面，嵌入式操作系统本身正走向开放化、标准化。Linux 逐渐成为嵌入式操作系统的主流；J2ME 技术也对嵌入式软件的发展产生深远影响。目前，自由软件技术备受青睐，并对软件技术的发展产生了巨大的推动作用，这为我国加快发展嵌入式软件技术提供了极好的机遇和条件。

近年来，一些国家和地区的若干行业协会纷纷制定嵌入式系统标准，如欧共体汽车产业联盟规定以 OSEK 标准作为开发汽车嵌入式系统的公用平台和应用编程接口，航空电子工程协会 AEEC 制定了航空电子的嵌入式实时操作系统应用编程接口 ARINC 653 标准，我国数字电视产业联盟也在制定本行业的开放式软件标准。如此看来，建立行业开放系统，制定不同行业的嵌入式操作系统以及嵌入式支撑软件和嵌入式硬件平台等行业标准是嵌入式系统能够获得快速发展的必经之路。

(2) 随着相关技术的发展，SOC 将成为应用主流。

随着 EDA 技术的推广、VLSI 设计的普及以及半导体工艺的迅速发展，在一个硅片上集成一个复杂系统已经成为可能。IC 厂家可以根据应用的需要，开发面向专业应用领域、高度集成、以 32 位嵌入式微处理器为核心的 SOC(System On Chip)。基于 SOC，对嵌入式系统的开发更加方便。

除了 8 位/16 位处理器内核之外，各种 32 位 RISC 通用处理器内核作为 SOC 设计的标准库，和许多嵌入式系统外设一样，成为 VLSI 设计中的标准器件，可以用标准的 HDL 来描述，并存储在器件库中。开发人员只需要定义整个应用系统，仿真通过后就可以将设计图交给半导体厂家来制作样品。SOC 的使用使得应用系统的电路板更加简洁，这对于减小系统体积、降低功耗、提高可靠性等都非常有利。

SOC 技术是微电子技术发展的一个新的里程碑，并已成为当今超大规模 IC 的发展趋势，为 IC 产业提供前所未有的广阔市场和难得的发展机遇。迅猛发展的 SOC 工业再次推进了嵌入式软件与硬件系统的进一步融合，嵌入式软件是其灵魂与核心。SOC 技术的出现，改变了传统嵌入式系统的设计观念，基于 IP 构件库的设计技术将成为嵌入式系统设计的主流。IP 构件库技术正在造就一个新兴的软件行业。

结合可重构处理器(Reconfigurable Processor)技术，SOC 进一步增强了其应用的灵活性。可重构处理器是一种具有可以重新配置硬件功能的微处理器/微控制器。其微处理器(通常是 RISC 处理器)具有相应的编程单元(Programming Element，PE)阵列。PE 可以是计算引擎，也可以是存储单元。可重构处理器的硬件功能可以静态改变，也可以动态改变。硬件配置的动态改变引入了相应的优点，使得芯片可以适应处理器中运行的固件。根据当前的环境需求，可重构处理器可以完全改变其功能，从而适应新的需求。例如，在单个设备中，可以通过下载合适的固件，将芯片配置为照相机系统的内核或者是媒体播放器的内核。另一方面，可重构 SOC 使用了可重构的矩阵，为不同子系统实现了相应的 IP 功能。这使得 SOC 具备可重构的硬件功能。通过系统初始化时的软件支持，SOC 可以配置为所需的硬件功能，也可以在运行时改变硬件配置。例如，通过对多媒体数字信号编解码器进行硬件配置，实现所需视频压缩模式的切换。

(3) 基于 Eclipse 平台的工具成为嵌入式领域的热门。

嵌入式系统是一个复杂的高技术系统，要在短时间内开发出所需功能的产品是很不容易的，而市场竞争则要求产品能够快速上市，因此需要有容易掌握和使用的开发工具平台。

目前，很多厂商已经充分考虑到这一点，在主推系统的同时，将开放环境也作为重点进行推广。越来越多的嵌入式系统软件供应商使用 Eclipse 开放源码集成化开发环境(IDE)平台，采用插件技术，在平台上扩展许多开发工具套件。越来越多的嵌入式系统软件供应商将 Eclipse 平台作为自身工具的基础，推出了个性化的开发工具套件。这些工具套件除提供标准的编译器、编辑器、调试器外，还提供增强的操作系统内核级调试手段和高级的系统分析工具，如内存泄漏检测、系统性能监控等。

此外，嵌入式开发工具将向高度集成、编译优化、具有系统设计、可视化建模、具有仿真和验证功能方向发展。

(4) 发展功能更加强大的开发工具和嵌入式操作系统，支持复杂度越来越高的嵌入式应用软件的开发。

在开发嵌入式系统时，除了使用各种功能更加强大的嵌入式处理器来增强处理能力之外，同时还需要采用多任务编程技术和交叉开发工具来控制开发功能的复杂程度，简化应用程序的设计，保障软件质量和缩短开发周期。这些都需要功能更加强大的开发工具和嵌入式操作系统的支持(可以将操作系统也认为是开发过程中不可或缺的工具之一)。

目前，已经进入我国的国外商业嵌入式实时操作系统包括 WindRiver、Microsoft、QNX 和 Nucleus 等公司的产品。我国自主开发的嵌入式系统产品有北京科银京成(CoreTek)公司的嵌入式软件开发平台"道系统"(DeltaSystem)和中国科学院推出的 Hopen 嵌入式操作系统等。其中，"道系统"包括了 DeltaOS 嵌入式实时操作系统、LambdaTool 系列开发工具套件、GammaRay 系列测试工具以及各种嵌入式应用组件等。

嵌入式操作系统将在现有基础上，不断采用先进的操作系统技术，结合嵌入式系统的需求，向可适应不同嵌入式硬件平台、可移植、可裁剪、可配置、功能强大、保障实时性和可靠性、高可用性等方向发展。

(5) 面向网络互联的嵌入式系统成为必然趋势。

为了适应嵌入式分布处理和各种应用的网络功能的需求，必然要求硬件上提供各个网络通信接口。在网络互联的时代，传统的单片机对网络支持不足，而新一代的嵌入式处理器已经开始内嵌网络接口，除了支持 TCP/IP 协议，还支持 IEEE 1394、USB、CAN、Bluetooth、IrDA 等通信接口中的一种或者几种，同时还提供相应的通信组网协议软件和物理层驱动软件。此外，处理器的系统内核支持网络模块，从而实现嵌入式设备随时随地以各种方式连入互联网。

嵌入式系统朝着嵌入式网络发展这一趋势从根本上改变了嵌入式处理器的结构，而结构却是人们在选择一个微控制器时必须考虑的。微控制器必须具有多种网络协议接口，能传输并验证大量数据，有足够的安全性以及内存和处理能力，以容纳众多的协议堆栈；而且，在许多情况下，还必须在能耗很少的前提下完成这些任务。此外，随着嵌入式系统越来越多地通过使用外部网络来监控，尤其是该系统可以通过互联网或无线网络来访问，对安全的要求必然会更高。

(6) 嵌入式移动数据库技术从研究领域向应用领域发展。

纵观目前国际、国内嵌入式数据库的应用情况，可以发现嵌入式数据库或移动式数据库的应用正处于一个"百花齐放、百家争鸣"的状态。也就是说，目前基于嵌入式数据库应用的市场需求已经进入加速发展的阶段。但应用需求多种多样，计算平台也是各有特色，还没有任何一家厂商能够做到一统天下，整个市场的需求空间仍然很大。

展望未来，嵌入式移动数据库将随着各种移动设备、智能计算设备、嵌入式设备的发展而迅速发展。随着设备上的嵌入式应用对数据管理要求的不断提高，嵌入式数据库技术的地位也日益重要，它将在各个应用领域中扮演越来越重要的角色。

嵌入式移动数据库可为导游服务行业提供便利。游客使用嵌入式数据库的智能导游服务系统，可规划旅行路线、下载景点信息及语言到导游设备中。在不同的景点，导游服务系统根据情况的变化和游客的具体要求，提供最新资料；嵌入式移动数据库能有效提高实地调查/工作的效率。如果煤气、水电、物业管理、维修等公用事业检查员利用移动计算机记录和传输数据，就可以避免纠纷，降低公用事业单位的收费成本，同时大幅度提高工作效率。此外，在未来的军事、航空、国土资源管理、移动医疗等领域，嵌入式数据库系统也将占据主导作用。

要实现这种灵活方便的移动数据库技术，需要在理论研究和实现上做许多工作。不久的将来，嵌入式移动数据库将无处不在，随时随地存取任意数据信息的愿望终将成为现实。

(7) 嵌入式系统向新的嵌入式计算模型方向发展。

新型的嵌入式计算模型包括如下功能：

① 支持自然的、图形化的、多媒体的嵌入式人机界面，使得用户的操作简便、直观且无需学习。

② 支持二次开发、可编程的嵌入式系统，例如采用嵌入式 Java 技术可动态加载、升级软件。

③ 支持分布式计算，通过与其他嵌入式系统或通用计算机系统互联，可构成分布式计算环境。

思考与练习题

1. 什么是嵌入式系统？试简单列举一些生活中常见的嵌入式系统的实例。
2. 嵌入式系统具有哪些特点？
3. 试比较嵌入式系统与通用计算机系统的区别。
4. 嵌入式系统由哪些部分组成？简单说明各部分的功能与作用。
5. 嵌入式系统是怎样分类的？
6. 什么是多任务系统？多任务系统的特点有哪些？
7. 结合嵌入式系统的应用，简要分析嵌入式系统的应用现状和发展趋势。

第2章 嵌入式处理器

2.1 引　言

嵌入式处理器是嵌入式系统最核心的部件。现在几乎所有的嵌入式系统设计都是基于处理器的设计。目前世界上嵌入式处理器的流行体系结构有 30 多种，它们根据各自独到的设计分别适应于相关应用。RISC 结构已经被证明是嵌入式处理器最适合的结构。ARM 处理器是真正意义上的 RISC 结构的处理器，同时由于 ARM 处理器具有处理速度快、功耗低、价格便宜等方面的优点，因而得到了广泛使用。

本章以 ARM 处理器为例来介绍嵌入式处理器。在概述处理器背景知识的基础上，本章内容偏重于处理器的指令系统和基于处理器的编程基础。现代处理器的设计大都采用了诸如流水线、高速缓存、超标量执行、低功耗设计等技术，而指令系统是用户和处理器的主要接口，用户也可以通过指令系统来了解处理器内部的各种优点。虽然现在绝大多数程序都是采用高级语言编写的，然而在嵌入式系统设计中，还是有一些代码需要使用汇编语言来编写。对于嵌入式系统的程序员而言，在汇编编程等级上的抽象也是非常重要的。适当地使用汇编语言，可以提高系统性能。

本章 2.2 节为嵌入式处理器概述，内容包括嵌入式处理器的分类、典型的嵌入式处理器；2.3 节为 ARM 处理器基础，内容包括 ARM 简介、ARM 处理器系列、ARM 处理器体系结构、ARM 处理器应用选型；2.4 节为 ARM 指令系统，内容包括 ARM 编程模型、ARM 寻址方式、ARM 指令集、Thumb 指令集；2.5 节为 ARM 程序设计基础，内容包括 ARM 汇编语句格式、ARM 汇编程序格式、汇编语言编程实例、汇编语言与 C 语言的混合编程。

2.2 嵌入式处理器概述

嵌入式系统的硬件核心是嵌入式处理器。据不完全统计，全世界嵌入式处理器的品种数量已经超过 1000 种，流行的体系结构也有 30 多种。本节首先根据嵌入式处理器的技术特点将其分成 4 类，然后在此基础上介绍几款典型嵌入式处理器的架构。

2.2.1 嵌入式处理器的分类

根据功能特点，一般可以将嵌入式处理器分为 4 类：嵌入式微控制器(MicroController Unit)、嵌入式微处理器(MicroProcessor Unit)、嵌入式 DSP(Digital Signal Processor)和嵌入式片上系统(System On Chip)。

1．嵌入式微控制器

嵌入式微控制器又称单片机，就是将整个计算机系统集成到一块芯片中。从 20 世纪 70 年代末单片机出现到今天，这种 8 位的芯片在嵌入式系统设备中仍然有着极其广泛的应用，常见的为 8051。嵌入式微控制器将 CPU、存储器(少量的 RAM、ROM 或两者都有)和其他外设封装在同一片集成电路里，因为其片上外设资源一般比较丰富，适合于控制，所以称其为微控制器。

与嵌入式微处理器相比，微控制器的最大特点是单片化，体积大大减小，从而使功耗和成本降低，可靠性提高。由于微控制器有低廉的价格、优良的性能，因此拥有的品种和数量最多，是目前嵌入式系统工业的主流。比较有代表性的通用系列包括 8051、C166/167、MCS-251、MCS-96/196/296、P51XA、MC 68HC05/11/12/16、68300 等。另外，还有许多半通用系列，如支持 USB 接口的 MCU 8XC930/931、C540、C541，支持 I^2C、CAN、LCD 的众多专用 MCU 和兼容系列。

2．嵌入式微处理器

嵌入式微处理器是由通用计算机中的 CPU 演变而来的。但与计算机处理器不同的是，在实际应用中，嵌入式系统是将微处理器装配在专门设计的电路板上，只保留与嵌入式应用紧密相关的功能硬件，这样可以满足嵌入式系统体积小、功耗低的特殊要求。

与工业控制计算机相比，嵌入式微处理器具有体积小、重量轻、成本低和可靠性高的优点。目前的嵌入式微处理器主要有 AmI86/88、386EX、PowerPC、ARM、MIPS、Motorola 68K 等。

3．嵌入式 DSP

嵌入式 DSP 是专门用于信号处理的嵌入式芯片。DSP 处理器在系统结构和指令算法方面进行了特殊设计，使其适合于执行 DSP 算法，因而能够对离散时间信号进行极快的处理计算，提高了编译效率和执行速度。

在数字滤波、FFT、频谱分析等方面，嵌入式 DSP 获得了大规模的应用。在应用的早期，DSP 算法的功能是在通用微处理器中以普通指令实现的，而在目前的嵌入式应用中，DSP 算法的功能是通过嵌入式 DSP 处理器来实现的。嵌入式 DSP 处理器主要有两方面的应用：一方面，嵌入式 DSP 处理器经过单片化设计，通过在片上增加丰富的外设使之成为具有高性能 DSP 功能的片上系统，如 TI 的 TMS320C2000/C5000；另一方面，在微处理器、微控制器或片上系统中增加 DSP 协处理器来实现 DSP 运算，如 Intel 公司的 MCS-296 和 Siemens 公司的 TriCore。

4．嵌入式片上系统

片上系统 SOC(System On Chip)是 20 世纪 90 年代后出现的一种新的嵌入式集成器件。在嵌入式系统设计从以嵌入式微处理器/DSP 为核心的"集成电路"级设计不断转向"集成系统"级设计的过程中，人们提出了 SOC 的概念。SOC 追求产品系统的最大包容，已成为提高移动通信、网络、信息家电、高速计算、多媒体应用以及军用电子系统性能的核心器件。目前嵌入式系统已进入单片 SOC 的设计阶段，并逐步进入实用化、规范化阶段，集成电路已进入 SOC 的设计流程。

　　SOC 不是把系统所需要的所有集成电路简单地二次集成到一个芯片上，而是从整个系统的性能要求出发，把微处理器、模型算法、芯片结构、外围器件等各层次电路器件紧密结合起来，并通过系统的软、硬件协同设计，在单个芯片上实现整个系统的功能。因此，SOC 的最大特点就是成功实现了软、硬件无缝结合，直接在处理器片内嵌入操作系统的代码模块，满足了单片系统所要求的高密度、高速度、高性能、小体积、低电压和低功耗等指标。目前比较典型的几款 SOC 产品包括 Siemens 的 TriCore、Philips 的 Smart XA、Motorola 的 M-Core、某些 ARM 系列器件、Echelon 和 Motorola 联合研制的 Neuron 芯片等。

2.2.2　典型的嵌入式处理器

　　嵌入式系统的广泛应用使嵌入式微处理器得到了前所未有的飞速发展。微处理器的应用领域，无论从应用的范围、使用的规模，还是采用的数量，都远远超出了 PC 的范畴。从数量上来看，x86 类型的处理器，包括 Intel 公司和 AMD 公司生产的，加在一起不到微处理器总消耗量的 0.1%。而其中应用数量最大的是在嵌入式系统中的应用。目前比较有影响的 RISC 处理器产品主要有 IBM 公司的 PowerPC、MIPS 公司的 MIPS、Sun 公司的 Sparc、Intel 公司的 X86 系列、Motorola 公司的 68K/Coldfire 和 ARM 公司的 ARM 系列。

1. ARM 处理器

　　英国先进 RISC 机器公司(Advanced RISC Machines，ARM)是全球领先的 16/32 位 RISC 微处理器知识产权(Intellectual Property，IP)供应商。ARM 公司是专门从事基于 RISC 技术芯片设计开发的公司，作为知识产权供应商，本身不直接从事芯片生产，而是依靠转让微处理器、外围和系统芯片的设计技术给合作公司，由合作公司使用这些技术来生产各具特色的芯片。全世界有二百多家(包括最大的前 20 家)半导体公司都已从 ARM 公司获得技术授权，这既使得 ARM 技术获得了更多的第三方工具、制造、软件的支持，又使得整个系统成本降低，使产品更容易进入市场并被消费者所接受，更具有竞争力。目前，ARM 已成为移动通信、手持设备、多媒体数字消费等嵌入式解决方案事实上的标准。ARM 公司被半导体及电子业界评为过去 30 年全球最有影响力的 10 家公司之一。2016 年 9 月，日本软银集团以 320 亿美元成功收购 ARM 公司。

　　ARM 自 2001 年起在中国市场发展，目睹了中国半导体及集成电路产业的发展，参与了从"中国制造"上升到"中国创造"的历程，打造了一个基于 ARM 的创新生态环境，大力支持中国企业、科研机构、大学教育的创新。例如，国内已有 400 多所大学开设了与 ARM 相关的课程和实验室，出版了一百二十多本中文的 ARM 相关教科书。今天，许许多多的中国优秀 IC 企业已经设计出了具有国际竞争优势的集成电路芯片，广泛地应用于手机(TD-SCDMA、WCMDA 及 CDMA)、数字电视和移动电视、多媒体应用等。

　　目前，ARM 公司的中国总部设在上海，执行中国地区所有的产品业务和售后服务，并在北京及深圳设有办事处，和国内 60 多家 ARM Connected Community 成员企业一起支持 ARM 技术推广，帮助更多的中国企业利用 ARM 的业务模式和技术来提高竞争优势，完成价值链上从"中国制造"到"中国创造"的提升。

ARM 处理器本身是 32 位设计，但也配备 16 位指令集，以允许软件编码为更短的 16 位指令。与等价的 32 位代码相比，16 位代码节省的存储器空间高达 35%，同时还保留了 32 位系统所有的优势(例如，访问一个全 32 位地址空间)。Thumb 状态与正常的 ARM 状态之间的切换是零开销的。如果需要，可逐个例程切换，从而允许设计者完全控制其软件的优化。ARM 的 Jazelle 技术提供了 Java 加速，可得到比基于软件的 Java 虚拟机高得多的性能。与同等的非 Java 加速度核相比，Java 加速核的功耗降低了 80%。这些功能使平台开发者可以自由运行 Java 代码，并在单一存储器上建立操作系统和应用。许多系统需要将灵活的微控制器与 DSP 的数据处理能力相结合。过去这要迫使设计者在性能或成本之间折中，或者采用复杂的多处理器策略。针对这一点，ARM 在 CPU 功能上采用 DSP 指令集的扩充提供了增强的 16 位和 32 位算术运算能力，提高了系统性能和灵活性。此外，ARM 还提供了两个前沿特性——嵌入式 ICE-RT 逻辑和嵌入式跟踪宏核系列，用以辅助带嵌入式核的、高集成的 SOC 器件的调试。其中，嵌入式 ICE-RT 一直是 ARM 处理器重要的集成调试特性，实际上已被做进所有的 ARM 处理器中，从而允许在代码的任何部分——甚至在 ROM 中设置断点。业界领先的 ARM 跟踪解决方案——嵌入式跟踪宏单元(Embedded Trace Macrocell，ETM)被设计成驻留在 ARM 处理器上，用以监控内部总线，并能以核速度无妨碍地跟踪指令核数据的访问。

优良的性能和广泛的市场定位极大地增加和丰富了 ARM 的资源，加速了基于 ARM 处理器面向各种应用的系统芯片的开发和发展，使得 ARM 技术获得了更加广泛的应用，确立了 ARM 技术和市场的领先地位。目前，采用 ARM 技术知识产权核的微处理器已遍及工业控制、消费类电子产品、通信系统、网络系统、无线系统等各类产品市场，基本统治了智能移动终端，苹果、三星和华为等手机厂商，特别是高通手机芯片，都是基于 ARM 架构，手机领域的市场占有率超过了 95%。有数据统计显示，2015 年使用 ARM 芯片的设备有 150 亿台，比 2010 年增加了 60 亿台，每天有超过 4 千万基于 ARM 架构的芯片由 ARM 合作伙伴出售，应用于众多产品并被世界各地的消费者与企业所采用，ARM 技术正在逐步融入我们生活的各个方面。

基于 ARM 核嵌入式芯片的典型应用主要有：

- 汽车产品，如车载娱乐系统、车载安全装置、自主导航系统等。
- 消费娱乐产品，如数字视频、Internet 终端、交互电视、机顶盒、数字音频播放器、数字音乐板、游戏机等。
- 数字影像产品，如信息家电、数码相机、数字系统打印机等。
- 工业控制产品，如机器人控制、工程机械、冶金控制、化工生产控制等。
- 网络产品，如网络计算机、PCI 网络接口卡、ADSL 调制解调器、路由器等。
- 安全产品，如电子付费终端、银行系统付费终端、智能卡、SIM 卡等。
- 存储产品，如 PCI 到 Ultra2 SCSI 64 位 RAID 控制器、硬盘控制器等。
- 无线产品，如手机、PDA，目前 85% 以上的手机都基于 ARM 核。

除此以外，ARM 微处理器及技术还应用于其他许多不同的领域，并会在将来获得更加广泛的应用。

2. PowerPC 处理器

PowerPC 处理器品种很多，既有通用的处理器，又有嵌入式控制器和内核。PowerPC

的特点是可伸缩性好、方便灵活，从高端的工作站、服务器到桌面计算机系统，从消费电子到大型通信设备等各个方面，其应用范围非常广泛。

目前 PowerPC 处理器的主频范围为 25～700 MHz，它们的能量消耗、大小、整合程度、价格等差别悬殊，主要产品的芯片型号有 PowerPC 750、PowerPC 405 和 PowerPC 440。其中，PowerPC 750 于 1997 年研制成功，最高工作频率可达 500 MHz，采用先进的铜线技术。此型号处理器有许多品种，以适合各种不同的系统，包括 IBM 小型机、苹果电脑和其他系统。嵌入式的 PowerPC 405(主频最高为 266 MHz)是一个集成了 10/100 Mb/s 以太网控制器、串行和并行端口、内存控制器以及其他外设的高性能嵌入式处理器，它和 PowerPC 440(主频最高为 550 MHz)处理器可以用于各种集成的系统芯片设备上，在电信、金融和其他许多行业具有广泛的应用。

3．MIPS 处理器

MIPS 是 Microprocessor without Interlocked Pipeline Stages 的缩写，即"无内部互锁流水级的微处理器"，它是由 MIPS 技术公司开发的。MIPS 技术公司是一家设计制造高性能、高档次的嵌入式 32 位和 64 位处理器的厂商，在 RISC 处理器方面占有重要地位。MIPS 计算机公司成立于 1984 年。1992 年该公司被 SGI 收购。到了 1998 年，MIPS 脱离 SGI，成为 MIPS 技术公司。

MIPS 的机制是尽量利用软件办法避免流水线中的数据相关问题，它最早是在 20 世纪 80 年代初期由斯坦福(Stanford)大学 Hennessy 教授领导的研究小组研制出来的。MIPS 公司的 R 系列就是在此基础上开发的 RISC 工业产品的微处理器。1986 年推出 R2000 处理器，1988 年推出 R3000 处理器，1991 年推出第一款 64 位商用微处理器 R4000，之后又陆续推出 R8000(1994 年)、R10000(1996 年)和 R12000(1997 年)等型号。随后，MIPS 公司的战略发生变化，把重点放在嵌入式系统上。1999 年，MIPS 公司发布了 MIPS 32 和 MIPS 64 架构标准，为未来 MIPS 处理器的开发奠定了基础。新的架构集成了所有原来的 MIPS 指令集，并且增加了许多更强大的功能。MIPS 公司陆续开发了高性能、低功耗的 32 位处理器内核 MIPS 32 4Kc 和高性能的 64 位处理器内核 MIPS 64 5Kc。到了 2000 年，MIPS 公司发布了针对 MIPS 32 4Kc 的新版本以及 64 位 MIPS 64 20Kc 处理器内核。MIPS 公司推出的 MIPS 32 24K 微架构支持各种新一代嵌入式设计，如视频转换器和 DTV 等需要相当高的系统效能与应用设定弹性的数字消费性电子产品。此外，24K 微架构符合各种新兴的服务趋势，为宽频存取以及还在不断发展的网络基础设施、通信协议提供软件可编程的弹性。2012 年，Imagination 和 ARM 的母公司 BridgeCrossing 合力购得 MIPS 公司的 580 项专利，前者联合多家 MIPS 芯片设计企业组建 MIPS 开源社区 PRPL 基金会，共同推进 MIPS 架构与 IP 的持续向前发展；后者则侧重于战略性收购以提升知识产权能力。

在嵌入式应用方面，MIPS 系列微处理器应用领域覆盖机顶盒、游戏机、路由器、激光打印机、掌上电脑等各个方面。MIPS 的系统结构及设计理念比较先进，强调软/硬件协同提供性能，同时简化硬件设计。

4．Sparc 处理器

Sparc 处理器是由著名的 Sun 公司自行研发的微处理器芯片。根据 Sun 公司的发展规划，在 64 位 UltraSparc 处理器方面，主要有 3 个系列。首先是可扩展的 s 系列，主要用于高性能、易扩展的多处理器系统。目前 UltraSparc IIIs 的频率已达到 750 MHz，而 UltraSparc IVs 和 UltraSparc Vs 的频率分别为 1 GHz 和 1.5 GHz。其次是集成式 i 系列，它将多种系统功能集成在一个处理器上，为单处理器系统提供了更高的效率。已经推出的 UltraSparc IIIi 系列的频率达到 700 MHz，UltraSparc IVi 的频率达到 1 GHz。最后是嵌入式 e 系列，它为用户提供理想的性能价格比，其嵌入式应用包括瘦客户机、电缆调制解调器和网络接口等。Sun 公司还将推出主频分别为 300 MHz、400 MHz、500 MHz 等版本的处理器。

　　1999 年 6 月，UltraSparc III 首次亮相，采用先进的 0.18 μm 的 CMOS 工艺制造。该处理器全部采用 64 位结构和 VIS 指令集，时钟频率从 600 MHz 起，可用于高达 1000 个处理器协同工作的系统上。UltraSparc III 的内存带宽达到 2.4 GB/s，并配备了 8 MB 的二级高速缓存。UltraSparc III 和 Solaris 操作系统的应用实现了百分之百的二进制兼容，完全支持客户的软件投资，得到了众多的独立软件供应商的支持。不仅如此，为了帮助原设备厂商尽快把产品推向市场，集中精力开发产品，Sun 公司还开发了 Sparc 处理器主板，包括 ATX 和 Compact PCI 两个系列。

5．龙芯处理器

　　龙芯是中科院计算所研发的具有自主知识产权的中央处理器(CPU)。从 2001 年起，龙芯课题组在处理器的研制上取得重大成果，先后研制出龙芯 1 号、龙芯 2 号和龙芯 3 号处理器。龙芯最初的英文名字是 Godson，后来正式注册的英文名为 Longstanding。"龙芯"的诞生被业内人士誉为民族科技产业化道路上的一个里程碑。商品化的"龙芯"CPU 的研制成功标志着我国已打破国外公司对 CPU 的垄断。

　　龙芯 1 号在通用 CPU 体系结构设计方面采用了许多先进的设计与实现技术，尤其在动态流水线的具体实现和硬件对系统安全性的支持方面，有独特创新并申请了专利。龙芯 1 号在片内提供了一种特别设计的硬件机制，可以抗御缓冲区溢出攻击，在硬件上完全抵制了缓冲区溢出类攻击的危险，从而大大增加了服务器的安全性。龙芯 1 号 CPU 采用 0.18 μm 的 CMOS 工艺制造，具有良好的低功耗特性，平均功耗 0.4 W，最大功耗不超过 1 W，因此可以在大量的嵌入式应用领域中使用。此外，龙芯 1 号 CPU 可以运行大量的现有应用软件与开发工具，支持最新版本的 Linux、VxWork、Windows CE 等操作系统，因而又可广泛应用于工业控制、信息家电、通信、网络设备、PDA、网络终端、存储服务器、安全服务器等产品上。

　　龙芯 2 号采用四发射超标量超流水结构，片内一级指令和数据高速缓存的容量都是 64 KB，片外二级高速缓存的容量最多可达 8 MB。为了充分发挥流水线的效率，龙芯 2 号实现了先进的转移猜测、寄存器重命名、动态调度等乱序执行技术以及非阻塞的 Cache 访问和 load Speculation 等动态存储访问机制。龙芯 2 号处理器采用 0.18 μm 的 CMOS 工艺实现，在正常电压下的最高工作频率为 500 MHz，500 MHz 时的实测功耗为 3~5 W。龙芯 2 号的单精度浮点运算峰值速度为 20 亿次/秒，双精度浮点运算峰值速度为 10 亿次/秒，SPEC CPU 2000 的实测性能是龙芯 1 号的 8~10 倍，综合性能已经达到 Pentium III 的水平。

　　龙芯 3A 的工作频率为 900 MHz~1 GHz，功耗约 15 W，频率为 1 GHz 时双精度浮点运算速度峰值达到每秒 160 亿次，单精度浮点运算速度峰值每秒 320 亿次。龙芯 3A 采用意法半导体公司(STMicro)65 nm 的 CMOS 工艺生产，晶体管数目达 4.25 亿个，芯片采用

BGA 封装，引脚的数目为 1121 个，功耗小于 15 瓦。龙芯 3A 集成了四个 64 位超标量处理器核、4 MB 的二级 Cache、两个 DDR2/3 内存控制器、两个高性能 HyperTransport 控制器、一个 PCI/PCIX 控制器以及 LPC、SPI、UART、GPIO 等低速 I/O 控制器。龙芯 3A 的指令系统与 MIPS64 兼容并通过指令扩展支持 X86 二进制翻译。

2014 年 4 月，龙芯公司推出了龙芯 3B 六核桌面解决方案。龙芯 3B 六核芯片是一个配置为六核的高性能通用处理器，采用 32 nm 工艺制造，工作主频为 1.2 GHz。该解决方案使用 mini itx 规格主板，板载 AMD RS780E 南桥芯片，配置 1 个千兆网络接口，另外具有 PCI、PCIe、SATA、USB 等多种外设接口，并且可配备 hd6770 独立显卡以及 SSD 硬盘等，具有良好的可扩展性。

2015 年 3 月，中国发射首枚使用"龙芯"的北斗卫星。

2015 年 8 月，龙芯公司发布其新一代处理器架构产品，包括自主指令集 LongISA、新一代处理器微结构 GS464E、新一代处理器"龙芯 3A2000"和"龙芯 3B2000"、龙芯基础软硬件标准以及社区版操作系统 LOONGNIX。

2.3 ARM 处理器基础

2.3.1 ARM 简介

ARM 处理器核因其卓越的性能和显著优点，已成为高性能、低功耗、低成本嵌入式处理器核的代名词，得到了众多半导体厂家和整机厂商的大力支持。世界上几乎所有的半导体公司都获得了 ARM 公司的授权，并结合自身的产品发展，开发出具有自己特色的、基于 ARM 核的嵌入式 SOC 系统芯片。

1985 年 4 月 26 日，第一个 ARM 原型在英国剑桥的 Acorn 计算机有限公司诞生，并成功地运行了测试程序。

20 世纪 80 年代后期，ARM 很快开发出 Acorn 的台式机产品，奠定了英国教育界计算机技术的基础。

1990 年，为广泛推广 ARM 技术而成立了 Advanced RISC Machines Limited(简称 ARM Limited，即 ARM 公司)，新公司由苹果电脑、Acorn 电脑集团和 VLSI Thechnology 合资组建。在当时，Acorn Computers 推出了世界上首个商用单芯片 RISC 处理器——ARM 处理器，而苹果电脑当时希望将 RISC 技术应用于计算机系统中。VLSI Technology 公司制造了由 Acorn Computers 公司设计的第一个 ARM 芯片，成为 ARM 公司的第一个半导体合作伙伴。

20 世纪 90 年代，在 ARM 公司的精心经营下，优秀的体系结构设计以及 VLSI 器件实现的技术上的特点使得 ARM 处理器可与一些复杂得多的微处理器相抗衡，从而使其应用扩展到世界范围，特别是占据了低功耗、低成本和高性能的嵌入式系统应用领域的领先地位。

2011 年，微软公司宣布，下一版本的 Windows 系统将同时支持 SOC 处理器和 ARM

架构处理器。这是计算机工业发展历程中的一件大事，标志着 X86 处理器的主导地位发生了动摇。

采用 RISC 架构的 ARM 微处理器一般具有如下特点：

(1) 体积小、功耗低、成本低、性能高。

(2) 支持 Thumb(16 位)/ARM(32 位)双指令集，能很好地兼容 8 位/16 位器件。

(3) 大量使用寄存器，指令执行速度更快。

(4) 大多数数据操作都在寄存器中完成，通过 Load/Store 结构在内存和寄存器之间传递数据。

(5) 寻址方式灵活简单，执行效率高。

(6) 指令长度固定。

除此之外，ARM 系列还采用了一些特别的技术，在保证高性能的同时尽量减小芯片体积，降低芯片功耗。这些技术包括：

(1) 在同一条数据处理指令中包含算术逻辑处理单元，以进行算术处理和移位处理。

(2) 使用地址自动增加(减少)来优化程序中的循环处理。

(3) 使用 Load/Store 指令批量传输数据，从而提高数据传输的效率。

(4) 所有指令都可以根据前面的指令执行结果决定是否执行，以提高指令执行的效率。

ARM 技术的突出成果表现在以下方面：

(1) 引入新颖的“Thumb”压缩指令格式，降低了小型系统的成本和电源消耗。

(2) ARM9、ARM10、StrongARM、ARM11 和 Cortex 等系列处理器的开发，显著提高了 ARM 的性能，使得 ARM 技术在高端数字音频、视频处理等多媒体产品中的应用更加广泛。尤其是 Cortex 系列，它是 ARM 为满足不断发展的嵌入式技术所做的一次改进，主要用于高端和多核处理器上。

(3) 先进的软件开发和调试环境加快了用户产品的开发进程。

(4) 广泛的产业联盟使得基于 ARM 的嵌入式应用领域更加广阔。

(5) 嵌入在复杂 SOC 中、基于 ARM 核的调试系统代表着当今片上调试技术的前沿。

2.3.2　ARM 处理器系列

ARM 微处理器目前包括下面几个系列：

* ARM7 系列；
* ARM9 系列；
* ARM9E 系列；
* ARM10 系列；
* SecurCore 系列；
* Intel 的 StrongARM；
* Intel 的 Xscale；
* ARM11 系列。

除了具有 ARM 体系结构的共同特点以外，每一个系列的 ARM 微处理器都有其各自的特点和应用领域。其中，ARM7、ARM9、ARM9E 和 ARM10 产品系列是 4 个通用处理器系列，为特定目的而设计，每一个系列提供一套相对独特的性能来满足不同应用领域的需求。SecurCore 系列专门为安全性要求较高的应用而设计。

1. ARM7 系列微处理器

ARM7 系列微处理器为低功耗的 32 位 RISC 处理器，最适合于价位和功耗要求较高的消费类应用。

ARM7 系列微处理器具有如下特点：

(1) 具有嵌入式 ICE-RT 逻辑，调试开发方便。

(2) 功耗极低，适合于功耗要求较高的应用，如便携式产品。

(3) 能够提供 0.9 MIPS/MHz 的三级流水线结构。

(4) 代码密度高并兼容 16 位的 Thumb 指令集。

(5) 广泛支持操作系统，包括 Windows CE、Linux、Palm OS 等。

(6) 指令系统与 ARM9 系列、ARM9E 系列和 ARM10 系列兼容，便于用户的产品升级换代。

(7) 主频最高可达 130 MHz，高速的运算处理能力能胜任绝大多数的复杂应用。

ARM7 系列微处理器的主要应用领域为工业控制、Internet 设备、网络和调制解调器设备、移动电话等多种多媒体和嵌入式应用。

ARM7 系列微处理器的组成如图 2-1 所示。

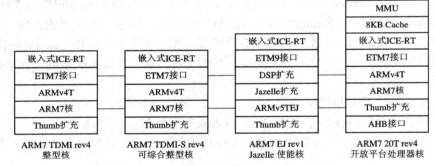

图 2-1   ARM7 系列微处理器的组成

> ARM7 TDMI

ARM7 TDMI 是目前使用最广泛的 32 位嵌入式 RISC 处理器，属于低端 ARM 处理器核。ARM7 TDMI 是从最早实现了 32 位地址空间编程模式的 ARM6 核发展而来的，可以稳定地在低于 5 V 的电源电压下可靠工作，并且增加了 64 位乘法指令，支持片上调试、Thumb 指令集、嵌入式 ICE 片上断点和观察点。

ARM7 TDMI 的名称含义为：

ARM7——32 位 ARM 体系结构 4T 版本，ARM6 32 位整型核的 3 V 兼容版本；

T——支持 16 位压缩指令集 Thumb；

D——支持片上调试(Debug)；

M——内嵌硬件乘法器(Multiplier)；

I——嵌入式 ICE，支持片上断点和调试点。

本书所介绍的 Samsung 公司的 S3C44B0X 即属于该系列的处理器。

➢　ARM7 TDMI-S

ARM7 TDMI 的可综合(Synthesizable)版本(软核)，最适合于可移植性和灵活性要求较高的现代电子设计。

➢　ARM7 20T

ARM7 20T 在 ARM7 TDMI 处理器核的基础上增加了一个 8 KB 的指令和数据混合的 Cache。外部存储器和外围器件通过 AMBA 总线主控单元来访问，同时还集成了写缓冲器以及全性能的 MMU。ARM7 20T 最适合于有低功耗和小体积要求的应用。

➢　ARM7 EJ

ARM7 EJ 是 Jazelle 和 DSP 最小指令集和最低功耗的实现。

2．ARM9 系列微处理器

ARM9 系列微处理器是在高性能和低功耗特性方面最佳的硬件宏单元。ARM9 将流水线级数从 ARM7 的三级增加到五级，并使用了指令与数据存储器分开的哈佛(Harvard)体系结构。在相同的工艺条件下，ARM9 TDMI 的性能近似为 ARM7 TDMI 的 2 倍。

ARM9 系列微处理器主要具有以下特点：

(1) 具有五级整数流水线，指令执行效率更高。

(2) 提供 1.1 MIPS/MHz 的哈佛结构。

(3) 支持 32 位 ARM 指令集和 16 位 Thumb 指令集。

(4) 支持 32 位的高速 AMBA 总线接口。

(5) 全性能的 MMU，支持 Windows CE、Linux、Palm OS 等多种主流嵌入式操作系统。

(6) MPU 支持实时操作系统。

(7) 支持数据 Cache 和指令 Cache，具有更高的指令和数据处理能力。

ARM9 系列微处理器主要应用于引擎管理、无线设备、仪器仪表、安全系统、机顶盒、高端打印机、PDA、网络电脑、数字照相机和数字摄像机等。

ARM9 系列微处理器的组成如图 2-2 所示。

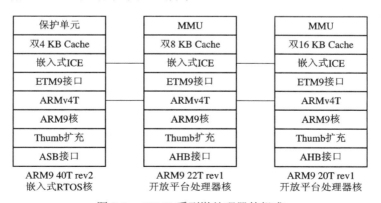

图 2-2　ARM9 系列微处理器的组成

➢　ARM9 20T 和 ARM9 22T

① 全性能的 MMU。MMU 采用系统控制协处理器 CP15 控制存储器管理结构。除支持 64 KB 大页和 4 KB 的小页外，ARM9 20T 和 ARM9 22T 的 MMU 还支持 1 KB 的微页转

换。此外，ARM9 20T 的 MMU 也支持可选择的 TLB 环锁定，以保证关键进程的转换页不会被清除。

② 指令和数据 Cache。ARM9 20T 的指令和数据 Cache 都是 16 KB，而 ARM9 22T 的指令和数据 Cache 是 8 KB。其中，指令 Cache 为只读，数据 Cache 采用写回(Copy-Back)策略。

③ 高速 AMBA 总线接口。

➤ ARM9 40T

ARM9 40T 比 ARM9 20T 简单，具有存储器保护单元，不支持虚拟地址到物理地址的转换。

① 存储器保护单元。由于 ARM9 40T 采用分开的指令和数据存储器，因此存储器保护单元也是分开的。这个配置没有虚拟地址到物理地址的转换机构。许多嵌入式系统不需要地址转换，而且由于整个 MMU 占有很大的芯片面积，因此去掉 MMU 可以大大降低成本。

② 指令和数据 Cache。ARM9 40T 的指令和数据 Cache 均为 4 KB，且由 4 个 1 KB 的段构成。

③ 高速 AMBA 总线接口。

3. ARM9E 系列微处理器

ARM9E 系列微处理器为可综合处理器，使用单一的处理器内核，提供了微控制器、DSP、Java 应用系统的解决方案，极大地减少了芯片的面积和系统的复杂程度。ARM9E 系列微处理器提供了增强的 DSP 处理能力，很适合那些同时需要 DSP 和微控制器的场合。

ARM9E 系列微处理器的主要特点如下：

(1) 支持 DSP 指令集，适合于需要高速数字信号处理的场合。

(2) 提供 1.1 MIPS/MHz 的五级整数流水线和哈佛结构，指令执行效率更高。

(3) 支持 32 位 ARM 指令集和 16 位 Thumb 指令集。

(4) 支持 32 位的高速 AMBA 总线接口。

(5) 支持 VFP9 浮点运算协处理器。

(6) 全性能的 MMU，支持 Windows CE、Linux、Palm OS 等多种主流嵌入式操作系统。

(7) MPU 支持实时操作系统。

(8) 支持数据 Cache 和指令 Cache，具有更高的指令和数据处理能力。

(9) 主频最高可达 300 MHz。

ARM9E 系列微处理器广泛应用于硬盘驱动器和 DVD 播放器等海量存储设备、语音编码器、调制解调器和软调制解调器、PDA、店面终端、智能电话、MPEG MP3 音频译码器、语音识别与合成，以及免提连接、巡航控制和反锁刹车等自动控制解决方案。

ARM9E 系列微处理器的组成如图 2-3 所示。

➤ ARM9 26EJ-S

① Jazelle 扩充。

② 每个可配置的 Cache 可分别为 4 KB、8 KB、16 KB，总容量高达 128 KB。

③ 分立的指令和数据高速 AHB 接口。

④ 全性能的 MMU。

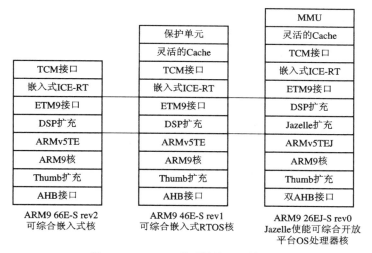

图 2-3　ARM9E 系列微处理器的组成

➢　**ARM9 46E-S**

集成了存储器保护单元，提供实时嵌入式操作系统的 Cache 核方案。指令 Cache 和数据 Cache 可以各为 4～64 KB，并且两个 Cache 的大小可以不同。

➢　**ARM9 66E-S**

ARM9 66E-S 中没有 Cache，但是集成了一个紧密耦合的 SRAM，该 SRAM 映射到固定的存储器地址，并且其容量可以变化。ARM9 66E-S 最适于硅片面积小而对 Cache 无要求的实时嵌入式应用。

4．ARM10 系列微处理器

ARM10 系列微处理器属于 ARM 处理器核中的高端处理器核，具有高性能、低功耗的特点。由于采用了新的体系结构，与同等的 ARM9 器件相比较，在同样的时钟频率下，ARM10 的性能提高了近 50%。同时，ARM10 系列微处理器采用了两种先进的节能方式，功耗极低。

ARM10 系列微处理器的主要特点如下：

(1) 支持 DSP 指令集，适合于需要高速数字信号处理的场合。

(2) 具有六级整数流水线，指令执行效率更高。

(3) 支持 32 位 ARM 指令集和 16 位 Thumb 指令集。

(4) 支持 32 位的高速 AMBA 总线接口。

(5) 支持 VFP10 浮点运算协处理器。

(6) 全性能的 MMU，支持 Windows CE、Linux、Palm OS 等多种主流嵌入式操作系统。

(7) 支持数据 Cache 和指令 Cache，具有更高的指令和数据处理能力。

(8) 主频最高可达 400 MHz。

(9) 内嵌并行读/写操作部件。

ARM 中各种各样的向量浮点(Vector Floating Point，VFP)协处理器为 ARM10 系列的处理器核增加了全浮点操作。ARM10 通过把 ARM VFP 包括进 SOC 设计中，以及使用专门的计算工具(如 MATLAB 和 MATRIX)来直接进行系统建模和生成应用代码，可以得到更快的开发速度和更可靠的性能。此外，ARM VFP 的向量处理能力还为图像方面的应用提供了更多的性能。

ARM10 系列微处理器专为数字机顶盒、管理器(organizer)和智能电话等高效手提设备而设计，并为复杂的视频游戏机和高性能打印机提供高级的整数和浮点运算能力。

ARM10 系列微处理器的组成如图 2-4 所示。

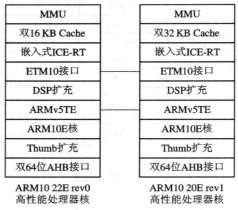

MMU	MMU
双16 KB Cache	双32 KB Cache
嵌入式ICE-RT	嵌入式ICE-RT
ETM10接口	ETM10接口
DSP扩充	DSP扩充
ARMv5TE	ARMv5TE
ARM10E核	ARM10E核
Thumb扩充	Thumb扩充
双64位AHB接口	双64位AHB接口
ARM10 22E rev0 高性能处理器核	ARM10 20E rev1 高性能处理器核

图 2-4　ARM10 系列微处理器的组成

5．SecurCore 系列微处理器

SecurCore 系列微处理器专为安全需要而设计，提供了完善的 32 位 RISC 技术的安全解决方案，具有特定的抗篡改(resist tampering)和反工程(reverse engineering)特性。因此，SecurCore 系列微处理器除了具有 ARM 体系结构的低功耗、高性能的特点外，还具有其独特的优势。

SecurCore 系列微处理器除了具有 ARM 体系结构的各种主要特点外，在系统安全方面还具有如下特点：

(1) 带有灵活的保护单元，以确保操作系统和应用数据的安全。

(2) 采用软内核技术，防止外部对其进行扫描探测。

(3) 可集成用户自己的安全特性和其他协处理器。

SecurCore 系列微处理器主要应用于一些对安全性要求较高的产品及系统中，如电子商务、电子政务、电子银行业务、网络和认证系统等领域。

SecurCore 系列微处理器包含 SecurCore SC100、SecurCore SC110、SecurCore SC200 和 SecurCore SC210 四种类型，分别适用于不同的场合。

6．StrongARM 微处理器

1995 年，ARM、Apple 和 DEC 公司联合声明将开发一种应用于 PDA 的高性能、低功耗、基于 ARM 体系结构的 StrongARM 微处理器。当时 Digital 公司的 Alpha 微处理器是一个工作频率非常高的 64 位 RISC 微处理器。Intel 公司自 1998 年接管 Digital 半导体公司直到现在，采用同样的技术，进一步考虑功耗效率，设计了 StrongARM SA-110，成为高性能嵌入式微处理器设计的一个里程碑。StrongARM SA-110 处理器是采用 ARM 体系结构、高度集成的 32 位 RISC 微处理器，它融合了 Intel 公司的设计和处理技术以及 ARM 体系结构的电源效率，在软件上兼容 ARMv4 体系结构，同时又具有 Intel 的技术优点。

StrongARM 微处理器的主要特点有：

(1) 具有寄存器前推的五级流水线。

(2) 除了 64 位乘法、多寄存器传送和存储器/寄存器交换指令外，其他所有普通指令均是单周期指令。

(3) 具有低功耗的伪静态操作。

(4) 不论处理器的时钟频率有多高，乘法器每个周期均计算 12 位，用 1～3 个时钟周期计算两个 3 位操作数的乘法。对于数字信号处理性能要求很高的应用来说，StrongARM 的高速乘法器有很大的潜力。

(5) 使用系统控制协处理器来管理片上 MMU 和 Cache 资源，并且集成了 JTAG 边界扫描测试电路以支持印制板连接测试。

Intel StrongARM 微处理器是便携式通信产品和消费类电子产品的理想选择，已成功应用于康柏的 iPAQ H3600 Pocket PC、惠普的 Jonada Handheld PC 和 Java 技术支持的 Palmtop 掌上电脑等多种产品中。

7. Xscale 处理器

Intel Xscale 处理器基于 ARMv5TE 体系结构，是一款高性能、高性价比、低功耗的处理器。它提供了从手持互联网设备到互联网基础设施产品的全面解决方案，支持 16 位的 Thumb 指令和 DSP 指令集。基于 Xscale 技术开发的系列微处理器，由于超低功率与高性能的组合使其适用于广泛的互联网接入设备，在因特网的各个应用环节中表现出了令人满意的处理性能。

Xscale 处理器是 Intel 目前主要推广的一款 ARM 微处理器。该处理器架构经过了专门设计，核心采用了 Intel 公司先进的 0.18 μm 工艺技术制造，处理速度是 Intel StrongARM 的 2 倍，其内部结构也有了相应的变化。现在，StrongARM 处理器已经停产，Xscale 处理器成为它的替代产品。Xscale 处理器的主要特点有：

(1) 数据 Cache 的容量从 8 KB 增加到 32 KB。

(2) 指令 Cache 的容量从 16 KB 增加到 32 KB。

(3) 微小数据 Cache 的容量从 512 B 增加到 2 KB。

(4) 为了提高指令的执行速度，超级流水线结构由五级增至七级。

(5) 新增乘法/加法器 MAC 和特定的 DSP 型协处理器 CP0，以提高对多媒体技术的支持。

(6) 动态电源管理，使时钟频率可达 1 GHz，功耗低至 1.6 W，并能达到 1200 MIPS。

Intel Xscale 微处理器结构对于诸如数字移动电话、个人数字助理和网络产品等都具有显著的优点。

8. ARM11 处理器

ARM11 系列微处理器是 ARM 公司推出的新一代 RISC 处理器，它是 ARM 新指令架构——ARMv6 的第一代设计实现。该系列主要有 ARM11 36J、ARM11 56T2 和 ARM11 76JZ 三个内核型号，分别针对不同应用领域。

ARM11 系列微处理器可以在使用 130 nm 代工厂技术、小至 2.2 mm×2 mm 的芯片面积和低至 0.24 mW/MHz 的前提下达到高达 500 MHz 的性能表现。系列 ARM11 微处理器系列以众多消费产品市场为目标，推出了许多新的技术，包括针对媒体处理的 SIMD、用以提高安全性能的 TrustZone 技术、智能能源管理(IEM)，以及需要非常高的、可升级的超过 2600 Dhrystone 2.1 MIPS 性能的系统多处理技术。主要的 ARM11 系列微处理器有 ARM11 36JF-S、ARM11 56T2F-S、ARM11 76JZF-S、ARM11 MCORE 等多种。

9．Cortex 系列处理器

ARM 公司将 ARM11 以后的产品改用 Cortex 命名，并分为 A、R 和 M 三类，A 系列是用于复杂操作系统和用户应用程序的处理器，R 系列是用于实时系统的嵌入式处理器，M 系列是针对成本敏感的应用而进行优化的嵌入式处理器，旨在为各种不同的市场提供服务。目前，A 系列的处理器主要有 Cortex-A73、 Cortex-A17、Cortex-A15 MPCore、Cortex-A73、Cortex-A9、Cortex-A8、Cortex-A7、Cortex-A5、Cortex-A53、Cortex-A57 以及 Cortex-A72 等；R 系列的处理器主要有 Cortex-R8、Cortex-R8、Cortex-R5、Cortex-R4 和 Cortex-R52 等；M 系列的处理器主要有 Cortex-M7、Cortex-M4、Cortex-M3、Cortex-M0、Cortex-M0+、Cortex-SC00 和 Cortex-SC000 等。

Cortex 系列处理器依托丰富的指令集操作系统，可为用户提供全方位的解决方案，从超低成本手机、智能手机、移动计算平台、数字电视和机顶盒到企业网络、打印机和服务器等。

2.3.3　ARM 处理器体系结构

1．ARM 体系结构的基本版本

ARM 公司自成立以来，在嵌入式处理器开发领域中不断取得突破。ARM 指令集体系结构从开发出来至今，也已经发生了重大的变化，未来将会继续发展。到目前为止，ARM 体系的指令集功能形成了多种版本，同时，各版本中还发展了一些变种，这些变种定义了该版本指令集中不同的功能。在应用时，不同的处理器设计采用了相适应的体系结构。

为了精确表述在每个 ARM 实现中所使用的指令集，迄今为止，人们定义了 8 种主要版本，分别用版本号 1～8 表示。这 8 种版本的 ARM 指令集和体系架构如下。

1) 版本 v1

ARM 体系结构版本 v1 对第一个 ARM 处理器进行描述，从未用于商用产品。版本 v1 的地址空间是 26 位，仅支持 26 位寻址空间，不支持乘法或协处理器指令。基于该体系结构的 ARM 处理器应用在 BBC 微计算机中。虽然这种微型计算机制造得很少，但它标志着 ARM 成为第一个商用单片 RISC 微处理器。

版本 v1 包括下列指令：

(1) 基本的数据处理指令(不包括乘法指令)。

(2) 基于字节、字和半字的加载/存储(Load/Store)指令。

(3) 分支(Branch)指令，包括设计用于子程序调用的分支与链接指令。

(4) 软件中断指令(SWI)，用于进行操作系统调用。

版本 v1 现已废弃不用。

2) 版本 v2

以 ARM v2 为核的 Acorn 公司的 Archimedes(阿基米德)和 A3000 批量销售，使用了 ARM 公司现在称为 ARM 体系结构版本 v2 的体系结构。版本 v2 仍然只支持 26 位的地址空间，但包含了对 32 位结果的乘法指令和协处理器的支持。

版本 v2a 是版本 v2 的变种。ARM3 是第一片具有片上 Cache 的 ARM 处理器芯片，它采用了版本 v2a。版本 v2a 增加了称为 SWP 和 SWPB 的原子性加载和存储指令(合并了 Load 和 Store 操作的指令)，并引入了协处理器作为系统控制协处理器来管理 Cache。

版本 v2(2a)在 v1 的基础上进行了以下扩展：

(1) 增加了乘法和乘加指令。

(2) 增加了支持协处理器的指令。

(3) 对于快速中断(FIQ)模式，提供了两个以上的影子寄存器。

(4) 增加了 SWP 指令和 SWPB 指令。

版本 v2 现已废弃不用。

3) 版本 v3

ARM 作为独立的公司，在 1990 年设计的第一个微处理器 ARM6 采用的是版本 v3 的体系结构。版本 v3 作为集 IP 核、独立的处理器(ARM60)、片上高速缓存、MMU 核写缓冲于一体的 CPU(用于 Apple Newton 的 ARM600、ARM610)所采纳的体系结构而被大量销售。

版本 v3 的变种有版本 v3G 和版本 v3M。版本 v3G 不与版本 v2a 向前兼容；版本 v3M 引入了有符号数和无符号数的乘法和乘加指令，这些指令产生全部 64 位结果。

版本 v3 将寻址范围扩展到了 32 位；程序状态信息由过去的寄存器 R15 中转移到了一个新增的当前程序状态寄存器(Current Program Status Register，CPSR)中；增加了程序状态保存寄存器(Saved Program Status Register，SPSR)，以便当异常情况出现时保留 CPSR 的内容；在此基础上还增加了未定义和异常中止模式，以便在监控模式下支持协处理器仿真和虚拟存储器。

版本 v3 较以前的版本发生了如下变化：

(1) 地址空间扩展到 32 位，除了 3G 外的其他版本均向前兼容，支持 26 位的地址空间。

(2) 具有分开的当前程序状态寄存器和程序状态保存寄存器。

(3) 增加了两种异常模式，使操作系统代码可以方便地使用数据来访问中止异常、指令预取中止异常和未定义指令异常。

(4) 增加了两个指令(MRS 和 MSR)，以允许对新增的 CPSR 和 SPSR 寄存器进行读/写。

(5) 修改了用于从异常(exception)返回的指令功能。

4) 版本 v4

v4 是第一个具有全部正式定义的体系结构版本，它增加了有符号半字、无符号半字和有符号字节的加载/存储指令，并为结构定义的操作预留了一些 SWI 空间；引入了系统模式(使用用户寄存器的特权模式)，并将几个未使用指令空间的角落留给未定义指令使用。

在 v4 的变种版本 v4T 中，引入了 16 位 Thumb 压缩形式的指令集。

与版本 v3 相比，版本 v4 作了以下扩展：

(1) 增加了有符号、无符号半字和有符号字节的 Load 和 Store 指令。

(2) 增加了 T 变种，处理器可以工作于 Thumb 状态，在该状态下的指令集是 16 位的 Thumb 指令集。

(3) 增加了处理器的特权模式。在该模式下，使用的是用户模式寄存器。

版本 v4 不再强制要求与 26 位地址空间兼容，而且还清楚地指明了哪些指令将会引起未定义指令异常。

5) 版本 v5

版本 v5 通过增加一些指令以及对现有指令的定义略作修改,对版本 v4 进行了扩展。版本 v5 主要由版本 v5T 和 v5TE 两个变种组成。ARM10 处理器是最早支持版本 v5T 的处理器。版本 v5T 是版本 v4T 的扩展,加入了 BLX、CLZ 和 BRK 指令。为了简化那些同时需要控制器和信号处理功能的系统设计任务,版本 v5TE 在版本 v5T 的基础上增加了信号处理指令集,并首先在 ARM9E-S 可综合核中实现。

版本 v5 主要有如下扩展:

(1) 提高了 T 变种中 ARM/Thumb 之间切换的效率。

(2) 让非 T 变种和 T 变种一样,使用相同的代码生成技术。

(3) 增加了一个计数前导零(Count Leading Zeroes,CLZ)指令,该指令允许更有效的整数除法和中断优先程序。

(4) 增加了软件断点(BKPT)指令。

(5) 为协处理器设计提供了更多的可选择的指令。

(6) 对由乘法指令如何设置条件码标志位进行了严格的定义。

6) 版本 v6

ARM 体系结构版本 v6 是 2001 年发布的。新架构版本 v6 在降低耗电量的同时,强化了图形处理性能,并通过追加能够有效进行多媒体处理的 SIMD 功能,将其对语音及图像的处理功能提高到了原机型的 4 倍。版本 v6 首先在 2002 年春季发布的 ARM11 处理器中使用。除此之外,版本 v6 还支持多种微处理器内核。

7) 版本 v7

基于 ARMv1 到 ARMv6 体系架构的处理器,都是针对功耗比较敏感的移动设备而设计的,与传统的 PC 处理器有本质的区别,就性能而言,两者也相差甚远。2004 年,ARM 进一步扩展了其 CPU 设计,发布了 ARMv7 体系架构,自此 ARM 的市场开始扩展到移动设备之外的其他领域,标识着其与传统处理器"竞争"的开始。在这个版本中,内核架构首次从单一款式变成了 3 种,即款式 A,用于设计高性能的"开发应用平台",适用于需要运行复杂应用程序并支持大型嵌入式操作系统的场合,典型应用如高端手机、平板电脑和移动终端等,其性能接近普通 PC;款式 R,具有硬实时性的高性能处理器,面向高端实时应用场合,如高档汽车组件和机器人控制等;款式 M,更注重性价比,采用低功耗设计,可完全胜任以往微控制器(单片机)的应用场合。

8) 版本 v8

2011 年 11 月,ARM 公司首次发布了支持 64 位指令集的处理器架构 ARMv8 的部分细节,是近 20 年来 ARM 体系架构变动最大的一次。它是在 32 位 ARM 架构上进行开发的,保留了 ARMv7 架构的主要特性,引入了 Execution State(执行状态)、Exception Level(异常级别)、Security State(安全模式)等新特性,摆脱了 32 bit 指令集的束缚,新增了 64 bit 指令集,可以支持更大的虚拟内存。作为下一代处理器的核心技术,它主要用于对扩展虚拟地址和 64 位数据处理技术有更高要求的产品领域,如企业应用、高档电子消费品等。ARMv8 架构包含两个执行状态:AArch64 和 AArch32。AArch64 执行状态针对 64 位处理技术,而 AArch32 执行状态将支持现有的 ARM 指令集。ARM 公司于 2012 年推出基于

ARMv8 架构的处理器内核并开始授权，而面向消费者和企业的样机于 2013 年在苹果的 A7 处理器上首次运用。

表 2-1 总结了每个核使用的 ARM 体系结构的版本。

表 2-1　ARM 体系结构的版本

核	体系结构
ARM1	v1
ARM2	v2
ARM2aS、ARM3	v2a
ARM6、ARM600、ARM610	v3
ARM7、ARM700、ARM710	v3
ARM7 TDMI、ARM7 10T、ARM7 20T、ARM7 40T	v4T
StrongARM、ARM8、ARM810	v4
ARM9 TDMI、ARM9 20T、ARM9 40T	v4T
ARM9E-S	v5TE
ARM10 TDMI、ARM1020E	v5TE
ARM11、ARM11 56T2-S、ARM11 56T2F-2、ARM11 76JZ-S、ARM11 JZF-S	v6
Cortex-A17、Cortex-A15、Cortex-A9、Cortex-A8、Cortex-A7、Cortex-A5、Cortex-R8、Cortex-R7、Cortex-R5、Cortex-R4、Cortex-M0、Cortex-M0+、Cortex-M3、Cortex-M4、Cortex-M7、Cortex-SC000、Cortex-SC300	v7
Cortex-A57、Cortex-A72、Cortex-A73、Cortex-A53、Cortex-A32、Cortex-A35、Cortex-A52、	v8

2．ARM 体系结构的演变

通常将具有某些特殊功能的 ARM 体系结构称为该 ARM 体系结构的某种变种(Variant)，如将支持 Thumb 指令集的 ARM 体系称为其 T 变种。迄今为止，ARM 定义了以下一些变种。

1) Thumb 指令集(T 变种)

Thumb 指令集是 ARM 指令集的重编码子集。Thumb 指令(16 位)的长度是 ARM 指令(32 位)长度的一半，因此使用 Thumb 指令集可得到比 ARM 指令集更高的代码密度，这对于降低产品成本是非常有意义的。

对于支持 Thumb 指令的 ARM 体系版本，一般通过增加字符 T 来表示(如 v4T)。与 ARM 指令集相比，Thumb 指令集具有以下两个限制：

(1) 对同样的工作来说，Thumb 代码通常使用更多的指令。因此，为了充分发挥时间关键的代码的性能，最好采用 ARM 代码。

(2) Thumb 指令集不包括异常处理所需的指令。因此,至少顶级异常处理需要使用 ARM 代码。

基于上述第(2)个限制，Thumb 指令集总是与相应版本的 ARM 指令集配合使用。目前，Thumb 指令集有两个版本:Thumb 指令集版本 v1(此版本作为 ARM 体系版本 v4 的 T 变种)

和 Thumb 指令集版本 v2(此版本作为 ARM 体系版本 v5 的 T 变种)。与 Thumb 版本 v1 相比，版本 v2 具有如下特点：

(1) 通过增加新的指令和对已有指令的修改，提高了 ARM 指令和 Thumb 指令混合使用时的效率。

(2) 增加了软件中断指令，更严格地定义了 Thumb 乘法指令对条件码标志位的影响。

这些改变与 ARM 体系版本 v4 到 v5 的扩展密切相关。在实际使用中，通常不使用 Thumb 的版本号，而使用相应的 ARM 版本号。

2) 长乘法指令(M 变种)

ARM 指令集的长乘法指令是一种生成 64 位相乘结果的乘法指令。与乘法指令相比，M 变种增加了以下两条指令：一条指令完成 32 位整数乘以 32 位整数，生成 64 位整数的长乘操作(即 $32 \times 32 \rightarrow 64$)；另一条指令完成 32 位整数乘以 32 位整数，然后加上一个 32 位整数，生成 64 位整数的长乘加操作(即 $32 \times 32 + 32 \rightarrow 64$)。

M 变种非常适合需要这种长乘法的场合。但是，M 变种包含的指令意味着乘法器必须相当大，因此，在对芯片尺寸要求苛刻而乘法性能不太重要的系统实现中，就不适合添加这种相当耗费芯片面积的 M 变种。

M 变种首先在 ARM 体系版本 v3 中引入。如果没有上述设计方面的限制，在 ARM 体系版本 v4 及其以后的版本中，M 变种将是系统中的标准部分。对于支持长乘法 ARM 指令的 ARM 体系版本，使用字符 M 来表示。

3) 增强型 DSP 指令(E 变种)

ARM 指令集的 E 变种包括一些附加指令。在完成典型的 DSP 算法方面，这些附加指令可以增强 ARM 处理器的性能。它们包括：

(1) 几条新的完成 16 位数据乘法和乘加操作的指令。

(2) 实现饱和的带符号算术运算的加法和减法指令。饱和的带符号算术运算的加法和减法是整数算法的一种形式。这种算法在加减法操作溢出时，结果并不进行卷绕(Wrapping Around)，而是使用最大的整数或最小的负数来表示。

(3) 进行双字数据操作的指令，包括加载寄存器指令 LDRD、存储寄存器指令 STRD 和协处理器的寄存器传送指令 MCRR 与 MRRC。

(4) Cache 预加载指令 PLD。

E 变种首先在 ARM 体系版本 v5T 中使用，用字符 E 表示。在 v5 以前的版本以及非 M 变种和非 T 变种的版本中，E 变种是无效的。

对于一些早期 ARM 体系的 E 变种，其实现省略了 LDRD、STRD、MCRR、MRRC 和 PLD 指令。这种 E 变种记作 ExP，其中 x 表示缺少，P 代表上述的几种指令。

4) Java 加速器 Jazelle(J 变种)

ARM 的 Jazelle 技术将 Java 语言的优势和先进的 32 位 RISC 芯片完美地结合在了一起。Jazelle 技术提供了 Java 加速功能，使得 Java 代码的运行速度比普通 Java 虚拟机提高了 8 倍，而功耗却降低了 80%。

Jazelle 技术允许 Java 应用程序、已经建立好的操作系统和中间件以及其他应用程序在一个单独的处理器上同时运行。这样，一些必须用到协处理器和双处理器的场合便可以使用单处理器来代替，在提供高性能的同时保证了低功耗和低成本。

J 变种首先在 ARM 体系版本 vTEJ 中使用，用字符 J 表示。

5）ARM 媒体功能扩展(SIMD 变种)

ARM 媒体功能扩展 SIMD 技术为嵌入式应用系统提供了高性能的音频和视频处理能力，它可使微处理器的音频和视频处理性能提高 4 倍。

新一代的 Internet 应用系统、移动电话和 PDA 等设备都需要提供高性能的流式媒体，包括音频和视频等，而且这些设备需要提供更加人性化的界面，包括语音识别和手写输入识别等。因此，处理器必须能够提供很强的数字信号处理能力，同时还必须保持低功耗以延长电池的使用时间。ARM 的 SIMD 媒体功能扩展为这些应用系统提供了解决方案，它为包括音频和视频处理在内的应用系统提供了优化功能。其主要特点包括：

(1) 将处理器的音频和视频处理性能提高了 2～4 倍。

(2) 可同时进行 2 个 16 位操作数或 4 个 8 位操作数的运算。

(3) 提供了小数算术运算。

(4) 用户可自定义饱和运算的模式。

(5) 可以进行 2 个 16 位操作数的乘加/乘减运算。

(6) 提供 32 位乘以 32 位的小数乘加运算。

(7) 可以进行同时 8 位/16 位的选择操作。

ARM 的 SIMD 变种主要应用在以下领域：

• Internet 应用系统。

• 流式媒体应用系统。

• MPEG4 编码/解码系统。

• 语音和手写输入识别。

• FFT 处理。

• 复杂的算术运算。

• Viterbi 处理。

3. ARM/Thumb 体系结构版本命名

为了精确命名版本和 ARM/Thumb 体系版本的变种，则将下面的字符串连接起来使用：

(1) 基本字符串 ARMv。

(2) ARM 指令集的版本号，目前是 1～6 的数字字符。

(3) 表示变种的字符(除了 M 变种)。在 ARM 体系版本 v4 及以后的版本中，M 变种是系统的标准配置，因而字符 M 通常不单独列出。

(4) 使用字符 x 表示排除某种功能。若在 v3 以后的版本中描述为标准的变种没有出现，则字符 x 后跟随所排除变种的字符。如在 ARMv5TExP 体系版本中，x 表示缺少，P 表示在 ARMv5TE 中排除某些指令(包括 LDRD、STRD、MCRR/MRRC、PLD)。

ARM/Thumb 体系版本的名称及其含义是不断发展变化的，最新含义可查阅相关的 ARM 资料。表 2-2 列出了目前 ARM/Thumb 体系版本的标准名称，这些名称提供了描述由 ARM 处理器实现精确指令集的最简短的方法。

表 2-2　目前有效的 ARM/Thumb 体系版本

名　称	ARM指令集 版本	Thumb 指令集 版本	M 变种	E 变种	J 变种	SIMD 变种
ARMv3	3	无	否	否	否	否
ARMv3M	3	无	是	否	否	否
ARMv4xM	4	无	否	否	否	否
ARMv4	4	无	是	否	否	否
ARMv4TxM	4	1	否	否	否	否
ARMv4T	4	1	是	否	否	否
ARMv5xM	5	无	否	否	否	否
ARMv5	5	无	是	否	否	否
ARMv5TxM	5	2	否	否	否	否
ARMv5T	5	2	是	否	否	否
ARMv5TExP	5	2	是	除 LDRD、STRD、 MCRR/MRRC、PLD 外的所有指令	否	否
ARMv5TE	5	2	是	是	否	否
ARMv5TEJ	5	2	是	是	是	否
ARMv6	6	2	是	是	是	是

2.3.4　ARM 处理器应用选型

　　鉴于 ARM 微处理器的众多优点，随着国内外嵌入式应用的逐步发展，ARM 微处理器获得了广泛的重视和应用。但是，ARM 微处理器有多达十几种的内核结构，几十个芯片生产厂家，以及千变万化的内部功能配置组合，这给开发人员在选择方案时带来了一定的困难，所以，对 ARM 芯片作一些对比研究是十分必要的。

　　以下从应用的角度出发，对在选择 ARM 微处理器时所应考虑的主要问题作一简要的探讨。

1．ARM 微处理器内核

　　从前面所介绍的内容可知，ARM 微处理器包含一系列的内核结构，以适应不同的应用领域，用户如果希望使用 Windows CE 或标准 Linux 等操作系统来减少软件开发时间，就需要选择 ARM7 20T 以上带有 MMU(Memory Management Unit)功能的 ARM 芯片。ARM7 20T、ARM9 20T、ARM9 22T、ARM9 46T、StrongARM 都带有 MMU 功能，而 ARM7 TDMI 则没有 MMU，不支持 Windows CE 和标准 Linux，但目前有 μC/OS 等不需要 MMU 支持的操作系统可运行于 ARM7 TDMI 硬件平台之上。事实上，μC/OS 已经成功移植到多种不带 MMU 的微处理器平台上，并在稳定性和其他方面都表现尚佳。

2．系统的工作频率

　　系统的工作频率在很大程度上决定了 ARM 微处理器的处理能力。ARM7 系列微处理器的典型处理速度为 0.9 MIPS/MHz,常见的 ARM7 芯片系统主时钟为 20～133 MHz,ARM9

系列微处理器的典型处理速度为 1.1 MIPS/MHz，常见的 ARM9 的系统主时钟频率为 100～233 MHz，ARM10 最高可以达到 700 MHz。不同芯片对时钟的处理不同，有的芯片只需要一个主时钟频率，有的芯片内部的时钟控制器可以分别为 ARM 核和 USB、UART、DSP、音频等功能部件提供不同频率的时钟。

3．芯片内存储器的容量

大多数 ARM 微处理器的片内存储器的容量都不太大，需要用户在设计系统时外扩存储器，但也有部分芯片具有相对较大的片内存储空间，如 ATMEL 的 AT91F40162 就具有高达 2 MB 的片内程序存储空间。用户在设计时可考虑选用这种类型，以简化系统的设计。

4．片内外围电路

除 ARM 微处理器内核以外，几乎所有的 ARM 芯片均根据各自不同的应用领域，扩展了相关的功能模块，并集成在芯片之中，我们称之为片内外围电路，如 USB 接口、IIS 接口、LCD 控制器、键盘接口、RTC、ADC 和 DAC、DSP 协处理器等。设计者应分析系统的需求，尽可能采用片内外围电路完成所需的功能，这样既可简化系统的设计，又可提高系统的可靠性。

2.4 ARM 指令系统

2.4.1 ARM 编程模型

1．流水线

如前所述，ARM7 系列的处理器采用三级流水线的组织结构，ARM9 系列的处理器采用五级流水线的组织结构。流水线技术是现代微处理器普遍采用的一种技术，它可以使几条指令并行执行，因此可以大大提高处理器的运行效率。下面对 ARM7 的三级流水线作简要介绍。

三级流水线分为以下三级：

(1) 取指：从程序存储器中读取指令，放入流水线中。

(2) 译码：操作码和操作数被译码，决定执行什么功能，为下一个时钟周期准备数据路径所需要的控制信号。

(3) 执行：执行已译码的指令。具体过程是，指令进入数据路径，寄存器堆被读取，操作数被移位，ALU 进行相应的运算，将结果写到目的寄存器，同时 ALU 运算的结果还会根据指令的要求改变寄存器的条件位。

流水线能够正常工作的条件是在任意时刻，每一级所使用的硬件必须能够独立操作，不能多级同时占用同一硬件资源。

在正常情况下，每条指令都被划分成 3 个时钟周期来完成，即取指、译码和执行。但对于流水线而言，每个时钟周期都能完成一条指令，即每个周期流水线都有一条指令的吞吐量(Throughput)。通常将这种情况称为单周期指令的三级流水线操作，如图 2-5 所示。然而并不是在所有情况下都能保持一个周期一条指令的完成率。首先遇到的一种情况就是多周期指令进入流水线，这将造成流水线间断。

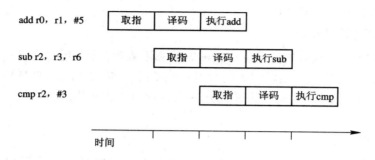

图 2-5　ARM 单周期指令的多级流水线操作

下面以图 2-6 所示的例子来说明。

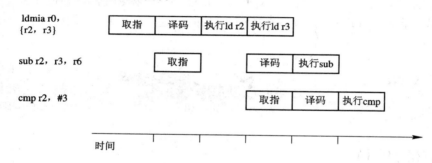

图 2-6　ARM 多周期指令的多级流水线操作

对于多装载指令 LDMIA，由于有两个寄存器需要装载，因此这条指令的执行必然需要占用执行阶段的两个时钟周期。在多阶段执行的过程中，还必须记忆已经被译码的指令，因此译码阶段也不可缺少。这样导致下一条 SUB 指令虽然仍可以在正常的时钟周期被取指，但要等到 LDMIA 完成后才能被译码，而第三条指令 CMP 的取指被延时。

分支指令是造成流水线延时的另一种情况。下面以图 2-7 所示的例子来说明。

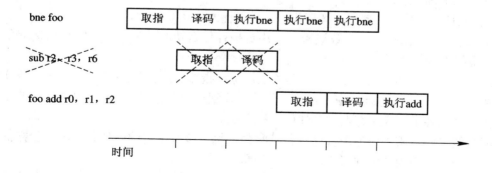

图 2-7　ARM 分支指令的流水线操作

对于分支指令 BNE，它必须等待第三个时钟周期计算出分支指令的目标地址后才能确定是否执行。如果分支指令被确定执行，那么 PC + 4 处已经被取指、译码的指令将被取消执行，而分支目标地址被用来作为取指的目标指令。也就是说，有两个周期被浪费在执行尚不确定的指令上，这称为分支损失。

解决分支损失的方法之一是引入延时分支。延时分支的含义是在分支指令后直接插入一些与分支是否执行无关的指令，即无论分支执行与否，这些指令都会被执行。这样可以使流水线始终保持满负荷。倘若没有足够的指令来填充延时分支指令的"窗口"，则必须用空操作来填充。这样无论分支指令执行与否，延时分支"窗口"中的指令对于两条分支执行路径来说都有效。

流水线的执行使得程序计数器 PC 必须在当前指令取指前计数。当 ARM 处理器的三级流水线以当前 PC 取指后，PC 值会增加为 PC+4。

2．数据类型

ARM 处理器支持以下数据类型：

- Byte：字节，8 位。
- Halfword：半字，16 位(半字必须与 2 字节边界对准)。
- Word：字，32 位(字必须与 4 字节边界对准)。

这些类型的数据在存储器中的组织如图 2-8 所示。

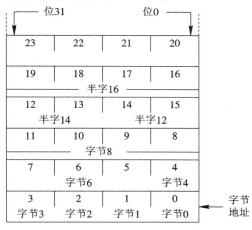

图 2-8　数据存储图

需要说明的是：

(1) 数据类型被说明成 unsigned 类型时，N 位数据值表示范围是 $0 \sim 2^N-1$ 的非负整数，使用通常的二进制格式。

(2) 数据类型被说明成 signed 类型时，N 位数据值表示范围是 $-2^{N-1} \sim 2^{N-1}-1$ 的整数，使用二进制的补码格式。

(3) 所有的数据操作，如 ADD 等，都以字进行处理。

(4) 加载和存储操作都以字节、半字或字的大小与存储器交换数据。加载时自动进行字节或半字的零扩展或符号扩展。

(5) ARM 指令的长度为一个字(与 4 字节边界对准)，Thumb 指令的长度为一个半字(与 2 字节边界对准)。

3．处理器模式

ARM 体系结构支持 7 种处理器模式，如表 2-3 所示。

表 2-3　ARM 处理器模式

处理器模式		说　　明
用户	usr	程序正常执行模式
FIQ	fiq	支持高速数据传输或通道处理
IRQ	irq	通用中断处理
管理	svc	操作系统保护模式
中止	abt	虚拟存储器或存储器保护
未定义	und	支持硬件协处理器的软件仿真
系统	sys	运行特权操作系统任务

需要说明的是：

(1) 外部中断或异常处理可以引起处理器模式的改变，采用软件控制的方式也可以人为地改变处理器模式。

(2) 应用程序一般在用户模式下运行，此时程序不能访问某些被保护的系统资源，也不能改变处理器模式。

(3) 除用户模式外的其他模式称为特权模式，在特权模式下用户可以自由地访问系统资源和改变处理器模式。

(4) 每种模式都有某些附加的寄存器，在出现异常时用来保证用户模式状态的可靠性。

(5) 系统模式仅存在于 ARM 体系结构 v4 以上的版本中，它与用户模式拥有完全相同的寄存器，供需要访问系统资源的操作系统任务使用，与异常的发生无关。

4．处理器工作状态

ARM 处理器具有两种特殊的工作状态：

(1) ARM 状态：32 位，执行字对准的 ARM 指令。

(2) Thumb 状态：16 位，执行半字对准的 Thumb 指令。

ARM 处理器可以在两种工作状态之间切换：

• 当操作数寄存器的状态位 [0] 为 1 时，执行 BX 指令，进入 Thumb 状态。如果 ARM 处理器在 Thumb 状态进入异常，则异常处理返回时，自动切换到 Thumb 状态。

• 当操作数寄存器的状态位 [0] 为 0 时，执行 BX 指令，进入 ARM 状态。当 ARM 处理器进行异常处理时，如果把 PC 指针放入异常模式链接寄存器中，则程序从异常向量地址开始执行，也可以使处理器进入 ARM 状态。

5．寄存器组织

ARM 处理器共有 37 个寄存器：31 个通用寄存器，32 位，含程序计数器 PC；6 个状态寄存器，32 位，只使用了其中的 12 位。

虽然这些寄存器都参与指令的执行，但在指令执行前后只有可见寄存器的值才具有意义。因此，我们仅关注 ARM 处理器的可见寄存器，如图 2-9 所示。

模式

特权模式

异常模式

用户	系统	管理	中止	未定义	中断	快中断
R0	R0	R0	R0	R0	R0	R0
R1	R1	R1	R1	R1	R1	R1
R2	R2	R2	R2	R2	R2	R2
R3	R3	R3	R3	R3	R3	R3
R4	R4	R4	R4	R4	R4	R4
R5	R5	R5	R5	R5	R5	R5
R6	R6	R6	R6	R6	R6	R6
R7	R7	R7	R7	R7	R7	R7
R8	R8	R8	R8	R8	R8	R8_fiq
R9	R9	R9	R9	R9	R9	R9_fiq
R10	R10	R10	R10	R10	R10	R10_fiq
R11	R11	R11	R11	R11	R11	R11_fiq
R12	R12	R12	R12	R12	R12	R12_fiq
R13	R13	R13_svc	R13_abt	R13_und	R13_irq	R13_fiq
R14	R14	R14_svc	R14_abt	R14_und	R14_irq	R14_fiq
PC	PC	PC	PC	PC	PC	PC

CPSR	CPSR	CPSR	CPSR	CPSR	CPSR	CPSR
		SPSR_svc	SPSR_abt	SPSR_und	SPSR_irq	SPSR_irq

◣：表明用户或系统模式使用的一般寄存器已被异常模式特定的另一寄存器所取代。

图 2-9   ARM 状态下的寄存器组织

当编写用户程序时，37 个寄存器中只有通用寄存器 R0～R14、程序计数器 PC(R15)和当前程序状态寄存器(CPSR)需要考虑，其余寄存器仅用于系统级编程和异常处理(如中断)。

(1) 不分组寄存器 R0～R7。不分组意味着在所有处理器模式下，R0～R7 都可被同样访问，没有体系结构所隐含的特殊用途。

(2) 分组寄存器 R8～R14。分组意味着 R8～R14 的访问与当前处理器的模式相关。如果要访问 R8～R14，而不依赖于当前处理器的模式，就必须使用规定的寄存器名称。名称的形式为：R8_<mode>～R14_<mode>。

从图 2-9 中可以看出，R8～R12 各有两组物理寄存器：一组为 FIQ 模式，另一组为 FIQ 以外的模式。寄存器 R8～R12 没有指定特殊用途，而使用 R8_fiq～R12_fiq 则允许快速中断。

寄存器 R13 和 R14 的用途比较特殊：

① R13 通常用作堆栈指针 SP，被初始化成指向异常模式分配的堆栈。处理异常时，在程序入口处将异常处理程序用到的其他寄存器的值压入堆栈，返回时重新将这些值加载到寄存器中。这样就可以保证出现异常时程序状态仍可靠。

② R14 通常用作子程序链接寄存器 LR。当执行分支指令 BL 时，R15 的内容拷贝到 R14 中，从而成为子程序调用后的返回地址。这种方式可以类似地用来处理异常的返回。

(3) 程序计数器 R15。寄存器 R15 通常被用作程序计数器 PC。在 ARM 状态下，由于 ARM 指令始终是字对准的，因此 PC 的值保存在位[31:2]，而位[1:0]为 0；在 Thumb 状态下，由于 Thumb 指令是半字对准的，因此 PC 的值保存在位[31:1]，而位[0]为 0。

① 读程序计数器 PC：用指令读出的 R15 的值为指令地址加 8 个字节。读 PC 主要用于快速对临近的指令和数据进行位置无关的寻址。

② 写程序计数器 PC：写 R15 的结果是将写到 R15 的值作为指令地址，并根据这个地址跳转。

(4) 当前程序状态寄存器(CPSR)。当前程序状态寄存器在用户级编程时用于存储条件码。例如，使用 CPSR 的相应位来记录比较操作的结果和控制转移的条件。此外，CPSR 还包含了中断禁止位、当前处理器模式以及其他的一些状态和控制信息。同时，为了在异常出现时能够保存 CPSR 的状态，每种异常模式都设置了一个程序状态保存寄存器(SPSR)。

显然，CPSR 和 SPSR 具有相同的格式，如图 2-10 所示。

31	30	29	28	27	26	8	7	6	5	4	3	2	1	0
N	Z	C	V	Q	DNM(RAZ)		I	F	T	M4	M3	M2	M1	M0

图 2-10　PSR 的格式

图 2-10 中，N、Z、C、V、Q 是条件码标志，可通过比较指令以及算术、逻辑运算和传送指令进行修改。条件码标志的含义为：

N——负数。对于用带符号的二进制补码表示的结果，如果结果为负数，则 N=1；如果结果为正数或 0，则 N=0。

Z——零。如果结果为 0，则 Z 置 1，通常表示比较的结果相等。

C——进位。无论是算术运算还是移位操作，只要指令操作产生进位输出，则 C 被设置。

V——溢出。若算术运算产生了符号位的溢出，则 V 被设置。

Q——指示增强型 DSP 指令中是否出现溢出或饱和，仅出现在 ARM 体系结构 v5 以上版本的 E 变量中。

对于程序员而言，C 和 V 的使用在大多数情况下都有一个简单的条件测试，并不一定需要计算出条件码的精确值即可得到需要的结果。

I、F、T 和 M[4:0]是控制位。控制位的改变与异常的出现有关，另外在特权模式下，也可由软件改变。

I——置 1 则禁止 IRQ 中断。

F——置 1 则禁止 FIQ 中断。

T——对于 ARM 体系结构 v4 以上版本，T=0 指示 ARM 执行，T=1 指示 Thumb 执行；对于 ARM 体系结构 v5 以上版本，T=0 指示 ARM 执行，T=1 指示下一条指令引起未定义的指令异常。

M[4:0]——模式位。决定处理器的工作模式，即用户、FIQ、IRQ、管理、中止、未定义、系统。

(5) Thumb 状态的寄存器集。Thumb 状态下的寄存器集是 ARM 状态下寄存器集的子集。具体情况如图 2-11 所示。

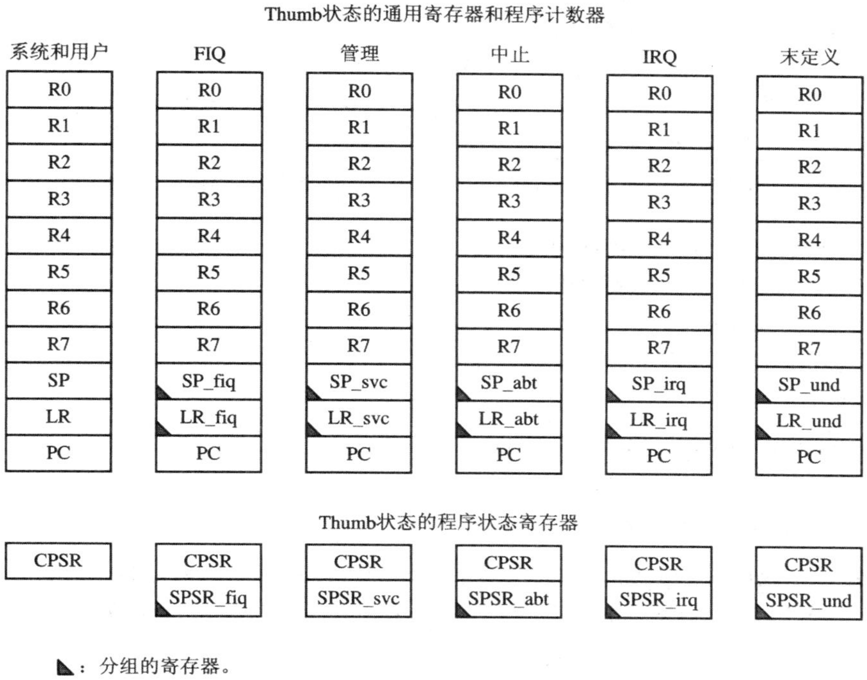

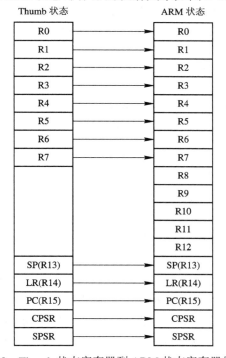

Thumb状态的通用寄存器和程序计数器

系统和用户	FIQ	管理	中止	IRQ	末定义
R0	R0	R0	R0	R0	R0
R1	R1	R1	R1	R1	R1
R2	R2	R2	R2	R2	R2
R3	R3	R3	R3	R3	R3
R4	R4	R4	R4	R4	R4
R5	R5	R5	R5	R5	R5
R6	R6	R6	R6	R6	R6
R7	R7	R7	R7	R7	R7
SP	SP_fiq	SP_svc	SP_abt	SP_irq	SP_und
LR	LR_fiq	LR_svc	LR_abt	LR_irq	LR_und
PC	PC	PC	PC	PC	PC

Thumb状态的程序状态寄存器

CPSR	CPSR	CPSR	CPSR	CPSR	CPSR
	SPSR_fiq	SPSR_svc	SPSR_abt	SPSR_irq	SPSR_und

◣ ：分组的寄存器。

图 2-11　Thumb 状态下的寄存器组织

Thumb 状态寄存器与 ARM 状态寄存器的映射关系如图 2-12 所示。

Thumb 状态	ARM 状态
R0 →	R0
R1 →	R1
R2 →	R2
R3 →	R3
R4 →	R4
R5 →	R5
R6 →	R6
R7 →	R7
	R8
	R9
	R10
	R11
	R12
SP(R13) →	SP(R13)
LR(R14) →	LR(R14)
PC(R15) →	PC(R15)
CPSR →	CPSR
SPSR →	SPSR

图 2-12　Thumb 状态寄存器到 ARM 状态寄存器的映射

6. 异常

异常(exception)是指由内部或外部源产生、需要处理器处理的一个事件。例如，外部中断或试图执行未定义的指令都会引起异常的发生。处理异常之前，处理器必须保存当前的状态，以便在异常处理完成后，能够使原来的操作重新执行。

ARM 支持 7 种类型的异常。对于每种异常，处理器将强制从异常对应的某个固定地址开始执行程序。这些固定地址称为异常向量。

异常出现时，相应异常模式下的 R4 和 SPSR 用来保存当前状态，其过程可描述如下：

```
R14_<exception_mode>=return link
SPSR_<exception_mode>=CPSR
CPSR[4:0]=exception mode number
CPSR[5]=0              /*使处理器在 ARM 状态下执行*/
CPSR[7]=1              /*禁止新的 IRQ 中断*/
If <exception_mode>==Reset or FIQ then
CPSR[6]=1              /*禁止新的 FIQ 中断*/
PC=exception vector address
```

异常处理完成后返回的过程与进入异常处理的过程相逆，主要是将 SPSR 的内容恢复到 CPSR，将 R14 的内容恢复到 PC。具体做法主要有两种：使用带 S 位的数据处理指令，将 PC 作为目的寄存器；使用带恢复 CPSR 的多加载指令。

多个异常可能会同时发生，因此在 ARM 中就通过给各个异常赋予不同的优先级来确定处理异常的顺序。

异常的优先级按照从高到低的顺序排列如下：

复位→数据异常中止→FIQ→IRQ→预取指异常中止→SWI、未定义指令(这两种异常的指令编码互斥，不可能同时发生)

复位是处理器最高级别的异常，当 nRESET 信号变为低电平时产生复位。复位后处理器从确定的状态重新启动，如果有其他未解决的异常则不加理会。当 nRESET 信号再变为高电平时，处理器拷贝 PC 和 CPSR 的当前值到 R14_svc 和 SPSR_svc，强制 CPSR 的 M[4:0]为管理模式，CPSR 的 I 和 F 位置位，T 位清除，强制 PC 从地址 0x00 处取指，若需要重新执行，则恢复到 ARM 状态。复位后，除 PC 和 CPSR 外的其他寄存器均不确定。

7. 存储器和存储器映射 I/O

与单片机等简单系统相比，现在的一些复杂的嵌入式系统中，存储系统的功能更加强大，可能包含有多种现代计算机存储技术，如 Cache、Write Buffer、MMU、存储保护机制、快速上下文切换等。

基于 ARM 内核的嵌入式系统可能包含 Flash、ROM、SRAM、SDRAM 等多种类型的存储器，不同类型存储器的存取速度和数据宽度等都不尽相同。存储系统的设计可以是多种多样的，但是应当遵循一定的规则，否则可能会引起一些不必要的麻烦，例如：可能使存储系统的实现比较困难；可能导致向其他 ARM 处理器移植时出现麻烦；可能会引起一些标准软件(如编译器)的不适应。

基于系统设计和编程的考虑，ARM 存储系统一般只涉及地址空间、存储器格式、存储器访问对准以及存储器映射 I/O 等方面的问题。

1) 地址空间

ARM 体系结构使用 2^{32} 个 8 位字节的单一、线性地址空间，字节地址的范围为 $0\sim2^{32}-1$；也可以将地址空间看做由 2^{30} 个 32 位的字组成，字地址可被 4 整除，且按字对准，例如以 A 为字对准地址的字地址由 A、A＋1、A＋2、A＋3 共 4 个字节组成。在 ARM 体系结构 v4 以上版本中，也可以将地址空间看做由 2^{31} 个 16 位的半字组成，半字地址可被 2 整除，且按半字对准，例如以 A 为字对准地址的半字地址由 A、A＋1 共 2 个字节组成。

在程序中，通常使用普通的整数指令来计算地址。在指令按照正常顺序执行的情况下，下一条指令的地址＝当前指令的地址＋4。对于分支指令，目的地址＝当前指令的地址＋8＋偏移量。如果计算结果在地址空间中向上或向下溢出，则指令会出现环绕，其后果无法预知，因此地址转移不应超出 0x00000000～0xFFFFFFFF 的范围。

2) 存储器格式

存储器格式是指字、半字、字节在存储器中存放的方式，也反映了存储器中字、半字、字节之间的映射关系。

存储器格式包括小端和大端两种格式，如图 2-13 所示。

图 2-13　大、小端存储格式

在小端存储格式下，字或半字地址的低字节(对准字节)存放在低地址；在大端存储格式下，字或半字地址的低字节(对准字节)存放在高地址。下面举例说明大、小端存储格式对程序的影响，如图 2-14 所示。

图 2-14 中，指令 STR R0, [R1]将 R0 中的字存入 R1 的地址，指令 LDRB R2, [R1]将 R1 中的一个字节加载到 R2。可以看到，对于 R0＝0x11223344，如果配置成小端存储格式，则 R2 的值为 0x44；如果配置成大端存储格式，则 R2 的值为 0x11。

ARM 处理器的大、小端存储格式是通过硬件配置的，如果连接有系统控制协处理器，则另当别论。小端存储格式是 ARM 处理器的缺省格式。

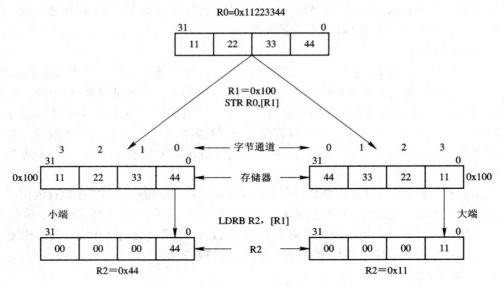

图 2-14　端配置

3) 存储器访问对准

前面多次指出，ARM 体系结构强调存储器访问应当按照字或半字对准。如果没有按照这种方式对准而进行存储器访问，则会引起很多麻烦。

对于非对准的取指，在 ARM 工作状态下，未对准的地址写入 R15 后，结果将不可预知或忽略地址位[1:0]；在 Thumb 状态下，未对准的地址写入 R15 后，通常忽略地址位[0]。

对于非对准的数据访问，体系结构可能定义成以下行为之一：

(1) 不可预知。

(2) 忽略使访问非对准的低地址位。

(3) 忽略使访问非对准的低地址位，但使用这些位控制加载数据的循环移位(适用于 LDR 和 SWP 指令)。

4) 存储器映射 I/O

ARM 系统实现 I/O 功能的标准方法是使用存储器映射 I/O。这种方法使用特定的存储器地址，对这些地址进行加载和存储，即可完成 I/O 操作。通常，对存储器映射 I/O 地址加载对应输入，对存储器映射 I/O 地址存储对应输出。另外，加载和存储也可执行控制功能，替代或附加到正常的 I/O 操作上。

由于需要映射 I/O 行为，因此这些特定存储地址的使用方式与正常的存储地址的有所不同。通常需要将存储器映射 I/O 的位置标识为非高速缓存的(uncachable)和非缓存的(unbufferable)，目的是避免改变访问模式的数目、类型、顺序或定时。

2.4.2　ARM 寻址方式

寻址方式是指根据指令给出的地址码寻找真实操作数地址的方式。寻址方式的多样化一方面出于编程的需要，另一方面可以增强程序设计的灵活性。ARM 处理器支持的基本寻址方式有以下几种。

1. 寄存器寻址

指令地址码给出寄存器的编号，寄存器中的内容为操作数。例：

  ADD R0，R1，R2   ; R0←R1+R2

这条指令的含义是将寄存器 R1 和 R2 的内容相加，结果放入寄存器 R0 中。注意写操作数的顺序为：第 1 个寄存器 R0 为结果寄存器，第 2 个寄存器 R1 为第 1 操作数寄存器，第 3 个寄存器 R2 为第 2 操作数寄存器。

2. 立即寻址

指令操作码后的地址码是立即数，即操作数本身。例：

  ADD R3，R3，#1   ; R3←R3+1

  AND R8，R7，#&FF   ; R8←R7[7:0]

立即数的表示以"#"为前缀，十六进制的立即数在"#"后面加"&"符号。

第 1 条指令将 R3 的内容加 1，结果放入 R3 中；第 2 条指令将 R7 的 32 位值与立即数 0FFH 逻辑与，结果是将 R7 的低 8 位放入 R8 中。

3. 寄存器移位寻址

寄存器移位寻址是 ARM 指令集特有的寻址方式。第 2 个操作数与第 1 个操作数结合之前先选择进行移位操作。例：

  ADD R3, R2, R1, LSL #3   ; R3←R2+8×R1

寄存器 R1 的内容逻辑左移 3 位，再与寄存器 R2 的内容相加，结果放入 R3 中。

移位操作包括以下几种：

(1) LSL：逻辑左移(Logical Shift Left)。寄存器中字的低端空出的位补 0。

(2) LSR：逻辑右移(Logical Shift Right)。寄存器中字的高端空出的位补 0。

(3) ASR：算术右移(Arithmetic Shift Right)。算术移位的对象是带符号数。在移位过程中必须保持操作数的符号不变。若源操作数为正数，则字的高端空出的位补 0；若源操作数为负数，则字的高端空出的位补 1。

(4) ROR：循环右移(ROtate Right)。从字的最低端移出的位填入字的高端空出的位。

(5) RRX：扩展为 1 的循环右移(Rotate Right eXtended by 1 place)。操作数右移 1 位，空位(位[31])用"C"标志填充。

移位操作过程如图 2-15 所示。

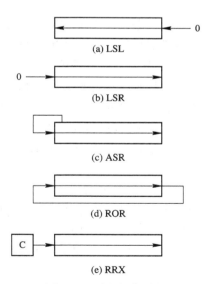

图 2-15 移位操作过程

4. 寄存器间接寻址

寄存器间接寻址就是指令地址码给出寄存器的编号，寄存器为地址指针，存放操作数的有效地址。例：

  LDR R0，[R1]   ; R0←[R1]

  STR R0，[R1]   ; R0→[R1]

第 1 条指令将寄存器 R1 所指向的地址单元的内容加载到寄存器 R0 中。第 2 条指令将寄存器 R0 的内容存入寄存器 R1 指向的地址单元。

5. 基址寻址

基址寻址是将基址寄存器的内容与指令中给出的位移量相加，形成操作数有效地址。基址寻址用于访问基址附近的存储单元，包括基址加偏移量寻址和基址加索引寻址，可以将寄存器间接寻址看做位移量为 0 的基址加偏移量寻址。

1) 基址加偏移量寻址

基址加偏移量寻址中的偏移量最大为 4 KB，可分为前索引寻址和后索引寻址。

前索引寻址举例：

```
    LDR R0，[R1，#4]        ; R0←[R1+4]
```

这条指令是把基址 R1 的内容加上偏移量 4 后所指向的存储单元的内容加载到寄存器 R0 中。

后索引寻址举例：

```
    LDR R0，[R1]，#4          ; R0←[R1]
                             ; R1←R1+4
```

后索引寻址是指基址不带偏移量而作为传送的地址，传送后自动索引。

这种改变基址寄存器指向下一个传送地址的指令对数据块传送很有用，还可以采用带自动索引的前索引寻址实现。例：

```
    LDR R0，[R1]!            ; R0←[R1]
                             ; R1←R1+4
```

这两条指令功能相同，符号"！"表明指令在完成数据传送后更新基址寄存器。ARM 的这种自动索引不消耗额外的时间。

2) 基址加索引寻址

基址加索引寻址是指先指定一个基址寄存器，再指定另一个寄存器(称为索引)，其值作为位移加到基址上形成存储器地址。例：

```
    LDR R0，[R1，R2]        ; R0←[R1+R2]
```

这条指令是将 R1 和 R2 的内容相加得到操作数的地址，再将此地址单元的内容加载到 R0。

6. 多寄存器寻址

多寄存器寻址是指一次可以传送多个寄存器的值，允许一条指令一次传送 16 个寄存器的任何子集，包括 16 个寄存器。例：

```
    LDMIA R1，{R0，R2，R5}        ; R0←[R1]
                                 ; R2←[R1+4]
                                 ; R5←[R1+8]
```

由于传送的数据总是 32 位的字，因此基址寄存器 R1 应当字对准。这条指令是将 R1 指向的连续存储单元的内容送到寄存器 R0、R2 和 R5。

7. 堆栈寻址

堆栈是一种按照特定顺序进行存取的存储区。这种特定的顺序是指"后进先出(LIFO)"

或"先进后出(FILO)"。使用堆栈时需要使用一个专门的寄存器作为堆栈指针,堆栈指针所指定的存储单元就是堆栈的栈顶。如果堆栈指针指向最后压入堆栈的有效数据项,就称为满堆栈(full stack);如果堆栈指针指向下一个数据项放入的空位置,就称为空堆栈(empty stack)。另外,根据堆栈存储区地址增长的方向,可将堆栈分为递增堆栈(ascending stack)和递减堆栈(descending stack)。

以上表示递增、递减、满、空的堆栈的各种组合就产生了 4 种堆栈类型。ARM 支持所有这 4 种类型的堆栈,即满递增、空递增、满递减、空递减。

ARM 使用指令 PUSH 向堆栈写数据,称为进栈;使用指令 POP 从堆栈读数据,称为出栈。

8. 块拷贝寻址

从堆栈的角度来看,多寄存器传送指令是把一块数据从存储器的某一个位置拷贝到另一位置。从块拷贝的角度来看,具体使用哪条指令还要基于数据存储在基址寄存器地址之上还是之下,地址在存储第一个值之前或之后增加或减少。这两种角度的映射均取决于执行加载操作还是存储操作。表 2-4 列出了多寄存器加载和存储指令映射。

表 2-4　多寄存器加载和存储指令映射

		向上生长		向下生长	
		满	空	满	空
增 加	之前	STMIB STMFA			LDMIB LDMED
	之后		STMIA STMEA	LDMIA LDMFD	
减 少	之前		LDMDB LDMEA	STMDB STMFD	
	之后	LDMDA LDMFA			STMDA STMED

多寄存器指令后缀的含义如下:

I——Increment(增加);

D——Decrement or Descending stack(减少);

A——After or Ascending stack(之后);

B——Before(之前);

F——Full(满);

E——Empty(空)。

例如,"FD"表明是满递减堆栈寻址方式(full descending stack)。

例:

```
LDMIA R0!, {R2-R9}              ;将数据加载到 R2～R9
STMIA R1,{R2-R9}               ;将数据存入存储器
```

执行指令后,由于引用自动索引"!",R0 的值共增加 32,而 R1 不变。若 R2～R9 的内容有保存价值,就需要把它们压栈,即

```
STMFD R13!, {R2-R9}             ;存储寄存器到堆栈
LDMIA R0!, {R2-R9}
```

```
          STMIA R1, {R2-R9}
          LDMFD R13!, {R2-R9}                  ; 从堆栈恢复
```

9. 相对寻址

可以将相对寻址看做以程序计数器 PC 为基址的一种基址寻址方式。指令的地址码作为位移量，与 PC 相加得到操作数的有效地址。位移量指出了操作数与当前指令之间的相对位置。例：

```
          BL   SUBR                            ; 转移到 SUBR
          …                                    ; 返回到此
          SUBR…                                ; 子程序入口地址
          MOV PC,R14                           ; 返回
```

2.4.3 ARM 指令集

1. ARM 指令集编码

ARM 指令集采用 32 位二进制编码方式，其大部分指令编码中定义了第 1 操作数、第 2 操作数、目的操作数、条件标志影响位以及每条指令所对应的不同功能实现的二进制位。每条 ARM 指令都具有不同的编码方式，与不同的指令功能相对应，如图 2-16 所示。

31	30	29	28	27	26	25	24	23	22	21	20	19	18	17	16	15	14	13	12	11	10	9	8	7	6	5	4	3	2	1	0
cond				0	0	1	opcode				S	Rn				Rd				Operand2											
cond				0	0	0	0	0	0	A	S	Rd				Rn				Rn				1	D	0	1	Rm			
cond				0	0	0	0	1	U	A	S	RdHi				RnLo				Rn				1	D	0	1	Rm			
cond				0	0	0	1	0	B	0	0	Rn				Rd				0	0	0	0	1	D	0	1	Rm			
cond				0	0	0	1	0	0	1	0	1	1	1	1	1	1	1	1	1	1	1	1	0	0	0	1	Rm			
cond				0	0	0	P	U	0	W	L	Rn				Rd				0	0	0	0	1	S	H	1	Rm			
cond				0	0	0	P	U	1	W	L	Rn				Rd				Offset				1	S	H	1	Offset			
cond				0	1	1	P	U	B	W	L	Rn				Rd				Offset											
cond				1	1	1																		1							
cond				1	0	0	P	U	S	W	L	Rn				Register List															
cond				1	0	1	L																								
cond				1	1	0	P	U	N	W	L	Rn				CRd				CP#				Offset							
cond				1	1	1	0	CP Opc				CRn				CRd				CP#				CP			0	GRm			
cond				1	1	1	0	CP Opc			L	CRn				CRd				CP#				CP			1	GRm			
cond				1	1	1	1	Ignored by processor																							

图 2-16 ARM 指令集编码

2. 条件执行

条件执行是指只有在当前程序状态寄存器 CPSR 中的条件码标志满足指定的条件时，带条件码的指令才能执行。条件转移是绝大多数指令集的标准特征，但 ARM 指令集将条

件执行扩展到所有指令,包括监控调用和协处理器指令。条件域占据 32 个指令域的高 4 位,如图 2-17 所示。

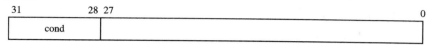

图 2-17　ARM 的条件代码域

条件域共有 16 个值,即 16 个条件码,如表 2-5 所示,其中 AL(ALways)条件是缺省条件。

表 2-5　条　件　码

操作码[31:28]	助记符后缀	标　志	含　义
0000	EQ	Z 置位	相等
0001	NE	Z 清零	不等
0010	CS/HS	C 置位	大于或等于(无符号>=)
0011	CC/LO	C 清零	小于(无符号<)
0100	MI	N 置位	负
0101	PL	N 清零	正或零
0110	VS	V 置位	溢出
0111	VC	V 清零	未溢出
1000	HI	C 置位且 Z 清零	大于(无符号>)
1001	LS	C 清零或 Z 置位	小于或等于(无符号<=)
1010	GE	N 和 V 相同	带符号>=
1011	LT	N 和 V 不同	带符号<
1100	GT	Z 清零且 N 和 V 相同	带符号>
1101	LE	Z 置位或 N 和 V 不同	带符号<=
1110	AL	任何	总是(缺省)
1111	NV	无	从不(不要使用)

对于条件执行,需要说明的有以下两点:

(1) 几乎所有的 ARM 数据处理指令都可以根据执行结果来选择是否更新条件码标志。当指令中包含后缀“S”时,指令将更新条件码标志。

(2) 可以根据另一条指令设置的标志,有条件地执行某条指令。

3. ARM 指令格式

ARM 指令集是 Load/Store 型的,只能通过 Load/Store 指令实现对存储器的访问,其他类型的指令都基于寄存器完成。

ARM 指令使用的基本格式如下:

<opcode> {<cond>} {S}　　<Rd>, <Rn> {,<operand2>}

其中:

opcode——操作码,指令助记符,如 LDR、STR 等。

cond——可选的条件码,执行条件,如 EQ、NE 等。

S——可选后缀，若指定 S，则根据指令执行结果更新 CPSR 中的条件码。

Rd——目标寄存器。

Rn——存放第 1 操作数的寄存器。

operand2——第 2 操作数。

"< >"——必选项。

"{ }"——可选项。

例：

```
LDR  R0,[R1]          ；将 R1 地址上的存储器单元的内容加载到 R0，执行条件 AL
BEQ DATAEVEN          ；条件执行的分支指令，执行条件 EQ，相等则跳转到 DATAEVEN
ADDS R2,R1,#1         ；加法指令，R2←R1+1，影响 CPSR
SUBNES R2,R1,#0x20    ；条件执行的减法指令，执行条件 NE，R2←R1−0x20，影响 CPSR
```

4. ARM 存储器访问指令

1) LDR、STR

LDR 和 STR 为单一数据传送指令，可传送字和无符号字节、半字和带符号字节以及双字。

(1) 字和无符号字节。

➢　句法：

```
op {cond} {B} {T} Rd, [Rn]                 ；零偏移
op {cond} {B} Rd, [Rn, Flexoffset] {!}     ；前索引偏移
op {cond} {B} Rd, label                    ；程序相对偏移
op {cond} {B} {T} Rd, [Rn], Flexoffset     ；后索引偏移
```

➢　符号说明：

op——操作码，LDR 或 STR。

cond——可选的条件码。

B——可选后缀。若有 B，则传送 Rd 的最低有效字节。若 op 是 LDR，则将 Rd 的其他字节清零。

T——可选后缀。若有 T，则即使处理器处于特权模式下，对存储系统的访问也将处理器看做在用户模式下。T 在用户模式下无效，不能与前索引偏移一起使用。

Rd——用于加载或存储的 ARM 寄存器。

Rn——基址寄存器。若指令是带有写回的前索引或后索引，或使用后缀 T，则不允许 Rn 与 Rd 相同。

Flexoffset——加到 Rn 上的偏移量。

label——程序相对偏移表达式。其值必须在当前指令的±4 KB 范围内。

! ——可选后缀。若有 "!"，则将包含偏移量的地址写回 Rn。若 Rn 是 R15，则不能使用 "!"。

➢　指令说明：

① 该类指令用于加载或存储寄存器 32 位字或 8 位无符号字节。字节加载用 "0" 扩展到 32 位。

② 对于零偏移形式，Rn 的值作为传送数据的地址。

③ 对于前索引偏移形式，在传送数据之前，将偏移量加到 Rn 中，结果作为传送数据的存储器地址。若使用"!"，则将结果写回 Rn，且 Rn 不允许是 R15。

④ 对于程序相对偏移形式，汇编器由 PC 计算偏移量，并将 PC 作为 Rn 生成前索引指令。不能使用后缀"!"。

⑤ 对于后索引形式，Rn 的值作为传送数据的存储器地址。数据传送之后，将偏移量加到 Rn 中，结果写回 Rn。Rn 不允许是 R15。

⑥ 大多数情况下，必须保证用于 32 位传送的地址按照字对准。关于非字对准的情况比较复杂，可参考 ARM 编程模型中非字对准的叙述或相关手册。

⑦ 加载到 R15，处理器会执行所加载地址处的指令。对于加载值的位[1:0]，不同的 ARM 体系结构有不同规定。当加载 R15 时，不允许使用后缀"B"或"T"。

⑧ 应尽量避免从 R15 处存储。

例：

```
LDR      R8,[R10]            ; R8←[R10]
LDRNE    R2,[R5,#960]!       ; R2←[R5+960]，R5←R5+960，条件执行
STR      R2,[R9,#CON]        ; R2→[R9+CON]，CON 为常量表达式，且值不超过 4 KB
STRB R0,  [R3,−R8,ASR #2]    ; R0→[R3−R8/4]，存储 R0 的最低有效字节，R3 和 R8 不变
```

(2) 半字和带符号字节。

➤ 句法：

```
op {cond} type Rd, [Rn]             ; 零偏移
op {cond} type Rd, [Rn, offset] {!} ; 前索引偏移
op {cond} type Rd, label            ; 程序相对偏移
op {cond} type Rd, [Rn], offset     ; 后索引偏移
```

➤ 符号说明：

type——包括 SH(带符号半字，仅 LDR)、H(无符号半字)和 SB(带符号字节，仅 LDR)。

➤ 指令说明：

① 该指令用于加载寄存器的 16 位半字或带符号 8 位字节，存储寄存器的 16 位半字。带符号加载是指带符号扩展到 32 位。无符号半字加载是指零扩展到 32 位。

② 半字传送的地址必须是偶数，即按照半字对准。关于非对准的情况比较复杂，可参考 ARM 编程模型中非对准的叙述或相关手册。

③ 不能将半字或字节加载到 R15。

例：

```
LDREQSH R11,[R6]      ; R11←[R6]，条件执行，加载半字，带符号扩展到 32 位
LDRH     R1,[R0,#12]  ; R1←[R0+12]，加载半字，零扩展到 32 位
STRH R4,[R0,R1]!      ; R4→[R0+R1]，存储 R4 最低有效半字到 R0+R1 地址开始的两个字节，
                      ; 地址写回 R0
LDRSB    R1,[R6],R3,LSL #4   ; 错误，这种格式只对字和无符号字节传送有效
```

(3) 双字。

➤ 句法：

op {cond} D Rd, [Rn]		;零偏移
op {cond} D Rd, [Rn, offset] {!}		;前索引偏移
op {cond} D Rd, label		;程序相对偏移
op {cond} D Rd, [Rn], offset		;后索引偏移

➤ 指令说明：

① 该类指令用于加载或存储两个相邻寄存器的 64 位双字。

② 对于双字传送，地址必须是 8 的倍数。

例：

LDRD	R6,[R11]	;R6←[R11]，R7←[R11]+4
LDRD	R1,[R6]	;错误，Rd 必须是偶数
STRD	R4,[R9,#24]	;R4→[R9+24]，R5→[R9+24]+4
STRD	R14,[R9,#24]	;错误，Rd 不允许是 R14
STRD	R2,[R3],R6	;错误，Rn 不允许是 Rd 或 R(d+1)

2) LDM、STM

➤ 句法：

op {cond} mode Rn {!}, reglist {^}

➤ 符号说明：

mode——包括 IA(每次传送后地址加 1)、IB(每次传送前地址加 1)、DA(每次传送后地址减 1)、DB(每次传送前地址减 1)、FD(满递减堆栈)、ED(空递减堆栈)、FA(满递增堆栈)和 EA(空递增堆栈)。

reglist——加载或存储的寄存器列表，包含在括号中，也可以包含寄存器的范围，必须用逗号隔开。

^——可选后缀。不允许在用户模式或系统模式下使用。其用途有两种，若 op 是 LDM，且 reglist 中包含 R15，则进行多寄存器传送时，也将 SPSR 拷贝到 CPSR；用于从异常返回，仅在异常模式下使用。数据传送的是用户模式的寄存器，而不是当前模式的寄存器。

➤ 指令说明：

① 该指令用于加载或存储多个寄存器，可传送 R0~R15 的任何组合。

② 该指令忽略地址的位[1:0]。

③ 加载到 R15，处理器会执行所加载地址处的指令。

④ 如果 Rn 包含在寄存器列表中，且用"!"表明要写回，那么若 op 是 STM，且 Rn 是寄存器列表中数字最小的寄存器，则 Rn 的初值被保存；否则，Rn 的加载和存储值不可预知。

例：

LDMIA	R8,{R0,R2,R9}	
STMDB	R1!,{R3-R6,R11,R12}	
STMFD	R13!,{R0,R4-R7,LR}	;寄存器进栈
LDMFD	R13!,{R0,R4-R7,PC}	;寄存器出栈，从子程序返回
STMIA	R5!,{R5,R4,R9}	;错误，R5 的值不可预知
LDMDA	R2,{ }	;错误，列表中至少要有一个寄存器

3) PLD

➤　句法:

PLD [Rn{Flexoffset}]

➤　指令说明:

① 该指令用于 Cache 预加载,提示存储系统从后面的几条指令所指定的存储器地址开始加载。用这种方法可以加速以后的存储器访问。

② 该指令没有地址的对准限制。

例:

PLD　[R2]

PLD　[R0,#CON]　　　; CON 范围为 ±4 KB

4) SWP

➤　句法:

SWP {cond} {B} Rd, Rm, [Rn]

➤　符号说明:

B——可选后缀。若有 B,则交换字节;否则,交换 32 位字。

Rd——数据从存储器加载到 Rd。

Rm——Rm 的内容存储到存储器。Rm 可与 Rd 相同,此时寄存器与存储器内容交换。

Rn——Rn 的内容指定要进行数据交换的存储器的地址。Rn 必须与 Rd、Rm 不同。

➤　指令说明:

① 该指令用于在寄存器和存储器之间进行数据交换,可以使用 SWP 来实现信号量。

② 对于非字对准的处理与 LDR、STR 指令中的处理方法相同。

例:

SWPB　R1, R1, [R0]　　　　　;交换字节

5.ARM 数据处理指令

ARM 数据处理指令的特点如下:

(1) 操作数为 32 位,是来自于寄存器或定义的立即数。对于操作数可进行符号扩展和零扩展。

(2) 处理结果除了长乘法指令为 64 位之外,其余均为 32 位,存放在寄存器中。

(3) 大多数 ARM 通用数据处理指令都有一个灵活的第 2 操作数(flexible second operand)。第 2 操作数 operand2 可以是立即数形式或寄存器形式。

立即数形式——#32 位立即数。可以是取值为数字常量的表达式。有效的立即数必须由 8 位立即数循环右移偶数位得到。

寄存器形式——Rm,{#shift}。可对 Rm 进行移位或循环移位。shift 用来指定移位类型和移位位数。移位位数可以是 5 位立即数或寄存器。

移位操作包括:

ASR——算术右移,即将寄存器内容除以 2^n,寄存器内容看做带符号的补码整数。

LSR——逻辑右移,即将寄存器内容除以 2^n,寄存器内容看做无符号整数。

LSL——逻辑左移,即将寄存器内容乘以 2^n,寄存器内容看做无符号整数。

ROR——循环右移。

RRX——带扩展的循环右移。将寄存器内容循环右移 1 位，进位标志拷贝到位[31]。

移位操作过程如图 2-18 所示。

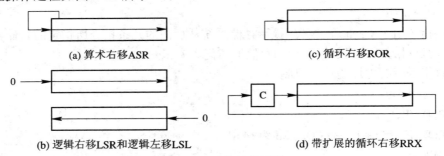

图 2-18　移位操作过程

ARM 数据处理指令可以完成的功能包括算术运算、逻辑运算、数据传送、比较、测试、乘法、CLZ 等。

1) 算术运算指令——ADD、SUB、RSB、ADC、SBC、RSC

➢　句法：

op {cond} {S} Rd, Rn, Operand2

➢　符号说明：

S——可选后缀。若指定 S，则根据操作结果更新条件码标志(N、Z、C、V)。

Rd——ARM 结果寄存器。

Rn——ARM 第 1 操作数寄存器。

Operand2——灵活的第 2 操作数。

➢　指令说明：

① 该类指令用于加、减、反减等算术运算，包括带进位的算术运算。

② ADD 指令用于将 Rn 和 Operand2 的值相加。

③ SUB 指令用于从 Rn 的值中减去 Operand2 的值。

④ RSB 指令用于从 Operand2 的值中减去 Rn 的值。反减的优点在于 Operand2 的可选范围宽，因此扩展了减数的使用范围。

⑤ ADC、SBC 和 RSC 指令分别是 ADD、SUB 和 RSB 指令带进位的减法运算。可用于多个字的运算。

⑥ 算术运算中如果使用 R15 作为 Rn，则其值为指令的地址加 8。如果使用 R15 作为 Rd，则执行转移到结果相应的地址；或者在使用 "S" 的情况下，拷贝 SPSR 到 CPSR，利用这点可从异常返回。

⑦ 在有寄存器控制移位的任何数据处理指令中，不能将 R15 作为 Rd 或任何操作数来使用。

例：

```
ADD     R2, R1, R3
SUBS    R8, R6, #240        ; 根据结果设置标志
RSB     R4, R4, #1280       ; R4←1280−R4
```

ADCHI	R11, R0, R3	;只有标志 C 置位且标志 Z 清零时才执行
RSCLES	R0, R5, R0, LSL R4	;条件执行，设置标志，第 2 操作数逻辑左移
RSCLES	R0, R15, R0, LSL R4	;错误，R15 不允许与被控制移位的寄存器同时使用

下面两条指令将 R2 和 R3 中的 64 位整数与 R0 和 R1 中的 64 位整数相加，结果放在 R4 和 R5 中：

| ADDS | R4, R0, R2 | ;加低有效字 |
| ADC | R5, R1, R3 | ;加高有效字 |

下面的指令进行 96 位减法：

SUBS	R3, R6, R9	
SBCS	R4, R7, R10	
SBC	R5, R8, R11	

2) 逻辑运算指令——AND、ORR、EOR、BIC

➤　句法：

op {cond} {S} Rd, Rn, Operand2

➤　指令说明：

① 该类指令用于与、或、异或、位清零等逻辑运算。

② AND、ORR 和 EOR 指令分别完成逻辑与、逻辑或、逻辑异或的运算，操作数是 Rn 和 Operand2 的值；BIC 指令用于将 Rn 中的位与 Operand2 值中的相应位的反码进行"与"操作。

③ 若指定 S，则指令将根据结果更新标志 N 和 Z；计算 Operand2 时更新标志 C；不影响标志 V。

④ R15 的使用与算术运算指令相同。

例：

AND	R9,R2,#0xFF00	
ORREQ	R2,R0,R5	;条件执行
EORS	R0,R0,R3,ROR R6	;设置标志，第 2 操作数循环右移
BICNES	R8,R10,R0,RRX	;第 2 操作数带扩展循环右移
EORS	R0,R15,R3,ROR R6	;错误，R15 不允许与被控制移位的寄存器同时使用

3) 数据传送指令——MOV、MVN

➤　句法：

op {cond} {S} Rd, Operand2

➤　指令说明：

① 该类指令用于数据传送。

② MOV 指令将 Operand2 的值拷贝到 Rd；MVN 指令对 Operand2 的值按位取非后，将结果拷贝到 Rd。

③ 条件码标志的影响与逻辑运算指令相同。

④ R15 的使用与算术运算指令相同。

例：

```
        MOV        R5, R2
        MVNNE      R11, #0x0F000000        ; 条件执行
        MOVS       R0, R0, ASR R3          ; 设置标志，第 2 操作数算术右移
```

4) 比较指令 —— CMP、CMN

➤ 句法：

    op {cond} {S} Rd, Operand2

➤ 指令说明：

① 该类指令用于比较操作，根据结果更新条件码标志，结果并不放入寄存器。

② CMP 指令从 Rn 的值中减去 Operand2 的值，结果丢弃；CMN 指令将 Operand2 的值加到 Rn 的值中，结果丢弃。

③ 如果将 R15 用作 Rn，则使用的值是指令的地址加 8。在控制寄存器移位的操作中，不能使用 R15。

例：

```
        CMP        R2, R9
        CMN        R0, #6400
        CMPGT      R13, R7, LSL #2         ; 条件执行，第 2 操作数逻辑左移
        CMP        R2, R15, ASR R0         ; 错误，R15 不允许与控制移位的寄存器同时使用
```

5) 测试指令 —— TST、TEQ

➤ 句法：

    op {cond} {S} Rd, Operand2

➤ 指令说明：

① 该类指令用于测试操作，根据结果更新条件码标志，结果不放入寄存器。

② TST 指令对 Rn 的值与 Operand2 的值进行按位"与"操作，结果丢弃；TEQ 指令对 Rn 的值与 Operand2 的值进行按位"异或"操作，结果丢弃。

③ 条件码标志的影响与算术运算指令相同。

④ R15 的使用与比较指令相同。

例：

```
        TST        R0, #0x3F8
        TEQEQ      R10, R9                 ; 条件执行
        TSTNE      R1, R5, ASR R1          ; 条件执行，第 2 操作数算术右移
        TEQ        R15, R1, ROR R0         ; 错误，R15 不允许与控制移位的寄存器同时使用
```

6) 乘法指令 —— MUL、MLA

➤ 句法：

    MUL {cond} {S} Rd, Rm, Rs

    MLA {cond} {S} Rd, Rm, Rs, Rn

➤ 符号说明：

Rd —— 结果寄存器。

Rm、Rs、Rn —— 操作数寄存器。

➢　指令说明:

① 该类指令用于进行乘法和乘加 32 位×32 位运算,结果为低 32 位。

② MUL 指令将 Rm 和 Rs 中的值相乘,并将最低有效的 32 位结果放入 Rd 中;MLA 指令将 Rm 和 Rs 中的值相乘,再加上 Rn 的值,并将最低有效的 32 位结果放入 Rd 中。

③ 如果指定 S,则指令根据结果更新标志 N 和 Z;不影响标志 V;在 ARMv4 之前版本中标志 C 不可靠;在 ARMv5 以后版本中不影响标志 C。

④ R15 不能用作 Rd、Rm、Rs 或 Rn。Rd 不能与 Rm 相同。

⑤ 长乘指令的说明可参考 ARM 指令手册。

例:

MUL	R10,R2,R5	
MLA	R10,R2,R1,R5	
MULS	R0,R2,R2	;影响标志
MULLT	R2,R3,R2	;条件执行
MLAVCS	R8,R6,R3,R8	;条件执行,影响标志
MUL	R15,R0,R3	;错误,不允许使用 R15
MLA	R1,R1,R6	;错误,Rd 不能与 Rm 相同

7) CLZ

➢　句法:

CLZ {cond} Rd, Rm

➢　指令说明:

① 该指令用于对 Rm 中值的前导零的个数进行计数,结果放入 Rd 中。若 Rm 内容为 0,则结果为 32;若 Rm 位[31]为 1,则结果为 0。

② 该指令不影响条件码标志。

③ Rd 不允许是 R15。

6．ARM 分支指令

1) B、BL

➢　句法:

B	{cond}	label
BL	{cond}	label

➢　指令说明:

① 该类指令用于分支和带链接分支的操作。

② B 指令引起处理器转移到 label;BL 指令将下一条指令的地址拷贝到 R14(LR,链接寄存器),并引起处理器转移到 label。

③ 机器级的 B 和 BL 指令限制在当前指令地址的 ±32 MB 范围内,但是即使 label 超出了这个范围,也可以使用这些指令。

例:

B	loop A
BL	sub

2) BX
➢ 句法：

　　BX　{cond}　Rm

➢ 符号说明：

Rm——含转移地址的寄存器。Rm 的位[0]不用来作为地址的一部分。若 Rm 的位[0]为 1，则指令将 CPSR 中的标志 T 置位，且将目标地址的代码解释为 Thumb 代码。若 Rm 的位[0]为 0，则位[1]就不能为 1。

➢ 指令说明：

该指令用于实现分支，并有选择地交换指令集。BX 指令将引起处理器转移到 Rm 中的地址。若 Rm 的位[0]为 1，则指令集变换到 Thumb 指令集。

例：

　　BX　R6

3) BLX
➢ 句法：

　　BLX {cond} Rm

➢ 指令说明：

① 该指令用于实现带链接分支，并可选地用于实现交换指令集。该指令有两种形式：带链接无条件转移到程序相对偏移地址；带链接有条件转移到寄存器中的绝对地址。

② BLX 指令的具体用途有：将下一条指令的地址拷贝到 R14(LR，链接寄存器)中；转移到 label 或 Rm 中的地址；切换到 Thumb 指令集，条件是 Rm 的位[0]为 1 或者使用"BLX label"的形式。

③ 机器级的"BLX label"指令的转移不能超过当前指令地址的 ±32 MB 范围。

例：

　　BLX　R0

　　BLX　thumbsub

7．ARM 协处理器指令

ARM 支持 16 个协处理器，如用于控制片上功能(如 Cache、MMU)的系统协处理器、浮点协处理器以及其他一些专用的协处理器。每个协处理器均忽略 ARM 处理器和其他协处理器的指令。如果协处理器没有接受 ARM 的协处理器指令，则 ARM 将产生未定义指令中止的陷阱，用来实现"协处理器丢失"的软件仿真。

ARM 用于支持协处理器的指令主要用于：初始化协处理器的数据操作；在 ARM 寄存器和协处理器之间传送数据；在协处理器的寄存器和内存单元之间传送数据。

为简化起见，本书只列出部分常见的 ARM 协处理器指令，详细内容请参考 ARM 指令手册。

1) 协处理器的数据操作指令——CDP
➢ 句法：

　　CDP　{cond}　　coproc, opcode1, CRd, CRn, CRm {,opcode2}

➢ 符号说明：

coproc——协处理器名。标准名称为 pn，其中 n 为 0～15。

opcode1——协处理器的特定操作码。

CRd——协处理器的目标寄存器。

CRn、CRm——协处理器的源寄存器。

opcode2——可选的协处理器特定操作码。

➤ 指令说明：

协处理器的数据操作完全是协处理器的内部操作，可完成协处理器寄存器状态的改变。该指令不涉及 ARM 处理器的寄存器和存储器。

2) 协处理器的数据传送指令——LDC

➤ 句法：

```
LDC {cond} {L} coproc, CRd, [Rn]                    ; 零偏移
LDC {cond} {L} coproc, CRd, [Rn,#{-}offset]{!}       ; 前索引偏移
LDC {cond} {L} coproc, CRd, [Rn],#{-}offset          ; 后索引偏移
```

➤ 符号说明：

L——可选后缀。表明是长整数传送。

Rn——存储器基址寄存器。若指定是 R15，则使用的值是当前指令的地址加 8。

offset——偏移量表达式。其值为 4 的倍数，范围在 0～1020 之间。

➤ 指令说明：

协处理器的数据传送指令从存储器读取数据后将其放入协处理器寄存器，或将协处理器寄存器的数据存入存储器。由于协处理器可支持自身的数据类型，因此寄存器传送的字数与协处理器相关。存储器地址的计算在 ARM 中完成，使用 ARM 基址寄存器 Rn 和 8 位偏移量进行计算。

3) 协处理器的寄存器传送指令——MCR、MRC

➤ 句法：

```
MCR {cond} coproc, opcode1, Rd, CRn, CRm, {,opcode2}
MRC {cond} coproc, opcode1, Rd, CRn, CRm, {,opcode2}
```

➤ 指令说明：

① 协处理器的寄存器传送指令用于在 ARM 寄存器和协处理器寄存器之间传送数据，具体用途有：浮点 FIX 操作，把整数返回到 ARM 的某个寄存器；浮点比较，把比较结果返回到 ARM 条件码标志，利用标志来确定控制流；FLOAT 操作，从 ARM 寄存器中取一个整数，传入协处理器后转换成浮点数表示，并放入协处理器寄存器。

② MCR 指令用于从 ARM 寄存器传送数据到协处理器寄存器；MRC 指令用于从协处理器寄存器传送数据到 ARM 寄存器。

8. ARM 杂项指令

为方便起见，本书将软件中断、断点以及 PSR(程序状态寄存器)操作的指令归纳为 ARM 杂项指令。

1) 软件中断指令——SWI

➤ 句法：

SWI {cond} immed_24

➢ 符号说明：

immed_24——表达式，其值为 $0 \sim 2^{24}-1$ 范围内的整数。

➢ 指令说明：

SWI 指令引起处理器 SWI 异常，即处理器变为管理模式，CPSR 内容保存到管理模式的 SPSR 中，执行转移到 SWI 向量。这条指令不影响条件码标志。

2) 断点指令——BKPT

➢ 句法：

BKPT immed_16

➢ 符号说明：

immed_16——表达式，其值为 $0 \sim 2^{16}$ 范围内的整数。

➢ 指令说明：

BKPT 指令使处理器进入调试模式，调试工具可利用这条指令到达特定的地址并查询系统状态。

3) PSR 操作指令——MRS、MSR

➢ 句法：

MRS {cond} Rd, psr

MSR {cond} psr_fields, #immed_8r

MSR {cond} psr_fields, Rm

➢ 符号说明：

psr——CPSR 或 SPSR。

fields——指定传送的区域，包括 c (控制域屏蔽字节(PSR[7:0]))、x (扩展域屏蔽字节(PSR[15:8]))、s (状态域屏蔽字节(PSR[23:16]))和 f (标志域屏蔽字节(PSR[31:24]))。

immed_8r——表达式，其值为对应 8 位位图的数字常量，该位图在 32 位字中循环移位，每次移动偶数位。

➢ 指令说明：

PSR 操作指令 MRS 和 MSR 配合使用，可用来更新 PSR 的读—修改—写序列的一部分，如改变处理器模式或清除标志 Q。其中，MRS 指令将 PSR 的内容传送到通用寄存器；MSR 指令用立即数或通用寄存器的内容加载 PSR 的指定区域。

9．ARM 伪指令

顾名思义，伪指令并不是真正的指令。伪指令在编译器对程序进行汇编处理时被替换成相应的指令序列。使用伪指令的目的在于简化程序编写。

ARM 伪指令包括 ADR、ADRL、LDR 和 NOP。

1) ADR、ADRL、LDR

➢ 句法：

ADR {cond} register, expr

ADRL {cond} register, expr

LDR {cond} register, =[expr | label-expr]

➢ 符号说明：

register——加载的寄存器。

expr——PC 或寄存器相对偏移表达式。对于 LDR 指令，expr 被赋值成数字常量。

label-expr——程序相对偏移或外部表达式。

➢ 指令说明：

ADR、ADRL 和 LDR 伪指令都是将一个地址加载到一个寄存器中。它们的不同之处是：

① ADR 伪指令被汇编成 1 条 ADD 或 SUB 指令。汇编器如果不能将地址放入 1 条指令，将报告错误。地址是 PC 或寄存器的相对偏移，因此与位置无关。如果 expr 是基于 PC 的相对偏移，则地址与 ADR 伪指令必须在同一代码段。expr 的取指范围：如果地址是非字对准的，则取值为 −255～255；如果地址是字对准的，则取值为 −1020～1020；如果地址是半字对准的，则取值范围更大。

② ADRL 伪指令被汇编成两条合适的数据处理指令，即使地址可放入 1 条指令，也会产生第 2 条冗余指令。汇编器如果不能将地址放入两条指令，将报告错误。地址是 PC 或寄存器的相对偏移，因此与位置无关。如果 expr 是基于 PC 的相对偏移，则地址与 ADR 伪指令必须在同一代码段。expr 的取指范围：如果地址是非字对准的，则取值为 −64～64；如果地址是字对准的，则取值为 −256～256；如果地址是半字对准的，则取值范围更大。可见，ADRL 比 ADR 能读取更大范围的地址。

③ LDR 伪指令将 32 位常量或一个地址加载到存储器。LDR 伪指令主要有两个用途：当立即数超出 MOV 和 MVN 指令范围而不能加载到寄存器中时，产生文字常量；将 PC 相对偏移或外部地址加载到寄存器中，地址保持有效且与链接器将包含 LDR 的 ELF 区域放到何处无关。使用 LDR 伪指令，需要注意从 PC 到文字池中值的偏移量必须小于 4 KB，必须确保在指令范围内有一个文字池。

例：

```
start     MOV     R0,#10
          ADR     R4,start           ; => SUB R4,PC,#0x0C
start     MOV     R0,#10
          ADRL    R4,start+6000      ; => ADD R4,PC,#0xE800
                                     ; ADD R4,R4,#0x254
LDR       R3,=0xFF0                  ; 加载 0xFF0 到 R3 中
                                     ; => MOV R3,#0xFF0
LDR       R1,=0xFFF                  ; 加载 0xFFF 到 R1 中
                                     ; => LDR  R1,[PC,offset_to_litpool]
                                     ; …
                                     ; litpool DCD 0xFFF
LDR       R2,=place                  ; 将 place 的地址加载到 R2 中
                                     ; => LDR  R2,[PC,offset_to_litpool]
                                     ; …
                                     ; litpool DCD place
```

2) 空操作指令 —— NOP

➤ 　句法：

　　NOP

➤ 　指令说明：

① NOP 伪指令在汇编时被替换成 ARM 的空操作，如"MOV R0,R0"等。

② NOP 伪指令不能被有条件地执行。

③ NOP 伪指令不影响 CPSR 中的条件标志位。

2.4.4　Thumb 指令集

1. Thumb 指令集概述

Thumb 指令集是 ARM 指令集压缩形式的子集。由于 Thumb 指令是 16 位的，因此使用 Thumb 指令可以提高代码密度。但是 Thumb 指令集不是一个完整的体系结构，只能支持通用功能，因此必要时还需借助于完善的 ARM 指令集。

所有的 Thumb 指令都有相对应的 ARM 指令，Thumb 编程模型也对应 ARM 编程模型。在 ARM 指令流水线中要实现 Thumb 指令，必须先对其进行动态解压缩，然后再将其作为标准 ARM 指令执行。

ARM 开发工具完全支持 Thumb 指令，应用程序可以灵活地将 ARM 和 Thumb 子程序混合编程，有利于在例程基础上提高性能或代码密度。

1) Thumb 指令集编码

Thumb 指令集编码如图 2-19 所示。

	15	14	13	12	11	10	9	8	7	6	5	4	3	2	1	0	
1	0	0	0	Op		Offset5					Rs			Rd			偏移寄存器移动
2	0	0	0	1	1	1	CP	Rn/offset3			Rs			Rd			加/减
3	0	0	1	Op		Rd			Offset8								移动/比较/加/减立即数
4	0	1	0	0	0	0	CP		Rs			Rd					ALL操作
5	0	1	0	0	0	1	Op	H1	H2	Rs/Hs			Rd/Hd				高寄存器操作/转移交换
6	0	1	0	0	1	Rd		Offset8									PC相关的加载
7	0	1	0	1	L	B	0	Ro			Rb			Rd			寄存器偏移的加载/存储
8	0	1	0	1	H	S	I	Ro			Rb			Rd			有符号字节/半字加载/存储
9	0	1	1	B	L	Offset5					Rb			Rd			立即数偏移的加载/存储
10	1	0	0	0	L	Offset5					Rb			Rd			加载/存储半字
11	1	0	0	1	L	Rd		Word8									SP相关的加载/存储
12	1	0	1	0	SP	Rd		Word8									加载地址
13	1	0	1	1	0	0	0	0	S	SWord7							堆栈指针加偏移
14	1	0	1	1	L	1	0	R	Rlist								压栈/出栈寄存器
15	1	1	0	0	L	Rb		Rlist									多字节加载/存储
16	1	1	0	1	Cond			Soffset8									条件转移
17	1	1	0	1	1	1	1	1	Value8								软中断
18	1	1	1	0	0	Offset11											无条件转移
19	1	1	1	1	H	Offset11											带链接的长转移

图 2-19　Thumb 指令集编码

2）Thumb 编程模型

Thumb 指令集只能对限定的 ARM 寄存器进行操作。Thumb 编程模型如图 2-20 所示。

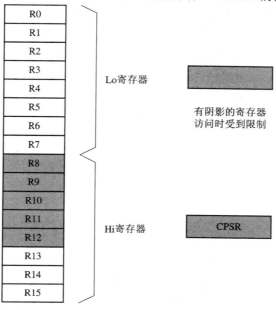

图 2-20　Thumb 编程模型

说明：

（1）R13～R15 被扩展作为特殊应用，R13 用作堆栈指针 SP，R14 用作链接寄存器 LR，R15 用作程序计数器 PC。

（2）阴影寄存器 R8～R12 访问时受限。

（3）CPSR 的条件标志位由算术和逻辑操作设置并控制转移。

3）Thumb 状态切换

CPSR 的 T 位决定 ARM 处理器执行的是 ARM 指令流还是 Thumb 指令流。若 T 置 1，则认为是 Thumb 指令流；若 T 置 0，则认为是 ARM 指令流。

（1）进入 Thumb 状态。系统复位后，处理器处于 ARM 状态。执行 BX 指令，将转移地址寄存器的位[0]置 1，其他位放入 PC，即可进入 Thumb 状态。由于 BX 指令会引起转移，因此流水线被刷新，已在流水线上的指令将被丢弃。

（2）退出 Thumb 状态。退出 Thumb 状态的方法与进入 Thumb 状态的方法相对应，即使用 BX 指令，将转移地址寄存器的位[1:0]置为 b00，即可退出 Thumb 状态。如果发生异常，无论处理器当前的工作状态如何，处理器都会返回 ARM 状态。

4）Thumb 指令集与 ARM 指令集的区别

（1）Thumb 指令除了分支 B 指令外大多是无条件执行的。

（2）大多数 Thumb 指令采用 2 地址格式，即目的寄存器和源寄存器。

（3）Thumb 指令集没有协处理器指令、信号量(semaphore)指令和访问 PSR 的指令。

（4）Thumb 分支指令与 ARM 分支指令相比，在寻址范围上有更多限制。

（5）Thumb 数据处理指令访问 R8～R15 时受限。除 MOV 和 ADD 指令访问 R8～R15

外，数据处理指令总是更新 CPSR 的 ALU 状态标志。访问 R8～R15 的 Thumb 数据处理指令不能更新标志。

(6) Thumb 的寄存器指令 LOAD/STORE 只能访问 R0～R7。PUSH 和 POP 指令使用堆栈指针 R13(SP)作为基址，来实现满递减堆栈。除传送 R0～R7 外，PUSH 还可用于存储链接寄存器 R14(LR)，POP 还可用于加载程序计数器指针 PC。

(7) Thumb 伪指令不支持 ADRL。

2．Thumb 存储器访问指令

1) 立即数偏移指令 —— LDR、STR

➢ 句法：

    op   Rd, [Rn, #immed_5×4]

    opH   Rd, [Rn, #immed_5×2]

    opB   Rd, [Rn, #immed_5×1]

➢ 符号说明：

H——指明无符号半字传送的参数。

B——指明无符号字节传送的参数。

Rd——加载和存储寄存器。Rd 只能在 R0～R7 范围内。

immed_5×N——偏移量表达式。其取值是 N 的倍数，在 0～31N 范围内。

➢ 指令说明：

① 该类指令用于加载和存储寄存器，寄存器的地址用一个寄存器的立即数偏移 (immediate offset)指明。

② 字传送的地址必须能被 4 整除，半字的则必须能被 2 整除。

例：

    LDR   R3, [R5, #0]

    STRB   R0, [R3, #31]   ; 字节传送

    STRH   R7, [R3, #16]   ; 半字传送

    LDR   R13, [R3, #40]   ; 错误，只能使用 R0～R7

    STRB   R0, [R3, #32]   ; 错误，32 超出了字节传送的范围

    STRH   R7, [R3, #15]   ; 错误，半字传送的偏移量必须是偶数

    LDRH   R6, [R0, #−6]   ; 错误，不支持负偏移量

2) 寄存器偏移指令 —— LDR、STR

➢ 句法：

    op   Rd, [Rn, Rm]

➢ 符号说明：

op——op 可以是 LDR(加载寄存器，4 字节字)、STR(存储寄存器，4 字节字)、LDRH(加载寄存器，2 字节无符号半字)、LDRSH(加载寄存器，2 字节带符号半字)、STRH(存储寄存器，2 字节半字)、LDRB(加载寄存器，无符号字节)、LDRSB(加载寄存器，带符号半字) 和 STRB(存储寄存器，无符号字节)。

➤ 指令说明：

① 该类指令用于加载和存储寄存器，存储器的地址用基址寻址方式指明，即 Rn 中的基址加上偏移量形成存储器的地址。

② 数据传送可以是字、半字或字节。加载的数据被放到 Rd 的最低有效位。对于无符号加载，Rd 的其余位补 0；对于带符号加载，Rd 的其余位拷贝符号位。注意，存储指令带符号和无符号没有区别。

③ 字传送的地址必须能被 4 整除，半字传送的地址必须能被 2 整除。

例：

LDR	R2, [R1, R5]	
LDRSH	R0, [R0, R6]	;加载带符号半字
STRB	R1, [R7, R0]	;存储字节
LDR	R13, [R5, R3]	;错误，只能使用 R0～R7
STRSH	R7, [R3, R1]	;错误，没有带符号的存储指令

3) PC 或 SP 相对偏移指令 —— LDR、STR

➤ 句法：

LDR	Rd, [PC, #immed_8×4]
LDR	Rd, label
LDR	Rd, [SP, #immed_8×4]
LDR	Rd, [SP, #immed_8×4]

➤ 符号说明：

immed_8×4——偏移量表达式。取值为 4 的整数倍，范围在 0～1024 内。

label——程序相对偏移表达式。必须在当前指令之后 1 KB 范围内。

➤ 指令说明：

该类指令用于加载和存储寄存器，存储器的地址用 PC 或 SP 的立即数偏移指明，即 PC 或 SP 的基址加上偏移量形成存储器的地址。其中，PC 的位[1]被忽略，确保了地址字对准。

注意，没有 PC 相对偏移的 STR 指令；地址必须是 4 的整数倍。

例：

LDR	R2，[PC，#1016]	
LDR	R5，localdata	
LDR	R0，[SP，#920]	
STR	R1，[SP，#20]	
LDR	R13，[PC，#8]	;错误，Rd 只能使用 R0～R7
STR	R7，[PC，#64]	;错误，STR 指令没有 PC 相对偏移
STRH	R0，[SP，#16]	;错误，半字或字节传送没有 PC 或 SP 相对偏移
LDR	R2，[PC，#81]	;错误，立即数必须是 4 的整数倍
LDR	R1，[PC，#-24]	;错误，立即数不能是负数
STR	R1，[SP，#1024]	;错误，立即数最大为 1020

4) PUSH、POP

➤ 句法：

```
PUSH   {reglist}
POP    {reglist}
PUSH   {reglist, LR}
POP    {reglist, PC}
```

➤ 符号说明：

reglist——寄存器列表。只能使用 R0～R7。列表中至少要有 1 个寄存器。

➤ 指令说明：

① 该类指令用于寄存器和可选的 LP 进栈以及寄存器和可选的 PC 出栈。

② Thumb 堆栈是满递减堆栈，即堆栈向下增长，SP 指向堆栈的最后入口。

③ 寄存器以数字顺序存储在堆栈中，最低数字的寄存器其地址最低。

④ 对于 ARMv5 以上版本，若加载 PC 位[1:0]的值是 b00，则处理器转换到 ARM 状态，其中 PC 位[1]的值不允许是 1。

⑤ 对于 ARMv4T 以前版本，PC 位[1:0]被忽略，因此 POP 指令不能改变处理器工作状态。

⑥ 该类指令不影响条件码标志。

例：

```
PUSH   {R1, R4-R7}
PUSH   {R0, LR}
POP    {R0-R7, PC}        ; 出栈并从子程序返回
PUSH   {R3, R5-R8}        ; 错误，不允许使用高寄存器
PUSH   { }                ; 错误，列表中至少必须有 1 个寄存器
PUSH   {R1-R4, PC}        ; 错误，PC 不能入栈
POP    {R1-R4, LR}        ; 错误，不能弹出 LR
```

5) LDMIA、STMIA

➤ 句法：

```
op  Rn!, {reglist}
```

➤ 指令说明：

① 该类指令用于加载和存储多个寄存器。

② 寄存器以数字顺序加载或存储，最低数字的寄存器存储在 Rn 的初始化地址中。

③ Rn 的值以 reglist 中寄存器个数的 4 倍增加。

例：

```
LDMIA   R5!, {R0-R7}
STMIA   R3!, {R3, R5, R7}
LDMIA   R3!, {R0, R9}         ; 错误，不允许使用高寄存器
STMIA   R5!, { }              ; 错误，列表中至少必须有 1 个寄存器
STMIA   R5!, {R1-R6}          ; 错误，从 R5 存储的值不可预知
```

3. Thumb 数据处理指令

1) 算术运算指令——ADD、SUB、ADC、SBC、MUL

➤ 句法：

op　Rd, Rn, Rm	; 对低寄存器操作，Rd←Rn+Rm 或 Rd←Rn−Rm
op　Rd, Rn, #expr3	; 对低寄存器操作，Rd←Rn+expr3 或 Rd←Rn−expr3
op　Rd, #expr8	; 对低寄存器操作，Rd←Rd+expr8 或 Rd←Rd−expr8
op　SP, #expr	; SP←SP+expr 或 SP←SP−expr
opp　Rd, Rm	; 对低寄存器进行操作，ADC 带进位加、SBC 带进位减、MUL 乘法
ADD　Rd, Rp, #expr	; Rd 必须为低寄存器，Rd←Rp+expr
ADD　Rd, Rm	; 对高/低寄存器进行操作，Rd←Rd+Rm

➢　符号说明：

expr3——取值为 −7～+7 范围内的整数。

expr8——取值为 −255～+255 范围内的整数。

Rp——SP 或 PC。

op——ADD 或 SUB。

opp——ADC、SBC 或 MUL。

➢　指令说明：

该类指令用于算术运算，具体含义可参见每句注释。需要说明的是，如果使用的是低寄存器，则会影响到条件码标志。

例：

```
ADD  R3, R1, R5
SUB  R0, R4, #5
ADD  R7, #201
ADD  SP, #312
SUB  SP, #96
ADC  R2, R4
ADD  R6, SP, #64
ADD  R2, PC, #980
ADD  R2, R4
ADD  R12, R4
ADD  R9, R2, R6          ; 错误，不允许使用高寄存器
SUB  R4, R5, #201        ; 错误，立即数超出范围
```

2) 逻辑运算指令——AND、ORR、EOR、BIC

➢　句法：

```
op    Rd, Rm
```

➢　指令说明：

① 该类指令用于逻辑运算。其中，AND 指令进行逻辑"与"运算，ORR 指令进行逻辑"或"运算，EOR 指令进行逻辑"异或"运算，BIC 指令进行"Rd AND NOT Rm"运算。

② Rd 和 Rm 必须使用低寄存器。

③ 该类指令根据结果更新标志 N 和 Z。

例：

AND R2,R4

3) 移位指令 —— ASR、LSL、LSR、ROR

➢　句法：

　　op　　Rd, Rs　　　　　　　　; 寄存器控制移位

　　op　　Rd, Rm, #expr　　　　; 立即数移位

➢　符号说明：

Rs——包含移位量的寄存器。

expr——立即数偏移量表达式。取值范围：若执行 LSL，则为 0～31 的整数；其余为 1～32 的整数。

➢　指令说明：

① 该类指令用于移位操作。其中，ASR 指令进行算术右移，LSL 指令进行逻辑左移，LSR 指令进行逻辑右移，ROR 指令进行循环右移。

② Rd、Rs、Rm 必须使用低寄存器。

③ ROR 指令仅能与寄存器控制的移位一起使用。

④ 该类指令根据结果来更新标志 N 和 Z，不影响标志 V。若移位量为 0，则标志 C 不受影响；否则，C 将包含源寄存器的最后移出位。

　　例：

　　ASR　R3, R5

　　LSR　R0, R2, #6

　　LSR　R0, R4, #0　　　　　; 除了不影响标志 C 和 V 外，等同于"MOV R0,R4"

　　ROR　R2, R7, #3　　　　　; ROR 不能使用立即数移位

　　LSL　R9, R1　　　　　　　; 错误，不允许使用高寄存器

　　LSL　R0, R7, #32　　　　　; 错误，立即数移位超出范围

　　ASR　R0, R7, #0　　　　　; 错误，立即数移位超出范围

4) 比较指令 —— CMP、CMN

➢　句法：

　　CMP Rn, #expr

　　CMP Rn, Rm

　　CMN Rn, Rm

➢　符号说明：

expr ——取值为 0～255 内的整数。

➢　指令说明：

① 该类指令用于比较操作。其中，CMP 指令从 Rn 的值中减去 expr 或 Rm 的值，CMN 指令将 Rn 和 Rm 的值相加。

② 对于第 1、3 条指令，Rn 和 Rm 必须使用低寄存器；对于第 2 条指令，Rn 和 Rm 可以使用 R0～R15 中的任何寄存器。

③ 该类指令将更新条件码标志，但不在寄存器中保存结果。

　　例：

```
CMP R2, #255
CMP R7, R12
CMN R1, R0
CMP R2, #508              ; 错误，立即数超出范围
CMP R9, #24               ; 错误，立即数不允许和高寄存器一起出现
CMN R1, R10               ; 错误，CMN 不允许与高寄存器一起出现
```

5) 数据传送指令——MOV、MVN、NEG

➤ 句法：

```
op     Rd, Rm
MOV Rd, #expr
```

➤ 符号说明：

expr——取值为 0～255 内的整数。

➤ 指令说明：

① 该类指令用于数据传送。其中，MOV 指令将 expr 或 Rm 的值放入 Rd；MVN 指令从 Rm 取值，按位逻辑"非"后，将结果放入 Rd；NEG 指令取 Rm 的值，乘以 –1 后，将结果放入 Rd。

② 除了"MOV Rd, Rm"指令中的 Rd 和 Rm 可以使用 R0～R15 中的任何寄存器之外，其余指令中的 Rd 和 Rm 必须使用低寄存器。

③ "MOV Rd,#expr"和 MVN 指令更新标志 N 和 Z，对标志 C 和 V 无影响。

④ NEG 指令更新标志 N、Z、C 和 V。

⑤ 对于"MOV Rd，Rm"指令，如果 Rd 或 Rm 使用高寄存器，则标志不受影响；如果 Rd 和 Rm 都使用低寄存器，则更新标志 N 和 Z，清除标志 C 和 V。

⑥ 如果希望在低寄存器之间传送数据而不清除标志 C 和 V，可使用移位为 0 的 LSL 指令。

例：

```
MOV R3, #0
MOV R0, R12              ; 不更新标志
MVN R7, R1
NEG R2, R2
MOV R2, #256            ; 错误，立即数超出范围
MOV R8, #3             ; 错误，不能传送立即数到高寄存器
MVN R8, R2            ; 错误，MVN 和 NEG 指令不允许使用高寄存器
NEG R0, #3           ; 错误，MVN 和 NEG 指令不允许使用立即数
```

6) 测试指令——TST

➤ 句法：

```
TST    Rn, Rm
```

➤ 指令说明：

① 该指令用于测试位操作。TST 指令将 Rn 和 Rm 中的值按位"与"操作，更新条件

码标志 N 和 Z，不影响 C 和 V，结果不放入寄存器。

② Rn 和 Rm 必须使用低寄存器。

例：

    TST　R2,R4

4．Thumb 分支指令

1) B

➤ 句法：

    B　{cond} label

➤ 符号说明：

label——程序相对转移表达式，通常是在同一代码块内的标号。如果有条件，则 label 必须在当前指令的 −252～+255 B 范围内；如果无条件，则 label 必须在 ±2 KB 范围内。

➤ 指令说明：

这是 Thumb 指令集中唯一的有条件指令。如果条件满足(或不使用条件)，则 B 指令使处理器转移到 label。B 指令使用的条件与 ARM 指令集中的条件基本相同。

例：

    B　dloop

    BEG　sectB

2) BL

➤ 句法：

    BL　label

➤ 指令说明：

① BL 指令是带链接的长分支指令，它将下一条指令的地址拷贝到链接寄存器 R14(LR)，并使处理器转移到 label。

② 机器级指令不能转移到当前指令 ±4 KB 范围以外的地址。必要时，可使用 ARM 链接器插入代码以允许更长的转移。

例：

    BL　extract

3) BX

➤ 句法：

    BX　Rm

➤ 指令说明：

BX 指令除了完成分支外，还可以有选择地交换指令集。其中，Rm 的位[0]不用于地址部分，若 Rm 的位[0]清零，则位[1]也必须清零，指令将清除 CPSR 中的标志 T，目的地址的代码被解释为 ARM 代码。

例：

    BX　R5

4) BLX

➤ 句法：

BLX   Rm

BLX   label

➢   指令说明：

① BLX 指令是带链接的分支指令，并可选地用于实现交换指令集。关于转移范围的说明同 BL 指令，关于 Rm 的说明同 BX 指令。

② BLX 指令可用于：拷贝下一条指令的地址到 R14；引起处理器转移到 label 或 Rm 存储的地址；如果 Rm 的位[0]清零，或使用"BLX label"的形式，则指令集切换到 ARM 状态。

例：

BLX   R6

BLX   armsub

5．Thumb 中断和断点指令

1) SWI

➢   句法：

SWI   immed_8

➢   符号说明：

immed_8——取值为 0~255 内的整数。

➢   指令说明：

① SWI 指令引起 SWI 异常。处理器切换到 ARM 状态、管理模式，CPSR 保存到管理模式的 SPSR 中，执行转移到 SWI 向量地址。

② 异常处理程序利用 immed_8 来确定正在请求何种服务。

③ 该指令不影响条件码标志。

例：

SWI   12

2) BKPT

➢   句法：

BKPT   immed_8

➢   指令说明：

① BKPT 指令使处理器进入调试模式。调试工具可利用该指令到达特定地址并查询系统状态。

② 调试器利用 immed_8 来保存有关断点的附加信息。

例：

BKPT   67

6．Thumb 伪指令

1) ADR

➢   句法：

ADR   register, expr

➢   符号说明：

expr——程序相对偏移量表达式。偏移量必须是正数，且小于 1 KB。expr 必须局部定义，不能被导入。

➤　指令说明：

ADR 伪指令将程序相对偏移地址加载到寄存器中。在 Thumb 状态下，ADR 仅可以产生字对准地址。使用 ALIGN 指令来确保 expr 是对准的。expr 必须被赋值成与 ADR 伪指令在同一代码区域的地址。

例：

```
        ADR        R4,txampl            ; => ADD R4,PC,#nn
        ;code
        ALIGN
txampl  DCW        0,0,0,0
```

2) LDR

➤　句法：

```
LDR   register,=[expr | label-exp]
```

➤　符号说明：

expr——赋值成数字常量。若 expr 值在 MOV 指令范围内，则汇编器产生指令；若 expr 值不在 MOV 指令范围内，则汇编器将常量放入文字池，并产生一条程序相对偏移的 LDR 指令，从文字池中读常量。

Label-exp——程序相对偏移或外部表达式。汇编器将 label-exp 的值放入文字池，并产生一条程序相对偏移的 LDR 指令，从文字池中加载值。若 label-exp 是外部表达式，或不包含在当前区域中，则汇编器将一个链接器可重定位指令放入目标文件。链接器确保在链接时产生正确的地址。

➤　指令说明：

LDR 伪指令用 32 位常量或一个地址加载一个低寄存器，主要有两个目的：当立即数由于超出 MOV 指令范围而不能加载到寄存器中时，产生文字常量；将程序相对偏移或外部地址加载到寄存器中，地址保持有效，而与链接器将包含 LDR 的 ELF 区域放到何处无关。

例：

```
LDR R1,=0xFFF        ; 加载 0xFFF 到 R1 中
LDR R2,=labelname    ; 将 labelname 的地址加载到 R2 中
```

3) NOP

NOP 空操作指令的说明和用法可参见"ARM 伪指令"。

2.5　ARM 程序设计基础

在嵌入式系统程序设计中，大量使用了 C 语言进行编程。然而在有些程序中，使用汇编语言进行编程则更加方便、简单，甚至是不可替代的，例如初始化硬件的代码、启动代码等。本书假定读者对 C 语言已经非常熟悉，因此下面仅重点介绍 ARM 汇编语言。

汇编语言都具有一些相同的基本特征，例如：

➢ 一条指令一行。

➢ 使用标号(label)给内存单元提供名称，从第一列开始书写。

➢ 指令必须从第二列或能区分标号的地方开始书写。

➢ 注释跟在指定的注释字符后面(ARM 使用的是"；")，一直书写到行尾。

本节介绍的内容包括 ARM 汇编语句格式、ARM 汇编程序结构以及汇编与 C/C++语言的混合编程。

2.5.1　ARM 汇编语句格式

ARM 汇编语句的格式如下：

{symbol}　　{instruction |directive | pseudo-instruction}　　{;comment}

其中：

symbol——符号。在 ARM 汇编语言中，符号在指令和伪指令中用作地址标号，在一些伪操作中用作变量或常量。

符号的使用有以下一些规则：

① 符号必须从一行的行头开始。

② 符号由大小写字母、数字以及下划线组成，但不能包含空格。

③ 符号区分大小写。

④ 局部标号以数字开头，其他符号都不能以数字开头。

⑤ 符号在作用范围内是唯一的，即在其作用范围内不能有同名的符号。

⑥ 程序中的符号不能与系统的内部变量或系统预定义的符号同名。

⑦ 程序中的符号通常不要与指令助记符或伪操作同名。

instruction——指令。在 ARM 汇编语言中，指令不能从一行的行头开始。在一行语句中，指令的前面必须有空格或符号。

directive——伪操作。

pseudo-instruction——伪指令。

comment——语句的注释。在 ARM 汇编语言中，注释以分号"；"开头。注释的结尾即为一行的结尾。注释也可单独占一行。

关于 ARM 汇编语句，需要说明的有以下几点：

(1) 指令、伪指令以及伪操作的助记符可全部使用大写字母，也可全部使用小写字母，但不能在一个助记符中既有大写字母又有小写字母。

(2) 在程序中，语句之间最好适当地插入空行，这样可提高源代码的可读性。

(3) 如果一条语句很长，为提高可读性，可使用"\"将其分成若干行进行书写。在"\"后面不能再有其他字符，包括空格和制表符。

2.5.2　ARM 汇编程序格式

采用不同的编译器，ARM 汇编语言程序的格式可能会略有不同。总体上，ARM 汇编程序的基本格式是相同的。下面以 ADS 编译器为背景来介绍。

ARM 汇编程序以段(section)为单位来组织源文件。段是相对独立、具有特定名称、不可分割的指令或数据序列。段分为代码段和数据段,其中:代码段存放执行代码,数据段存放代码运行时需要用到的数据。一个 ARM 源程序至少需要一个代码段,大型程序可能会包含多个代码段和数据段。

　　ARM 汇编程序经过汇编处理后生成一个可执行的映像文件,映像文件通常包括以下 3 个部分:

　　(1) 一个或多个代码段。代码段的属性通常是只读的。

　　(2) 0 或多个包含初始值的数据段。数据段的属性通常是可读/写的。

　　(3) 0 或多个不包含初始值的数据段。这些数据段被初始化为 0,属性是可读/写的。

　　链接器按照一定的规则将各个段安排到内存的相应位置。这样会使得在源程序中段与段之间的相邻关系与映像文件中段与段之间的相邻关系不一定相同。

　　通过下面一个简单的 ARM 汇编程序,可以了解到 ARM 汇编程序的基本结构:

```
AREA EXAMPLE,CODE,READONLY
    ENTRY
    Start
        MOV    R0, #10
        MOV    R1, #3
        ADD    R0, R0, R1
    END
```

　　在 ARM 汇编程序中,使用伪操作 AREA 定义一个段。AREA 表示了一个段的开始,同时定义了这个段的名称和相关属性。在上面的程序中,AREA 定义了一个代码段,名称为 EXAMPLE,属性是只读的。

　　ENTRY 伪操作标识了程序执行的第一条指令,即程序的入口点。一个 ARM 程序可以有多个 ENTRY,但至少要有一个 ENTRY。初始化部分的代码以及异常中断处理程序中都包含了 ENTRY。如果程序中包含了 C 代码,则 C 语言库文件的初始化部分也包含了 ENTRY。

　　END 伪操作标识源文件的结束。每一个汇编模块必须包含一个 END 伪操作,用来指示模块的结束。

　　这个程序的程序体部分是一个简单的加法运算。

2.5.3　汇编语言编程实例

　　程序员在编写复杂程序以实现实际任务之前,开始时总是要检查一下是否能够使一个简单的测试程序运行起来。Hello World 程序是通常使用的测试程序。下面是用 ARM 汇编语言实现的一个 Hello World 程序:

```
              AREA HelloWorld,CODE,READONLY          ; 声明代码段
SWI_WriteC    EQU       &0                           ; 输出 R0 中的字符
SWI_Exit      EQU       &11                          ; 程序结束
              ENTRY                                  ; 代码的入口
START         ADR       R1,TEXT                      ; R1→ "Hello World"
```

```
LOOP        LDRB    R0,[R1],#1              ; 读取下一个字节
            CMP     R0,#0                   ; 检查文本终点
            SWINE   SWI_WriteC              ; 若非终点，则打印
            BNE     LOOP                    ; 并返回 LOOP
            SWI     SWI_Exit                ; 执行结束
TEXT        =       "Hello World",&0a,&0d,0
            END                             ; 程序源代码结束
```

从上面这个简单的 ARM 汇编程序中，我们可以学习到一些 ARM 程序设计方面的基本知识：

(1) 使用伪操作 AREA 定义只读属性的代码段。

(2) 使用伪操作 EQU 定义在程序中使用的系统调用。在大的程序中，这些系统调用将在一个文件中定义，由其他代码文件引用。

(3) 使用伪指令 ADR 将地址写入基址寄存器。

(4) 使用自动变址寻址扫描一系列字节。

(5) 使用 SWI 指令的条件执行，避免额外的转移。

(6) 使用跟在换行和回车特殊字符之后的字节 "0" 来标记字符串的结束，并以此作为判断循环结束的条件。

要运行这个程序，需要以下工具：

(1) 文本编辑器：用来键入程序。

(2) 汇编器：将程序转变为 ARM 二进制代码。

(3) 运行平台：ARM 系统或仿真器，执行汇编后的二进制代码。

要想将 "Hello World" 在显示器上打印出来，还要求 ARM 系统具有文本输出的能力。例如，可以使用 ARM 开发板的串口将文本输出到主机，再通过主机的显示器打印输出。

如果在执行程序时出现了问题，则还需要使用调试器来判断发生了什么问题以及问题出在什么地方。编辑器、汇编器、测试系统、仿真器、调试器等工具在 ARM 开发工具套件中都可以找到。

下面的例子是完成块拷贝的程序：

```
            AREA BlkCpy,CODE,READONLY       ; 声明代码段
SWI_WriteC  EQU     &0                      ; 输出 R0 中的字符
SWI_Exit    EQU     &11                     ; 程序结束
            ENTRY                           ; 代码的入口
            ADR     R1,TABLE1               ; R1→TABLE1
            ADR     R2,TABLE2               ; R2→TABLE2
            ADR     R3,T1END                ; R3→T1END
LOOP1       LDR     R0,[R1],#4              ; 读取 TABLE1 的第一个字
            STR     R0,[R2],#4              ; 拷贝到 TABLE2
            CMP     R1,R3                   ; 结束？
            BLT     LOOP1                   ; 若非，则再拷贝
            ADR     R1,TABLE2               ; R1→TABLE2
```

```
LOOP2       LDRB      R0,[R1],#1                            ; 读取下一个字
            CMP       R0,#0                                ; 检查文本终点
            SWINE     SWI_WriteC                           ; 若非终点，则打印
            BNE       LOOP2                                ; 并返回 LOOP2
            SWI       SWI_Exit                             ; 执行结束
TABLE1      =         "This is the right string! ",&0a,&0d,0
T1END
            ALIGN                                          ; 保证字对准
TABLE2      =         "This is the wrong string! ",0
            END                                            ; 程序源代码结束
```

这个程序使用字的 Load 和 Store 来拷贝表，因此表必须是字对准的。然后使用在 Hello World 中相同的程序，采用字节 Load 把结果打印出来。

程序中使用 BLT 来控制循环结束。如果 TABLE1 包含字节的数目不是 4 的整数倍，那么就存在一个危险，即 R1 将越过 T1END 而不是正好等于它。这样，基于 BNE 的结束条件就会失效。

如果你能理解上面的例子，使程序运行，那么你对 ARM 指令集和 ARM 汇编编程的掌握就开始起步了。

现在，几乎所有的编程都是基于高级语言的，程序中很少采用汇编语言编程。然而，在嵌入式系统中，系统启动程序、硬件初始化程序以及一些小的软件组件，可能还是需要程序员自己用汇编语言进行开发，以达到关键应用所需的最佳性能。因此，了解如何编写汇编代码是很有用处的。

2.5.4　汇编语言与 C 语言的混合编程

高级语言使程序能够以抽象的方式来表述，如数据类型、结构、进程、函数等。如果一个程序可能要画大量的线，我们就可以建立一个画一条已知端点坐标的线的函数，程序中画线的操作仅仅是处理这些端点坐标，调用画线的函数即可。高级语言能够使程序员在比机器语言更高的抽象层次上思考程序的设计，而不必关心程序最终会在什么机器上运行。例如，寄存器号这样的参数对于不同的体系结构是不同的，显然这些参数不能反映在高级语言程序的设计中。

编译器是支持高级语言、可以达到抽象目的的依赖。编译器本身是一个非常复杂的软件，而编译器产生代码的效率在很大程度上依赖于目标体系结构对编译器提供的支持。RISC 原理的引入使得指令集的设计集中在灵活的基本操作上，编译器可以由这些基本操作来构造它的高层级操作。ARM 体系结构充分体现了 RISC 结构对高级语言的支持。本节在用 ARM 体系结构来支持高级语言编程的基础上，介绍汇编语言和 C 语言的混合编程问题。

在实际嵌入式程序设计中，灵活地运用汇编语言和 C 语言之间的关系进行混合编程，有利于系统和相关模块的开发。汇编语言和 C 语言的混合编程分为两种情况：如果汇编代码比较简单，则可以直接利用内嵌汇编的方式进行混合编程；如果汇编代码比较复杂，则可以将汇编程序和 C 程序分别以文件的形式加到一个工程里，通过 ATPCS 标准来完成汇

编程序和 C 程序之间的调用。

1．内嵌汇编

内嵌汇编器 armcc 和 armcpp 用来支持完整的 ARM 指令集，tcc 和 tcpp 用来支持 Thumb 指令集。对于一些如修改 PC 以实现跳转的底层功能，内嵌汇编器并不支持。

内嵌的汇编指令包括大部分 ARM 指令和 Thumb 指令，但不能直接引用 C 语言的变量定义，数据交换必须通过函数过程调用标准 ATPCS(ARM-Thumb Procedure Call Standard) 进行。嵌入式汇编在形式上表现为独立定义的函数体。

1) 内嵌汇编指令

内嵌汇编指令的语法格式为

```
_ _asm("指令[;指令] ");
```

其中的 "_ _asm" 是 ARM C 编译器使用的关键字，"_ _" 是两个下划线。指令之间用 ";" 分隔。如果一条指令占据多行，则在行尾使用连字符 "\"。汇编命令段中可使用 C 语言的注释语句。如果有多条汇编指令嵌入，则可用 "{ }" 将它们归为一条语句，格式为

```
_ _asm
{
  指令[;指令]
  …
  [指令]
}
```

由于内嵌汇编器与 armasm 汇编器有一定区别，因此内嵌汇编指令主要有以下一些规则限制：

(1) 内嵌汇编指令中的操作数可以是寄存器、常量或 C 语言表达式。这些操作数对于 C 语言可以是 char、short 或 int 类型，且都作为无符号数处理。表达式的使用不要过于复杂，以避免和指令中物理寄存器的使用发生冲突。

(2) 内嵌汇编指令中使用物理寄存器时有一定限制，主要包括：不能向 PC 寄存器直接赋值；通常在内嵌汇编指令中不要指定物理寄存器，因为这可能会影响编译器对寄存器的分配，从而影响编译代码的效率。

(3) 内嵌汇编指令中，常量前的符号 "#" 可以省略。

(4) 只有 B 指令可以使用 C 语言程序中的标号。

(5) 内嵌汇编器不支持汇编语言中用于内存分配的伪操作(ADR 和 ADRL)。内存分配通过 C 语言程序完成，分配的内存单元通过变量提供给内嵌汇编器使用。

(6) 在内嵌的 SWI 指令和 BL 指令中，除了正常的操作数域外，还必须增加 3 个可选的寄存器列表：第 1 个寄存器列表中的寄存器用于存放输入的参数；第 2 个寄存器列表中的寄存器用于存放返回的结果；第 3 个寄存器列表中的寄存器被调用的子程序作为工作寄存器。

2) 内嵌汇编的注意事项

使用内嵌汇编的方法实现 C 语言和汇编语言的混合编程，需要注意以下方面的问题：

(1) 对于寄存器 R0~R3、LR 和 PC 的使用要格外谨慎。编译器在计算表达式时可能会将寄存器 R0~R3、R12 和 R14 用于子程序调用,因此在内嵌的汇编指令中,不要将这些寄存器同时指定为物理寄存器。

例:

```
_ _asm
{
    MOV    R0,x
    ADD y,R0,x/y                    /*x/y 的结果覆盖了 R0*/
}
```

由于计算 x/y 时,R0 被修改,因此将影响到 R0+x/y 的结果。可以用一个 C 语言的变量来代替 R0,如:

```
_ _asm
{
    MOV    var,x
    ADD    y,var,x/y
}
```

(2) 不要使用寄存器寻址变量。

例:

```
int bad_f(int x)
{
    _ _asm{ADD R0,R0,#1}           /*将发生寄存器冲突,R0 中保存的 x 的值将不变*/
    return x;
}
```

根据编译规则,R0 应该与 x 相对应,但是这样的代码将使汇编器认为发生了寄存器冲突。正确的写法应该是:

```
int bad_f(int x)
{
    _ _asm{ADD x,x,#1}             /*将发生寄存器冲突,R0 中保存的 x 的值将不变*/
    return x;
}
```

(3) 使用内嵌汇编时,编译器会自动保存和恢复可能用到的寄存器,用户无需在程序中再做这些工作。读物理寄存器(除 PSR 寄存器之外)之前必须先进行写入。

例:

```
int f(int x)
{
    _ _asm
    {
        STMFD    SP,{R0}    ;由于 SP 出现了写前先读,因此对 R0 的保存是非法的
```

```
        ADD       R0,x,#1
        EOR       x,R0,x
        LDMFD     SP!,{R0}   ;对 R0 的恢复没有必要
    }
        return x;
    }
```

(4) LDM 和 STM 指令的寄存器列表中只允许使用物理寄存器。内嵌汇编可以修改处理器模式、协处理器状态和 FP、SL、SB 等 ATPCS 寄存器，但是编译器在编译时并不了解这些变化，所以必须保证在执行 C 语言代码前恢复被改变了的处理器模式。

(5) 由于汇编语言使用 "," 作为操作数的分隔符，因此带 "," 的 C 语言表达式作为操作数时，必须用 "( )" 括起来，以便将其归为一个汇编操作数。

3) 内嵌汇编应用举例

例 1　字符串复制。

```
    #include    <stdio.h>
    void  my_strcpy(char  *src,const char  *dst)
    {
      int ch;
      _ _asm
      {
        loop:
        #ifdef _arm                      /*ARM 版本*/
          LDRB ch,[src],#1
          STRB ch,[dst],#1
        #else                            /*Thumb 版本*/
          LDRB ch,[src]
          ADD    src,#1
          STRB ch,[dst]
          ADD    dst,#1
        #endif
          CMP ch,#0
          BNE loop
      }
    }

    int main(void)
    {
      const char      *a="Hello World! ";
      char b[20];
      _ _asm
```

```
    {
        MOV R0,a                              /*设置入口参数*/
        MOV R1,b
        BL   my_strcpy,{R0,R1}               /*调用 my_strcpy( )函数*/
    }
    printf("Original string:%s\n",a);        /*显示字符串的复制结果*/
    printf("Copied string:%s\n",b);
    return 0;
}
```

程序中，主函数 main( )中的 BL 指令只增加了输入寄存器列表{R0,R1}。子程序使用的工作寄存器为 R0～R3、R12、LR、PSR。

例2 使能和禁止中断。

```
_ _inline void      enable_IRQ(void)
{
    int tmp;
    _ _asm
    {
        MRS  tmp,CPSR
        BIC   tmp,tmp,#0x80
        MSR  CPSR_c,tmp
    }
}


_ _inline void      disable_IRQ(void)
{
    int tmp;
    _ _asm
    {
        MRS  tmp,CPSR
        ORR  tmp,tmp,#0x80
        MSR  CPSR_c,tmp
    }
}


int main(void)
{
    disable_IRQ( );
    enable_IRQ( );
}
```

使能和禁止中断是通过修改 CPSR 的位 7 完成的，由于在用户模式下不能修改 CPSR 的控制位，因此这些操作必须在特权模式下进行。

2．C 语言和 ARM 汇编语言之间的相互调用

为了使不同编译器产生的程序和汇编语言编写的程序能灵活地混合，ARM 公司定义了一系列过程调用的规则，称为 ATPCS(ARM-Thumb Procedure Call Standard)。这些基本规则包括子程序调用过程中寄存器的使用规则、数据栈的使用规则和参数的传递规则。

如果程序遵守 ATPCS，则程序中的 ARM 子程序和 Thumb 子程序可互相调用。具体做法是在编译和汇编时，通过使用/interwork 选项使编译器生成的目标代码遵守 ATPCS。对于 C 程序，编译选项为 apcs/interwork。对于汇编程序，必须保证编写的代码本身遵守 ATPCS。

当链接器发现有 ARM 子程序与 Thumb 子程序相互调用时，编译器将修改相应的调用和返回代码，或者添加一段 veneers 代码(链接器生成的用于程序状态转换的代码段)来完成程序状态的转换。

由于篇幅所限，关于 ATPCS 的详细定义本书不作介绍，有兴趣的读者可参看 ARM 方面的书籍。这里只通过实例介绍如何在遵守 ATPCS 的前提下，实现 C 语言和 ARM 汇编语言程序之间的相互调用。

在 C 语言和 ARM 汇编语言程序之间相互调用时必须遵守 ATPCS。C 语言和 ARM 汇编语言之间的相互调用包含三部分内容：汇编语言程序访问 C 语言全局变量、C 语言程序调用汇编语言程序、汇编语言程序调用 C 语言程序。

1) 汇编语言程序访问 C 语言全局变量

汇编语言程序可通过地址间接访问在 C 语言程序中声明的全局变量。具体做法是使用 IMPORT 关键词引入全局变量，再利用 LDR 和 STR 指令根据全局变量的地址来进行访问。对于不同类型的变量，需要选用不同选项的 LDR 和 STR 指令，如下所示：

unsigned char	LDRB/STRB
unsigned short	LDRH/STRH
unsigned int	LDR/STR
char	LDRSB/STRSB
short	LDRSH/STRSH

对于结构体，如果知道各个成员的偏移量，则也可通过 LDR/STR 指令进行访问。如果结构体所占空间小于 8 个字，则可用 LDM 和 STM 进行一次性读/写。

例：

```
AREA globals,CODE,READONLY
EXPORT asmsubroutine    ;用 EXPORT 伪操作声明该变量可被其他文件引用
                        ;相当于声明了一个全局变量
IMPORT globvar          ;globvar 是 C 程序中声明的全局变量
                        ;用 IMPORT 伪操作声明该变量是在其他文件中定义的，
                        ;在本文件中可能要用到该变量
asmsubroutine
LDR  R1,=globvar        ;从文字池中读出 globvar 的地址，将其保存到 R1
```

```
LDR    R0,[R1]
ADD    R0,R0,#2
STR    R0,[R1]                        ;将修改后的值返回
MOV    PC,LR
END
```

2) C 语言程序调用汇编语言程序

首先，为保证程序调用时参数的正确传递，汇编语言程序的设计要遵守 ATPCS。其次，汇编语言程序需要使用 EXPORT 伪操作声明本程序可被其他程序调用。同时，在 C 语言程序中使用 extern 关键词来声明该汇编语言程序。

例 3　用汇编语言程序 strcopy 来实现字符串复制的功能，用 C 语言程序调用 strcopy 来完成字符串的复制工作。

C 语言源程序：

```
#include <studio.h>
extern void strcopy(char   *d,const char   *s)      ;用 extern 声明一个函数为外部函数，
                                                    ;可被其他文件中的函数调用

int main( )
{
    const char   *srcstr = "First string - source";
    char   *dststr = "Second string - destination";
    printf("Before copying:\n");
    printf("%s\n%s\n",srcstr,dststr);
    strcopy(dststr,srcstr)                          ;调用汇编函数 strcopy
    printf("After copying:\n");
    printf("%s\n%s\n",srcstr,dststr);
    return(0);
}
```

汇编语言源程序：

```
AREA    Scopy,CODE,READONLY
EXPORT strcopy                      ;用 EXPORT 伪操作声明该变量可被其他文件引用，
                                    ;相当于声明了一个全局变量

strcopy                             ;R0 指向目标字符串，R1 指向源字符串
LDRB    R2,[R1],#1                  ;字节加载并更新地址
STRB    R2,[R0],#1                  ;字节保存并更新地址
CMP     R2,#0                       ;检查字符串是否复制完毕
BNE     strcopy                     ;如果未完，则继续
MOV     PC,LR                       ;从子程序返回
END
```

3) 汇编语言程序调用 C 语言程序

首先，为保证程序调用时参数的正确传递，汇编语言程序的设计要遵守 ATPCS。其次，

在 C 语言程序中，不需要使用任何关键字来声明被汇编语言程序调用的 C 语言子程序。但是在汇编语言程序调用 C 语言子程序之前，需要在汇编语言程序中使用 **IMPORT** 伪操作对其进行声明。汇编语言通过 **BL** 指令进行调用。

例 4　用 C 语言程序完成 5 个整数求和的功能，用汇编语言程序调用这个程序，完成 i、2×i、3×i、4×i、5×i 的和的计算。

C 语言函数原型：

```
int g(int a,int b,int c,int d,int e)
{
    return   a+b+c+d+e;
}
```

汇编语言源程序：

```
EXPORT   f
AREA     f,CODE,READONLY
IMPORT   g                    ; i 在 R0 中
STR    LR,[SP,#-4]!           ; 预先保存 LR
ADD    R1,R0,R0               ; 计算 2×i
ADD    R2,R1,R0               ; 计算 3×i
ADD    R3,R1,R2               ; 计算 5×i
STR    R3,[SP,# -4]!          ; 将 5 个参数压入堆栈
ADD    R3,R1,R1               ; 计算 4×i
BL     g                      ; 调用 C 语言函数 g( )
ADD    SP,SP,#4               ; 调整数据栈指针，准备返回
LDR    PC,[SP],#4             ; 从子程序返回
END
```

思考与练习题

1. 嵌入式处理器有哪几类？简述各类嵌入式处理器的主要特点和应用领域。

2. 试述 ARM 体系结构的不同版本是如何演化发展的，每一次发展都做了哪些明显的改进。

3. 简述 ARM 体系结构的演变过程，并对各变种做简要介绍。

4. ARM 体系结构版本的命名规则有哪些？简单说明 ARM7 TDMI 的含义。

5. 选择 ARM 处理器时需要考虑哪些问题？

6. ARM 处理器的工作模式有几种？各工作模式下的特点分别是什么？

7. ARM 处理器总共有多少个通用寄存器？按其在用户编程中的功能，这些寄存器是如何划分的？

8. CPSR 各状态位的作用是什么？如何进行操作，以改变各状态位？

9. 试述 ARM 处理器对异常中断的响应过程。

10. 如何从异常中断处理程序中返回？需要注意哪些问题？

11. ARM 指令的寻址方式有几种？试分别叙述其各自的特点并举例说明。

12. ARM 指令系统中对字节、半字、字的存取是如何实现的？

13. 请解释下列 ARM 指令的含义：

```
LDR      R0,[R1]
BEQ      DATAEVEN
ADDS     R2,R1,#1
```

14. 假设 R0 的内容为 0x8000，寄存器 R1、R2 中的内容分别为 0x01 与 0x10，存储区内容为空。执行下述指令后，说明 PC 如何变化，存储器及寄存器的内容如何变化。

```
STMIB    R0!,{R1,R2}
LDMIA    R0!,{R1,R2}
```

15. 简述 BL 指令的操作，包括操作前后的 ARM 寄存器状态。

16. 如何从 ARM 指令集跳到 Thumb 指令集？ARM 指令集的跳转指令与汇编语言中的跳转指令有什么区别？

17. 简述 Thumb 技术的特点，以及它在处理器中是如何实现的，并说明 ARM 处理器为什么采用两种不同的指令集。

18. 用 ARM 指令实现下列 C 赋值语句：

$$x = a + b;$$
$$y = (c - d) + (e - f);$$
$$z = a * (b + c) - d * e;$$

19. 下面一段程序把一个寄存器的内容以十六进制符号在显示器上显示出来。可以用它来帮助调试程序，做法是把寄存器的值显示出来，并与算法产生的预期结果核对。

```
**********************************************************
        AREA       Hex_Ou,CODE,READONLY
SWI_WriteC          EQU &0              ；输出 R0 中的字符
SWI_Exit            EQU &11             ；程序结束
        ENTRY                           ；代码的入口
        LDR        R1,VALUE             ；读取要显示的数据
        BL         HexOut               ；调用十六进制输出
        SWI        SWI_Exit             ；结束
VALUE   DCD        &12345678            ；测试数据
HexOut  MOV        R2,#8                ；半字节数＝8
LOOP    MOV        R0,R1,LSR #28        ；读取高位的半字节
        CMP        R0,#9                ；0～9 还是 A～F?
        ADDGT      R0,R0,# "A"-10       ；ASCII 字母
        ADDLE      R0,R0,# "0"          ；ASCII 数字
        SWI        SWI_WriteC           ；显示字符
        MOV        R1,R1,LSL # 4        ；左移 4 位
        SUBS       R2,R2,# 1            ；半字节数减 1
```

BNE	LOOP	;若还有，则继续进行
MOV	PC,R14	;返回
END		

****

修改上面的程序，以二进制格式输出 R1。对于上例中读入 R1 的数值，应得到 0001001000110100010101100111100。

20. 编写一个子程序，从存储区某处拷贝一个字符串到存储区的另一处。源字符串的开始地址放入 R1，长度(以字节为单位)放入 R2，目的字符串的开始地址放在 R3。

21. 请写出 ARM 汇编语言的语句格式及其注意事项。

22. 在 ARM 汇编语言编程中如何进行子程序调用及其返回？请分情况并通过举例详细解释。

23. 什么是内嵌汇编？它的特点是什么？使用内嵌汇编时需要注意什么？

第3章　嵌入式硬件平台

3.1　引　言

嵌入式系统的硬件除了核心部件——嵌入式处理器外，还包括存储器系统、外围接口部件以及连接各种设备的总线系统。其中，存储器是嵌入式系统存放数据和程序的功能部件，而外围设备则决定了应用于不同领域的嵌入式系统的独特功能。

本章将在 3.2 节简要介绍嵌入式硬件平台；在 3.3 节分析总线系统，内容包括总线协议、DMA、总线配置、总线实例；在 3.4 节介绍嵌入式系统的存储设备，包括嵌入式系统存储器子系统的结构、RAM、ROM 和 Flash Memory；在 3.5 节介绍嵌入式系统的 I/O 设备，其中具体分析定时器/计数器、ADC 和 DAC、人机接口设备(含键盘、LCD、触摸屏)；在 3.6 节有关通信设备的内容中，主要介绍通用异步收发器(UART)、USB 设备和 Ethernet 设备；在 3.7 节叙述其他附属电路的有关问题，包括电源、时钟、复位和中断。

3.2　嵌入式硬件平台概述

嵌入式系统的硬件是以嵌入式处理器为中心，由存储器、I/O 单元电路、通信模块、外部设备等必要的辅助接口组成的，如图 3-1 所示。在实际应用中，嵌入式系统的硬件配置非常精简，除了微处理器和基本的外围电路以外，其余的电路可以根据需要和成本进行裁剪、定制。

通常，嵌入式系统还包括人机交互界面。人机交互界面常常使用键盘、液晶屏、触摸屏等部件，以方便系统与人的交互操作。

存储器是构成嵌入式系统硬件的重要组成部分。设计嵌入式系统的存储器时有许多因素需要考虑。有的嵌入式处理器集成了存储器，一般不需要扩展；有的嵌入式处理器无法扩展；有的嵌入式处理器上没有存储器，必须扩展；有的嵌入式处理器上集成了一定数量的存储器，可以满足一定的需要，但如果软件比较大，可能还需要扩展存储器。整个存储器系统由片上和片外两部分组成。出于成本和体积的限制，嵌入式系统的存储器通常采用高度集成的存储器芯片，以节省电路板的面积，减少设计的复杂性，提高系统的可靠性。

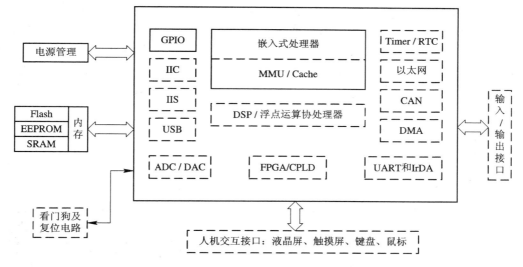

图 3-1　嵌入式系统的硬件组成

在嵌入式系统中使用的存储器可以是内部存储器，也可以是外部存储器。通常处理器的内部存储器是非常有限的。对于小型应用，如果这些存储器够用，就不必使用外部存储器；否则，就必须进行扩展，使用外部存储设备。与通用计算机把应用软件和操作系统放在外存的工作方式不同，嵌入式系统的软件通常直接存放在内存(如 Flash)中，上电之后可以立刻运行；当然，有的嵌入式系统的软件也从外存启动、装载并运行。无论如何，需要考虑嵌入式系统软件的固化问题，而这一问题在通用计算机(如 PC)上是不需要考虑的。此外，考虑存储器系统时，还需要考虑嵌入式系统软件的引导问题。

嵌入式处理器工作时必须有附属电路支持，如时钟电路、复位电路、调试电路、监视定时器、中断控制电路等，这些电路可以为嵌入式处理器的工作提供必要的条件。在设计嵌入式系统的硬件电路时，常常将附属电路与嵌入式处理器设计成一个模块。

嵌入式处理器在功能上有别于通用处理器，其区别在于嵌入式处理器中集成了大量的I/O 电路。因此，用户在开发嵌入式系统时，可以根据系统需求选择合适的嵌入式处理器，而无需再另外配置 I/O 电路。随着半导体技术的发展，嵌入式处理器的集成度不断提高，许多嵌入式处理器上集成的 I/O 功能可以完全满足应用的需求，从而无需扩展。嵌入式系统的 I/O 接口电路主要完成嵌入式处理器与外部设备之间的交互和数据通信。这些电路包括网络接口、串行接口、模/数转换和数/模转换接口、人机交互接口等。应用于不同行业的嵌入式系统，其接口功能和数量有很大的差异。在设计 I/O 接口电路时，一般把这部分作为 I/O 子系统进行统一的设计，这样既可以综合考虑以优化电路，又便于设计成果的重复使用。

3.3　总　　线

采用总线结构是嵌入式系统硬件体系结构的重要特点之一，总线是嵌入式系统的组成基础和重要资源。在嵌入式系统中，任何一个微处理器都要与一定数量的部件和外围设备连接。为了简化硬件电路设计和系统结构，通常使用一组线路并配置适当的接口电路，实现 CPU 与各部件和外围设备的连接。这组共用的连接线路被称为总线。总线是实现处理器与存储器以及其他设备进行通信的有效机制。我们可以形象地将总线看做一条以微处理器为出发点的高速公路，总线的宽度(数据位数)可以当作高速公路上车道的数目，而各个设备就像一个个车站，从总线上抽取数据。本节将具体分析总线协议和总线配置。

3.3.1　总线协议

1. 握手协议

总线协议中的基本构件是四周期握手协议。总线握手信号的作用是控制每个总线周期中数据传送的开始和结束，从而实现两个设备间的协调和配合，保证数据传送的可靠性。握手线一般是两根连线：enq(查询)和 ack(应答)。在握手期间，握手线必须以某种方式由信号的电压变化来表明整个总线传输周期的开始和结束，以及在整个周期内每个子周期的开始和结束。一般地，四周期握手过程如图 3-2 所示。

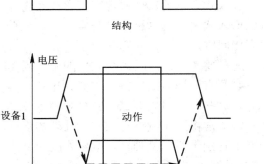

图 3-2　四周期握手协议

对握手过程的描述如下：

(1) 设备 1 升高它的输出电平来发出查询信号，它告诉设备 2 应准备好接收数据。

(2) 当设备 2 准备好接收数据时，它通过升高它的输出电平来发出应答信号。这时，设备 1 已准备好发送数据，设备 2 已准备好接收数据。

(3) 一旦数据传送完毕，设备 2 降低它的输出电平表示它已经接收完数据。

(4) 待到设备 2 的应答信号变低，则设备 1 降低它的输出电平。

在握手结束时，两个设备的握手信号都是低电平，恢复到握手前的状态。因此，系统回到其初始状态，为下一次通过握手方式传输数据做好准备。

2. 总线读/写

微处理器总线在握手基础上为 CPU 和系统其他部分建立通信。基本的总线操作包括读和写。图 3-3 为一个支持读和写的典型总线结构。

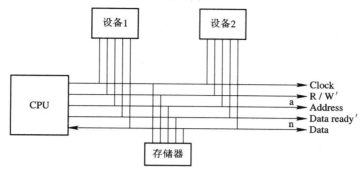

图 3-3　典型的微处理器总线结构

➢ Clock 提供总线组件各部分的同步。

➢ 当总线读时，R/W' 为 1；当总线写时，R/W' 为 0。

➢ Address 是一个 a 位信号束，为访问提供地址。

➢ Data 是一个 n 位信号束，它可以从 CPU 得到数据或向 CPU 传送数据。

➢ 当数据线上的值合法时，Data ready' 发信号。

在这个基本总线上的所有传输都由 CPU 控制，即 CPU 可以读/写设备或存储器，但设备或存储器自己不能启动传输。这是因为 R/W' 和地址都是单向信号，只有 CPU 能够决定传输的地址和方向。

总线行为经常用时序图来说明，时序图表示总线上的信号如何随时间变化。图 3-4 所示为某总线的时序图，包括读和写两部分。由于读不改变设备和存储器的任何状态，因此总线通常处于读状态。此外，还要注意在双向线路上数据的传输方向并未在时序图中指定。在读过程中，外设或存储器在数据线上发送数据；而在写过程中，CPU 控制数据线。

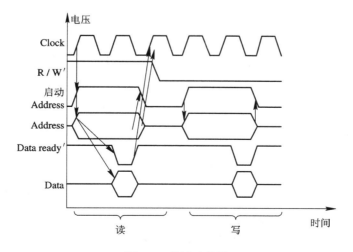

图 3-4　总线时序图

通常可以用总线握手信号来执行突发传输，如图 3-5 所示。在这个突发读事务中，CPU 发送一个地址信号，但接收的是一个数据值序列。我们给总线额外增加一根称为 Burst' 的线路。当事务是突发事务时，用它来向设备发信号；用释放 Burst' 信号来通知设备已传输了足够的数据。

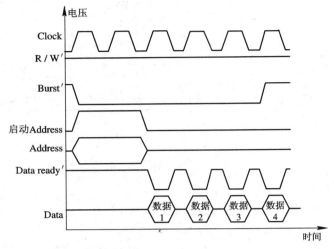

图 3-5　总线的突发读事务

总线事务的状态图是对时序图的有效补充，图 3-6 展示了读操作的 CPU 和设备的状态图。当 CPU 决定执行一个读事务时，它转换到新状态，并发出让设备正确工作的总线信号；而设备状态转换图捕获了它这一端的总线协议状态。

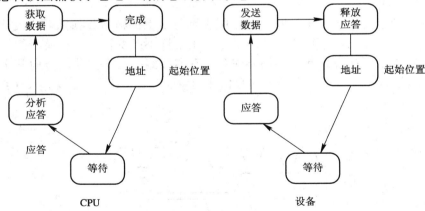

图 3-6　总线读事务的状态图

3.3.2　DMA

在每个读/写事务中间，标准总线事务要求 CPU 解决它与其他设备的信息交换问题。但是，某些数据传输不需要 CPU 介入，如 I/O 设备和存储器之间的数据交换。要实现这类操作，就要求 CPU 以外的设备单元能够控制总线上的操作。

直接存储器访问(Direct Memory-Access，DMA)是指不通过 CPU 控制总线的方式而进行的读/写操作。DMA 使用一种称为 DMA 控制器的专用硬件来完成外设与存储器之间的高速数据传送。DMA 控制器从 CPU 请求总线控制，得到控制权后，控制器能像 CPU 那样提供内存的地址和必要的读/写控制信号，实现直接在设备和存储器之间的读/写操作。图 3-7 展示了一个带有 DMA 控制器的总线。

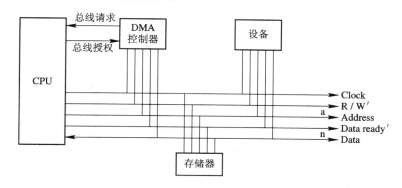

图 3-7　带 DMA 控制器的总线

DMA 要求 CPU 提供两个附加的总线信号：总线请求和总线授权。总线请求是 CPU 的输入信号，DMA 控制器通过它来请求总线控制权；总线授权信号表示总线已经授权给 DMA 控制器。当要获取总线控制权时，DMA 控制器发出总线请求信号；当总线准备好时，CPU 发出总线授权信号。CPU 在将总线控制权授予 DMA 控制器之前，要完成所有未完成的总线事务。一旦 DMA 控制器获得了总线的控制权，它将可以使用和 CPU 驱动的总线事务一样的总线协议来完成读和写。在事务完成之后，DMA 控制器通过释放总线请求信号来把总线还给 CPU，然后 CPU 释放总线授权信号。

3.3.3　总线配置

一个微处理器系统可能使用多条总线来连接设备，如图 3-8 所示。通常高速设备连到高速总线上，而低速设备连到低速总线上，通过一个被称为桥的逻辑电路使得高速与低速总线可以互连。

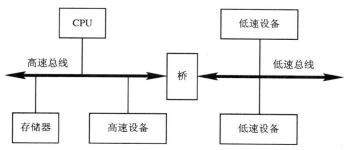

图 3-8　多总线系统

使用这样的总线配置主要出于以下考虑：

(1) 高速总线通常提供较宽的数据连接。

(2) 高速总线通常要使用昂贵的电路和连接器，可以通过使用较慢的、比较便宜的低速总线来降低低速设备成本。

(3) 桥允许总线独立操作，因此可以在 I/O 操作中提供并行性。

在高速总线和低速总线之间的总线桥是高速总线的受控器，是低速总线的主控器。桥从高速总线上获取指令并将其传到低速总线，将结果从低速总线传到高速总线。

3.3.4 总线实例

这里以 ARM 的一个总线系统为例，简单分析该系统的组成和特征。

由于 ARM 微处理器由不同的制造商制造，因此芯片外提供的总线随芯片的变化而变化。ARM 已经为单芯片系统创建了一个独立的总线规格——AMBA(Advanced Microcontroller Bus Architecture，即高级微控制总线结构)。AMBA 支持将多个 CPU、存储器和外围设备集成在片上系统中。如图 3-9 所示，AMBA 规格包括两条总线：AHB(Advanced High-performance Bus，高级高性能总线)和 APB(Advanced Peripheral Bus，高级外围总线)。其中，AMBA 的 AHB 是为高速传输而优化过的，它直接连到 CPU 上并支持多种高性能总线的特性，如流水线技术、突发传输、分离事务和多总线主控器等。桥用来将 AHB 连到 AMBA 的 APB 上。

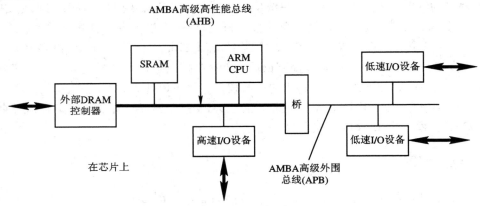

图 3-9   ARM AMBA 总线系统

这种总线设计容易实现，并且电源消耗较低。此外，AHB 假定所有外围设备均工作于从方式，以简化外围设备和总线控制器中所需的逻辑。

3.4 存 储 设 备

存储器用来存放计算机工作所必需的数据和程序，在嵌入式系统中被普遍使用。嵌入式微处理器在运行时，大部分总线周期都用于对存储器的读/写访问。因此，存储器系统性能的好坏将在很大程度上影响嵌入式系统的性能。为了追求存储器的高性能，一方面要从存储单元的设计、制造上研究改进；另一方面要从存储器系统的结构上探索、优化。本节将在介绍存储器系统组织结构的基础上，分析基本存储单元——RAM 和 ROM 的特性。

3.4.1 嵌入式系统存储器子系统的结构

嵌入式系统的存储器子系统与通用计算机的存储器子系统的功能并无明显的区别，这决定了嵌入式系统的存储器子系统的设计指标和方法也可以采用通用计算机的方法，尤其是嵌入通用计算机的大型嵌入式系统更是如此。

存储器子系统设计的首要目标是使存储器在工作速度上很好地与处理器匹配，并满足各种存取需要。因此，体系结构的特性应能够提高存储系统的速度和容量。随着微电子技术的发展，微处理器的工作速度有了很大的提高。而微处理器时钟频率的提高比内存速度的提高要快，以至于内存速度远远落后于 CPU 速度。如果大量使用高速存储器，使它们在速度上与处理器相吻合，就能够简便地解决问题。但是，这种方法受到经济上的限制。因为随着存储器芯片速度的提高，其价格急剧上升，系统成本十分昂贵。在实际的计算机系统中，总是采用分级的方法来设计整个存储器系统。图 3-10 所示为这种分级存储系统的组织结构示意图，它把全部存储系统分为四级，即寄存器组、高速缓存、内存和外存。它们在存取速度上依次递减，而在存储容量上逐级递增。

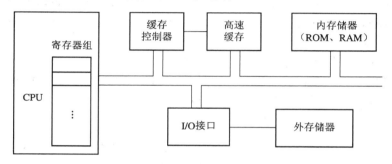

图 3-10　分级存储系统的组织结构

寄存器组是最高一级存储器。在计算机设备中，寄存器组一般是微处理器内含的，如上一章介绍的 ARM 处理器中有 37 个寄存器。有些待使用的数据或者运算的中间结果可以暂存在这些寄存器中。微处理器在对本芯片内的寄存器进行读/写时，速度很快，一般在一个时钟周期内完成。从总体上说，设置一系列寄存器是为了尽可能减少微处理器直接从外部取数的次数。但是，由于寄存器组是制作在微处理器内部的，受芯片面积和集成度的限制，因此寄存器的数量不可能很多。

第二级存储器是高速缓冲存储器(Cache)。高速缓存是一种小型、快速的存储器，其存取速度足以与微处理器相匹配。高速缓存能够保存部分内存内容的拷贝，如能正确使用，可减少内存平均访问时间。

第三级是内存。运行的程序和数据都放在内存中。由于微处理器的寻址大部分在高速缓存上，因此内存可以采用速度稍慢的存储器芯片，这对系统性能的影响不会太大，同时又降低了成本。内存除主要使用 RAM 外，还要使用一定量的 ROM。这些 ROM 主要用来解决系统初始化的一系列操作，如设备检测、接口电路初始化、启动操作系统等。一般情况下，ROM 的存取时间比较长，对 ROM 的每次读/写要增添 3～4 个等待周期。但这种少量慢速存储器只在开机时运行，对系统性能影响不大。

最低一级存储器是大容量的外存。这种外存容量大，但是在存取速度上比内存要慢得多。目前嵌入式系统中常用闪存作为大容量硬盘存储各种程序和数据。

上述四级存储器系统并不是每个嵌入式系统所必须具备的，应当根据系统的性能要求和处理器的功能来确定。例如，在 8 位处理器上，主要考虑内存的时间，而高速缓存极少被采用。对于由 16 位和 32 位微处理器组成的系统，随着性能的提高，存储系统变得更为复杂，一般都包含了全部四级存储器。

3.4.2 RAM

RAM (Random Access Memory，随机存储器)能够随时在任一地址读出或写入内容。RAM 的突出优点是读/写方便、使用灵活；缺点是不能长期保存信息，一旦停电，所存信息就会丢失。RAM 在嵌入式系统中主要用于：

(1) 存放当前正在执行的程序和数据，如用户的调试程序、程序的中间运算结构以及掉电时无需保存的 I/O 数据和参数等。

(2) 作为 I/O 数据缓冲存储器，如显示输出缓冲存储器、键盘输入缓冲存储器等。以显示输出缓冲存储器为例，它实质上就是在主存中开辟的一个存放字符、汉字、图形、图像等显示信息的数据缓冲区。

(3) 作为中断服务程序中保护 CPU 现场信息的堆栈。

随机存储器由两大类组成：静态随机存储器(Static RAM)和动态随机存储器(Dynamic RAM)。下面具体分析这两种随机存储器的结构特征。

1．静态 RAM

静态 RAM(SRAM)的存储单元电路是以双稳态电路为基础的，因此状态稳定，只要不掉电，信息就不会丢失。静态 RAM 的接口和操作时序如图 3-11 所示。

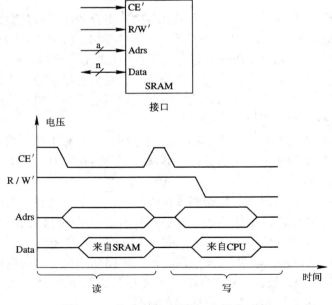

图 3-11　静态 RAM 的接口和操作时序

图 3-11 中：

CE' 是芯片启用输入，在低电平工作。当 CE'=1 时，SRAM 的 Data 引脚被禁用；当 CE'=0 时，SRAM 的 Data 引脚被启用。

R/W' 控制当前操作是读(R/W'=1)还是写(R/W'=0)。读/写是相对于 CPU 而言的，因此读意味着从 RAM 读，写意味着写至 RAM。需要注意的是，有些 SRAM 的读/写使用两个控制引脚即 WR' 和 RD'，WR'=0 时执行写操作；RD'=0 时执行读操作。

Adrs 指出读或写的地址。

Data 是数据传输双向信号束。R/W'=1 时，该引脚为输出；R/W'=0 时，该引脚为输入。

SRAM 的操作方法有两种，即读操作和写操作。

SRAM 上读操作的方法如下：

(1) 当 R/W'=1 时，让 CE'=0，启用 SRAM。

(2) 将地址送到地址线上。

(3) 延迟一定时间后，数据通过数据线进行传输。

SRAM 上写操作的方法如下：

(1) 让 CE'=0，启用 SRAM。

(2) 让 R/W'=0。

(3) 地址出现在地址线上，数据出现在数据线上。

在使用 SRAM 时，需要考虑 SRAM 与处理器的匹配，一般包括工作电压、工作速度、时序等的匹配。电路设计完成把 SRAM 接到系统总线上的工作。

2．动态 RAM

动态 RAM(DRAM)的存储单元电路是以电容为基础的，电路简单，集成度高，功耗小。但是 DRAM 即使不掉电也会因电容放电而丢失信息，需要定时刷新，因此在工作时必须配合 DRAM 控制器。DRAM 控制器是位于处理器和存储器芯片之间的一个额外的硬件，如图 3-12 所示。它的主要用途是执行 DRAM 的刷新操作，使得 DRAM 中的数据有效。

图 3-12　DRAM 通过 DRAM 控制器组成存储器系统

动态 RAM 的接口和读/写时序有其自身的特点。基本动态 RAM 接口和读时序如图 3-13 所示。

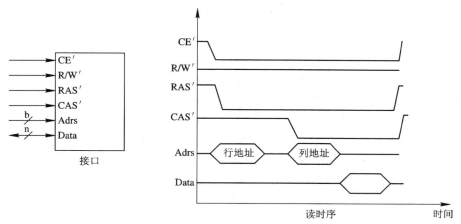

图 3-13　基本动态 RAM 接口和读时序

DRAM 芯片集成度高，存储容量大，导致引脚数量不够，因此地址输入采用两路复用锁存方式。也就是说，DRAM 将地址信号分为两组，共用几根地址输入线，分两次把地址送入芯片内部锁存起来。这两组地址信号的送入，分别用行地址选择(RAS′)和列地址选择(CAS′)控制。读操作的时序图表明地址按以下两步提供：首先，RAS′ 置 0，地址的行部分(即地址高位部分)置于地址线；然后，CAS′ 置 0，地址的列部分(即地址低位部分)置于地址线。

3. RAM 的选择

　　在设计嵌入式系统时，随机存储器的选择一般有两种：SRAM 和 DRAM。选择时，通常考虑以下因素：

　　(1) 如果系统的随机存储器的容量不是很大，则一般采用 SRAM；反之，选择 DRAM。

　　(2) 对于特别高速度的应用，应使用 SRAM。

　　(3) 如果嵌入式系统对功耗敏感，可使用 SRAM。因为 DRAM 需要定时刷新，消耗量相对大，而 SRAM 在系统进入待机工作方式时，只需要微小的待机电流就可以维持数据不丢失。需要注意的是，SRAM 的平均功耗低，但是工作时功耗不一定低。

　　(4) 对于嵌入式处理器而言，有的嵌入式处理器芯片集成了 DRAM 控制器，这时选择 DRAM 比较好。一般地，小规模的嵌入式系统不建议使用分离的 DRAM 控制器+DRAM 的方案，因为这种方案既会增加系统的复杂性(如电路板的面积、故障率等)，又会增加系统的成本。因此如果选用了 DRAM，那么应尽量使用带有 DRAM 控制器的嵌入式处理器，然后配合使用 DRAM。

　　(5) 目前，基于 32 位嵌入式处理器的嵌入式系统一般使用 DRAM。

　　(6) 复杂的嵌入式系统可以采用 SRAM 和 DRAM 混合设计的方案。不同要求的数据使用不同的随机存储器，以满足系统整体的优化设计。

　　(7) 嵌入式系统的设计，在使用 SRAM 和 DRAM 的成本上，需要仔细地与整个系统的硬件一起进行核算，最终做出选择。在选择存储器类型时，一般要考虑存取时间和成本。SRAM 提供了极快的存取时间，一般比 DRAM 快 4 倍，但是造价十分昂贵。通常，SRAM 只是用于那些存取速度极端重要的场合。在需要使用大容量的 RAM 时，一般选择使用 DRAM。很多嵌入式系统混合使用两种 RAM，如关键数据通道上的一小块 SRAM(几百至几千个字节)和其他所有地方的一大块 DRAM(以兆计)。

3.4.3　ROM

　　ROM(Read Only Memory，只读存储器)中的内容一经写入，在工作过程中就只能读出而不能重写，即使掉电，写入的内容也不会丢失。ROM 在嵌入式系统中非常有用，常常用来存放系统软件(如 ROM BIOS)、应用程序等不随时间改变的代码或数据。

　　ROM 可以分为工场可编程 ROM 和现场可编程 ROM 两大类。工场可编程 ROM(即掩膜可编程 ROM，mask-programmed ROM)是由厂商按照用户要求采用掩膜制成的，封装后不能改写，用户只能读出。掩膜 ROM 一般只用于大批量生产的计算机产品中。在产品研制和实验室小批量生产时，宜选用现场可编程 ROM。

　　有以下几种不同类型的现场可编程 ROM：

　　(1) 可编程 ROM(Programmed ROM)。该类 ROM 只可编程一次，即用户一次性编程写入后就永久性地修改了芯片。这种类型的 ROM 最便宜，但不如可重复烧制的 ROM 灵活。

（2）紫外线可擦可编程 ROM(UV Erasable Programmed ROM，UV_EPROM)。该类 ROM 可以通过紫外线擦除后重复编程。该类 ROM 芯片外壳上有一个窗口，以便让紫外线照进芯片；紫外线照射约半小时后，所有存储位复原到"1"。通过这种方法，用户可以多次改写芯片内容，而有任意位发生错误都需要全片擦除、改写。

（3）电可擦可编程 ROM(Electrical Programmed ROM，EEPROM)。该类 ROM 允许用户以字节为单位多次用电擦除和改写存储内容，而且可以直接在机内进行，不需要专用设备，方便灵活。因为程序不需要在线修改，所以 EEPROM 一般不用作程序存储器，而用作对数据、参数等有掉电保护要求的数据存储器。

3.4.4　Flash Memory

Flash Memory 的主要特点是在不加电情况下能长期保存信息，同时又能在线进行快速擦除与重写。从软件的观点来看，Flash Memory 和 EEPROM 的技术十分类似。但是，EEPROM 在擦除和编程时要加高电压，这意味着重新编程时必须将芯片从系统中拿出来。而 Flash Memory 使用标准电压擦除和编程，允许芯片在标准系统内部编程。这就允许 Flash Memory 在重新编程的同时存储新的内容。此外，EEPROM 必须被整体擦写，而 Flash Memory 可以一块一块地擦写。大部分 Flash Memory 允许某些块被保护，这一点对存储空间有限的嵌入式系统非常有用，因为可将引导代码放进保护块内而允许更新设备上其他的存储器块。

理想的存储器应具有密度高、读/写速度快、价格低和非易失性的特点。但是，传统的存储器却只能满足这些要求中的一部分。Flash Memory 的推出，恰好同时实现了所有这些优良的存储器特性。Flash Memory 是一种高密度、低价格的高性能读/写存储器，兼有功耗低、可靠性高等特点。表 3-1 所示为 Flash Memory 与传统存储器的技术比较。

表 3-1　Flash Memory 与传统存储器的技术比较

存储器	固有不挥发性	高密度	低功耗	单晶体管单元	在线可重写
Flash Memory	√	√	√	√	√
SRAM					√
DRAM		√			√
EPROM	√	√	√		
EEPROM	√		√	√	
掩膜 ROM	√	√	√	√	

根据工艺的不同，Flash Memory 主要有两类：NOR Flash Memory 和 NAND Flash Memory。NOR Flash Memory 是在 EEPROM 的基础上发展起来的，它的存储单元由 N-MOS 构成，连接 N-MOS 单元的线是独立的。NOR Flash Memory 的特点是可以随机读取任意单元的内容，适合于程序代码的并行读/写、存储，所以常用于制作计算机的 BIOS 存储器和微控制器的内部存储器等。NAND Flash Memory 是将几个 N-MOS 单元用同一根线连接起来，可以按顺序读取存储单元的内容，适合于数据或文件的串行读/写。

Flash Memory 的操作包括写入和读出。

从 Flash Memory 中读出数据与其他存储器的操作基本相同。处理器只要提供地址、读操作信号和片选信号，存储器就返回在该位置保存的数据。大部分的 Flash Memory 在系统重启时自动进入读状态，启动读状态不需要特别的初始化序列。

把程序或数据写入 Flash Memory 的过程叫做编程。Flash Memory 的编程有两种方式，一种是在线编程，一种是离线编程。Flash Memory 的编程操作比较麻烦，主要表现在以下3 个方面：

(1) 每一个存储位置都必须在重写操作之前被擦除。如果旧的数据没有被擦除，那么写操作的结果会是新、旧数值的某种逻辑组合，存储的数据通常是错误的。

(2) 一次只能有一个扇区或者块被擦除，而且不可能只是擦除一个单个的字节。

(3) 擦除旧数据的过程和写入新数据的过程是随着制造商的不同而变化的。因此在进行 Flash Memory 写入和擦除操作时，提供一个软件层来完成写入和擦除操作比较方便，这个软件层叫做 Flash Memory 的驱动程序。

设计 Flash Memory 驱动程序的目的是屏蔽不同制造商提供的器件在写入操作时的细节，为上层软件设计提供一个统一的接口，便于上层软件的移植和开发。Flash Memory 的驱动程序应该有一个由擦除和写操作组成的简单应用编程接口。当需要修改 Flash Memory 中的部分应用软件时，只要调用驱动程序来控制细节即可。通过设计并使用 Flash Memory 的设备驱动程序，当使用其他制造商的 Flash Memory 时，软件代码可以很容易地被修改。

Flash Memory 不仅可以用作嵌入式系统的程序存储器，还可以应用于其他的场合。

(1) Flash Memory 文件系统。因为 Flash Memory 提供了可被重写的非易失性存储，所以它可以被看做类似于任何其他的二级存储系统，如硬盘。在作为文件系统的情况下，由驱动程序提供的函数要更加面向文件，可提供诸如 open( )、close( )、read( )、write( )等标准文件系统函数。Flash Memory 文件系统的组织与普通的外存基本相同。

(2) 便携设备的存储装置。随着数码产品的飞速发展，Flash Memory 作为一种最常用的存储装置应用于数码相机(如 CF 卡、XD 卡、记忆棒等)、MP3 等数码产品中。

3.4.5　SD/TF 存储卡

1. SD 卡

SD 卡(Secure Digital memory card, 安全数码卡)是一种基于半导体闪存工艺的存储卡，1999 年由日本松下公司、东芝公司和美国 SanDisk 公司共同开发研制，广泛地应用于便携式装置上，例如数码相机、多媒体播放器以及其他嵌入式设备。

SD 卡的技术是基于 MMC(multimedia card)格式发展而来的，尺寸为 24 mm×32 mm×2.1 mm，具有能进行数据著作权保护的暗号认证功能(SDMI 规格)，读/写速度达到 2 MB/s，并兼容 MMC 卡接口规范。

SD 卡支持三种传输模式：SPI 模式(独立序列输入和序列输出)、1 位 SD 模式(独立指令和数据通道，独有的传输格式)以及 4 位 SD 模式(使用额外的引脚以及某些重新设置的引脚，支持 4 位宽的并行传输)，具体的引脚定义及功能如表 3-2 所示。

表 3-2　SD 卡和 TF 卡不同模式下的引脚分配

针脚	SD 卡				TF 卡			
	1/4 位 SD 模式		SPI 模式		1/4 位 SD 模式		SPI 模式	
	名称	功能	名称	功能	名称	功能	名称	功能
1	CD/DAT3	监测/数据 3	CS	芯片选择	RSV/DAT2	保留/数据 2	RSV	保留
2	CMD	命令	DI	数据输入	RSV/DAT3	保留/数据 3	CS	芯片选择
3	VSS1	地	VSS1	地	CMD	命令	DI	数据输入
4	VCC	电源	VCC	电源	VCC	电源	VCC	电源
5	CLK	时钟	CLK	时钟	CLK	时钟	CLK	时钟
6	VSS2	地	VSS2	地	VSS	地	VSS	地
7	DAT/DAT0	数据/数据 0	DO	数据输出	DAT/DAT0	数据/数据 0	DO	数据输出
8	RSV/DAT1	保留/数据 1	RSV	保留	RSV/DAT1	保留/数据 1	RSV	保留
9	RSV/DAT2	保留/数据 2	RSV	保留	—			

SDIO(Secure Digital Input and Output card)在 SD 标准上定义了一种外设接口,也就是将 SD 拿来插上一些外围接口使用,通过 SD 的 I/O 引脚来连接外围设备,并且通过 SD 上的 I/O 数据接口与这些外部设备传输数据,而且 SD 协会会员也推出很完整的 SDIO stack 驱动程序,使得 SDIO 外围接口的开发与应用变得相当热门。现在已经有非常多的手机或是手持装置都支持 SDIO 的功能,通过 SDIO 连接蓝牙、照相机、GPS 和802.11b 芯片等,节约了宝贵的 IO 资源。SDIO 的应用将是嵌入式系统最重要的接口技术之一,并且也会取代目前 GPIO 式的 SPI 接口。

2. TF 卡

TF 卡(Trans-Flash card)由摩托罗拉公司与 SanDisk 公司共同研发,是一种超小型卡,尺寸为 11 mm×15 mm×1.0 mm,仅为 SD 卡的四分之一。2004 年,正式更名为 Micro SD Card。TF 卡经转换后,可以当 SD 卡使用,主要应用于移动电话,但因它的体积微小和存储容量不断提高,已经用于 GPS 设备、便携式音乐播放器和一些快闪存储器中。当前的 TF 卡提供 128 MB、256 MB、512 MB、1 GB、2 GB、4 GB、8 GB、16 GB、32 GB 和 64 GB 的容量,MWC 2014 世界移动通信大会期间,SanDisk 公司打破了存储卡最高 64 GB 容量的传统,正式发布了一款容量高达 128 GB 的 Micro SD XC 存储卡。TF 卡与 SD 卡的传输模式是相同的,但引脚定义略有不同,参考表 3-2。

3. 嵌入式系统开发中应用 SD/TF 卡需要注意的问题

(1) SD 卡和 TF 卡具有体积小、容量大、价格低等优点,通过转接卡即可与 PC 进行数据交互,因此经常作为大容量外置存储器应用于嵌入式产品中。由于 SD 卡和 TF 卡的操作模式相同,且价格也相差不多,而 TF 卡的体积明显小于 SD 卡,因此 TF 卡已经成为很多嵌入式产品的首选,尤其对于体积受限的产品。

(2) 相比 SD 操作模式而言,SPI 总线是一个通用总线,大部分芯片都有硬件模块,且它支持不带 CRC 校验的数据传输方式,降低了对硬件的要求,而 SD 模式下的 CMD 线和

DATA 线之间可能同时产生数据，对没有 SD 硬件模块的主机支持难度较高。因此，尽管 4 位 SD 模式的读/写速度略高于 SPI 模式，但是在大多数对速度没有过高要求的嵌入式系统开发中，SPI 模式是常用的。

(3) 在嵌入式系统开发过程中，使用 SD 卡或 TF 卡时，一定要结合产品实际，合理选择放置位置，否则将会造成使用不便，甚至卡片无法放入。另外，由于 SD 卡和 TF 卡都是按扇区进行读/写操作的，因此对于无操作系统的系统，必须掌握基本的 FTA 文件系统格式，正确地编写文件系统。

3.5 I/O 设 备

一个实用的嵌入式系统常常配有一定的外部设备。这些外部设备包括：键盘、触摸屏等输入设备，显示器等输出设备，定时器、计数器、模/数转换器、数/模转换器等数据控制和转换设备。这些外部设备中，一部分以微控制器的形式集成为片上设备，其他的通常是单独实现。本节主要介绍几个广泛应用于嵌入式系统的 I/O 设备。

3.5.1 定时器/计数器

所有的嵌入式处理器都集成了定时器/计数器单元，系统中至少有一个定时器用作系统时钟。定时器和计数器都是由带有保存当前值的寄存器和可令当前寄存器值加 1 的增量输入的加法器逻辑电路组成的。但是，定时器和计数器的用处不同，主要体现在：定时器的计数装置是连到周期性时钟信号上的，用来测量时间间隔；而计数器的计数装置是连到非周期性信号上的，用来计算外部事件的发生次数。因为同样的逻辑电路可以有这两种使用方式，所以该设备经常被称为“定时器/计数器”。

嵌入式处理器上的定时器/计数器通常应用于以下场合：

(1) 嵌入式操作系统的任务调度，特别是具有时间片轮转调度功能的嵌入式操作系统的任务调度，必须使用定时器产生时间片。

(2) 嵌入式操作系统的软件时钟需要基于硬件定时器产生定时信号。

(3) 通信电路的波特率发生器。

(4) 实时时钟电路。

(5) 集成的片上 A/D 转换和 D/A 转换电路。

(6) 具有液晶控制器的嵌入式处理器，用于液晶屏的刷新。

(7) 处理器监控电路，如看门狗等。

(8) 集成的动态存储器控制器，用于动态存储器的刷新。

图 3-14 展示了定时器/计数器的内部结构。当计数信号被确认时，一个 n 位的定时器/计数器使用一个 n 位的寄存器来保存当前计数值并使用半减器阵列减去该计数器的值；组合逻辑电路用来检查计数值是否为 0。输出 Done 发出 0 计数信号。复位寄存器用于给计数寄存器提供装入的值。此外，大部分计数器都提供循环和非循环的操作模式。在循环模式下，一旦计数器达到 Done 状态，便自动重装并继续计数；在非循环操作模式下，定时器/

计数器通过一个来自微处理器的明确信号来重新计数。

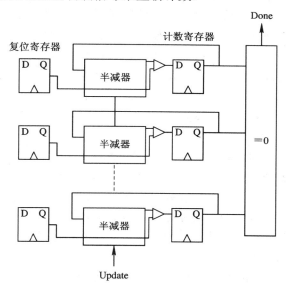

图 3-14　定时器/计数器的内部结构

3.5.2　模/数转换器和数/模转换器

模/数(A/D)转换器和数/模(D/A)转换器是非数字设备(即模拟信号源)和嵌入式系统之间联系的接口。

D/A 转换相对简单，转换器接口仅包括输入值，输入值被连续转换成模拟信号。

A/D 转换器是将连续变化的模拟信号转换为数字信号，以便计算机和数字系统进行处理、存储、控制和显示。A/D 转换需要更复杂的电路，所以也需要更复杂的接口。A/D 转换在将模拟输入转换为数字形式前需要对模拟输入进行采样。控制信号使得 A/D 转换器进行采样并将其数字化。典型的 A/D 转换器接口除了模拟输入外还有两个主要的数字输入，一个数据端口允许 A/D 寄存器被读/写；另一个时钟输入信号通知什么时候开始下一次转换。A/D 转换器有若干种不同的类型，主要包括逐位比较型、积分型、计数型、并行比较型和电压—频率型。选用 A/D 转换器时，主要应根据使用场合的具体需求，分析转换速度、精度、价格、功能以及接口条件等因素，最终决定选择的类型。

3.5.3　人机接口设备

为了使嵌入式系统具有友好的人机接口以方便使用，需要给嵌入式系统配置显示装置，如 LED、LCD 以及必要的音响提示等。此外，还需要有输入装置，如键盘、触摸屏等，使用户能够对嵌入式控制器发出命令或输入必要的控制参数。下面介绍这几种常见的人机交互接口设备。

1．LED

发光二极管(Light Emitting Diode，LED)是由镓(Ga)、砷(AS)和磷(P)等的化合物制成的二极管，使用不同的化合物可发出不同颜色的光。发光二极管的基本结构是一块电致发光的半导体材料，置于一个有引线的架子上，然后四周用环氧树脂密封，起到保护内部芯线的作用，其外观如图 3-15 所示。发光二极管的两根引线中较长的一根为正极，应接电源正极。有的发光二极管的两根引线一样长，但管壳上有一凸起的小舌，靠近小舌的引线是正极。发光二极管在电路及仪器中作为指示灯，或者组成文字或数字显示。对于单色发光二极管，通常是一个引脚接地，另一个引脚连接处理器 I/O 端口，通过输出电平的高低来实现发光二极管的亮灭，而对于变色发光二极管，通常使用处理器的两个 I/O 口来实现不同颜色的亮灭。

把发光二极管的管心做成条状，用若干条条状的发光管组成段式半导体数码管，这就是数码管模块，如图 3-16 所示。数码管按段数分为七段数码管和八段数码管，七段数码管可以显示"0"到"9"十个数字，八段数码管比七段数码管多一个发光二极管单元，可显示一个小数点。多个数码管组合，就能显示多位数字。按发光二极管单元连接方式可将其分为共阳极数码管和共阴极数码管。共阳极数码管将所有发光二极管的阳极接到一起，在应用时应将公共极接到+5 V，当某一字段发光二极管的阴极为低电平时，相应字段就点亮；当某一字段发光二极管的阴极为高电平时，相应字段就不亮。而共阴极数码管将所有发光二极管的阴极接到一起，在应用时应将公共极接到地线上，当某一字段发光二极管的阳极为高电平时，相应字段就点亮；当某一字段发光二极管的阳极为低电平时，相应字段就不亮。

图 3-15　LED 外观图

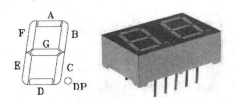

图 3-16　数码管外观示意图

与发光二极管相比，数码管模块的控制较为复杂，一般有以下三种方法：

第一，利用处理器的 I/O 口直接进行控制。这种控制方式下，数码管的每个控制引脚都要与处理器的一个 I/O 口相连。这种控制方式简单易实现，占用 CPU 时间很少，可以在较小的电流驱动下获得较高的显示亮度，但因占用大量 I/O 资源而并不适用。

第二，处理器与串并转换芯片(移位锁存器)相结合。在移位脉冲的作用下将串行信号转换为并行信号，当全部数据都移至移位寄存器后，锁存信号将移位寄存器中的内容锁存到锁存器中，并输出驱动发光二极管，在移位过程中锁存器锁存内容不变，数码管显示上一次输出数据。因此，驱动控制 1 个数码管模块，仅需要使用处理器的 3 个 I/O 口分别与移位锁存器的时钟信号引脚、数据输入引脚和输出控制引脚相连，节省了 I/O 资源。

第三，使用专用数码管控制芯片的动态扫描显示。目前常用的数码管显示控制芯片主要有 TM1620/TM1637/TM1668、ZLG8279、MAX7219、HD7279 以及 CH451 等系列，这些芯片都内置 RC 振荡电路，具有 BCD 译码、闪烁和移位功能，使用动态扫描控制方式，可实现对 8 个数码管的驱动控制，同时支持对 64 位键盘的扫描。具体的电路连接和应用方法，不同系列的芯片会有所不同，这里不再详述。

2. 键盘

键盘是标准的输入设备，广泛用于嵌入式产品，如微波炉、传真机、复印机、激光打印机等。依赖键盘接口，嵌入式设备能够处理用户的输入信息，将嵌入式控制器的功能发挥得更大。键盘可以用来输入数字型数据或者选择控制设备的操作模式。

键盘主要由一个开关阵列组成，此外还包括一些逻辑电路来简化它到微处理器的接口。

一个简单开关通常使用机械装置实现断开或接触，如图 3-17 所示。当开关打开时，处理器 I/O 接口的一个上拉电阻提供逻辑 1；当开关闭合时，处理器 I/O 接口的输入被拉到逻辑 0。机械开关的主要问题是图 3-18 所示的颤动。当通过按下连接到开关臂上的按钮将开关压上时，接触点可能看起来稳定而且很快闭合，但实际上压力会导致接触点颤动几次才停下来。这种颤动的持续时间通常维持在 5～30 ms 之间。为了避免这种颤动，可以使用一个单步定时器来形成硬件消颤电路，也可以用软件来消除开关输入颤动。

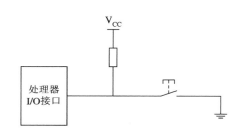
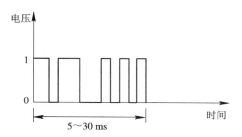

图 3-17　简单的开关电路　　　　图 3-18　开关颤动

原始的键盘是开关的简单集合，每个开关都有自己的一对引出线，直接连到处理器的输入端口上。当开关的数目增加时，这种开关的组合方法将很快用完所有的输入端口，原始键盘会变得不实用。更加实用的键盘通过排列开关形成如图 3-19 所示的开关阵列。一个瞬时接触开关放置在每一行与每一列的交叉点处，使用编码来表示被按下的开关，形成编码键盘，通过扫描开关阵列来确定是否有键被按下。与原始键盘不同，扫描键盘阵列每次只读开关的一行。阵列左边的多路分路器选择要读的行。当扫描输入为 1 时，该值被送到该行的每一列，如果某个键被按下，那么该列的 1 被探测到。由于每列只有一个键被激活，因此该值代表了唯一一个键。行地址和列输出被用来编码，或者用电路来给出不同的编码。

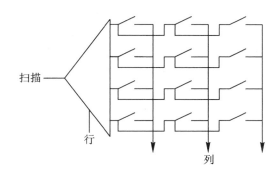

图 3-19　扫描键盘阵列

键盘编码可能使得多个键的组合无法被识别。例如，在 PC 键盘中，必须选择一种编码使 Ctrl+Q 之类的键能被识别并送进 PC。另外，键盘编码还可能导致不允许同时按键。例如，在大部分应用中，如果先按下键 1，在未释放之前再按下键 2，那么应先发送键 1 再发送键 2。这种编码电路的一种简单实现是在一个键被按下而未释放之前，丢弃已按下的其他任何字符。键盘的微控制器可以被编程，以便处理多个键被同时按下(即多键滚转)的情况，这使得同时按下的键被识别、入栈，而在键被释放时，再依次传输。

3. LCD 显示器

液晶显示(Liquid Crystal Display，LCD)器是一种被动的显示器，它不能发光，只能使用周围环境的光。液晶显示器显示图案或字符时只需要很小的能量，因此功耗低，已经广泛地应用于很多嵌入式产品中，尤其是一些手持设备。目前市场上的 LCD 品牌和型号很多，在进行设备选型时，要权衡好可视面积、分辨率、色彩度、工作温湿度范围等参数。在工程应用中，应充分考虑设备的工作环境，选择满足需求的型号。

一个 LCD 显示电路，一般由主处理器(CPU)、LCD 控制器、LCD 显示缓存和 LCD 组成，但部分高性能微控制器内部也集成了 LCD 控制器，如图 3-20 所示。

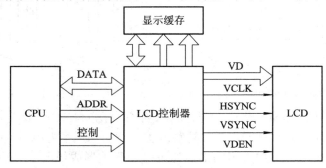

图 3-20　LCD 显示电路结构

CPU 可以是单片机或嵌入式微处理器，LCD 的显示缓存可以采用 FIFO、双口 RAM、SRAM 或 SDRAM 等，LCD 一般为 TFT-LCD(Thin Film Transistor-LCD，薄膜晶体管 LCD)或 STN-LCD(Super Twisted Nematic LCD，超扭曲向列 LCD)。对 LCD 进行控制的过程如下：

(1) CPU 向显示缓存中写数据。为了保证 LCD 的正常显示，CPU 必须先将要显示的内容通过 LCD 控制器间接存储到缓存中，显示数据在显示缓存中存放的格式与 LCD 显示格式相关。

(2) LCD 控制器产生控制时序信号，实际上就是一个自左上角到右下的扫描过程，每扫描一点，控制器就会将显示缓存中的内容读取并输出到 LCD 上进行显示，并且当扫描点换行或换屏时，都不进行数据输出，成为消隐期。控制时序信号包括像素时钟信号 VCLK、行同步时钟信号 HSYNC，帧同步时钟信号 VSYNC，以及数据输出使能信号 VDEN。当 VDEN 有效时，每一个 VCLK 周期，一个像素点的数据信息通过数据线 VD 输出到 LCD 上，在一个 HSYNC 周期内，完成 LCD 的一行像素点的显示，在一个 VSYNC 内完成一整屏像素点的显示。其控制时序如图 3-21 所示。

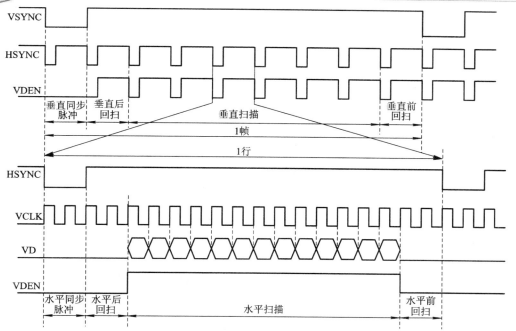

图 3-21　LCD 扫描控制时序

(3) 由于 STN-LCD 是被动显示，每个像素点只有"亮"与"不亮"两种状态，为了能在 STN-LCD 上显示出更多的中间灰度和色彩，就必须使用抖动算法来实现。而 TFT-LCD 每个像素点有 RGB 三种基色显示单元，每个基色单元又对应若干比特数据，因此可直接显示丰富多彩的颜色。

LCD 控制器有的是独立的芯片，对 CPU 和 LCD 屏都要提供相应的接口；有的是集成在 CPU 中，即带有 LCD 控制器的微处理器，如三星公司生产的 ARM 系列高性能嵌入式处理器 S3C2410、S3C6410 等；有的则是集成在 LCD 屏内，即带有 LCD 控制器的 LCD 模块。后两种 LCD 控制器方式，在嵌入式系统中比较常见，带 LCD 控制器的嵌入式处理器功能强大，一般应用在需要实现复杂功能的场合，使用时要根据所选择 LCD 的参数对处理器中相关寄存器进行设置，而集成了控制器的 LCD 模块，分辨率和色彩度较低，液晶屏的性能稍差些，但其为 CPU 提供的通信接口比较简单，使用时只需要根据模块生产厂商提供的指令集来发送指令进行控制，易于实现，一般应用在对图像显示没有过高要求的场合。

4. 触摸屏

触摸屏是覆盖在输出设备上的输入设备，用来记录触摸位置。把触摸屏覆盖在显示器上，使用者可以对显示的信息作出反应。

触摸屏按其工作原理分为表面声波屏、电容屏、电阻屏和红外屏等。其中常见的触摸屏是电阻式触摸屏。电阻式触摸屏用二维电压表来探测位置。如图 3-22 所示，触摸屏由两层被许多细小的透明隔离球隔开的导电薄层组成。在顶层的导电层上加上电压，当手指或笔触摸屏幕时，平常互相绝缘的导电层在触摸点位置有了一个接触，产生电势差。在顶层接触点对电压进行采样，用模/数转换器来测量电压，以此确定位置。触摸屏通过交替使用水平和垂直电压梯度来获得 x 和 y 坐标。

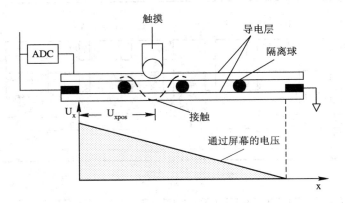

图 3-22 电阻式触摸屏的结构

3.6 通 信 设 备

3.6.1 通用异步收发器

通用异步收发器(Universal Asynchronous Receiver and Transmitter，UART)是用于控制计算机与串行设备的接口。本节我们在介绍数据通信模式和标准串行通信接口的基础上，分析通用异步收发器的原理和功能。

1. 数据通信模式

数据通信是两台数字设备之间的数据传输。从不同的角度划分，数据通信方式大致可以分为双工通信、串行和并行通信、同步和异步通信。

1) 双工通信

双工通信是对相互通信的两台通信设备之间数据流向的描述。双工通信包括单工、半双工和全双工三种方式。双工通信方式的结构如图 3-23 所示。

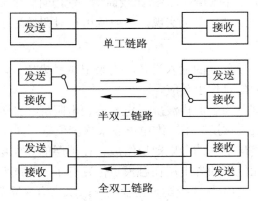

图 3-23 双工通信方式的结构

（1）单工通信方式是指两台通信设备间的数据只能在一个方向上传送。在单工方式下，两台通信设备中一台为发送设备，另一台为接收设备，它们之间只有一条通信链路。

（2）半双工通信方式是指两台相互通信的设备均具有收发数据的能力，但在某一时间内它们只能执行一种操作(收或发)，不能同时执行收、发两种操作；在它们之间的通信线路的两个方向上均可传输数据，但在某一时间内只能在一个方向上传输数据。实现半双工通信时，两台通信设备间只需一条通信线路，但各通信设备必须配备收发切换开关。

（3）全双工通信方式是指相互通信的两台设备可以同时发送和接收数据，即数据在同一时刻可在两个方向上传输，因此它们之间至少需要两条通信线路。

2）串行和并行通信

并行通信是指构成字符的二进制代码在并行信道上同时传输的方式。并行传输时，一次传输一个字符，收发双方不存在同步问题，传输速度较快。但是，并行传输需要并行信道，所以线路投资大，不适合小型化产品。

串行通信是指构成字符的二进制代码在一条信道上以位(码元)为单位，按时间顺序逐位传输的方式。串行传输时，发送端按位发送，接收端按位接收，同时还要对所传输的字符加以确认，所以收发双方要采取同步措施，否则接收端将不能正确区分出所传输的字符。虽然串行通信的速度较慢，但是只需要一条传输信道，线路投资少，易于实现，因此在数据通信吞吐量不是很大的嵌入式系统中显得更加简易、方便、灵活。

3）异步和同步通信

串行通信有两种基本工作方式：异步通信和同步通信。在异步通信方式下，传输数据以字符为单位。当发送一个字符代码时，字符前面要加一个"起"信号，其长度为 1 个码元，极性为"0"；字符后面要加一个"止"信号，其长度为 1、1.5 或 2 个码元，极性为"1"。加上起、止信号后，即可区分出所传输的字符。传送时，字符可以连续发送，也可以单独发送，不发送字符时线路要保持为"1"状态。异步传输方式适用于 1200 b/s 以下的低速传输，实现起来比较简单。

同步通信传输不需要加起、止信号，因此传输效率高，适用于 2400 b/s 以上的数据传输，但是实现起来比较复杂。

2．标准异步串行通信接口

标准异步串行通信接口主要有以下几类：RS-232C、RS-422 和 RS-485。RS-232C 是在异步串行通信中应用最广的标准总线，适合短距离或带调制解调器的通信场合。为了提高数据传输速率和通信距离，EIA 又公布了 RS-422 和 RS-485 串行总线接口标准。

1）RS-232C

RS-232C 是美国电子工业协会(Electronic Industry Association，EIA)制定的在数据终端设备(Data Terminal Equipment，DTE)和数据通信设备(Data Communication Equipment，DCE)之间进行串行二进制数据交换的接口。RS 是英文"推荐标准"的缩写，232 为标识号，C 表示修改次数。RS-232C 标准是一种硬件协议，规定了 21 个信号和 25 个引脚，用于连接DTE 和 DCE 这两种设备。

RS-232C 标准规定的数据传输速率为 50 b/s、75 b/s、100 b/s、150 b/s、300 b/s、600 b/s、1200 b/s、2400 b/s、4800 b/s、9600 b/s、19 200 b/s；驱动器允许有不超过 2500 pF 的电容负

载，通信距离将受此电容限制。例如，当信号传输速率为 20 kb/s 时，最大传输距离为 15 m。传输距离短的另一个原因是 RS-232C 属于单端信号传送，存在共地噪声和不能抑制的共模干扰等问题，因此一般用于短距离通信。

RS-232C 接口的缺点主要表现在两个方面：数据传输速率慢和传输距离短。RS-232C 规定的 20 kb/s 的传输速率虽然能够满足异步通信要求(通常异步通信速率限制在 19.2 kb/s 以下)，但却不能满足某些同步系统的通信要求。此外，RS-232C 接口中一般设备之间的电缆长度为 15 m，最长也不会超过 60 m。

2) RS-422

RS-422 是 EIA 公布的"平衡电压数字接口电路的电气特性"标准，是为改善 RS-232C 标准的电气特性，又考虑与 RS-232C 兼容而制定的。RS-422 与 RS-232C 的关键差别在于把单端输入改为双端差分输入，双方的信号地不再共用。

RS-422 给出了对电缆、驱动器的要求，规定了双端电气接口形式，并使用双绞线传送信号。与 RS-232C 相比，RS-422 传输信号距离长、速度快，最大传输速率为 10 Mb/s，在此速率下，电缆允许长度为 120 m。如果采用较低传输速率，如 90 kb/s，则最大距离可达 1200 m。

3) RS-485

RS-485 是 RS-422 的变型。RS-422 是全双工的，可以同时发送与接收；而 RS-485 是半双工的，在某一时刻，只能一个发送，另一个接收。

RS-485 是一种多发送器的电路标准，它扩展了 RS-422 的性能，允许双线总线上驱动 32 个负载设备。负载设备可以是被动发送器、接收器或二者组合而成的收发器。当 RS-485 接口用于多点互连时，可节省信号线，便于高速远距离传送。许多智能仪器设备配有 RS-485 总线接口，以便于将它们进行联网。

表 3-3 对上述三种串行通信标准的性能进行了比较。

表 3-3 RS-232C、RS-422 与 RS-485 性能比较

接　口	RS-232C	RS-422	RS-485
操作方式	单端	差动方式	差动方式
最大距离	15 m(24 kb/s)	1200 m(100 kb/s)	1200 m(100 kb/s)
最大速率	200 kb/s	10 Mb/s	10 Mb/s
最大驱动器数目	1	1	32
最大接收器数目	1	10	32
接收灵敏度	±3 V	±200 mV	±200 mV
驱动器输出阻抗	300 Ω	60 kΩ	120 kΩ
接收器负载阻抗	3～7 kΩ	>4 kΩ	>12 kΩ
负载阻抗	3～7 kΩ	100 Ω	60 Ω
共用点电压范围	±25 V	−0.25～+6 V	−7～+12 V

3. UART

UART 提供了 RS-232C 数据终端设备接口，用于计算机和调制解调器或其他使用

RS-232C 接口的串行设备进行通信。作为接口的一部分，UART 还提供了以下功能：将计算机外部传来的串行数据转换为字节，供计算机内部使用并行数据的器件使用；将由计算机内部传送过来的并行数据转换为输出的串行数据；在输出的串行数据流中加入奇偶校验位，并对从外部接收的数据流进行奇偶校验；在输出的数据流中加入"起"、"止"标记，并从接收数据流中删除"起"、"止"标记；处理计算机与外部串行设备的同步管理问题；处理由键盘或鼠标发出的中断信号(键盘和鼠标也是串行设备)。

相对于微处理器，一台 UART 可作为一个甚至多个存储单元或 I/O 端口。UART 一般包括一个或多个状态寄存器，用于验证数据传输和接收时的状态、进程。微处理器通过 UART 能够判断何时已收到一个字节，何时已发送一个字节，是否产生通信错误等。UART 还可以通过一个或多个控制寄存器进行配置，配置内容包括波特率的设置、终止位数量的设置以及在发送字节时产生中断等。异步通信在 UART 上几乎是透明地运行，收发数据时，只需运行程序，简单地在 UART 上执行读/写操作即可。

比较流行的 UART 有 NS16550、AMD Z8530、ACIA、Motorola 6850、Zilog Z-80 STO 等。当 UART 用于嵌入式设计时，嵌入式系统就能够利用通信终端、计算机，甚至是其他嵌入式微处理器上的数据资源。

3.6.2 USB 设备

1．USB 总线概述

连接计算机外设的串行数据总线技术的发展一直非常缓慢。1969 年 EIA 推出的 RS-232C 串行总线至今仍是连接计算机外设的主流串行总线。尽管在 20 世纪 70 年代和 80 年代陆续推出了 RS-422A、RS-449、RS-485 和 RS-530 等串行总线(其中 RS-449 的设计初衷是想取代 RS-232C，而 RS-530 则是想取代 RS-449)，但由于种种原因都没有改变 RS-232C 先入为主的主导地位。因此，长期以来，串行总线只用于连接慢速外设或用作低速网络的总线。

通用串行总线(Universal Serial Bus，USB)是 1995 年由 Microsoft、Compaq、IBM 等公司联合制定的一种新的计算机串行通信协议。USB 协议得到各 PC 厂商、芯片制造商和 PC 外设厂商的广泛支持。从当初的 0.7、0.8 版本到现在广泛采用的 1.0、1.1 版本，甚至到正在逐步推广的 2.0 版本，USB 本身也在不断地发展和完善。

通用串行总线是一种将外围设备连接到主机的外部总线结构，它通过 PCI 总线和 PC 的内部系统数据线连接，实现数据传送。USB 同时又是一种通信协议，它支持主系统和 USB 外围设备之间的数据传送，通过一个 4 针的标准插头，采用菊花链形式把所有的外设连接起来。

USB 主要具有以下优点：

(1) 支持热插拔(hot plug)和即插即用(plug-and-play)，即在不关机的情况下可以安全地插上或断开 USB 设备，动态加载驱动程序。

(2) 为所有的 USB 外设提供单一的、易于操作的标准连接类型，排除了外设对系统资源的占用，因此减少了硬件的复杂性，整个 USB 系统只有一个端口和一个中断，节省了系统资源。

(3) USB 1.1 提供全速 12 Mb/s 和低速 1.5 Mb/s 的模式，USB 2.0 提供高达 480 Mb/s 的传输速率。

(4) 为了适应各种不同类型外设的要求，USB 提供了四种不同的数据传输类型。

(5) 易于扩展，理论上最多可支持 127 个设备。

现在除少数设备需要专用插槽外，一般外设，如 U 盘、移动硬盘、带 USB 接口的 MP3、USB 键盘和鼠标、USB 接口的打印机等都通过 USB 连接计算机。

除了给 PC 外设连接带来了革命性的变化外，在嵌入式系统中，USB 也将扮演举足轻重的角色。在 USB 标准出现之前，嵌入式系统之间的数据交换及嵌入式系统与 PC 之间的数据交换均普遍使用以 RS-232 为基础的异步串行接口，以及由此发展出的 RS-422/RS-485。但这些接口的缺点是速度低，并且需要构建专门的通信程序，无法实现通用化和规范化的要求。USB 接口以其方便、传输速率高等优点成为嵌入式设备中数据存储、交换以及与 PC 高速通信的首选。

2. USB 总线的硬件结构

USB 通过四线电缆传送信号和电能，如图 3-24 所示。其中两根是用来传送数据的串行通道，另两根为下游(downstream)设备提供电能。

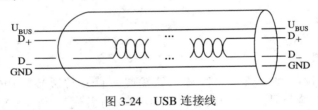

图 3-24　USB 连接线

D_+、D_- 是一对差模信号线，它支持两种数据传输速率。以 USB 1.1 为例，对于高速外设，USB 以全速 12 Mb/s 传输数据，但必须使用屏蔽的双绞线且长度不超过 5 m；对于低速外设，USB 则以 1.5 Mb/s 的速率传输数据，在这种模式下可以使用无屏蔽的非双绞线，但长度不超过 3 m。为了保证能够提供一定电平的信号并且与终端的负载匹配，在电缆的每一端都使用不平衡终端负载。这种终端负载既能保证检测出外设与端口的连接和分离，又能区分高速与低速 USB 总线，还可以根据外设情况在两种传输模式中自动动态切换。U_{BUS} 通常为 +5 V 的电源，GND 是地线。

USB 总线是基于令牌的总线。USB 主控制器广播令牌，总线上的设备检测令牌中的地址是否与自身相符，通过接收或者发送数据来响应主机。USB 通过支持悬挂/恢复操作来管理 USB 总线电源。

USB 系统采用级联星形拓扑，该拓扑由三个基本部分组成：主机(Host)、集线器(Hub)和功能设备，如图 3-25 所示。主机也称为根或 Root Hub，它制作在主板上或作为适配卡安装在计算机上。主机通过主机控制器与 USB 设备进行交互，控制着 USB 总线上的数据和信息的流动。每个 USB 系统只能有一个根集线器，它连在主控制器上。集线器是 USB 结构中的特定成分，它提供用于将设备连接到 USB 总线上的端口，同时检测连接在总线上的设备，并为这些设备提供电源管理、负载总线的故障检测和恢复。集线器可为总线提供能源，也可为自身提供能源(从外部得到电能)。

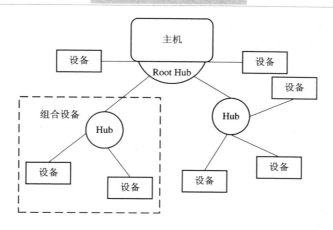

图 3-25　USB 系统级联结构

3．USB 总线的软件结构

每个 USB 仅有一个主机，它在 USB 通信过程中占主导地位。主机包括 USB 总线接口、USB 设备层和功能层三层结构。主机各层具有的功能包括检测连接和移去的 USB 设备、管理主机和 USB 设备间的数据流、连接 USB 状态和活动统计、控制主控制器和 USB 设备间的电气接口等。

(1) USB 总线接口。USB 总线接口处理电气层与协议层的互连，由主控制器实现。

(2) USB 系统。USB 系统用主控制器管理主机与 USB 设备间的数据传输。它与主控制器间的接口依赖于主控制器的硬件定义。同时，USB 系统也负责管理 USB 资源，例如带宽和总线能量，这使得客户访问 USB 成为可能。USB 系统包括三个基本组件：主控制器驱动程序(HCD)、USB 驱动程序(USBD)和主机软件。

① 主控制器驱动程序。该程序可以把不同主控制器设备映射到 USB 系统中。通用主控制器驱动程序(UHCD)处于软件结构的最低层，用于控制 USB 主控制器，它对系统软件的其他部分是隐蔽的。系统软件中的最高层通过 UHCD 的软件接口与主控制器通信。

② USB 驱动程序。该程序在 UHCD 驱动器之上，提供驱动器级的接口，以满足现有设备驱动器设计的要求。

③ 主机软件。这些软件本来是用于向设备驱动程序提供配置信息和装载结构的，但因某些操作系统中没有提供 USB 系统软件，所以设备驱动程序将应用操作系统提供的接口而不是直接访问 USB 驱动程序接口。

(3) USB 客户软件。USB 客户软件是软件结构的最高层，负责处理特定的 USB 设备驱动。客户程序层描述所有直接作用于设备的软件入口。当设备系统被检测到后，这些客户程序将直接作用于外围硬件。这种共享特性将 USB 系统软件置于客户和它的设备之间，客户程序要根据 USB 在客户端形成的设备映像对它进行处理。

4．USB 总线的数据传输方式

数据和控制信号在主机和 USB 设备之间的交换存在两种通道：单向通道和双向通道。USB 的数据传送是在主机和某个 USB 设备的指定端口之间进行的。这种主机和 USB 设备的端口间的联系称做通道。一般情况下，各个通道之间的数据流动是相互独立的，且一个指定的 USB 设备可有许多通道。对任何给定的设备进行设置时，一个通道上的数据传输只能支持下列四种 USB 数据传输方式中的一种：同步(isochronous)、控制(control)、中断(interrupt)和批量(bulk)。

(1) 同步数据传输。同步数据传输提供了确定的带宽和间隔时间(latency)。它主要用于时间要求严格并且具有较强容错性的流数据传输，或者用于要求恒定数据传输速率的即时应用中。对于同步传输来说，即时的数据传递比数据的完整性更重要。例如，即时通话的网络电话常常使用同步传输模式。

(2) 控制数据传输。控制数据传输是双向传输，数据量通常较小。USB 系统软件主要用来进行查询、配置和给 USB 设备发送通用的命令。控制传输方式可以传输 8、16、32 和 64 字节的数据，这依赖于设备和传输速度。控制传输的典型应用是在主机和 USB 外设之间的传输。例如，当 USB 设备初次安装时，USB 系统软件使用控制数据对设备进行设置，设备驱动程序通过特定方式使用控制数据来传输，且数据传输是无损性的。

(3) 中断数据传输。中断方式的传输主要用于定时查询设备是否有中断数据传输。设备的端点模式器的结构决定了它的查询频率范围是 1～255 ms，这种传输方式主要用于少量的、分散的、不可预测数据的传输，如键盘、操纵杆和鼠标等就使用这一类型。中断方式传输数据是单向的，且对于主机来说只有输入的方式。

(4) 批量数据传输。批量数据传输主要应用在大量传输和接收数据，同时又没有带宽和间隔时间要求的情况下。批量数据由大量的数据组成，且是连续的。这种传输方式可以等到所有其他类型的数据传输完成之后再使用。

5．USB 总线的数据传输原理

在 USB 结构中，占主导地位的是主控制器。主控制器要保证所有与其连接的数量不同、传输方式不同的设备能够同时正常工作。为此，USB 主控制器使用间隔为 1 ms 的帧来实现数据传输。由于有许多设备连接到 USB 总线上，因此每 1 ms 产生的传输帧是混合的。在几种数据传输方式都存在的情况下，中断传输和同步传输对时间要求较高，因此占用了约90%的总带宽；控制传输占用了约 10%的带宽；批量传输对时间要求不高，但数据量大，它使用剩下的可用带宽。各种 USB 设备就是通过这种基本的帧结构实现共享 USB 带宽来传输数据的。

在主机端，不同设备的数据传输请求被划分成若干个块(Transaction)。为了保证连接到主机上的设备可以同时工作，主机每次从不同设备取一个块构成一个 1 ms 帧，然后将整个帧发送到 USB 总线上。每一个块由三个包(Packet)组成：标志包(Token Packet)、数据包(Data Packet)和握手信号包(Handshake Packet)。根据令牌包里定义的设备地址和端点号，设备能够确定属于自己的相应数据。

一根 USB 总线每次最多传输三个数据包。在每次传输开始时，主机控制器发送一个描述传输种类、传输方向、USB 设备地址和终端号的 USB 数据包，该数据包就是标志包。在数据开始传输时，由标志包来标志数据的传输方向，即是从主机到设备或是从设备到主机；然后，发送端开始发送包含信息的数据包或表明没有数据传输。接收端要相应发送一个握手的数据包，以表明数据是否传输成功。USB 设备从解码后的数据包的适当位置取出属于自己的数据。

6．USB 设备即插即用的实现

USB 设备可以实现热插拔。当 USB 设备插入到主机中时，主机通过查询设备的描述符(Descriptor)来了解设备，进而建立通信，这个过程叫做对设备的枚举。

图 3-26 是某个设备的描述符结构。USB 设备被分成了许多类(class)，某一特定类的设备又可以划分成若干子类(subclass)，划分子类后的软件就可以搜索总线并选择所有它支持的设备了。一个 USB 设备只有一个设备描述符(Device Descriptor)，它指明了设备所属的类。每个设备可以有一个或多个配置(Configuration)，用于定义设备的功能。如果一个设备有几种不同的功能，则每种功能都需要一个配置。配置是接口(Interface)的集合。接口用来指定设备中与 USB 交换数据的硬件。每一个与 USB 交换数据的硬件都叫做一个端点(Endpoint)。因此，接口是端点的集合。例如，将一个能播放 CD 的 USB 接口的 CD-ROM 作为一个设备。它具有两种功能：读取光盘和播放 CD，所以有两个配置描述符。一种功能的实现要涉及许多接口，如当使用 CD 播放机时，需要音频接口，同时还需要控制 CD 机的接口，因此具有两个接口描述符。而控制命令接口又由许多端点组成，如有的端点负责向 CD 机发送命令，有的端点负责接收来自 CD 机的反馈，因此又有若干个端点描述符。

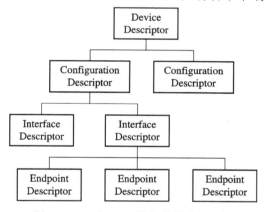

图 3-26　一个 USB 设备的描述符结构

当一个 USB 设备插入到主机后，主机通过控制端点开始询问设备的各种描述符。描述符中包含了设备端点号、设备类型和数据传输能力等信息，使得主机能够了解设备的详细情况。

7．USB 器件的选择

在开发一个 USB 设备之前，首先要根据具体使用要求选择合适的 USB 控制器。目前，市场上供应的 USB 控制器主要有两种：带 USB 接口的单片机(MCU)和纯粹的 USB 接口芯片。

带 USB 接口的单片机从应用上可以分成两类，一类是从底层设计，专用于 USB 控制的单片机；另一类是增加了 USB 接口的普通单片机，如 Cypress 公司的 EZ-USB(基于 8051)，选择这类 USB 控制器的最大好处在于开发者能够对系统结构和指令集非常熟悉，开发工具简单，但对于简单或低成本系统，价格也是在实际选择过程中需要考虑的因素。

纯粹的 USB 接口芯片仅处理 USB 通信，必须有一个外部微处理器来进行协议处理和数据交换。典型产品有 Philips 公司的 PDIUSBD11(IIC 接口)、PDIUSBD12(并行接口)，NS

公司的 USBN9603/9604(并行接口)，NetChip 公司的 NET2888 等。USB 接口芯片的主要特点是价格便宜、接口方便、可靠性高，尤其适合于产品的改型设计(硬件上仅需对并行总线和中断进行改动，软件则需要增加微处理器的 USB 中断处理和数据交换程序、PC 的 USB 接口通信程序，无需对原有产品的系统结构作很大的改动)。

8．USB 系统的开发流程

一个典型的 USB 系统的开发主要由以下流程组成：

(1) 系统结构、功能的定义。首先选择所要开发的 USB 系统的结构类型，即是作主机(Host)还是作 USB 设备(Device)。其次，选择该系统的功能，即是作为数据采集器(要求实时性)还是作为存储设备。最后，选择采用的 USB 标准，即是用 USB 1.1 标准还是用 USB 2.0 标准。

这个过程解决的问题将决定接口芯片的选择、开发工具的总量以及固件的编写内容。

(2) USB 接口方法的选择。常用的 USB 接口方法有两种：一种是采用专用的 USB 接口芯片，一种是选用内部集成 USB 接口的单片机。选择哪一种方法主要由系统的功能、特点、成本等因素决定。

(3) 选择与微处理器的接口电路。如果选择的接口方法是采用 USB 接口芯片，就要解决该芯片与选定的微处理器的接口问题。一般情况下，专用 USB 接口芯片都会提供简单直观的接口方式，可以与大部分主流 CPU 连接，因此按照芯片资料上的典型接法连接就可以了。

(4) 固件编程。如果将 USB 系统作为主机，那么固件编程的主要工作是向设备端发送各种请求，并要求设备端提供各种描述符。主机将记录描述符的详细信息，并为设备指定地址，然后通过这些端点与设备进行通信。

如果将 USB 系统作为设备，则固件编程的主要工作是响应主机提出的各种请求、向主机发送各种描述符。相对于主机，USB 设备处于被动地位，主机需要什么设备就提供什么。在枚举过程结束以后，设备根据主机发过来的数据发送请求来传输相应的数据，或将主机传过来的数据存储在存储器上。

(5) 开发 PC 端驱动程序与应用程序。如果 USB 设备与 PC 接口，则需要开发 PC 上的驱动程序和应用程序。在 PC 端(这里是 Host)，除了由主机控制器(Host Controller)完成硬件级的接口外，还需要编写设备的客户端程序(Client Program)。例如，一个通过下载界面下载 MP3 的 USB 设备，需要编写 PC 端的下载程序；如果是一个实时的数据采集设备，则需要在 PC 端编写一个用户界面程序，通过这个界面可以看到 USB 设备采集的结果。

(6) USB 系统调试。嵌入式 USB 系统的调试一般按照"调试嵌入式中的固件→调试 PC 端驱动程序和应用程序→系统调试"的流程进行。这种调试方式能够将调试过程中出现的问题最大限度地进行定位，而不会把所有问题都混在一起。在调试固件时，可以借助 Bus Hound 等工具来模拟主机的一些行为。固件调试完成后，再使用嵌入式设备作为一个 USB Device 来调试 PC 端的驱动程序和应用程序。最后完成系统的测试和改进。

3.6.3　Ethernet 设备

以太网(Ethernet)设备广泛用于通用计算机局域网中，并以其高速、可靠、可扩充性以及低价格等特点应用于嵌入式设备中。当以 PC 作为平台，使用标准组件构成网络，并且网络不需要满足严格的实时性需求时，以太网特别有用。

1．以太网的特点

以太网技术是最广泛应用的局域网络技术，实现了在小区域(如一个办公室)范围内连接计算机的功能。以太网的数据速率为 10 Mb/s，而快速以太网(Fast Ethernet)的数据速率为 100 Mb/s。最常用的以太网协议是 IEEE 802.3 标准，媒体的存取规则采用 CSMA/CD(载波检测多路存取/冲突检测)。现代的操作系统均能同时支持这些协议标准，因此对嵌入式系统的应用来说，考虑系统精简因素，只需要支持这一种就够了，除非有特殊需要，否则没有必要支持太多协议。

2．以太网的数据传输

以太网传输报文的基本格式如图 3-27 所示。它提供了目的地址和源地址，同时还提供了要传送的有效数据。

前同步信号	起始帧	目的地址	源地址	长度	数据	填充	CRC

图 3-27　以太网传输报文的基本格式

以太网的数据传输有以下特点：

(1) 所有数据位的传输由低位开始，传输的位流采用曼彻斯特编码。

(2) 以太网传输的数据段长度最小为 60 字节，最大为 1514 字节。

(3) 通常以太网卡可以接收来自三种地址的数据，即广播地址、多播地址(在嵌入式系统中很少使用)和它自己的地址。但当用于网络分析和监控时，网卡也可以设置为接收任何数据包。

(4) 任何两个网卡的物理地址都是不一样的。网卡地址由专门结构分配，不同厂家使用不同地址段，同一厂家的任意两个网卡的地址也是唯一的。

3．嵌入式以太网接口的实现方法

在嵌入式系统中实现以太网接口的方法通常有两种。

(1) 采用嵌入式处理器与网卡芯片的组合。这种方法对嵌入式处理器没有特殊要求，只需要把以太网芯片连接到嵌入式处理器的总线上即可。该方法通用性强，不受处理器的限制，但是，处理器和网络数据交换通过外部总线(通常是并行总线)实现的速度慢、可靠性不高并且电路板布线复杂。

(2) 直接采用带有以太网接口的嵌入式处理器。这种方法要求嵌入式处理器有通用的网络接口，如 MII(Media Independent Interface)。通常这种处理器是为面向网络应用而设计的。处理器和网络数据交换通过内部总线实现的速度快，电路简单。

3.6.4　Wi-Fi

Wi-Fi(Wireless Fidelity)属于无线局域网的一种，通常是指 IEEE 8025.11b 产品，是利用无线接入手段的新型局域网解决方案。IEEE 802.11b 工作频段为 2.4 GHz 的自由频段，采用直接序列扩频(DSSS)技术，理论上可达 11 Mb/s；有效距离长，与已有的各种 802.11 设备兼容；可靠性高、建网迅速、可移动性好、组网灵活、价格低廉等，因此具有很好的发展前景。Wi-Fi 主要用于无线数据通信，是一种通用的网络接口。

在嵌入式系统中，实现 Wi-Fi 功能主要使用内置 Wi-Fi 模块的微处理器作为系统的主处理器或协处理器，如台湾亚信电子的 AX22011，ATHEROS 公司的 AR9331 芯片。这种微处理器内置 802.11 无线网 MAC(基带)模块，采用双 CPU 架构，即主处理器(MCPU)和 Wi-Fi 处理器(WCPU)，分别用于应用程序及 TCP/IP 协议的运行，同时可提供用于代码存储的共享闪存，用于主处理器(MCPU)的数据存储器及用于 Wi-Fi 处理器数据存储器，而内置的 TCP/IP 加速器兼容 802.11a/b/g 的无线网 MAC(基带)，快速以太网 MAC 及丰富的通信外设，支持基于 AP 的网络或对等网络。这里处理器既可作为核心芯片搭建应用系统，也能通过芯片上运行的 TCP/IP 协议以及各种并行/串行接口(如 Local Bus、高速 UART 及高速 SPI、SDIO 接口)，作为网络协处理器来搭配其他嵌入式微处理器(系统的主处理器)，以减轻其处理 TCP/IP 及 WLAN 协议的负荷。

3.7 其　　他

3.7.1 电源

大多数嵌入式系统本身都有电源，且电源的供电方式具有一种特定的电压范围。嵌入式系统中各个单元的电压范围有四种：5.0 ± 0.25 V、3.3 ± 0.3 V、2.0 ± 0.2 V 和 1.5 ± 0.2 V。此外，嵌入式系统微控制器中的电可擦可编程只读存储器(EEPROM)、RS-232 串行接口，均需要提供 12 ± 0.2 V 的电压。

某些系统本身不具有供电子系统，它们使用外部电源或者充电泵来供电。例如，网络接口卡和图形加速器都是本身没有供电系统而使用 PC 电源的嵌入式系统。充电泵有一个串联的二极管，后面跟随一个充电电容。例如，当计算机使用鼠标时，充电泵消耗电荷；当鼠标处于空闲状态时，鼠标中的充电泵存储电荷，从而获得电能。

嵌入式系统必须从加电开始连续执行任务并有可能一直处于加电状态。因此，节电在设备运行过程中是很重要的。嵌入式处理器必须提供 Wait 和 Stop 指令，使系统能够在低电压模式下运行。通常实现嵌入式设备低电压模式运行的方法有两种：一种是在软件中集成 Wait 和 Stop 指令；另一种是在空闲状态下选择低电压模式，从而在最低电压下运行系统。此外，还有一种节电方法，即在特殊的软件部分(如定时器和 I/O 设备软件)运行时，禁止处理器的某些不必要的结构单元(如高速缓存)运行，并将它们处于断开连接状态。

3.7.2 时钟

在嵌入式系统中，处理器需要有一个时钟振荡(clock oscillator)电路。时钟控制着 CPU、系统定时器和 CPU 机器周期的各种时序需求。CPU 机器周期用于两个方面：一方面，从存储器中取回代码和数据，然后在处理器中对它们进行译码并运行；另一方面，将结果传回存储器。时钟控制着执行一条指令的时间。

通用计算机可以使用分离的时钟电路，如 IBM PC/XT 使用专用时钟芯片 8284 产生时钟信号。而嵌入式系统通常为了节省电路，把时钟电路集成在嵌入式处理器上，外面只需要接晶体即可。嵌入式系统的时钟电路一般有以下几种形式：RC 时钟、石英晶体、石英振荡器、锁相倍频时钟和多时钟源。

　　(1) RC 时钟。RC 时钟一般用于嵌入式微控制器。这种时钟源的振荡频率的稳定性低于时钟振荡器，但是功耗比较低。当嵌入式系统对时钟的稳定性要求不高时，例如家用电器的控制，可以采用这种电路，且其时钟频率可以动态修改。嵌入式处理器的功耗与时钟频率基本呈线性关系，因此根据处理器的负荷动态改变时钟频率以降低功耗是比较好的方法。

　　(2) 石英晶体。基于石英晶体的时钟电路，其振荡电路集成在处理器上，处理器引出两个引脚，分别是放大器的输入和输出，石英晶体接在这两个引脚上，如图 3-28 所示。

　　(3) 石英振荡器。与石英晶体不同，石英振荡器把石英晶体和振荡电路集成一体，形成石英振荡器电路，直接输出时钟信号给处理器。石英振荡器输出的时钟信号接在处理器的输入引脚上，如图 3-29 所示。

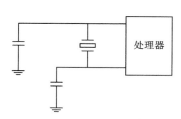
图 3-28　由石英晶体构成的振荡器电路结构

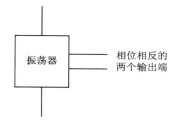
图 3-29　石英振荡器电路

　　(4) 锁相倍频时钟。通常在高性能的嵌入式处理器上采用锁相倍频电路。该时钟电路的锁相环是一个倍频锁相环，时钟电路外接的石英晶体通常采用 32 768 Hz，锁相环的倍频系数可以通过编程设置，倍频得到的高频时钟经过分频器进行分频，分别送给处理器的 CPU 内核和各个 I/O 接口电路。

　　(5) 多时钟源。高性能的嵌入式处理器如 32 位的处理器，功能强大，芯片上集成了众多的智能电路，很多的智能电路都需要不同频率的时钟源。此外，出于节电设计的考虑，不同 I/O 电路的工作状态可以由处理器的编程控制。为此，这样的处理器设计了许多时钟源，分别为 CPU 内核、实时时钟电路、不同的 I/O 电路提供时钟信号。

　　实时时钟(Real Time Clock，RTC)是将定时器进行适当配置后产生的系统时钟。RTC 被调度程序使用，也可以用于实时编程。RTC 的设计方法有两种：一种是外接实时时钟芯片；另一种是实时时钟与处理器的集成。实时时钟电路一直处于工作状态，以保证实时时钟的准确运行。主处理器的时钟在工作时运行，处于待机状态时停止运行，以达到节电的目的。

3.7.3　复位

1. 复位电路概述

　　嵌入式处理器的复位电路就是使处理器从起始地址开始执行指令。这个起始地址是处理器程序计数器(x86 系列处理器中是指令指针和代码段寄存器)加电时的默认设置。处理器复位之后，从存储器的这个地址开始取程序指令。在一些存储器(如 6HC11 和 HC12)中有两个起始地址,一个作为加电复位向量,另一个作为执行 Reset 指令后或者发生超时(如来自看门狗定时器的超时)之后的复位向量。

复位电路激活固定的周期数后处于无效状态。处理器电路保持复位引脚处于有效状态,然后使之处于无效状态,使程序从默认的起始地址开始执行。如果复位引脚或内部复位信号与系统中其他的单元(例如 I/O 接口、串行接口)相连接,那么它会被处理器再一次激活,成为一个输出引脚,用于驱动系统中其他单元处于复位状态。在处理器动作之后使复位信号无效,程序又会从起始地址开始执行。

通常使用的复位电路有以下几种形式:阻容复位电路、专用复位电路、手动复位电路、看门狗定时器的时钟输出复位电路以及软件复位电路。

2. 阻容复位电路

阻容复位电路是最简单的复位电路,其电路如图 3-30 所示。上电瞬间,RST/U_{PD} 端的电位与 V_{CC} 相同,随着充电电流的减少,RST/U_{PD} 电位逐渐下降,时间常数为 82 ms。只要 V_{CC} 的上升时间不超过 1 ms,振荡器建立时间不超过 10 ms,这个时间常数就可以完成复位操作。

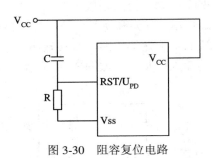

图 3-30　阻容复位电路

3. 手动复位电路

手动复位电路一般配合自动复位电路工作。通常的处理器复位比较方便的设计是阻容复位,有时为配合设计,增加了手动复位的功能。通常的设计是手动复位开关产生的复位信号接在复位电路上,而不是直接接在处理器的复位信号输入端上。复位开关通过复位电路产生信号的优点是信号的波形比较好,并且复位电路可以去掉开关的抖动。

4. 专用复位电路

阻容复位电路的优点是成本低、电路简单,但是功能比较弱,而专用复位电路是一种专用的集成电路。由于嵌入式处理器和智能芯片有的是高电平复位,有的是低电平复位,因此有的专用复位电路设计了两种复位信号的输出端。

专用复位电路(如 MAXIM 公司的产品)把诸如电压监视、电池监视等电路功能集成在一起,成为处理器监视电路。图 3-31 所示为专用复位电路的功能图。图中输出复位脉冲信号 Reset 和 Reset*,分别支持高电平复位和低电平复位,输入可外接复位开关。

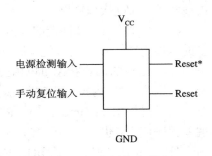

图 3-31　专用复位电路

5. 看门狗复位电路

如果嵌入式系统的工作环境比较恶劣,则处理器运行过程中可能出现死机和跑飞的情况,这时需要使处理器强制复位。强制复位可以使用看门狗复位电路。

看门狗复位电路是一个定时设备,会在事先定义超时之后将系统复位。这个时间通常是配置好的,看门狗定时器在加电后的前几个时钟周期内被激活。在许多嵌入式系统中,通过看门狗定时器进行复位是最基本的要求。当系统产生错误或者程序中断之后，它会帮助恢复系统。重新启动后，系统可以正常运行。大多数的微控制器都有片上看门狗定时器。

6. 软件复位电路

软件复位的方法是通过软件设置一个特殊功能寄存器的相应位来完成控制器复位的，复位结构和硬件复位一样。软件复位后，程序从复位向量处开始运行。例如，L87LPC76X系列在软件复位后，程序从0000H处开始运行。需要指出的是，嵌入式微控制器在软件复位后转入0000H处的指令与程序直接跳转到0000H处执行指令的结果是不同的。软件复位后，控制器的其他寄存器也被初始化成复位状态；而直接跳转到0000H处执行指令却不会初始化微控制器的硬件寄存器。

3.7.4 中断

1. 中断机制概述

在计算机设备中，当处理器与外设交换信息时，若用查询的方式，则处理器就要浪费很多时间去等待外设。这样就存在一个高速的CPU与低速的外设之间的矛盾。为了解决这个问题，一方面要提高外设的工作速度，另一方面要发展中断机制。实现了中断，能够为计算机系统带来以下好处：

(1) 同步操作。有了中断功能，可以使CPU和外设同时工作。CPU在启动外设工作后，继续执行主程序，同时外设也在工作。当外设把数据准备好后，发出中断请求，请求CPU中断正在运行的主程序，执行输入或输出(中断处理)，处理完后，CPU恢复执行主程序。而且有了中断机制后，CPU可以命令多个外设同时工作，这样大大提高了CPU的利用率，也提高了输入/输出的速度。

(2) 实现实时处理。当计算机用于实时控制时，中断是一个非常重要的功能。现场的参数、信息，在需要的情况下可以在任何时候发出中断请求，要求CPU进行处理；如果中断开放，那么CPU可以立刻响应并加以处理。

(3) 故障处理。计算机在运行过程中，往往会出现事先无法预料的情况，或出现一些故障。例如，电源突跳、存储出错、运算溢出，等等。在这些情况下，计算机可以利用中断系统自行处理，而不必停机或报告工作人员。

2. 中断源

引起中断的原因，或者能够发出中断申请的来源，称为中断源。通常中断源有以下几种：

(1) 与硬件和软件相关的中断源。硬件中断是与特定处理器相关的，不仅设备中断需要中断服务子程序，软件相关的中断也需要。硬件中断源可以是内部的，也可以来自外部。每一个中断源(如果没有被屏蔽)都能够使CPU暂时从当前执行程序跳转到相应的中断服务子程序。

(2) 与软件错误相关的硬件中断。软件错误可能是由非法的或者没有实现的操作码造成的。发生这种错误后，处理器会产生指向一个向量地址的中断。与软件错误相关的中断也称为软件陷阱。

(3) 实时时钟。在控制应用中，常常要用到时间控制。为了提高 CPU 的利用率，通常用外部时钟电路产生中断的方法来实现定时控制。当需要定时时，CPU 发出命令，令时钟电路开始工作；规定的时间到了后，时钟电路发出中断请求，然后由 CPU 进行处理。

(4) 为调试程序而设置的中断源。在进行嵌入式系统开发时，为了方便程序调试，能够检查中间结果或寻找问题所在，往往要求在程序中设置断点，或进行单步工作，这些都要由中断系统来实现。

3. 中断系统的功能

为了实现各种中断请求，中断系统应具有以下功能：

(1) 实现中断及返回。当某一中断源发出中断请求时，CPU 能决定是否响应这个中断请求。若允许响应这个请求，则 CPU 必须在运行的指令执行完后，把断点处的各个寄存器的内容推入堆栈，保留现场；然后 CPU 转到需要处理的中断服务程序的入口，同时清除中断请求触发器；当中断处理完后，再恢复被保留的各个寄存器的值，使 CPU 返回断点，继续执行主程序。

(2) 能够实现优先级排队。通常，系统中有多个中断源，会出现两个或更多中断源同时提出中断请求的情况，这就必须要求设计者事先根据轻重缓急，给每个中断源确定一个中断优先级。当多个中断源同时发出中断请求时，CPU 能够找到优先级最高的中断源，并响应它的中断请求；在处理完高优先级的中断源后，再响应优先级较低的中断源。

(3) 高级中断源能够中断低级的中断处理。当 CPU 进行某一中断处理时，若用优先级更高的中断源发出中断申请，则 CPU 要能够中断正在进行的中断服务程序，保留该程序的现场，响应高级中断；在处理完高级中断后，再继续进行被中断的中断服务程序。这一过程也叫中断嵌套。

思考与练习题

1. 嵌入式系统的硬件有哪几个组成部分？
2. 请简单描述总线的四周期握手过程。
3. 什么是 DMA？DMA 主要用来完成哪种总线操作？
4. 请画图说明分级存储器系统的结构。
5. RAM 存储器有哪几种？它们的特点分别是什么？分别适用于哪些场合？
6. ROM 存储器有哪几种？它们的特点分别是什么？
7. 设计 Flash Memory 驱动程序的目的是什么？
8. 标准串行通信接口有哪几类？各有什么特点？
9. 使用 USB 主要有哪些优点？
10. USB 总线的数据传输方式有哪几种？
11. 在嵌入式系统中实现以太网接口的方法通常有哪些？每种方法具体如何实现？
12. 嵌入式处理器的复位电路有哪几种？
13. 嵌入式处理器的时钟电路有哪几种形式？分别有什么特点？
14. 简述嵌入式系统中的中断子系统实现的功能。

第 4 章　BootLoader 与设备驱动

4.1 引　言

嵌入式软件的体系结构包括驱动层、操作系统层、中间件层和应用层，如图 4-1 所示。

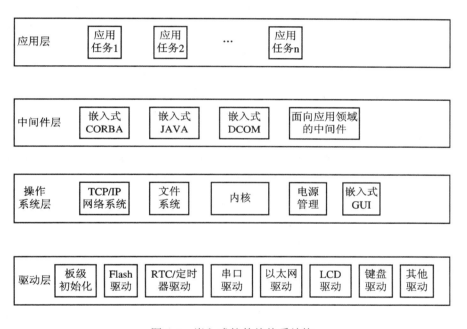

图 4-1　嵌入式软件的体系结构

其中，驱动层直接与硬件相关，为操作系统和应用程序提供支持。可以将驱动层软件分为三种类型：

(1) 板级初始化程序：用于在系统上电后初始化系统的硬件环境，包括嵌入式微处理器、存储器、中断控制器、DMA 和定时器等。

(2) 与系统软件相关的驱动程序：用于支持操作系统和中间件等系统软件所需的驱动程序。嵌入式微处理器已经提供了操作系统内核所需的硬件支持，因此开发人员一般所需编写的驱动程序主要是键盘、显示器、外存、网络等外部设备的驱动程序。

(3) 与应用软件相关的驱动程序：不一定要与操作系统连接，其设计和开发由应用所决定。

本章主要叙述系统启动程序和设备驱动程序的基本原理，并结合实例使读者掌握一定的开发方法。其中，4.2 节为 BootLoader 介绍，并结合实例 S3C44B0X 的启动程序进行分析。4.3 节为设备驱动介绍，并结合实例——基于 ARM 处理器的 LCD 设备驱动程序及 A/D 转换功能驱动程序进行分析。

4.2　BootLoader

4.2.1　BootLoader 概述

BootLoader 是系统加电后首先运行的一段程序代码，其目的是将系统的软、硬件环境置于一个合适的状态，为调用操作系统内核准备好正确的环境。对于不使用操作系统的嵌入式系统而言，应用程序的运行同样也需要依赖这样一个准备良好的软、硬件环境，因此从这个意义上来讲，BootLoader 对于嵌入式系统是必需的。

BootLoader 是依赖于目标硬件实现的，这可以从以下两个方面来理解：

(1) 每种嵌入式微处理器的体系结构都有不同的 BootLoader。当然，有些 BootLoader 也可以支持多种体系结构的嵌入式微处理器。如 U-Boot 可同时支持 ARM 体系结构和 MIPS 体系结构。

(2) BootLoader 还依赖于具体的嵌入式板级硬件设备的配置。也就是说，即使是基于相同嵌入式微处理器构建的不同嵌入式目标板，要想让运行在一个板子上的 BootLoader 程序同样运行在另一个板子上，也还需要修改 BootLoader 的源程序。

因此，为嵌入式系统建立一个通用、标准的 BootLoader 应该是几乎不可能的。尽管如此，仍然可以归纳一些通用的概念来指导开发人员对 BootLoader 的设计与实现。

1．BootLoader 的安装

通常，BootLoader 只有几千字节的大小，由于系统加电后需要首先运行这段程序，因此 BootLoader 需要放在系统加电后最先取指令的地址上。嵌入式处理器的生产厂商都为处理器预先安排了一个在系统加电或复位后最先取指令的地址。例如，基于 ARM7 TDMI 内核的处理器在加电或复位时都从地址 0x00000000 取第一条指令。基于嵌入式微处理器构建的嵌入式系统通常都设计有某种类型的固态存储设备，如 ROM、EEPROM、Flash Memory 等。BootLoader 被安装到这种存储设备上，这个存储设备又被映射到预先安排的最先取指令的地址上。这样，就可以保证系统加电或复位之后，首先运行 BootLoader 程序。其实，这与 PC 的 BIOS(Basic Input/Output System)的启动原理是一致的。不同的是，由于 BootLoader 的体积很小，而嵌入式系统的存储资源受限，很多情况下，BootLoader 与操作系统内核、根文件系统甚至应用程序等都可以烧写在同一个存储芯片上。图 4-2 所示是典型的固态存储设备的空间分配结构。

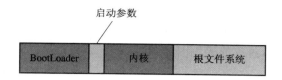

图 4-2 固态存储设备的典型空间分配结构

2．BootLoader 的操作模式

对于开发人员而言，大多数 BootLoader 都包含两种操作模式：启动加载模式和下载模式。当然，对于用户而言，BootLoader 的作用就是加载操作系统，并不存在这两种工作模式的区别。

启动加载模式也称为自主(Autonomous)模式。在这种模式下，BootLoader 从目标机的某个固态存储设备上将操作系统加载到 RAM 中运行，整个过程中没有用户的介入。这种模式是 BootLoader 的正常工作模式，在嵌入式产品发布的时候，显然需要让 BootLoader 工作在这种模式下。

下载模式是指目标机上的 BootLoader 通过串口或网络连接等通信手段从宿主机上下载文件，如操作系统的内核映像和根文件系统的映像等。从宿主机上下载的文件通常首先被 BootLoader 保存到目标机的 RAM 中，然后被 BootLoader 写到目标机的 Flash 等固态存储设备中。这种模式通常在第一次安装操作系统内核和根文件系统时被使用；另外，系统更新时也会使用该模式。工作于这种模式的 BootLoader 通常都需要向它的终端用户提供一个简单的命令行接口。

3．BootLoader 的控制设备和机制

从开发的角度来看，BootLoader 程序必须与宿主机之间建立起至少一种通信方式，这也是将来第一次加载操作系统内核的唯一手段。通常，开发人员都会采用串口首先建立起目标机与宿主机之间的联系，这是因为与其他通信方式相比，串口通信最容易实现。BootLoader 程序在执行时也就可以利用这个简单实现的串口通信进行 I/O 操作，与外界交换数据和信息。例如，输出打印信息到串口，或者从串口读取用户控制字符等。文件的传输也可以通过串口完成。传输协议通常采用 xmodem/ymodem/zmodem 中的一种。但是，用串口进行文件传输，速度比较慢。因此，习惯的做法是在 BootLoader 中实现 TFTP 协议，在宿主机上利用 TFTP 的软件工具，通过以太网连接来下载文件。

4.2.2 BootLoader 的典型结构

如上所述，BootLoader 的主要任务就是建立起调用操作系统内核、运行用户应用程序所需要的良好的软、硬件环境。这个任务具体包括两部分的内容：硬件设备初始化和建立内存空间的映射图。

下面以基于 ARM7 TDMI 内核的 S3C4510B 为例具体介绍 BootLoader 的启动过程。在启动过程中，BootLoader 依次初始化 CPU 在各种模式下的堆栈空间、设定 CPU 的内存映射、对系统的各种控制寄存器进行初始化、对 CPU 的外部存储器进行初始化、设定各外围设备的基地址、创建正确的中断向量表、为 C 代码执行创建 ZI(零创建)区，然后进入到 C

代码。在 C 代码中继续对时钟、RS-232 端口进行初始化，然后打开系统中断允许位。最后进入到应用代码中执行，执行期间响应各种不同的中断信号并调用预先设置好的中断服务程序处理这些中断。整个过程的流程图如图 4-3 所示。

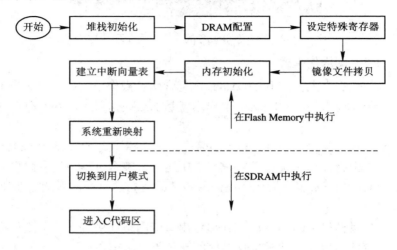

图 4-3　启动代码流程图

1．堆栈初始化

堆栈初始化要做的事情是为处理器的 7 个处理器模式分配堆栈空间。下面是 FIQ 模式下的堆栈设置：

```
ORR    R1,R0,#LOCKOUT|FIQ_MODE    ；把处理器模式放在 R1 中
                                  ；LOCKOUT 用来屏蔽中断位
MSR    CPSR,R1                    ；改变 CPU 的 CPSR 寄存器
                                  ；进入到指定的 FIQ 模式
MSR    SPSR, R2                   ；保存前一模式
LDR    SP, =FIQ_STACK             ；把 FIQ 模式下的堆栈起始值赋给当前的 SP,FIQ_STACK
                                  ；是分配给 FIQ 模式堆栈空间(比如说 1 K 字节)的起始
                                  ；地址
```

可以按这种方法再设置其他模式下的堆栈。

2．DRAM 初始化

DRAM 的初始化是根据系统配置信息决定的。系统不一定会用到 DRAM，但是一定要进行 SDRAM 的初始化。其主要的处理内容是 ROM 和 RAM 基地址的设定、数据总线宽度的设定、SDRAM 刷新时间的设定等，这些设定可以参照 S3C4510B 芯片的用户手册来进行。

3．设置特殊寄存器

特殊寄存器的设置主要是针对 I/O 口的，如设定几个 I/O 位，用作系统状态指示灯 LED 等。寄存器的设定主要根据硬件的配置情况而定，需要注意的是由于启动代码是烧录到 ROM 中的，而中断向量必须位于零地址，因此在存储单元没有重新映射之前 ROM 基址的

设定应该为零地址。

4．拷贝镜像文件

拷贝镜像文件的目的主要是提高运行速度。将编译生成的镜像文件代码从 ROM 拷贝到 RAM 中后，程序的执行也就在 RAM 中了。当然，如果启动代码对运行速度的要求不是很严格，那么这个拷贝过程可以省略，让代码存放在 ROM 中，代码的执行也在 ROM 中，而把运行所需的数据放在 RAM 中。

5．内存初始化

内存初始化的目的是为 C 代码的运行开辟内存区。我们已经知道，代码编译后会分为三个区，即只读区、可读/可写区和零初始化区。内存初始化处理的内容是：当只读区截止地址等于可读可写区基址时，把零初始化区各字节清零；当只读区截止地址不等于可读/可写区基址时，如果可读/可写区基址小于零初始化基址，就从只读区截止地址处开始把数据拷贝到可读/可写区基址处，直至到达零初始化基址，然后把零初始化区各字节清零，否则只需把零初始化区各字节清零。

6．建立中断向量表

中断向量表用于处理异常情况，当发生异常时，首先要保存当前程序的返回地址和 CPSR 寄存器的值，然后进入到相应的异常向量地址。一般来说，在异常向量地址处是一个跳转指令，使程序进入相应的异常处理过程。由于中断向量表要位于系统的零地址，当把启动代码烧录到 EEPROM 中运行时就需要把 ROM 的地址定义到零地址，因此程序入口处的跳转指令分别是：

```
        ENTRY
        B       Reset_Handler        ;系统复位，通过这个跳转指令进入堆栈初始化操作
        B       Undefined_Handler    ;未定义异常向量
        B       SWI_Handler          ;软中断异常向量
        B       Prefetch_Handler     ;预取指异常向量
        B       Abort_Handler        ;中止异常向量
        NOP                          ;保留
        B       IRQ_Handler          ;IRQ 中断向量
        B       FIQ_Handler          ;FIQ 中断向量(快速响应用户中断，支持高速数据传输)
```

这些跳转指令的地址是固定的：复位跳转指令的地址是 0x00000000，未定义异常跳转指令的地址是 0x00000004，其他跳转指令的地址依次加 4，而且这个顺序不能更改。

7．系统重新映射

系统重新映射与前面镜像文件的拷贝有关。当为了提高运行速度把 ROM 的镜像文件拷贝到 RAM 后，中断向量表就不在零地址处了，因此要重新映射存储单元，把 RAM 的地址重新设定为零地址。整个过程是把启动代码从 ROM(EEPROM 或者 Flash Memory)拷贝到 SDRAM 中运行，同时在拷贝完毕后进行内存的重新映射，把 SDRAM 映射到原来的 ROM 地址(0x00000000)中，这样就可以用 SDRAM 中的代码写 Flash Memory，使得程序代码得以更新。但是需要注意的是，如果程序进行了映射，那么就对在线调试带来了困难，使得

在线调试不可以在 RAM 中进行。如果写入 EEPROM 的代码是被映射了的,则在调试器启动的时候必然也会对程序进行映射,使得程序在调试器中不能定位到原来的地方,导致调试失败。一个折中的方法是,不进行映射,即在调试的代码中不使用下载,这样就可以像普通的代码一样进行调试了。

8．切换到用户模式,进入 C 代码区

完成以上的初始化工作后,让 CPU 切换到用户模式下,并把堆栈指针 SP 指定到用户堆栈区,就可以进入 C 代码区运行了。在 C 代码中继续对时钟、RS-232 端口进行初始化,然后打开系统中断允许位,进入到应用代码中执行。

从程序结构上来讲,BootLoader 一般都分为 Stage1 和 Stage2 两部分。Stage1 存放依赖于 CPU 体系结构的代码(如设备初始化代码等),通常使用汇编语言来实现,达到短小精悍的目的。Stage2 用来实现复杂功能,通常使用 C 语言来实现,使代码具有更好的可移植性。与普通 C 语言程序不同的是,在编译和链接 BootLoader 这样的程序时,不能使用 glibc 库中的任何支持函数。

对照上述 S3C4510B 的启动过程,Stage1 部分的代码依次实现以下功能:

(1) 硬件设备初始化。

(2) 为加载 Stage2 程序准备 RAM 空间。

(3) 拷贝 Stage2 程序到 RAM 空间。

(4) 设置好堆栈。

(5) 跳转到 Stage2 的 C 程序入口点。

Stage2 部分的代码依次实现的功能如下:

(1) 初始化本阶段用到的硬件设备,如 RS-232。

(2) 检测系统内存映射。

(3) 将操作系统内核映像和根文件系统映像从 Flash Memory 读到 RAM 空间。

(4) 为操作系统内核设置启动参数。

(5) 调用操作系统内核。

4.2.3　实例分析

本小节以基于 ARM7 TDMI 内核的 S3C44B0X 为例详细介绍 BootLoader 的设计与实现。它与 S3C4510B 不同的是:S3C44B0X 没有存储器重映射的功能,所有存储区地址固定。另外,S3C44B0X 提供了矢量中断的功能,扩展了向量表(采用矢量中断可以减少中断延迟)。实例程序如下:

```
;*************************************************************************
;*************************************************************************

;文件名：SysInit.s
;说明：硬件初始化程序
;编译环境：ADS 1.2
```

```
;******************************************************************
;******************************************************************

;存储器空间
;GCS6       64M 16bit(8MB) DRAM/SDRAM(0xC000000～0xC7FFFFF)
;APP  RAM=0xC000000～0xC7EFFFF
;44BMON  RAM=0xC7F0000～0xC7FFFFF(对于不同的 RAM，可以修改此地址)
;STACK     RAM=0xC7FFA00
;******************************************************************
;中断控制预定义
INTPND          EQU 0x01E00004
INTMOD          EQU 0x01E00008
INTMSK          EQU 0x01E0000C
I_ISPR          EQU 0x01E00020
I_CMST          EQU 0x01E0001C
I_ISPC          EQU 0x01E00024
;******************************************************************
;看门狗定时器预定义
WTCON           EQU 0x01D30000
;******************************************************************
;系统时钟预定义
PLLCON          EQU 0x01D80000
CLKCON          EQU 0x01D80004
LOCKTIME        EQU 0x01D8000C
;******************************************************************
;存储器控制预定义
REFRESH         EQU 0x01C80024
;******************************************************************
;BDMA 目的寄存器
BDIDES0         EQU 0x1F80008
BDIDES1         EQU 0x1F80028
;******************************************************************
;预定义常数(常量)
USERMODE        EQU 0x10
FIQMODE         EQU 0x11
IRQMODE         EQU 0x12
SVCMODE         EQU 0x13
ABORTMODE       EQU 0x17
UNDEFMODE       EQU 0x1B
```

```
MODEMASK        EQU 0x1F
NOINT           EQU 0xC0
;**********************************************************************

        AREA        InitSystemBlk, CODE, READONLY


;**********************************************************************
;初始化程序开始
        EXPORT      InitSystem
InitSystem


;禁止看门狗
        LDR R0, =WTCON
        LDR R1, =0
        STR R1, [R0]
;禁止所有中断
        LDR R0, =INTMSK
        LDR R1, =0x07FFFFF
        STR R1,[R0]
;设定时钟控制寄存器
        LDR R0, =LOCKTIME
        LDR R1, =0xFFF
        STR R1, [R0]
;锁相环使能
        LDR R0, =PLLCON              ; 锁相环倍频设定
        LDR R1, =((M_DIV<<12)+(P_DIV<<4)+S_DIV)      ; 设定系统主时钟频率
                                    ; 倍频为((P_DIV+2)*(2 的 S_DIV 次方))/(M_DIV+8)
        STR R1, [R0]
;时钟使能
        LDR R0, =CLKCON
        LDR R1, =0x7FF8             ; 所有功能单元块时钟使能
        STR R1, [R0]
;**********************************************************************
;为 BDMA 改变 BDMACON 的复位值
        LDR R0, =BDIDES0
        LDR R1, =0x40000000         ; BDIDESn 的复位值应当为 0x40000000
        STR R1, [R0]
        LDR R0, =BDIDES1
        LDR R1, =0x40000000         ; BDIDESn 的复位值应当为 0x40000000
```

```
      STR  R1, [R0]
;**********************************************************************
;设定存储器控制寄存器
      ADR R0, InitSystem
      LDR R1, =InitSystem
      SUB  R0, R1, R0
      LDR R1, =SMRDATA
      SUB  R0, R1, R0
      LDMIA    R0, {R1-R13}
      LDR R0, =0x01C80000          ; BWSCON 的地址
      STMIA    R0, {R1-R13}
;**********************************************************************
;初始化堆栈
      MRS R0, CPSR
      BIC   R0, R0, #MODEMASK

      ORR R1, R0, #UNDEFMODE|NOINT
      MSR CPSR_CXSF, R1           ; UndefMode
      LSR  SP, =UndefStack

      ORR R1, R0, #ABORTMODE|NOINT
      MSR CPSR_CXSF, R1           ; AbortMode
      LSR  SP, =AbortStack

      ORR  R1, R0, #IRQMODE|NOINT
      MSR CPSR_CXSF, R1           ; IRQMode
      LSR  SP, =IRQStack

      ORR  R1, R0, #FIQMODE|NOINT
      MSR CPSR_CXSF, R1           ; FIQMode
      LSR  SP, =FIQStack

      ORR  R1, R0, #SVCMODE|NOINT
      MSR CPSR_CXSF, R1           ; SVCMode
      LSR  SP, =SVCStack

      ;USER mode is not initialized.
;**********************************************************************
;在配置好 RAM 后，设置 IQR 处理程序入口
```

```
    LDR R0, =IRQ_SVC_VECTOR
    LDR R1, =IRQ_SERVICE
    STR R1, [R0]
;*********************************************************************
    MOV   PC, LR              ; 返回


;*********************************************************************
    SMRDATA DATA
;*********************************************************************

;*** memory access cycle parameter strategy ***
; 1) Even FP-DRAM, EDO setting has more late fetch point by half-clock.
; 2) The memory settings, here, are made the safe parameters even at 66MHz.
; 3) FP-DRAM Parameters: tRCD=3 for tRAC, tcas=2 for pad delay, tcp=2 for bus load.
; 4) DRAM refresh rate is for 40MHz.

    ;bank0    16bit BOOT ROM
    ;bank1    8bit NandFlash
    ;bank2    MAC0
    ;bank3    MAC1
    ;bank4    rtl8019
    ;bank5    ext
    ;bank6    16bit SDRAM
    ;bank7    16bit SDRAM


     [ BUSWIDTH=16
    DCD 0x11110001       ; Bank0=16bit BootRom(AT29C010A*2) :0x0   old 0x11110101
     | ;BUSWIDTH=32
    DCD 0x22222220       ; Bank0=OM[1:0], Bank1~Bank7=32bit
     ]
;GCS0～GCS5 内存分配代码从略
…

     [ BDRAMTYPE="DRAM"
    DCD ((B6_MT<<15)+(B6_Trcd<<4)+(B6_Tcas<<3)+(B6_Tcp<<2)+(B6_CAN))
;GCS6 check the MT value in parameter.a
    DCD ((B7_MT<<15)+(B7_Trcd<<4)+(B7_Tcas<<3)+(B7_Tcp<<2)+(B7_CAN))
;GCS7
     | ;"SDRAM"
```

```
        DCD ((B6_MT<<15)+(B6_Trcd<<2)+(B6_SCAN))        ; GCS6
        DCD ((B7_MT<<15)+(B7_Trcd<<2)+(B7_SCAN))        ; GCS7
        ]


        DCD ((REFEN<<23)+(TREFMD<<22)+(Trp<<20)+(Trc<<18)+(Tchr<<16)+REFCNT)
;REFRESH RFEN=1, TREFMD=0, trp=3clk, trc=5clk, tchr=3clk,count=1019
        DCD 0x10        ; SCLK power down mode, BANKSIZE 32M/32M
        DCD 0x20        ; MRSR6 CL=2clk
        DCD 0x20        ; MRSR7


        ALIGN


;********************************************************************************
;下面的函数用来进入掉电模式，具体代码从略
;********************************************************************************
    void EnterPWDN(int CLKCON)
    EnterPWDN

        …
;********************************************************************************
    IRQ_SERVICE                     ; using I_ISPR register.
        IMPORT   pIrqStart
        IMPORT   pIrqFinish
        IMPORT   pIrqHandler
                        ; IMPORTANT CAUTION!!!
                        ; if I_ISPC isn't used properly, I_ISPR can be 0 in this routine.
        LDR      R4, =I_ISPR
        LDR      R4, [R4]
        CMP      R4, #0x0    ;If the IDLE mode work-around is used, R0 may be 0 sometimes.
        BEQ      %F3

        LDR      R5, =I_ISPC
        STR      R4, [R5]    ;clear interrupt pending bit
        LDR      R5, =pIrqStart
        LDR      R5, [R5]
        CMP      R5, #0
        MOVNE    LR, PC              ; .+8
        MOVNE    PC, R5


        MOVR0, #0x0
```

```
0
    MVOS      R4, R4, LSR #1
    BCS  %F1
    ADD R0, R0, #1
    B     %B0
1
    LDR R1, =pIrqHandler
    LDR R1, [R1]
    CMP R1, #0
    MOVNE    LR, PC
    MOVNE    PC, R1
2
    LDR R0, =pIrqFinish
    LDR R0, [R0]
    CMP R0, #0
    MOVNE    LR, PC            ; +8
    MOVNE    PC, R0
    CMP R0, #0
    MOVNE    LR, PC
    MOVNE    PC, R0
3
    LDMFD    SP!, {R0}          ; 从 IRQ 返回
    MSR SPSR_CXSF, R0
    LDMFD    SP!, {R0-R12, PC}


;****************************************************************************
    EXPORT    IrqHandlerTab
    IrqHandlerTab DCD HandleADC
;****************************************************************************


    AREA RamData, DATA, READWRITE
    …
; 这部分代码省略，主要是包括各种初始化的数据，如各个处理器模式使用堆栈的起始地址、
; 异常向量、初始化向量表等
;****************************************************************************
    END


;****************************************************************************
;****************************************************************************
```

```
; 文件名：Vector.s
; 说明：启动程序
;编译环境：ADS 1.2
;***********************************************************************
;***********************************************************************


    ModeMask            EQU 0x1F
    SVC32Mode           EQU 0x13
    IRQ32Mode           EQU 0x12
    FIQ32Mode           EQU 0x11
    User32Mode          EQU 0x10
    Abort32Mode         EQU 0x17
    Undef32Mode         EQU 0x1B
    IRQ_BIT             EQU 0x80
    FIQ_BIT             EQU 0x40


    GBLS        MainEntry
MainEntry       SETS        "main"
    IMPORT      $MainEntry


;***********************************************************************
;检查是否使用 tasm.exe 进行编译

GBLL        THUMBCODE
    [ {CONFIG} = 16
THUMBCODE SETL      {TRUE}
    CODE32
    |
THUMBCODE SETL      {FALSE}
    ]

    [ THUMBCODE
    CODE32      ;for start-up code for Thumb mode
    ]

    AREA        SelfBoot, CODE, READONLY

    IMPORT   UDF_INS_VECTOR
    IMPORT   SWI_SVC_VECTOR
```

```
        IMPORT   INS_ABT_VECTOR
        IMPORT   DAT_ABT_VECTOR
        IMPORT   IRQ_SVC_VECTOR
        IMPORT   FIQ_SVC_VECTOR        ; 这些向量在 SysInit.s 的数据段中已被初始化


        ENTRY
        IF :DEF: |ads$version|
        ELSE
        EXPORT   _ _main
    _ _main
        ENDIF


    ResetEntry
;**************************************************************************
        MACRO
    $Label   HANDLER       $Vector
    $Label
        SUB       LR, LR, #4
        STMFD     SP!, {R0-R3, LR}
        LDR       R0, =$Vector
        LDR       PC, [R0]
        LDMFD     SP!, {R0-R3, PC}
        MEND


    UDF_INS_HANDLER
        STMFD    SP!, {R0-R3, LR}
        LDR      R0, =UDF_INS_VECTOR
        MOV      LR, PC
        LDR      PC, [R0]
        LDMFD    SP!, {R0-R3, PC}
    SWI_SVC_HANDLER              ; 各种异常处理，以下代码从略
        …
    INS_ABT_HANDLER
        …
    DAT_ABT_HANDLER
        …
    IRQ_SVC_HANDLER
        …
    FIQ_SVC_HANDLER
        …
```

```
;**************************************************************************
    SYS_RST_HANDLER
        MRS       R0, CPSR                    ;enter SVC mode and disable IRQ,FIQ
        BIC       R0, R0, #ModeMask
        ORR       R0, R0, #(SVC32Mode :OR: IRQ_BIT :OR: FIQ_BIT)
        MSR       CPSR_C, R0

        IMPORT    InitSystem
        BL        InitSystem

        ADR       R0, ResetEntry
        LDR       R1,   BaseOfROM
        CMP       R0,   R1
        LDREQ     R0, TopOfROM
        BEQ       InitRamData

        LDR       R2,   =CopyProcBeg
        SUB       R1, R2, R1
        ADD       R0, R0, R1
        LDR       R3,   =CopyProcEnd
0
        LDMIA     R0!, {R4-R7}
        STMIA     R2!, {R4-R7}
        CMP       R2, R3
        BCC       %B0

        LDR       R3, TopOfROM
        LDR       PC, =CopyProcBeg


;**************************************************************************
    CopyProcBeg
0
        LDMIA     R0!, {R4-R11}
        STMIA     R2!, {R4-R11}
        CMP       R2, R3
        BCC       %B0
    CopyProcEnd

        SUB       R1, R2, R3
```

```
        SUB       R0, R0, R1


InitRamData
    LDR       R2, BaseOfBSS
    LDR       R3, BaseOfZero
0
    CMP       R2, R3
    LDRCC     R1, [R0], #4
    STRCC     R1, [R2], #4
    BCC       %B0


    MOV       R0,  #0
    LDR       R3,  EndOfBSS
1
    CMP       R2,  R3
    STRCC     R0, [R2], #4
    BCC       %B1


    LDR       PC,  GotoMain


GotoMain      DCD $MainEntry


;********************************************************************
    IMPORT   |Image$$RO$$Base|    ; ROM code start
    IMPORT   |Image$$RO$$Limit|   ; RAM data starts after ROM program
    IMPORT   |Image$$RW$$Base|    ; Pre-initialised variables
    IMPORT   |Image$$ZI$$Base|    ; uninitialised variables
    IMPORT   |Image$$ZI$$Limit|   ; End of variable RAM space


    BaseOfROM     DCD |Image$$RO$$Base|
    TopOfROM      DCD |Image$$RO$$Limit|
    BaseOfBSS     DCD |Image$$RW$$Base|
    BaseOfZero    DCD |Image$$ZI$$Base|
    EndOfBSS      DCD |Image$$ZI$$Limit|


    EXPORT   GetBaseOfROM
    EXPORT   GetEndOfROM
    EXPORT   GetBaseOfBSS
    EXPORT   GetBaseOfZero
```

```
        EXPORT   GetEndOfBSS


    GetBaseOfROM
        LDR          R0, BaseOfROM
        MVO          PC, LR
    GetEndOfROM                              ; 以下代码从略
        …
    GetBaseOfBSS
        …
    GetBaseOfZero
        …
    GetEndOfBSS
        …

;************************************************************************
        END
```

受篇幅所限，C 代码部分从略。这里只列出在 C 代码中实现的若干重要函数：

ChgSysMclk	设置系统主频
ProgFlash	从 RAM 向 Flash Memory 加载的工具
MoveFlashToRam	从 Flash Memory 向 RAM 加载的工具
GetDate	设置日期，打印输出
SetWeek	设置星期，打印输出
GetTime	设置时间，打印输出
ChgBaudRate	设置串口波特率
LoadFromUart	串口通信
SetIPAddr	设置 IP 地址
tftp_main	tftp 服务器
GetParameter	获取键值，作相应处理
RunProgram	选择执行的程序
ParseArgs 和 ParseCmd	命令解析
Help	使用帮助

当然，还可以使用 C 语言编程为 BootLoader 增加更有趣的功能。

4.3 设 备 驱 动

4.3.1　设备驱动概述

使用任何外部设备时都需要有相应驱动程序的支持。驱动程序为上层软件提供设备的操作接口。对于上层软件而言，只需要调用驱动程序提供的接口，而不用理会设备具体的内部操作。对于驱动程序而言，不仅要实现设备的基本功能函数，如初始化、中断响应、发送、接收等，使设备的基本功能得以实现，而且针对设备使用过程中可能出现的各种差错，还应提供完备的错误处理函数。

驱动层软件有两个重要的概念：硬件抽象层(Hardware Abstraction Layer，HAL)和板级支持包(Board Support Package，BSP)。可以简单地理解为硬件抽象层与硬件具有更加紧密的相关性，而板级支持包与操作系统具有更加紧密的相关性。

具体地讲，硬件抽象层的目的是将硬件抽象化，即通过程序来控制诸如 CPU、I/O、存储器等硬件的操作，从而使得系统的设备驱动程序与硬件无关。为实现这个目的，在定义抽象层时，需要根据系统需求规定统一的软硬件接口标准。在功能上，抽象层一般应实现相关硬件的初始化、数据的 I/O 操作、硬件设备的配置操作等。可见，引入硬件抽象层的概念可以大大提高系统的可移植性。另外，软硬件的测试工作也都可以基于硬件抽象层来完成，这使得软硬件测试并行进行成为可能。

设计板级支持包的目的主要是为驱动程序提供访问硬件设备寄存器的函数包，从而实现对操作系统的支持。为保证与操作系统保持正确的接口，以便良好地支持操作系统，不同的操作系统应对应不同定义形式的板级支持包。在功能上，板级支持包大体需要实现以下两方面的内容：

(1) 在系统启动时，完成对硬件的初始化。如对设备的中断、CPU 的寄存器和内存区域的分配等进行操作。这部分工作是比较系统化的，要根据 CPU 的启动、嵌入式操作系统的初始化以及系统的工作流程等多方面要求来共同决定这一部分 BSP 应完成的功能。

(2) 为驱动程序提供访问硬件的手段。所谓访问硬件，其实质是访问硬件设备的寄存器。如果系统是统一编址的，则可以直接在驱动程序中用 C 语言的函数进行访问。如果系统是单独编址的，则 C 语言就不能够直接访问，只有用汇编语言编写的函数才能进行访问。而板级支持包就是这种为上层的驱动程序提供访问硬件设备寄存器的函数包。

在对硬件进行初始化时，BSP 一般应完成以下工作：

(1) 将系统代码定位到 CPU 将要跳转执行的内存入口处，以便在硬件初始化完毕后 CPU 能够执行系统代码。此处的系统代码可以是嵌入式操作系统的初始化入口，也可以是应用代码的主函数入口。

(2) 根据不同 CPU 在启动时的硬件规定，BSP 要负责将 CPU 设置为特定状态。

(3) 对内存进行初始化，根据系统的内存配置将系统的内存划分为代码、数据、堆栈等不同的区域。

(4) 如果有特殊的启动控制代码，则 BSP 要负责将控制权移交给启动控制代码。比如在某些场合，系统为了减少存储所需的 ROM 容量而进行压缩处理，那么在系统启动时要先跳转到一段控制代码，由控制代码将系统代码进行解压后才能继续系统的正常启动。

(5) 如果应用软件中包含一个嵌入式操作系统，则 BSP 要负责将操作系统需要的模块加载到内存中。嵌入式应用软件系统在进行固化时，可以有基于 ROM 的和常驻 ROM 的两种方式，在基于 ROM 方式时，系统在运行时要将 ROM 或 Flash Memory 内的代码全部加载到 RAM 内；在常驻 ROM 方式时，代码可以在 ROM 或 Flash Memory 内运行，系统只将数据部分加载到 RAM 内。

(6) 如果应用软件中包含一个嵌入式操作系统，则 BSP 还要在操作系统初始化之前，将硬件设置为静止状态，以避免造成操作系统初始化失败。

在为驱动程序提供访问硬件的手段时，BSP 一般应完成以下工作：

(1) 将驱动程序提供的 ISR(中断服务程序)挂载到中断向量表上。

(2) 创建驱动程序初始化所需的设备对象。BSP 将硬件设备描述为一个数据结构。这个数据结构中包含这个硬件设备的一些重要参数，上层软件就可以直接访问这个数据结构。

(3) 为驱动程序提供访问硬件设备寄存器的函数。

(4) 为驱动程序提供可重用性措施，比如将与硬件关系紧密的处理部分在 BSP 中完成，驱动程序直接调用 BSP 提供的接口，这样驱动程序就与硬件无关。只要不同的硬件系统的 BSP 提供的接口相同，驱动程序就可在不同的硬件系统上运行。

当前，实时操作系统的提供商基本上都要提供性能稳定可靠、可移植性好、可配置性好、规范化的板级支持包。作为嵌入式系统的开发者，只需在原有板级支持包模板基础上作一定改动，就可以适应新的目标硬件环境。

下面以一个 ARM 的串行口驱动函数为例来了解一下设备驱动的原理与简单实现。

```
/*UART 的初始化*/
void Uart_Init(int Uartnum, int mclk, int baud)
{
    int i;

    if(mclk==0)
        mclk=MCLK;

    if(Uartnum==0){          //UART0
        rUFCON0=0x0;         //FIFO disable
        rUMCON0=0x0;

        //UART0
        rULCON0=0x3;         //Normal,No parity,1 stop,8 bit
        rUCON0=0x245;        //rx=edge,tx=level,disable timeout int.,enable
//rx error int.,normal,interrupt or polling
        rUBRDIV0=((int)(mclk/16./baud + 0.5) −1);
            }
    else{
        rUFCON1=0x0;
        rUMCON1=0x0;
        //UART1
        rULCON1=0x3;
        rUCON1=0x245;
```

```
            rUBRDIV1=((int)(mclk/16./baud + 0.5) −1);
        }
    for(i=0;i<100;i++);

}
/*UART 的发送*/
void Uart_SendByte(int Uartnum, U8 data)
{
    if(Uartnum==0)
     {
        while(!(rUTRSTAT0 & 0x2));      //Wait until THR is empty.
        Delay(1);
        WrUTXH0(data);
     }
    else
     {
        while(!(rUTRSTAT1 & 0x2));      //Wait until THR is empty.
        Delay(1);
        WrUTXH1(data);
     }
}
void Uart_SendString(int Uartnum, char *pt)
{
    while(*pt){
        if(*pt=='\n'){
            Uart_SendByte(Uartnum, '\r');
            Uart_SendByte(Uartnum, *pt++);
        }
        else
            Uart_SendByte(Uartnum, *pt++);
    }
}
void Uart_TxEmpty(int Uartnum)
{
    if(Uartnum==0)
        while(!(rUTRSTAT0 & 0x4)); //Wait until tx shifter is empty.
    else
        while(!(rUTRSTAT1 & 0x4)); //Wait until tx shifter is empty.
}
```

```
/*UART 的接收*/
char Uart_Getch(char* Revdata, int Uartnum, int timeout)
{
        int i=0;
        if(Uartnum==0){
                while(!(rUTRSTAT0 & 0x1)); //Receive data read
                *Revdata=RdURXH0( );
                return TRUE;
        }
        else{
                while(!(rUTRSTAT1 & 0x1));//Receive data read
                *Revdata=RdURXH1( );
                return TRUE;
        }
}
//If you don't use vsprintf( ), the code size is reduced very much.
void Uart_Printf(char *fmt,...)
{
        va_list ap;
        char string[256];

        va_start(ap,fmt);
        vsprintf(string,fmt,ap);
        Uart_SendString(0, string);
        va_end(ap);
}
```

说明：

(1) 与 UART 有关的寄存器主要有：UART 线性控制寄存器 ULCONn、UART 控制寄存器 UCONn、读/写状态寄存器 UTRSTAT、错误状态寄存器 UERSTAT、FIFO 状态寄存器 UFSTAT、Modem 状态寄存器 UMSTAT、发送寄存器 UTXH、接收寄存器 URXH、波特率因子寄存器 UBRDIV。

(2) 由于 ARM 工作时存在大端和小端两种工作模式，因此同样一个寄存器在不同工作模式下的地址是不一样的，需要加以区别。具体的寄存器和特殊位的定义在头文件中，这里省略。

4.3.2　LCD 驱动控制实例

与 ARM 自带 LCD 驱动器有关的寄存器包括 PCOND(端口 D 的引脚配置寄存器)、PDATD(端口 D 的数据寄存器)、PUPD(端口 D 的上拉禁止寄存器)。其中，由于 LCD 驱动控制端口与 ARM 的端口 4 是共用的，因此要设置相应的寄存器，将其定义为 LCD 驱动控制端口。

表 4-1 是 LCD 控制寄存器 LCDCON1 的位描述。

表 4-1　LCDCON1 的位描述

LCDCON1	位	描　　　述
LINCNT(只读)	[31:22]	这些位提供行计数器状态，从LINEVAL降值到0
CLKVAL	[21:12]	这些位决定了VCLK的速度频率，也可表示为CLKVAL[9:0]，VCLK=MCLK/(CLKVAL×2) (CLKVAL≥2)
WLH	[11:10]	这些位通过计算系统时钟的数量来决定VLINE脉冲的高电平宽度，00=4个时钟，01=8个时钟，10=12个时钟，11=16个时钟
WDLY	[9:8]	这些位通过计算系统时钟的数量来决定VLINE和VCLK之间的延时，00=4个时钟，01=8个时钟，10=12个时钟，11=16个时钟
MMODE	[7]	该位决定了VM的翻转频率，0=每帧，1=MVAL定义的频率
DISMODE	[6:5]	由这些位选择显示模式，00=4字节双扫描显示模式，01=4字节单扫描显示模式，10=8字节单扫描模式，11=不使用
INVCLK	[4]	该位控制VCLK有效边沿的极性，0=显示数据从VCLK的下降沿得到，1=显示数据从VCLK的上升沿得到
INVLINE	[3]	该位说明了行脉冲的极性，0=标准，1=反相
INVFRAME	[2]	该位说明了帧脉冲极性，0=标准，1=反相
INVVD	[1]	该位说明了显示数据的(VD[7:0])极性，0=标准，1=VD[7:0]输出反相
ENVID	[0]	LCD显示输出和逻辑使能/禁止，0=显示输出和逻辑禁止，1=显示输出和逻辑使能

我们将显示方式设为 8 位单扫描方式，VLINE 和 VCLK 之间的时滞设为 16 倍系统时钟，VLINE 高电平为 16 倍系统时钟，CLKVAL 设为 20。

表 4-2 是 LCD 控制寄存器 LCDCON2 的位描述。

表 4-2　LCDCON2 的位描述

LCDCON2	位	描　　　述
LINEBLANK	[31:21]	这些位说明了在一个水平线持续时间内的空白时间，它们能够对VLINE的速度进行微调。LINEBLANK的单位是MCLK。如果LINEBLANK的值是10，则在10个系统时钟内，空白时间插入到VCLK中
HOZVAL	[20:10]	这些位决定了LCD面板的水平范围。HOZVAL要先被确定以满足第一行的字节数是162n个字节的条件。如果在单音色模式下LCD的x范围大小是120像素，则x=120 是不支持的，因为一行由1615个字节组成。改为在单音色模式下，x=128是支持的，因为一行由 16 个字节组成。多出的 8 像素将会被 LCD 面板驱动丢掉
LINEVAL	[9:0]	这些位决定了LCD屏幕的水平范围

我们选择的 LCD 的分辨率为 320×240，根据下面的公式可以计算出 HOZVAL 和 LINEVAL 的值，LINEBLANK 设为 15：

$$HOZVAL = \frac{水平显示范围}{有效显示数据行数量} - 1$$

在彩色模式下，水平显示范围 = 3 × 水平像素数量。

LINEVAL = 垂直显示范围 − 1 (在单扫描显示形式下)

表 4-3 是 LCDSADDR1 寄存器的位描述。

表 4-3　LCDSADDR1 的位描述

LCDSADDR1	位	描　　述
MODESEL	[28:27]	这些位用于选择黑白、灰度或彩色模式，00=黑白模式，01=4级灰度模式，10=16级灰度模式，11=彩色模式
LCDBANK	[26:21]	这些位说明在系统存储器中，显示缓冲区的BANK位置A[27:22]。LCD帧缓冲要按4 MB对齐，因为当移动视频端口时，该值不会改变。所以使用malloc函数时要注意
LCDBASEU	[20:0]	这些位说明高端地址计数器的起始地址的A[21:1]，它用于双扫描LCD的高端帧存储器或者单扫描LCD的帧存储器

我们将 LCD 设置为彩色模式，LCDBANK=0xC000000，LCDBASEU=0x0。

表 4-4 是 LCDSADDR2 寄存器的位描述。

表 4-5 是 LCDSADDR3 寄存器的位描述。

表 4-4　LCDSADDR2 的位描述

LCDSADDR2	位	描　　述
BSWP	[29]	字节交换控制位，1=交换使能，0=交换禁止。 DMALCD通过4字猝发访问得到帧存储数据。在小端模式下，帧存储数据在BSWP=0时按4n+3th、4n+2th、4n+1th、4n-th data 的序列显示；如果BSWP=1，则顺序是4n-th、4n+1th。如果CPU是一个小端模式，则帧缓冲只能用字节访问模式访问，因为BSWP是1，在小端模式下按字节访问的数据可以正确地显示。其他情况下，BSWP必须是0
MVAL	[28:21]	如果MMODE位设为逻辑"1"，则这些位定义了VM信号的翻转频率
LCDBASEL	[20:0]	这些位说明了低端地址计数器的起始地址的A[21:1]，它用于双扫描LCD的低帧存储器。 LCDBASEL=LCDBASEU+(PAGEWIDTH+OFFSIZE)×(LINEVAL+1)

表 4-5　LCDSADDR3 的位描述

LCDSADDR3	位	描　　述
OFFSIZE	[19:9]	虚拟屏幕偏移尺寸(半字数量)。这个值定义了前面一个LCD线上最后显示的半字的地址与在下一个LCD线上最先显示的半字地址的差
PAGEWIDTH	[8:0]	虚拟屏幕页宽(半字数量)。这个值定义了帧内可视窗口的宽度

设置 OFFSIZE＝0，PAGEWIDTH＝320/2。

下面是 LCD 驱动函数参考程序：

```
#define LCDCON1_ENVID        (1)
#define LCDCON1_INVVD        (1<<1)
#define LCDCON1_INVFRAME     (1<<2)
```

```
#define LCDCON1_INVLINE          (1<<3)
#define LCDCON1_INVCLK           (1<<4)
#define LCDCON1_MMODE            (1<<7)
#define L248          (8)
#define CLKVAL        (20)  //60MHz, fr=100Hz (CLKVAL=38.6)
//#define M5D(n) ((n) & 0x1fffff)


U32* pLCDBuffer16=(U32*)0xc000000;
U32 LCDBuffer[LCDHEIGHT][LCDWIDTH];


/*LCD 初始化函数，设置各功能寄存器，清空显示缓存区*/
void LCD_Init( )
{
    int i;
    U32 LCDBASEU,LCDBASEL,LCDBANK;


    LCDDisplayOpen(FALSE);
    rLCDCON1=(0);
        //disable
    rLCDCON2=(239) | (119<<10) | (15<<21);
        //320*240LCD    LINEBLANK=15 (without any calculation)
    LCDBANK=0xc000000>>22;
    LCDBASEU=0x0;
    LCDBASEL=LCDBASEU+(160)*240;
    rLCDSADDR1= (0x3<<27) | (LCDBANK<<21) | LCDBASEU;
        //color_mode, LCDBANK, LCDBASEU
    rLCDSADDR2= (0<<29) | (0<<21) | LCDBASEL;
    rLCDSADDR3= (320/2) | (0<<9);
        //No virtual screen.
    rREDLUT=0xfca86420;
    rGREENLUT=0xfca86420;
    rBLUELUT=0xfffffa50;


    rLCDCON1=LCDCON1_ENVID|0<<1 | 0<<2 | 0<<3|(2<<5) | 1<<7 | (0x3<<8) | (0x3<<10) |
(CLKVAL<<12);// | LCDCON1_MMODE;
        //enable,8B_SNGL_SCAN,WDLY=16clk,WLH=16clk,CLKVAL=?


    for(i=0;i<80*240;i++)
        *(pLCDBuffer16+i)=0x0;
```

```
            Delay(5000);
            LCDDisplayOpen(TRUE);
    }

    void LCDDisplayOpen(U8 isOpen)
    {
        if(isOpen){
            rPDATB&=~LCDDisplayPin;
        }
        else{
            rPDATB | =LCDDisplayPin;
        }
    }
```

/*LCD 刷新函数，此函数主要是将二级缓存 LCDBuffer 的数据由 32 位彩色图形信息转换成 8 位 256 色的图形信息，然后放到 pLCDBuffer16 指向的一级缓存*/
/*转换公式：pixcolor=(pbuf[0]&0xe0) | ((pbuf[1]>>3)&0x1c) | (pbuf[2]>>6)*/
/*其中，pbuf[0]、pbuf[1]、pbuf[2]是一个像素的 32 位彩色数据的前 24 位，分别代表 R、G、B*/

```
    void LCD_Refresh( )
    {
        int i,j;
        U32 lcddata;
        U32 pixcolor;     //一个像素点的颜色
        U8* pbuf=(U8*)LCDBuffer[0];

        for(i=0;i<LCDWIDTH*LCDHEIGHT/4;i++){
        lcddata=0;
            for(j=24;j>=0;j-=8){
                pixcolor=(pbuf[0]&0xe0)|((pbuf[1]>>3)&0x1c) | (pbuf[2]>>6);
//变换 RGB
                lcddata|=pixcolor<<j;
                pbuf+=4;
            }
            *(pLCDBuffer16+i)=lcddata;
        }
    }
```

　　在 LCD 上显示 256 色图形的关键是填充二级显示缓冲，将显示像素的 24 位颜色信息写入 LCDBuffer。将 R、G、B 三种基本颜色按一定比例混合即可构成更复杂的颜色，每个像素的三种基本颜色分别占一个字节，可以方便地在程序里改写各基本颜色的数值，从而改变该像素的混合颜色。有兴趣的读者可以根据这个原理编写一个主函数来进行实验。

4.3.3　A/D 转换功能驱动实例

ARM S3C440BX 芯片自带一个 8 路模拟信号输入的 10 位 A/D 转换器，该转换器通过软件编程选择设置为 Sleep 模式时，可以节电，减少功率损失。它的主要特性是最大转换率为 500 千次每秒，非线性度为正负 1 位，输入电压范围为 0～2.5 V，输入带宽为 0～100 Hz。

1. ADC(A/D Conversion)的引脚设置

S3C440BX 芯片与 A/D 功能有关的引脚如表 4-6 所示，其中 AIN[7:0]为 8 路模拟采集通道，AREFT 为参考正电压，AREFB 为参考负电压，AVCOM 为模拟共电压。

表 4-6　与 A/D 功能有关的引脚

信　号	I/O	描　　述
AIN[7:0]	AI	ADC input[7:0]
AREFT	AI	ADC Vref
AREFB	AI	ADC Vref
AVCOM	AI	ADC Vref

在电路中，对上述引脚需要按照图 4-4 所示加上电容。

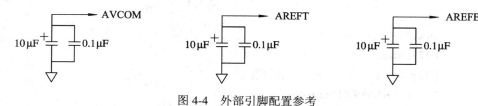

图 4-4　外部引脚配置参考

2. ADC 转换时间的计算

A/D 转换时间即完成一次 A/D 转换所需要的时间。如果系统时钟为 66 MHz 且 ADC 时钟源的预分频值为 9，则 10 位数字量的转换时间为

$$\frac{66\,\text{MHz}}{2\times(9+1)\times16}=206.25\,\text{kHz}\,(相当于\,4.85\,\mu\text{s})$$

式中，除以 16 是因为要完成转换至少需要 16 个时钟周期。该 ADC 不具有采样-保持电路，因此虽然它具有较高的采样速度，但为了得到精确的转换数据，输入的模拟信号的频率应该不超过 100 Hz。

3. ADC 相关寄存器及其设置

与 A/D 转换相关的寄存器主要有如下三个：

(1) ADCPSR：采样预分频寄存器。其地址和意义如表 4-7 所示。

表 4-7　采样预分频寄存器

寄存器	地　　址	读/写	描　　述	复位值
ADCPSR	0x01D40004(Li/W、Li/HW、Bi/W) 0x01D40006(Bi/HW) 0x01D40007(Bi/B)	读/写	A/D转换预分频 寄存器	0x0

ADCPSR 各位的含义如表 4-8 所示。

表 4-8　ADCPSR 各位的含义

ADCPSR	位	描　　述	初始状态
预分频值	[7:0]	预分频值(0~255) 除数 = 2 × (预分频值+1) ADC转换时钟频率 = 2 × (预分频值+1) × 16	0

通过设置该寄存器，可以设置采样率，最后得到的除数因子 = 2 × (预分频值 + 1)。
参考：ADCPSR=20。

(2) ADCCON：采样控制寄存器。其地址和意义如表 4-9 所示。

表 4-9　采样控制寄存器

寄存器	地　　址	读/写	描　　述	复位值
ADCCON	0x01D40000(Li/W、Li/HW、Bi/W) 0x01D40002(Bi/HW) 0x01D40003(Bi/B)	读/写	A/D转换控制 寄存器	0x20

ADCCON 各位的含义如表 4-10 所示。

表 4-10　ADCCON 各位的含义

ADCCON	位	描　　述	初始状态
标志	[6]	ADC状态标志 0=正在进行A/D转换 1=A/D转换结束	0
睡眠	[5]	降低系统功耗 0=正常模式，1=睡眠模式	1
输入选择	[4:2]	时钟源选择 000=AIN0，001=AIN1，010=AIN2，011=AIN3， 100=AIN4，101=AIN5，110=AIN6，111=AIN7	000
读启动	[1]	通过读操作启动A/D转换操作 0=通过读操作关闭A/D转换 1=通过读操作启动A/D转换	0
使能启动	[0]	通过使能操作启动A/D转换操作 如果读启动位置1，则该位无效 0=无操作 1=A/D转换启动且该比特位在启动后被清除	0

通过该寄存器可以设置 A/D 转换开始，例如：

rADCCON=0x5(通道 1 开始转换)

(3) ADCDAT：转换数据寄存器。其地址和意义如表 4-11 所示。

表 4-11   转换数据寄存器

寄存器	地　　址	读/写	描　　述	复位值
ADCDAT	0x01D40008(Li/W、Li/HW、Bi/W) 0x01D4000A(Bi/HW)	读	A/D转换数据 寄存器	—

ADCDAT 各位的含义如表 4-12 所示。

表 4-12   ADCDAT 各位的含义

ADCDAT	位	描　　述	初始状态
数据寄存器	[9:0]	A/D转换输出数据值	—

该寄存器的各位全为 1 时为满量程 2.5 V。

4. ADC 驱动程序参考代码

下面是 ADC 驱动函数参考程序。

(1) 定义与 ADC 相关的控制位。

```
#define ADCCON_FLAG          0x40
#define ADCCON_SLEEP         0x20

#define ADCCON_ADIN0         (0x0<<2)
#define ADCCON_ADIN1         (0x1<<2)
#define ADCCON_ADIN2         (0x2<<2)
#define ADCCON_ADIN3         (0x3<<2)
#define ADCCON_ADIN4         (0x4<<2)
#define ADCCON_ADIN5         (0x5<<2)
#define ADCCON_ADIN6         (0x6<<2)
#define ADCCON_ADIN7         (0x7<<2)

#define ADCCON_READ_START    0x2
#define ADCCON_ENABLE_START  0x1
```

(2) ADC 初始化函数。

```
/************************************************************
【功能说明】ADC 转换时钟频率=2*(预分频值+1)*16
          MCLK=64 MHz 时，转换时间计算如下：
          64/2*(20+1)/16=95.2kHz=10.5μs
*************************************************************/
void init_ADdevice(void)
{
    rADCPSR=20;                    //设置采样预分频寄存器 ADCPSR
```

```
        rADCCON=ADCCON_SLEEP;    //设置采样控制寄存器 ADCCON，初始化 ADC 为睡眠模式
    }
```

(3) ADC 数据转换。

```
/************************************************************
【功能说明】设置通道 2 进行 ADC 数据采样转换并返回转换结果
************************************************************/
int GetADresult(int channel)
{
    rADCCON=(channel<<2)|ADCCON_ENABLE_START;
    Delay(10);
    while(!(rADCCON & ADCCON_FLAG));    //等待转换结束
    return rADCDAT;                     //返回采样值
}
```

(4) ADC 中断服务。

```
/************************************************************
【功能说明】设置 ADC 为 IRQ(普通中断请求)并编写中断服务子程序
************************************************************/
void __irq AD_Isr(void)
{
    rI_ISPC=BIT_ADC;    //通知中断控制器 ADC 中断服务结束，相应的 pending 位被清零
}
```

4.3.4　IIS 音频接口驱动实例

许多消费电子产品中都包含有数字音频系统，例如压缩硬盘、数字音频磁带、数字音频处理器等。ARM S3C44B0X 芯片自带的 IIS(Inter-IC Sound)总线控制器能够实现音频编解码器(CODEC)接口接到一个外部 8/16 位立体声音频 CODEC IC。它支持 IIS 总线数据格式和 MSB-justified 数据格式。此外，它还包含 DIDO，支持 DMA 传输模式，可以实现收发同步或者单收、单发模式。

1．IIS 总线控制器功能概述

IIS 总线控制器结构如图 4-5 所示。

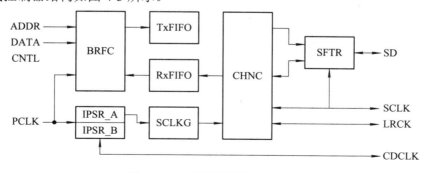

图 4-5　IIS 总线控制器结构

其具体功能如下：

➤ 两个 3 比特预除器(IPSR)——一个(IPSR_A)产生 IIS 总线接口的总时钟，另外一个 (IPSR_B)用作外部时钟产生器。

➤ 16 字节 FIFO(TxFIFO、RxFIFO)——在发送数据时，数据被写进 TxFIFO；在接收数据时，数据被写进 RxFIFO。

➤ 主 IISCLK 产生器(SCLKG)——在主模式下，由主时钟产生串行位时钟。

➤ 通道产生器和状态机(CHNC)——IISCLK 和 IISLRCK 由通道状态机产生并控制。

➤ 16 比特移位寄存器(SFTR)——在发送数据时，并行数据由 SFTR 移位变成串行数据输出；在接收数据时，输入的串行数据由 SFTR 移位变成并行数据。

2. IIS 相关寄存器及其设置

与 IIS 相关的寄存器主要有 5 个：

(1) IISCON：IIS 控制寄存器(IIS Control Register)。其地址和各位的含义如表 4-13 和表 4-14 所示。

表 4-13　IIS 控制寄存器地址

寄存器	地　　址	读/写	描　　述	复位值
IISCON	0x01D18000(Li/B、Li/HW、Li/W、Bi/W) 0x01D18002(Bi/HW) 0x01D18003(Bi/B)	读/写	IIS控制寄存器	0x100

表 4-14　IIS 控制寄存器 IISCON 各位的含义

IISCON	位	描　　述	初始状态
左/右通道标记(只读)	[8]	0=左通道，1=右通道	1
传输FIFO就绪标记(只读)	[7]	0=FIFO没有就绪，1=FIFO就绪	0
接收FIFO就绪标记(只读)	[6]	0=FIFO没有就绪，1=FIFO就绪	0
传输DMA请求使能	[5]	0=请求禁止，1=请求使能	0
接收DMA请求使能	[4]	0=请求禁止，1=请求使能	0
传输通道空闲命令	[3]	在空闲状态(暂停传输)时，IISLRCK是不激活的。 0=IISLRCK产生，1=IISLRCK不产生	0
接收通道空闲命令	[2]	在空闲状态(暂停接收)时，IISLRCK是不激活的。 0=IISLRCK产生，1=IISLRCK不产生	0
IIS预分频器使能	[1]	0=预分频器禁止，1=预分频器使能	0
IIS接口使能	[0]	0=IIS禁止(停止)，1=IIS使能(开始)	0

(2) IISMOD：IIS 模式寄存器(IIS Mode Register)，其地址和各位的含义如表 4-15 和表 4-16 所示。

表 4-15　IIS 模式寄存器地址

寄存器	地　　址	读/写	描　　述	复位值
IISMOD	0x01D18004(Li/B，Li/HW，Bi/W) 0x01D18006(Bi/HW)	读/写	IIS模式寄存器	0x0

表 4-16　IIS 模式寄存器 IISMOD 各位的含义

IISMOD	位	描　　述	初始状态
主/从模式选择	[8]	0=主模式，1=从模式	0
传输/接收模式选择	[7:6]	00=无，01=接收模式 10=传输模式，11=传输/接收模式	0
左/右通道活动级别	[5]	0=左通道低右通道高 1=右通道低左通道高	0
串行接口格式	[4]	0=IIS兼容格式，1=MSB可调格式	0
每通道串行数据位	[3]	0=8位，1=16位	0
主时钟频率选择	[2]	0=256fs，1=384fs(fs: 采样频率)	0
串行位时钟频率选择	[1:0]	00=16fs，01=32fs，10=48fs，11=N/A (fs: 采样频率)	0

(3) IISPSR：IIS 预分频寄存器(IIS Prescaler Register)，其地址和各位的含义如表 4-17 和表 4-18 所示。

表 4-17　IIS 预分频寄存器地址

寄存器	地　　址	读/写	描　　述	复位值
IISPSR	0x01D18008(Li/B、Li/HW、Hi/W、Bi/W) 0x01D1800A(Bi/HW) 0x01D1800B(Bi/B)	读/写	IIS 预分频 寄存器	0x0

表 4-18　IIS 预分频寄存器 IISPSR 各位的含义

IISPSR	位	描　　述	初始状态
预分频控制 A	[7]	预分频 A 生成用于内部模块的 MCLK 0=预分频时钟 A 输出，1=系统时钟输出	0
预分频值 A	[6:4]	数据值：0~7 注意：除因子=2(N+1)	000
预分频控制 B	[3]	预分频 B 生成用于外部设备的 MCLK 0=预分频时钟 B 输出，1=系统时钟输出	0
预分频值 B	[2:0]	数据值：0~7 注意：除因子=2(N+1)	000

(4) IISFCON：IIS FIFO 控制寄存器(IIS FIFO Control Register)，其地址和各位的含义如表 4-19 和表 4-20 所示。

表 4-19　IIS FIFO 控制寄存器地址

寄存器	地　　址	读/写	描　　述	复位值
IISFCON	0x01D1800C(Li/HW、Hi/W、Bi/W) 0x01D1800E(Bi/HW)	读/写	IIS FIFO接口 寄存器	0x0

表 4-20　IIS FIFO 控制寄存器 IISFCON 各位的含义

IISPSR	位	描　　述	初始状态
发送 FIFO 接入模式选择	[11]	0=普通接入模式，1=DMA 接入模式	0
接收 FIFO 接入模式选择	[10]	0=普通接入模式，1=DMA 接入模式	0
发送 FIFO 使能	[9]	0=FIFO 关闭，1=FIFO 使能	0
接收 FIFO 使能	[8]	0=FIFO 关闭，1=FIFO 使能	0
发送 FIFO 数据计数(只读)	[7:4]	数据计数值：0～8	000
接收 FIFO 数据计数(只读)	[3:0]	数据计数值：0～8	000

(5) IISFIF：IIS FIFO 寄存器(IIS FIFO Register)。IIS 总线接口包含两路 16 字节的 FIFO 用于发送和接收模式。每一路 FIFO 都是 16 位宽×8 的格式，因此无论有效数据的尺寸是多少，FIFO 总是按半字单元处理数据。发送和接收 FIFO 的接入由 FIFO 入口(FIFO entry) 执行，FENTRY 的地址是 0x01D18010。IIS FIFO 寄存器的地址和各位的含义如表 4-21 和表 4-22 所示。

表 4-21　IIS FIFO 寄存器地址

寄存器	地　　址	读/写	描　　述	复位值
IISFCON	0x01D18010(Li/HW) 0x01D18012(Bi/HW)	读/写	IIS FIFO寄存器	0x0

表 4-22　IIS FIFO 寄存器 IISFIF 各位的含义

IISFIF	位	描　　述	初始状态
FENTRY	[15:0]	为IIS发送/接收数据	0

3. IIS 相关示例代码

IIS 放音代码如下：

```
void Play_Iis(void){
    Unsigned int save_G, save_E,save_PG,save_PE;
    Uart_TxEmpty(0);

}
```

由于 IIS 时钟从系统时钟分频得到，因此得到 33 MHz，而且降频后必须对串口重新进行初始化。

```
ChangeClockDivider(1,1);              //1:2:4
ChangeMPllValue(0x96,0x5,0x1);        //FCLK=135.428571MHz (PCLK=33.857142MHz)
Uart_Init(33857142, 115200);
```

然后将用到的端口保存起来，并进行端口初始化：

```
save_G    =rGPGCON;
save_E    =rGPECON;
save_PG   =rGPGUP;
save_PE   =rGPEUP;
IIS_PortSetting( );
```

IIS 可以采用 DMA 方式进行语音录音和播放，因此需要进行 DMA 中断的注册：

```
pISR_DMA2     =(unsigned)DMA2_Done;
```

接下来获取语音数据及其大小以及采样频率。其中_IIS_WAV_是一个数组，它定义在
include\iis_wave.h 文件中，是从一个完整的 wav 文件转换来的，因此，从中可以获得采样
数据大小以及采样频率等信息，其中采样频率位于 fmt chunk 的第 0x0c 个字节开始的 4 个
字节中。

```
//Non-cacheable area=0x31000000~0x33feffff
Buf   =(unsigned char *)_IIS_WAV_;
Size  =*((Buf)+0x28)|*((Buf)+0x29)<<8*|((Buf)+0x2a)<<16|*((buf)+0x2b)<<24;
Fs    =*((Buf)+0x18)|*((Buf)+0x19)<<8*|((Buf)+0x2a)<<16|*((buf)+0x1b)<<24;
```

初始化 UDA1341，设置放音模式：

```
Init1341(PLAY);
```

接着进行 DMA 初始化：

```
//DMA2 初始化
rDISRC2   =(int)(Buf+0x2c);
rDISRCC2=(0<<1)+(0<<0);              //源地址位于系统总线(AHB)，地址递增
rDIDST2   =((U32)IISFIFO);          //IIS FIFO
//Record Buf initialize, Non-cacheable area=0x31000000~0x33feffff.
rec_buf=(unsigned short * )0x31000000;
pISR_DMA2=(unsigned)DMA2_Rec_Done;
rINTMSK&=~(BIT_DMA2);
Init1314(RECORD);
//---DMA2 Initialize
rDISRCC2=(1<<1)+(1<<0);             //APB，地址固定
rDISRC2   =((U32)IISFIFO);         //IISFIFO
rDIDSTC2=(0<<1)+(0<<0);            //PHB，地址递增
rDIDST2   =(int)rec_buf;
rDCON2=(1<<31)+(0<<31)+(1<<29)+(0<<28)+(0<<27)+(1<<24)+(1<<23)+(1<<22)+(1<<20)
        +REC_LEN;
    //Handshake, sync_PCLK, TC int, single tx, single service, IISSDI, IIS Rx request,
    //Off-reload,half-word,0x5000 half word.
rDMASKTRIG2=(0<<2)+(1<<1)+0;          //No-stop,DMA2 channel on,No-sw trigger
    //IIS Initialize
    //Master,Rx,L-ch=low,IIS,16bit ch,CDCLK=256fs,IISCLK=32fs
rIISMOD   =(0<<8)+(1<<6)+(0<<5)+(0<<4)+(1<<3)+(0<<2)+(1<<0)
rIISPSR   =(0<<5)+2;                 //Prescaler_A/B=2<-FCLK 135.475 2 MHz(1:2:4),
                                     //11.2896 MHz(256fs),44.1 kHz
rIISCON   =(0<<5)+(1<<4)+(1<<3)+(0<<2)+(1<<1);
    //Tx DMA disable,Rx DMA enable,Tx idle,Rx not idle,prescaler enable,stop
```

```
        rIISFCON  =(1<<14)+(1<<12);               //Rx DMA,Tx FIFO-->strart piling...
```

开始录音：

```
        PRINTF("[2]开始录音...\n");
            //Rx start
        rIISCON|=ox1;
```

录音完毕将引发 DMA2 中断，以下代码等待录音结束：

```
        while(!Rec_done)Delay(1);
        rINTMSK|=BIT_DMA2;
        Rec_Done=0;
        PRINTF("录音完毕\n");
            //IIS Stop
        Delay(10);                                 //For end of H/W Tx
        rIISCON=0x0;                               //IIS 停止
        rDMASKTRIG2=(1<<2);                        //DMA2 停止
        rIISFCON=0x0;
```

录音完毕，然后播放声音：

```
        size=REC_LEN*2;
        PRINTF("[3]播放录音数据...\n");
        PRINTF("采样点=%d\n", size);
        Init1341(PLAT);
        pISR_DMA2=(unsigned)DMA2_Done;
        rINTMSK  &=~(BIT_DMA2|BIT_EINT0);
        //DMA2 Initialize
        rDISRCC2 =(0<<1)+(0<<0);                   //AHB, 地址递增
        rDISRC2  =(int)rec_buf;
        rDIDSTC2 =(1<<1)+(1<<0);                   //APB, 地址固定
        rDIDST2  =((U32)IISFIFO);                  //IISFIFO
        rDCON2   =(1<<31)+(0<<31)+(1<<29)+(0<<28)+(0<<27)+(0<<24)+(1<<23)
                 +(0<<22)+(1<<20)+(size/2);
        //Handshake,sync PCLK,TC int,single tx,single service, IISSD0, IIS request,
        //Auto-reload,half-word,size/2
        rDMASKTRIG2 =(0<<2)+(1<<1)+0;  //No-stop,DMA2 channel on,N0-sw trigger
        //IIS Initialize
        //Master,Tx,L-ch=low,iis,16bit ch,CDCLK=256fs,IISCLK=32fs
        rIISMOD   =(0<<8)+(2<<6)+(0<<5)+(0<<4)+(1<<3)+(0<<2)+(1<<0);
        rIISCON   =(1<<5)+(0<<4)+(0<<3)+(1<<2)+(1<<1);
        //Tx DMA enable,Tx DMA disable,Tx not idle,Rx idle,prescaler enable,stop
        rIISFCON=(1<<15)+(1<<13);                  //Tx DMA, Tx FIFO-->start piling...
        rIISCON|          =0x1;                    //IIS Tx 启动
```

```
dma2_done=0;
while(dma_done==0);
dma2_done=0;
//IIS Tx Stop
Delay(10);                          //For end of H/W tx
rIISCON   =0x0;                     //IIS 停止
rDMASKTRIG2 =(1<<2);               //DMA2 停止
rIISFCON  =0x0;
size      =0;
rGPGCON =save_G;
rGPECON =save_E;
rGEGUP   =save_PG;
rGPEUP   =save_PE;
rINTMSK|=(BIT_DMA2|BIT_EINT0);
ChangeMPllValue(0xa1,0x3,0x1);     //FCLK=202.8 MHz
Uart_Init(0,115200);
mute=1;
PRINTF("------录音测试结束------\n\n");
```

思考与练习题

1. 驱动层软件可以分为哪三种类型？
2. 什么是 BootLoader？为什么说 BootLoader 是依赖于目标硬件实现的？
3. 硬件抽象层一般实现哪些功能？
4. 设计板级支持包的主要目的是什么？它实现的主要功能有哪些？

第5章　嵌入式操作系统

5.1 引　言

目前，嵌入式操作系统的设计方案很多，应用的领域也有很大的不同。不同领域的系统设计方案不同，但是就软件方案而言，简单的系统可以不使用操作系统，被称做裸机设计。裸机设计系统一般具有以下特征：系统简单，软件的代码量比较少，适用于民用产品，可靠性要求一般不太高。基于这类系统的开发一般称为单片机的开发。

随着嵌入式应用的日益广泛，程序设计也越来越复杂，这就需要一个操作系统来对其进行管理和控制。复杂系统常常使用嵌入式操作系统，这样的系统一般可以扩展程序存储器，资源相对较多，系统实现的功能比较复杂，软件开发的工作量和开发的难度比较大，维护费用比较高。使用嵌入式操作系统可以有效提高这些系统的开发效率。

嵌入式系统采用的操作系统一般是实时操作系统(Real Time Operating System, RTOS)，它是嵌入式应用软件的基础和开发平台。RTOS 一般是一段嵌入在目标代码中的软件，用户的其他应用程序都建立在它的基础上。RTOS 的引入，解决了嵌入式软件开发标准化的难题。随着嵌入式系统中软件比重的不断上升，应用程序越来越大，对开发人员、应用程序接口、程序档案的组织管理便成为一个大的课题。引入 RTOS 相当于引入了一种新的管理模式，对于开发单位和开发人员都是一个提高。基于 RTOS 开发出的程序，具有较高的可移植性，可以实现 90%以上的设备独立，一些成熟的通用程序还可以作为专用库函数产品推向社会。嵌入式软件的函数化、产品化能够促进嵌入式软件模块的复用，从而降低系统的研发成本。

μC/OS-Ⅱ是一个可裁减的、源代码公开的嵌入式实时操作系统。它提供任务调度、任务间的通信与同步、任务管理、时间管理和内存管理等基本功能，现在已经应用于多个领域，非常适合实时操作系统的教学。

本章 5.2 节介绍嵌入式操作系统的一般概念，5.3 节介绍操作系统的组成和概念，5.4 节简要介绍 μC/OS-Ⅱ 的基础知识，5.5 节重点分析 μC/OS-Ⅱ内核结构，5.6 节讨论 μC/OS-Ⅱ在 ARM 上的移植问题，最后介绍一种基于 μC/OS-Ⅱ构建 TCP/IP/PPP 协议栈的方法。

5.2　嵌入式操作系统概述

在嵌入式大型应用中，为了使嵌入式开发更方便、快捷，就需要具备相应的管理存储器分配、中断处理、任务间通信、定时器响应以及提供多任务处理等功能的稳定、安全的软件模块集合，而嵌入式操作系统就是嵌入式应用软件的基础和开发平台。嵌入式操作系统的引入，大大加强了嵌入式系统的功能，方便了嵌入式应用软件的设计，提高了嵌入式系统开发的效率，但同时也占用了宝贵的嵌入式资源。因此，一般在较大型或需要多任务的应用场合才考虑使用嵌入式操作系统。

5.2.1　嵌入式实时操作系统

大多数嵌入式系统应用在实时环境中，并且随着嵌入式系统的广泛应用，实时系统和嵌入式系统已经密切联系在一起了。一般地，嵌入式操作系统是指支持嵌入式系统工作的操作系统，它在知识体系和技术结构上与通用操作系统没有太大区别。通用操作系统只注重平均性能，如对于整个系统来说，所有任务的平均响应时间是关键，并不关心单个任务的响应时间；而实时系统强调的是实时性，即系统的正确性不仅依赖于计算结果，也依赖于结果产生的时间。因此，实时系统是指一个能够在指定的或者确定的时间内，实现系统功能和对外部或内部、同步或异步事件作出响应的系统。图 5-1 形象地体现了两者之间的关系。

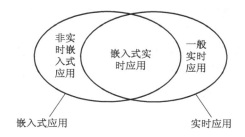

图 5-1　实时操作系统与嵌入式操作系统的关系

嵌入式实时操作系统是嵌入在系统目标代码中的软件，并在系统启动之后运行。用户的其他应用程序是运行在这个软件平台基础之上的多个任务。实时操作系统根据各个任务的要求，进行资源管理、任务调度、中断响应等。并且，在嵌入式实时操作系统中，每个任务根据重要性不同具有不同的优先级，系统根据各个任务的优先级来动态地切换各个任务，从而保证对实时性的要求。因此，嵌入式实时操作系统可以理解为一个标准内核，它将 CPU 时间、中断、定时器等资源都封装起来，留给用户标准的 API 接口。在这个基础上，用户通过使用这些内核提供的 API 函数进行程序开发，最终完成各个任务的协调工作。

5.2.2　典型的嵌入式操作系统

从 20 世纪 80 年代起，国际上的一些计算机生产厂商和公司开始进行商业嵌入式系统和专用操作系统的研制和开发。目前，国内外的嵌入式操作系统种类繁多，主要分为商用型和免费型两种。商用型的嵌入式操作系统主要有 VxWorks、Windows CE、pSOS、QNX、Palm OS 等，它们的优点是功能可靠、稳定，技术支持和售后服务比较完善，而且提供了高端嵌入式系统要求的许多功能(如文件系统、图形用户界面、网络支持等)；缺点是价格昂贵，而且源代码封闭，这影响了开发者学习和使用的积极性。而免费型的嵌入式操作系统，如嵌入式 Linux 和 μC/OS-Ⅱ，以其价格优势和源码公开的特点受到初学者和广大用户的青睐。

下面介绍几种常用的嵌入式操作系统。

1. VxWorks

VxWorks 操作系统是美国 WindRiver(风河)公司于 1993 年设计开发的一种嵌入式实时操作系统。VxWorks 拥有良好的持续发展能力、高性能的内核以及友好的用户开发环境，是目前嵌入式系统领域中使用最广泛、市场占有率最高的实时操作系统。VxWorks 支持多种处理器，如 x86、i960、Sun Sparc、Power PC、Motorola MC68xxx、MIPS RX000、Strong ARM 等。VxWorks 操作系统基于微内核结构，由 400 多个相对独立、短小精悍的目标模块组成，用户可以根据需要适当增加或删减模块来裁剪和配置系统，其链接器可按应用的需要来动态链接目标模块。大多数的 VxWorks API 是专有的，采用 GNU 的编译和调试器。

VxWorks 以其良好的可靠性和卓越的实时性被广泛应用在通信、军事、航空航天等高精尖技术及实时性要求极高的领域中，如通信卫星、军事演习、导弹制导和飞机导航等。尤其在美国的 F-16、FA-18 战斗机，B-12 隐形轰炸机和爱国者导弹上，甚至在美国 JPL 实验室研制的著名"索杰纳"火星探测器上也使用了 VxWorks。

IC 产业按照摩尔定律在发展，嵌入式软件行业也在不断地伴随着硬件的进步而迅速发展。在这一过程中，风河公司也不断地在 VxWorks 操作系统之上对软件进行升级和扩充，最终推出了基于 VxWorks 操作系统的嵌入式软件平台，使得 VxWorks 软件平台在民用领域得到了推广和发展。

2. Windows CE

Windows CE 是微软公司嵌入式移动计算平台的基础，它是一个开放的、可升级的 32 位嵌入式操作系统，是基于掌上型电脑的电子设备操作系统，它是精简的 Windows 95，其图形用户界面相当出色。Microsoft Windows CE 是从整体上为有限资源平台设计的多线程、完整优先权、多任务的嵌入式操作系统。Windows CE 主要针对小容量、移动式、智能化、32 位、连接设备的模块化实时应用。高度模块化使得 Windows CE 能够对掌上设备、无线设备、专用工业控制器的用户电子设备等进行定制，并使得 Windows CE 能在多种处理器体系结构上运行，尤其适用于那些对内存占用空间具有一定限制的设备。Windows CE 操作系统的基本内核至少需要 200 KB 的 ROM。它能够支持 Win32 API 子集、多种用户界面硬件、多种串行和网络通信技术、COM/OLE 和其他进程间通信的先进方法。而且，Microsoft 公司为 Windows CE 提供了 Platform Builder 和 Embedded Visual Studio 开发工具。

自 20 世纪 90 年代中期卡西欧推出第一款采用 Windows CE1.0 操作系统的蛤壳式 PDA 以来，经过二十多年的发展，Windows CE 主要有 1.0、2.0、3.0、4.0～4.2、5.0 和 6.0、7.0 和 Windows Embeded Compact 等版本，目前最新的版本是 Windows Embeded Compact 7 等版本。

Windows CE 有 5 个主要模块：

(1) 内核模块：支持进程和线程处理及内存管理等基本服务。

(2) 内核系统调用接口模块：允许应用软件访问操作系统提供的服务。

(3) 文件系统模块：支持 DOS 等格式的文件系统。

(4) 图形窗口和事件子系统模块：控制图形显示并提供 Windows GUI 界面。

(5) 通信模块：允许与其他设备进行信息交换。

需要指出的是，Windows CE 嵌入式操作系统不是一个硬实时操作系统，但它最大的优点是能够提供与 PC 类似的图形用户界面和主要的应用程序。它的界面内容大多是在 Windows 里出现的标准部件，包括桌面、任务栏、窗口、图标和控件等。因此，只要是对 PC 上的 Windows 比较熟悉的用户，都能很快学会使用基于 Windows CE 嵌入式操作系统的嵌入式设备。

3. pSOS

pSOS 是 ISI(Intergrated Systems Inc.)公司研发的产品。ISI 最早成立于 1980 年，pSOS 在其成立后不久即被推出，是世界上最早的实时操作系统之一，也是最早进入中国市场的实时操作系统。该公司在 2000 年 2 月 16 日与 WindRiver Systems 公司合并，被并购的还包括其旗下的 DIAB-SDS、Doctor Design 和 TakeFive Software。两公司合并之后已成为小规模公司林立的嵌入式软件业界的巨无霸。

pSOS 是一个模块化、高性能、完全可扩展的实时操作系统，专为嵌入式微处理器设计，提供了一个完全的多任务环境，在定制的或是商业化的硬件上提供高性能和高可靠性，可以让开发者根据操作系统的功能和内存需求定制每一个应用所需的子系统。pSOS 包含单处理器支持模块(pSOS+)、多处理器支持模块(pSOS+m)、文件管理器支持模块(PHILE)、TCP/IP 通信包(PNA)、流式通信模块(OPEN)、图形界面、Java、HTTP 等。开发者可以利用它来实现从简单的单个独立设备到复杂的、网络化的多处理器系统。pSOS 的主要缺点在于其上下文切换时间长，实时性不强，采用的集成开发环境 Sniff+与产品兼容性不好，部分关键功能无法使用。

4. QNX

QNX 是一个实时、可扩充的操作系统。它部分遵循 POSIX 相关标准，如 POSIX.1b 实时扩展。QNX 提供了一个很小的微内核以及一些可选的配合进程；其内核仅提供 4 种服务：进程调度、进程间通信、底层网络通信和中断处理；其进程在独立的地址空间运行；所有其他的操作系统服务都实现为协作的用户进程。因此，QNX 内核非常小巧(QNX4.x 约为 12 KB)，而且运行速度极快。QNX 灵活的结构可以使用户根据实际的需求，将系统配置成微小的嵌入式操作系统或是包括几百个处理器的超级虚拟机操作系统。

由于 QNX 具有强大的图形界面功能，因此非常适合作为机顶盒、手持设备(如掌上电脑、手机)、GPS 设备的嵌入式实时操作系统使用。

5．Palm OS

Palm OS 是 Palm 公司开发的一种 32 位的嵌入式操作系统，它的操作界面采用触控式，几乎所有的控制选项都排列在屏幕上，使用触控笔便可进行所有操作。作为一套极具开放性的系统，开发商向用户免费提供 Palm 操作系统的开发工具，允许用户利用该工具在 Palm 操作系统的基础上编写、修改相关软件，使支持 Palm 的应用程序更加丰富，应有尽有。

Palm 操作系统最明显的优势还在于其本身是一套专门为掌上电脑编写的操作系统，在编写时充分考虑到了掌上电脑内存相对较小的情况，所以 Palm 操作系统本身所占的内存极小。基于 Palm 操作系统编写的应用程序所占的空间也很小，通常只有几十千字节，所以基于 Palm 操作系统的掌上电脑虽然只有几兆内存，却可以运行众多的应用程序。Palm OS 在其他方面还存在一些不足，比如说不具有录音、MP3 播放功能等，如果需要使用这些功能，还需要另外加入第三方软件或硬件设备。

6．嵌入式 Linux

Linux 是一种免费的、源代码完全开放的、符合 POSIX 标准规范的操作系统。随着 Linux 的迅速发展，嵌入式 Linux 现在已经有许多版本，包括硬实时的嵌入式 Linux(如新墨西哥工学院的 RT-Linux、堪萨斯大学的 KURT-Linux)和一般的嵌入式 Linux 版本(如 μCLinux、PocketLinux 等)。

RT-Linux 把 Linux 任务优先级设为最低，使得所有实时任务的优先级都高于它，从而达到既兼容通常的 Linux 任务又保证强实时性能的目的。

μCLinux 是针对没有 MMU 的处理器而开发的，已被广泛使用在 ColdFire、ARM、MIPS、Sparc、SuperH 等没有 MMU 的微处理器上。虽然 μCLinux 的内核比 Linux 2.0 内核小得多，但它保留了 Linux 操作系统稳定性好、网络能力优异以及支持文件系统等主要优点。μCLinux 与标准 Linux 最大的区别在于内存管理。标准 Linux 是针对有 MMU 的处理器而设计的，它将虚拟地址送到 MMU，然后把虚拟地址映射为物理地址；通过赋予每个任务不同的虚拟—物理地址转换映射，支持不同任务之间的保护。而 μCLinux 针对的是没有 MMU 的处理器，不能使用处理器的虚拟内存管理技术，它对内存的访问是直接的，即它对地址的访问不需要经过 MMU，而是直接送到地址线上输出；所有程序中访问的地址都是实际的物理地址；对内存空间不提供保护，各个进程实际上共享一个运行空间。在实现上，μCLinux 专为嵌入式系统做了许多小型化的工作。

7．μC/OS-Ⅱ

μC/OS-Ⅱ是一个完整的，源码公开的，可移植、固化、裁剪的占先式实时多任务内核，主要面向中小型嵌入式系统，具有执行效率高、占用空间小、可移植性强、实时性能优良和可扩展性强等特点。μC/OS-Ⅱ结构小巧，最小内核可编译至 2 KB(虽然这样的内核没有太大的实用性)，即使包含全部功能，其内核编译后也仅有 6～10 KB，因而非常适用于小型控制系统。μC/OS-Ⅱ具有良好的兼容性，如系统本身不支持文件系统，但是如果需要，也可以自行加入文件系统的内容。此外，μC/OS-Ⅱ是用 ANSI 的 C 语言编写的，包含一小部分汇编语言代码，使之可供不同架构的微处理器使用。至今，从 8 位到 16 位，μC/OS-Ⅱ已在超过 49 种不同架构的微处理器上成功移植。

μC/OS-Ⅱ是基于实时内核 μC/OS 的，和 μC/OS 版本 v1.11(μC/OS 的最终版)是向上兼容的。目前，世界上已有很多人在各个领域中使用 μC/OS 及 μC/OS-Ⅱ，这些领域包括照相机行业(如数码相机)、航空业、高端音响、医疗器械、电子乐器、发动机控制、网络设备、高速公路电话系统、自动提款机及工业机器人等。更因为 μC/OS-Ⅱ完全公开源代码，所以国内外很多高等院校都将其用于实时系统教学。

8．国内著名的嵌入式实时操作系统

国内嵌入式实时操作系统的研究开发有两种类型：一类是自主开发的实时操作系统，如电子科技大学嵌入式实时教研室和科银公司联合研制开发的实时操作系统 Delta OS(道系统)、凯思公司的 Hopen OS(女娲计划)、浙江大学自行研制开发的 HBOS 以及深圳桑夏公司的桑夏 2000 等；另一类是基于 Linux 的操作系统，如中软 Linux、红旗 Linux 及东方 Linux 等。

(1) Delta OS。Delta OS 是全中文的嵌入式实时操作系统，提供强实时和嵌入式多任务的内核。Delta OS 的特点是任务响应时间快速、确定，不随任务负载大小改变；绝大部分的代码由 C 语言编写，具有很好的移植性。它适用于内在要求较大、可靠性要求较高的嵌入式系统。

Delta OS 主要包括嵌入式实时内核 Delta CORE、嵌入式 TCP/IP 组件 Delta NET、嵌入式文件系统 Delta FILE 以及嵌入式图形用户接口 Delta GUI 等。同时，它还提供了一整套的嵌入式开发套件 LamdaTOOL。Delta OS 是国内嵌入式领域不可多得的一整套嵌入式开发应用解决方案，已成功应用于通信、网络、信息家电等多个领域，在我国国防领域也有一定的影响。2007 年 6 月科银公司在京举行了其新一代嵌入式基础软件平台技术——LambdaPRO 3 的发布会。LambdaPRO 3 产品的很多性能与国外同类产品相当，价格仅是国外同类产品的一半。此外，它是完整的智能电子设备软件开发平台，采用了目前国际上流行的开放源码的 Eclipse 作为开发工具框架，具有设备驱动开发框架等优点。

(2) Hopen OS。Hopen OS 由一个体积很小的内核以及一些可以根据需要自行定制的系统模块组成。其核心 Hopen Kernel 的规模一般为 10 KB 左右，占用空间小，并具有实时、多任务、多线程的系统特征，目前已进入产业化阶段。Hopen OS 目前已能支持所有主流的嵌入式芯片，凯思和联想、TCL、Motorola、Winbond、上海贝尔等国内外知名厂商合作研发出了多种产品，如联想的天玑 810、天玑 e 卡通、天玑 911，TCL 集团家庭信息显示器 HiD、天亿股票机顶盒、VOD 视频点播机顶盒等。

(3) HBOS。HBOS 系统是浙江大学自主研制开发的全中文实时操作系统。它具有实时、多任务等特征，能提供浏览器、网络通信和图形窗口等服务，还支持一定的定制或二次开发，并能为应用软件开发提供 API 接口支持。HBOS 系统可用于信息家电、智能设备和仪器仪表等领域的开发应用。在 HBOS 系统平台下，已经成功开发出机顶盒和数据采集等系统。

(4) 桑夏 2000。桑夏 2000 操作系统是深圳桑夏公司推出的产品，是一个面向嵌入式应用的实时操作系统，具有文件系统和嵌入式数据库引擎，提供了基本的图像用户接口，支持层次化、模块化的软件模型，可运行在"龙珠"等三种系列 CPU 上，支持包括 TCP/IP 协议在内的网络通信协议。

(5) 中软 Linux。中软总公司以数控平台为背景，推出了中软 Linux 3.0。中软嵌入式 Linux 是实时系统，它不仅满足了数控机床的需求，同时也能应用于其他工业控制领域。

(6) 红旗 Linux。红旗 Linux 把工控和信息家电作为主要的发展领域。红旗 Linux 为用户提供了视窗系统风格的控件集、图像中文环境和嵌入式数据库的研发工具。

(7) 东方 Linux。东方 Linux 也是凯思集团推出的产品。采用东方 Linux 的 NC 系列产品除具有传统终端的功能之外，还具有本地计算能力，用户通过 NC 能使用安装在服务器上的应用程序，并能使用多种本地软件。该产品的工作方式基于集中和开放网络服务的运算模式，兼容多种网络协议标准，用户能在任意地点通过网络连接设备，实时访问服务器端的应用程序。该产品可应用于政府、国防、教育、商业、金融等领域。

5.3　操作系统的基本概念

实时操作系统根据实际应用环境的要求能够对内核进行裁剪和重新配置，会根据实际应用的不同而有所不同。但是，一个实时操作系统中最关键的部分是实时多任务内核，它主要实现多任务管理和调度、任务间通信和同步等功能。如何根据需求实现一个效率高、体积小、移植功能强大、易于定制的实时操作系统内核，是嵌入式开发中非常关键的问题。

5.3.1　多进程和多线程

许多嵌入式系统并不是单纯地完成一种功能。例如，在一个电话应答机系统中，需要把记录通话信息和操作用户控制面板定义为不同的任务，因为它们不仅在逻辑上进行的是不同的操作，而且完成的速度也不同。这些不同的任务构成了应答机系统功能的各个部分，为了完成多个任务而组织程序结构的需要，引入了进程的概念。

一个进程可以简单地认为是一个程序的唯一执行。进程是顺序执行的，而且 CPU 一次只能执行一个进程。但是，当确定了一个进程的完整状态后，就可以强制 CPU 停止执行当前进程而执行另一个进程。通过改变 CPU 中的程序计数器，使其指向新进程的代码，同时将新进程的数据移入寄存器和主存中，就可以实现进程的切换。这样，就能够使多个进程同时存在于 CPU 中。

在嵌入式系统中，一个进程的常用形式是线程。线程在 CPU 的寄存器中有各自不同的值集合，但是共存于一个主存储空间中。线程普遍应用于嵌入式系统中(即任务)，这样可以避免存储管理单元的复杂，节约存储管理单元的消耗。

5.3.2　任务

在嵌入式系统中，一个任务也称做一个线程，是一个程序，该程序在运行时可以认为 CPU 完全只属于该程序自己。在实时应用程序的设计过程中，要考虑如何将应用功能合理地划分为多个任务，让每个任务完成一定的功能，成为整个应用的一部分。每个任务都被赋予一定的优先级，有自己的一套 CPU 寄存器和栈空间(如图 5-2 所示)。

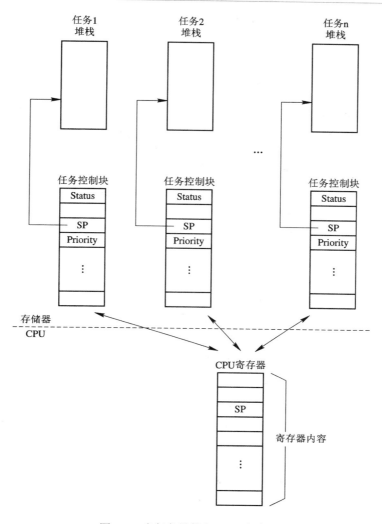

图 5-2   多任务堆栈与 CPU 寄存器

每一个任务都有其优先级，任务越重要，被赋予的优先级越高。就大多数内核而言，任务的优先级由用户决定。

一般地，每一个任务都是一个无限的循环，可以处于以下五种状态之一：

(1) 休眠态(Dormant)：任务驻留在内存的程序空间中，并未被多任务内核所调度。

(2) 就绪态(Ready)：任务已经准备好，可以运行，但是由于该任务的优先级比正在运行的任务的优先级低，还暂时不能运行。

(3) 运行态(Running)：任务获得了 CPU 的控制权，正在运行中。基于优先级调度的实时内核总是让处于就绪态的优先级最高的任务运行。

(4) 挂起态(Pending)：也叫做等待事件态(waiting)，是指任务在等待某一事件的发生(如等待某外设的 I/O 操作、等待定时脉冲的到来、等待超时信号的到来以结束目前的等待，等)。正在运行的任务由于调用了延时函数或等待某事件发生而将自身挂起，就处于挂起态。

(5) 被中断态(Interrupt)：发生中断时，CPU 提供相应的中断服务，原来正在运行的任务暂不能运行，而进入了被中断状态。

5.3.3　任务切换

任务切换(Context Switch)是指 CPU 寄存器内容的切换。当多任务内核决定运行另外的任务时，它保存正在运行的任务的当前状态，即当前 CPU 寄存器中的全部内容；内核将这些内容保存在该任务的当前状态保存区，也就是该任务自己的栈区之中(这个过程称为"入栈")。入栈工作完成后，把将要运行的任务的当前状态从该任务的栈中装入 CPU 寄存器(这个过程称为"出栈")，并开始这个任务的运行。这样，就完成了一次任务切换。

任务切换过程增加了应用程序的额外负荷，CPU 的内部寄存器越多，额外负荷就越重。任务切换所需要的时间取决于 CPU 有多少寄存器要入栈。

5.3.4　内核

多任务系统中，内核负责管理各个任务，为每个任务分配 CPU 的使用时间，并且负责任务间的通信。内核提供的基本服务是任务切换，通过提供必不可少的系统服务，诸如信号量管理、邮箱、消息队列及时间延迟等，使得对 CPU 的利用更为有效。此外，实时内核允许将应用程序划分成若干个任务并对它们进行管理(如任务切换、调度、任务间的同步和通信，等等)，因而使用实时内核可以大大简化应用系统的设计。

但是，内核本身也增加了应用程序的额外负荷，因为内核提供的服务需要一定的执行时间。额外负荷的多少取决于用户调用这类服务的频率。在设计得较好的应用系统中，内核占用 2%～5%的 CPU。再有，内核是加在用户应用程序中的软件，因而会增加 ROM(程序代码空间)的用量，而内核本身的数据结构还会增加 RAM(数据空间)的用量。更主要的是，每个任务都要有自己的栈空间，这会占用相当多的内存(由任务的数量决定)。单片机一般不能运行实时内核，就是因为单片机的 RAM 非常有限。

5.3.5　任务调度

调度(Schedulers)是内核的主要职责之一，就是决定该轮到哪个任务运行。任务调度器从当前就绪的所有任务中依照任务调度算法选择一个最符合算法要求的任务，使该任务获得 CPU 的使用权，从就绪态进入运行态。大多数实时内核都是基于优先级调度法的，即 CPU 总是让处于就绪态的、优先级最高的任务先运行。但是，高优先级任务何时掌握 CPU 的使用权由使用的内核来决定。通常，基于优先级调度法的内核有两种：占先式内核和非占先式内核。

1. 非占先式内核

非占先式内核(non-preemptive kernel)中各个任务彼此合作，共享 CPU。在一个任务的运行过程中，除了中断，不能在该任务未运行完时抢占该任务的 CPU 控制权。中断服务可使一个高优先级的任务由挂起态变为就绪态，但中断服务以后，CPU 的使用权仍交回给原来被中断了的任务，直到该任务主动释放 CPU 的控制权，一个新的高优先级的任务才能运行。图 5-3 表示非占先式内核的运行情况。

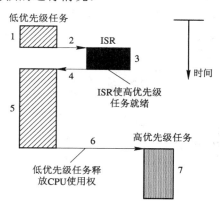

图 5-3　非占先式内核

图 5-3 中，

1——任务在运行过程中被中断。

2——若此时中断开着，则 CPU 进入中断服务子程序(ISR)。

3——ISR 做事件处理，使一个更高优先级的任务进入就绪态。

4——中断服务完成后，使 CPU 回到原来被中断的任务。

5——继续执行该任务。

6——直到该任务完成，释放 CPU 的使用权给其他任务。

7——看到有高优先级的任务处于就绪态，内核做任务切换，高优先级的任务才开始处理 ISR 标志的事件。

非占先式内核的优点：

(1) 响应中断快。

(2) 可以使用不可重入函数。由于任务运行过程中不会被其他任务抢占，该任务使用的子函数不会被重入，因此不必担心其他任务正在使用该函数而造成数据破坏。

(3) 共享数据方便。因为在一个任务运行过程中，CPU 的使用权不会被其他任务抢占，所以内存中的共享数据在被一个任务使用时，不会出现被另一个任务同时使用的情况，从而使得任务在使用共享数据时不需要保护机制。但是，由于中断服务子程序可以中断任务的执行，因此任务与中断服务子程序的共享数据保护问题仍然是设计系统时必须考虑的问题。

非占先式内核最大的缺陷在于任务响应时间是不确定的。高优先级的任务虽然进入就绪态，但还不能运行，直到当前运行着的任务释放 CPU。因此，非占先式内核的任务级响应时间是不确定的，即无法确定最高优先级的任务(往往是最重要的任务)何时能够获得 CPU 的使用权。这个明显的缺点限制了该内核在实时系统中的应用，商用软件几乎没有非占先式内核。

2．占先式内核

当系统响应时间很重要时，须使用占先式内核。在占先式内核中，最高优先级的任务一旦就绪，便能得到 CPU 的使用权。当一个运行着的任务使一个比它优先级高的任务进入就绪态时，当前任务被挂起，那个高优先级的任务立刻得到 CPU 的使用权开始运行。如果是中断服务子程序使一个高优先级的任务进入就绪态，则当中断完成时，被中断的任务被挂起，优先级高的任务开始运行。占先式内核的执行过程如图 5-4 所示。

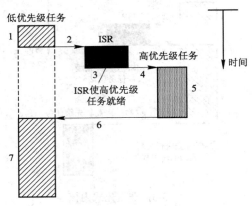

图 5-4　占先式内核

图 5-4 中，

1——任务在运行过程中被中断。

2——若此时中断开着，则 CPU 进入中断服务子程序(ISR)。

3——ISR 做事件处理，使一个更高优先级的任务进入就绪态。当 ISR 完成时，进入内核提供的一种服务(内核提供的一个函数被调用)。

4——这个函数识别出有一个高优先级的任务(更重要的任务)进入就绪态，内核做任务切换。

5——执行高优先级的任务，直到该任务完成，而不再运行原来被中断了的任务。

6——内核看到原来的低优先级的任务要运行，进行另一次任务切换。

7——被中断了的任务继续运行，直到该任务完成。

使用占先式内核的特点是任务级响应时间得到最优化而且是确定的，中断响应较快。但是，由于任务在运行过程中可能被其他任务抢占，因此应用程序不应直接使用不可重入函数，而应对不可重入函数进行加锁保护后才能使用。同样地，对共享数据的使用也需要采用互斥、信号量等保护机制。

占先式内核总是让就绪态的高优先级的任务先运行，使得任务级系统响应时间得到了最优化。因此，绝大多数商业软件的实时内核都是占先式内核，本书介绍的 μC/OS-Ⅱ 即属于占先式内核。

5.3.6　任务间的通信与同步

在多任务的实时系统中，一项工作可能需要多个任务或多个任务与多个中断处理程序共同完成。那么，它们之间必须协调工作、相互配合，必要时还要交换信息。实时内核提供了任务间的通信与同步机制以解决这个问题。

1. 任务间的通信

多任务实时系统中，任务间或中断服务与任务间常常需要交换信息，这种信息传递称为任务间的通信(inter task communication)。任务间的通信有两个途径：共享数据结构和消息机制。

1) 共享数据结构

实现任务间通信的最简单方法是使用共享数据结构，尤其是多个任务在同一地址空间下的情形。共享数据结构的类型可以是全局变量、指针、缓冲区等。在使用共享数据结构时，必须保证共享数据结构使用的排他性，即保证每个任务或中断服务子程序独享该数据结构。否则，会导致竞争或对数据时效的破坏。因此，在使用共享数据结构时，必须实现存取的互斥机制。实现对共享数据结构操作的互斥常常采用以下方法：开/关中断、禁止任务切换以及信号量(semaphore)机制等。

(1) 开/关中断。开/关中断实现数据共享保护是指在进行共享数据结构的访问时先进行关中断操作，在访问完成后再开中断。这种方法简单、易实现，是中断服务子程序中共享数据结构的唯一方法。但是，如果关中断的时间太长，则可能影响整个实时系统的中断响应时间和中断延迟时间。

(2) 禁止任务切换。禁止任务切换是指在进行共享数据的操作前，先禁止任务切换，操作完成后再允许任务切换。这种方式虽然实现了共享数据的互斥，但是实时系统的多任务切换在此时被禁止了，应尽量少使用。需要注意的是，尽管禁止任务切换，但任务进行共享数据操作时，中断服务子程序此时仍然可以抢占 CPU 的使用权。因此，这种方式只适合任务间的共享数据结构的互斥。

(3) 信号量。在多任务实时操作系统中，信号量也被广泛用来进行任务间的通信和同步。但是，信号量的使用应该有所节制，不能让所有的互斥处理都使用信号量机制实现，因为信号量机制是有一定系统开销的。对于简单的数据共享，如果处理时间很短，使用开/关中断实现而不需要使用信号量。只有涉及系统消耗比较大的共享数据操作时，才考虑使用信号量，因为如果此时使用开/关中断，就可能会影响系统的中断响应时间。

2) 消息机制

任务间另一种通信方式是使用消息机制。任务可以通过内核提供的系统服务向另一个任务发送消息。消息机制包括消息邮箱和消息队列。

(1) 消息邮箱。消息通常是内存空间的一个数据结构，通常是一个指针型变量。一个任务或一个中断服务子程序通过内核服务，可以把一则消息放到邮箱里；同样地，一个或多个任务通过内核服务可以接收这则消息。每个邮箱都有相应的正在等待的任务列表。要得到消息的任务如果发现邮箱是空的，就被挂起，并被放入到该邮箱的等待消息的任务列表中，直到接收到消息。通常，内核允许设定等待超时，如果等待时间已到仍没有收到消息，任务就进入就绪态并返回等待超时的出错信息。如果消息放入邮箱中，则内核或者把消息传递给等待消息的任务列表中优先级最高的任务(基于优先级)，或者把消息传给最先开始等待消息的任务(基于先进先出)。μC/OS-Ⅱ只支持基于优先级的分配算法，内核一般提供以下邮箱服务：

- 邮箱内消息内容的初始化；
- 将消息放入邮箱(POST)；
- 等待消息进入邮箱(PEND)；
- 从邮箱中得到消息。

(2) 消息队列。消息队列实际上是邮箱阵列，在消息队列中允许存放多个消息。对消息队列的操作和对消息邮箱的操作基本相同。通常，内核中提供的消息队列服务包括：

- 消息队列初始化；
- 放一则消息到队列中去(POST)；
- 等待一则消息的到来(PEND)；
- 从队列中得到消息。

2．任务间同步

任务间的同步是指异步环境下的一组并发执行任务因各自的执行结果互为对方的执行条件，因而任务之间需要互发信号，以使各任务按一定的速度执行。任务同步也常常使用信号量。与任务间的通信不同，信号量的使用不再作为一种互斥机制，而是代表某个特定的事件是否发生。任务的同步分为单向同步和多向同步。

(1) 单向同步。如图 5-5 所示，图中用一面旗帜或一个标志来表示信号量。这个标志表示某一事件的发生(不再是保证互斥条件)，用于将实现同步机制的信号量初始化为 0。这种类型的同步称做单向同步(unilateral rendezvous)。图中，一个任务在等待(PEND)某个事件发生时，查看该事件的信号量是否非 0；另一个任务或中断服务子程序在进行操作时，若该事件发生，则将该信号量设置为 1；等待该事件的任务查询到信号量的变化后，代表该事件已发生，任务得以继续运行。

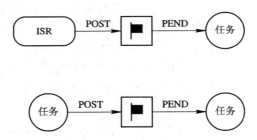

图 5-5　用信号量使任务与中断服务(或任务)单向同步

(2) 双向同步。两个任务可以用两个信号量同步它们的行为，如图 5-6 所示。这种同步称为双向同步(bilateral rendezvous)。双向同步与单向同步类似，但是双向同步不可能在任务与 ISR 之间实施，因为 ISR 运行时不可能等待一个信号量。

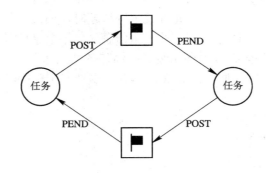

图 5-6　两个任务用两个信号量双向同步

5.3.7　操作系统的结构和功能

为了满足嵌入式应用，嵌入式实时操作系统可以根据实际应用环境的要求对内核进行裁剪和重新配置。一般地，实时操作系统总是由以下几个重要部分组成：实时内核、网络组件、文件系统和图形用户接口等，其体系结构如图 5-7 所示。

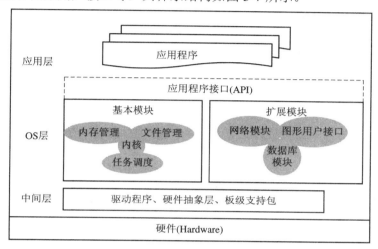

图 5-7　嵌入式实时操作系统的体系结构

从图 5-7 中可以看到，除了任务管理、任务调度外，操作系统还提供大量其他的服务。嵌入式操作系统相对于一般操作系统而言，常常只包括操作系统的内核(或微内核)，其他诸如网络模块、图形用户接口、通信协议等模块，可以根据实际需求另外选择。大多数嵌入式操作系统一般必须提供多任务管理、内存管理和外围资源(如 I/O 设备、通信端口)管理等功能。

5.4　µC/OS-II 简介

5.4.1　µC/OS-II 概述

µC/OS-II 读作"micro COS2"，即"微控制器操作系统版本 2"。µC/OS-II 是一个免费的、源代码公开的嵌入式实时多任务内核，是专门为嵌入式应用设计的 RTOS，提供了实时系统所需的基本功能。µC/OS-II 的全部功能的核心部分代码只占用 8.3 KB，用户还可以针对自己的实际系统对 µC/OS-II 进行裁剪(最少为 2.7 KB)。µC/OS-II 只提供了诸如任务调度、任务管理、时间管理、内存管理、中断管理和任务间的同步与通信等实时内核的基本功能，没有提供输入/输出管理、文件系统、图形用户接口及网络组件之类的额外服务。但是，由于 µC/OS-II 的可移植性和开源性，用户可以根据实际应用添加所需要的服务。目前已经出现了专门为 µC/OS-II 开发文件系统、TCP/IP 协议栈和图形用户接口等的第三方厂商。

μC/OS-Ⅱ是在 PC 上开发的，C 编译器使用的是 Borland C/C++ 3.1 版。而 PC 是大家最熟悉的开发环境，因此在 PC 上学习和使用 μC/OS-Ⅱ非常方便。此外，μC/OS-Ⅱ作为一个源代码公开的嵌入式实时内核，对开发者学习和使用实时操作系统提供了极大的帮助。许多开发者已成功地把 μC/OS-Ⅱ应用于自己的嵌入式系统中，从而使得 μC/OS-Ⅱ获得了快速的发展。从最早的 μCOS，以及后来的 μC/OS 和 μC/OS-Ⅱ V2.00，到现在的 μC/OS-Ⅱ V2.92，该内核已经有数十年的发展历史，在诸多领域得到了广泛应用。许多行业中 μC/OS-Ⅱ成功应用的实例，也进一步说明了该内核的实用性和可靠性。

5.4.2　μC/OS-Ⅱ的特点

1．源代码公开

与 Linux 一样，μC/OS-Ⅱ的源代码也是公开的。μC/OS-Ⅱ的全部源代码约 5500 行，结构合理、清晰易读、注解详尽，非常适合初学者进行学习分析。

2．可移植性(portable)

μC/OS-Ⅱ的源代码中，绝大部分使用移植性很强的 ANSI C 语言编写，只有与微处理器硬件相关的部分是用汇编语言编写的。而且，为了使 μC/OS-Ⅱ能够方便地移植到其他微处理器上，用汇编语言编写的部分已经被压缩到最低限度。μC/OS-Ⅱ可以在绝大多数 8 位、16 位、32 位以及 64 位微处理器、微控制器和数字信号处理器上运行，用户可以登录 μC/OS-Ⅱ的网站(www.μC/OS-Ⅱ.com)下载针对不同处理器的移植代码，如 Intel 公司的 80x86、8051、80196 等，Zilog 公司的 z-80、z-180，Motorola 公司的 PowerPC、68K、CPU32 等，TI 公司的 TMS320 系列，以及 ARM 公司、Analog Device 公司、三菱公司、日立公司、飞利浦公司和西门子公司等的各种微处理器。这极大地方便了实时嵌入式系统 μC/OS-Ⅱ的开发，同时降低了开发成本。

3．可固化(ROMable)

μC/OS-Ⅱ是为嵌入式应用而设计的实时内核，因此只要具备合适的软件工具(包括 C 编译、汇编、链接及下载/固化等)，就可以将 μC/OS-Ⅱ嵌入到产品中成为产品的一部分。

4．可裁剪(scalable)

只需要使用很少的几个系统服务，即可根据产品需求来裁剪系统功能。μC/OS-Ⅱ的可裁剪性通过使用条件编译来实现。用户可以在应用程序中定义需要的 μC/OS-Ⅱ中的功能，从而减少 μC/OS-Ⅱ对代码空间和数据空间的占用。

5．占先式(preemptive)

μC/OS-Ⅱ是占先式实时内核，也就是说 μC/OS-Ⅱ总是运行处于就绪态的优先级最高的任务。大多数商业软件内核都是占先式的，μC/OS-Ⅱ在性能上与它们相当。

6．多任务

μC/OS-Ⅱ最多可以管理 64 个任务，但是，一般建议用户保留 8 个给 μC/OS-Ⅱ，这样，用户应用程序最多可以建立 56 个任务。此外，用户建立任务时赋予每个任务的优先级必须不同，因为 μC/OS-Ⅱ不支持时间片轮转调度法(round-robin scheduling)。

7．可确定性

绝大多数 μC/OS-II 的函数调用和服务的执行时间具有可确定性，即 μC/OS-II 的系统服务时间与用户应用程序任务数目的多少无关，用户总是能知道 μC/OS-II 的函数调用与服务的执行时间。

8．任务栈

μC/OS-II 的每个任务都有自己单独的栈空间。为了减少应用程序对 RAM 的需求，μC/OS-II 允许根据实际需要给每个任务分配不同的栈空间。通过使用 μC/OS-II 的栈空间校验函数来确定每个任务到底需要多少栈空间。

9．系统服务

μC/OS-II 能够提供很多系统服务，这些系统服务包括信号量、互斥型信号量、事件标志、消息邮箱、消息队列、块大小固定的内存申请与释放以及时间管理函数等等。

10．中断管理

中断可以使正在执行的任务暂时挂起。如果优先级更高的任务被中断唤醒，则高优先级的任务在中断嵌套全部退出后立即执行，且中断嵌套层数可达 255 层。

11．稳定性与可靠性

μC/OS-II 和 μC/OS 是向上兼容的，并且改进了很多。μC/OS 自 1992 年以来已经有数百个商业应用。尤其是在 2000 年 7 月，μC/OS-II 在一个航空项目中得到了美国联邦航空管理局对用于商用飞机的、符合 RTCA DO−178B 标准的认证。这一认证表明，μC/OS-II 在稳定性与安全性这两方面都符合要求，可以在任何场合中应用。为了表明 μC/OS-II 能够用于与人性命攸关、安全性条件极为苛刻的系统，μC/OS-II 的每一种功能、每一个函数以及每一行代码都经过了考验与测试。

5.4.3 μC/OS-II的软件体系结构

μC/OS-II 的软件体系结构以及与硬件的关系如图 5-8 所示，其软件体系主要包括以下四个部分：

(1) 应用软件层：在应用程序中使用 μC/OS-II 时，用户开发设计的应用代码。

(2) 与应用相关的配置代码：与应用软件相关的、μC/OS-II 的配置代码。包括两个头文件，这两个头文件分别定义了与应用相关的控制参数和所有相关的头文件。

(3) 与处理器无关的核心代码：包括与处理器无关的 10 个源代码文件和 1 个头文件。其中，10 个源代码文件分别实现了 μC/OS-II 内核结构，即内核管理、事件管理、消息邮箱管理、内存管理、互斥型信号量管理、消息队列管理、信号量管理、任务管理、定时管理和内核管理。

(4) 与处理器相关的设置代码：与处理器相关的源代码，包括 1 个头文件、1 个汇编文件和一个 C 文件。在不同处理器上移植 μC/OS-II 时，需要根据处理器的类型对这部分代码重新编写。可以在 μC/OS-II 的网站 www.μC/OS-II.com 中查找移植范例，也可以阅读处理器的移植代码进行编译。

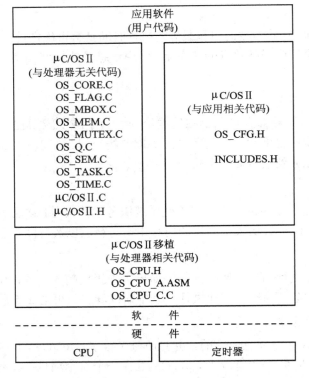

图 5-8　µC/OS-Ⅱ软件体系结构以及与硬件的关系

5.5　µC/OS-Ⅱ内核结构

5.5.1　临界段

代码的临界段(critical sections)是指处理时不可分割的代码。一旦这部分代码开始执行，就不允许任何中断进入。与其他内核一样，µC/OS-Ⅱ为了处理临界段代码，也需要关中断，处理完毕后，再开中断。关中断能够使µC/OS-Ⅱ避免有其他任务或中断服务同时进入临界段代码。但是，关中断的时间会影响用户系统对实时事件的响应特性，它是实时内核开发商提供的最重要的指标之一。µC/OS-Ⅱ努力使关中断时间降至最短，但在具体使用 µC/OS-Ⅱ时，关中断的时间很大程度上取决于微处理器的结构以及编译器所生成的代码质量。

微处理器一般都具有关中断/开中断指令，用户使用的 C 语言编译器必须具有能够在 C 中直接实现关中断/开中断操作的机制。有些 C 编译器允许在用户的 C 源代码中插入汇编语言的语句，即通过插入微处理器指令来实现关中断/开中断的操作；而有些编译器把从 C 语言中关中断/开中断的操作放在语言扩展部分，在 C 语言中直接关中断/开中断。µC/OS-Ⅱ通过定义两个宏(macros)——OS_ENTER_CRITICAL( )和 OS_EXIT_CRITICAL( )，来实现关中断和开中断的操作，从而避免了不同 C 编译器厂商选择不同的方法处理关中断和开中断。

OS_ENTER_CRITICAL( )和 OS_EXIT_CRITICAL( )总是成对使用的，它们把临界段代码封装起来，实现对应用程序中的临界段代码的保护，具体用法如下：

```
{
    …
    OS_ENTER_CRITICAL( )
    /*μC/OS-Ⅱ临界段代码*/
    OS_EXIT_CRITICAL( );
    …
}
```

在使用 OS_ENTER_CRITICAL( )和 OS_EXIT_CRITICAL()时要特别谨慎，如果在调用一些如 OSTimeDel( )之类的功能函数之前关中断，会导致应用程序崩溃(死机)。这是因为任务被挂起一段时间直到挂起时间到，由于中断被关掉了，就无法得到时钟节拍中断服务(即一直处于挂起状态)。显然，所有的挂起类(PEND)调用都有这类问题。作为一条普遍适用的规则是：调用 μC/OS-Ⅱ的功能函数时，中断应当总是开着的。

5.5.2　任务

在 μC/OS-Ⅱ 中，任务通常是一个无限的循环。任务就像其他 C 函数一样，有返回值类型和参数，但它绝不返回任何数据，因此返回参数类型必须定义成 void。当任务开始执行时，会给用户代码传递一个形式参数。这个参数是一个指向 void 的指针，以允许用户应用程序向该任务传递任何类型的参数。任务的函数结构必须是以下两种形式之一：

(1) 执行无限循环任务时的结构形式：

```
void YourTask(void *pdata)
{
        任务初始化代码；
        for( ；   ； ) {
        用户代码；
         /*调用 μC/OS-Ⅱ的功能函数，如下列函数之一*/
        OSMboxPend( );
        OSQPend( );
        OSSemPend( );
        OSFlagPend( );
        OSTaskSuspend(OS_PRIO_SELF);
        OSTimeDly( );
        OSTimeDlyHMSM( );
        …
        用户代码；
        }
}
```

(2) 执行一次后自我删除任务时的结构形式：

```
void YourTask(void *pdata)
{
    用户代码;
    OSTaskDel(OS_PRIO_SELF);
}
```

对于后一种执行自我删除的任务来说，任务代码并非真正删除了，而是 µC/OS-Ⅱ简单地不再理会这个任务了。这个任务的代码也不会再运行，而且也绝不会返回。

µC/OS-Ⅱ可以管理多达 64 个任务，但建议保留 4 个最高优先级和 4 个最低优先级的任务，供 µC/OS-Ⅱ以后的版本使用。目前 µC/OS-Ⅱ使用了 2 个优先级别：OS_LOWEST_PRIO (空闲任务)和 OS_LOWEST_PRIO-1(统计任务)。必须给每个任务赋予不同的优先级，优先级号可以为 0～OS_LOWEST_PRIO-2。优先级号越低，任务的优先级越高。

5.5.3　任务控制块 OS_TCB

µC/OS-Ⅱ对任务的管理是通过任务控制块 TCB(Task Control Block)进行的。任务控制块是一个数据结构(OS_TCB)，全部存放在 RAM 中。在创建任务时，该任务的 TCB 被赋值；当任务的 CPU 使用权被剥夺时，µC/OS-Ⅱ用 OS_TCB 来保存该任务的状态(即当前 CPU 寄存器的值)；当任务再次被调度，重新得到 CPU 使用权时，能够从任务控制块中恢复该任务的执行状态，确保任务从当时被中断的那一点继续执行。OS_TCB 的结构如下：

```
typedef struct os_tcb
{
  OS_STK        *OSTCBStkPtr;        /*指向当前任务堆栈栈顶的指针*/
  #if OS_TASK_CREAT_EXT_EN          /*OS_TASK_CREAT_EXT_EN 为 1 时下列数据有效*/
    void        *OSTCBExtPtr;       /*指向用户定义的任务控制块扩展*/
    OS_STK      *OSTCBStkBottom;    /*指向任务堆栈栈底的指针*/
    INT32U      OSTCBStkSize;       /*堆栈中可容纳的指针元数目*/
    INT16U      OSTCBOpt;           /*指向任务堆栈栈底的指针*/
    INT16U      OSTCBId;            /*存储任务的识别码*/
  #endif
    struct os_tcb *OSTCBNext;       /*指向任务 OS_TCB 双向链表中后一个元素*/
    struct os_tcb *OSTCBPrev;       /*指向任务 OS_TCB 双向链表中前一个元素*/

  #if ((OS_Q_EN>0)&&(OS_MBOX_QS>0))||(OS_MBOX_EN>0)||(OS_SEM_EN>0)||(OS_MUTEX_EN>0)
    OS_EVENT    *OSTCBEventPtr;   /*指向事件控制块的指针*/
  #endif

  #if (OS_Q__EN>0)&&(OS_MBOX_QS>0)||(OS_MBOX_EN>0)
    void        *OSTCBMsg;        /*指向传递给任务的消息的指针*/
  #endif

  #if  OS_TASK_DEL_EN>0
```

```
    OS_FLAG_NODE    *OSTCBFlagNode;           /*指向事件标志节点的指针*/
#endif

    INT16U    OSTCBDly;        /*用于设置任务延时或等待的最多时钟节拍数*/
    INT8U     OSTCBStat;       /*任务的状态字*/
    INT8U     OSTCBPrio;       /*任务的优先级*/
    INT8U     OSTCBX, OSTCBY, OSTCBBitX, OSTCBBitY;/*加速任务进入就绪态的过程*/
} OS_TCB
```

5.5.4　任务调度

μC/OS-Ⅱ是占先式实时内核，优先级最高的任务一旦进入就绪态，立即拥有 CPU 的控制权并开始运行。μC/OS-Ⅱ的调度器(scheduler)就是用来查找准备就绪的优先级最高的任务并进行任务切换的。任务级的调度是由 OSSched( )函数完成的，中断级的调度是由 OSIntExt( )函数完成的。

在进行 μC/OS-Ⅱ任务调度(task scheduling)时，首先调用 OSSched( )函数，它先判断要进行任务切换的条件，如果条件允许进行任务调度，则调用 OS_TASK_SW( )。OS_TASK_SW( )是宏调用，用来实现任务切换，它先将当前任务的 CPU 寄存器的值保存到该任务的堆栈中，然后获得最高优先级任务的堆栈指针，并从中恢复该任务的 CPU 寄存器的值，使之继续执行，这时就完成了一次任务切换。

5.5.5　任务管理

μC/OS-Ⅱ提供大量的 API 函数实现对任务的管理，图 5-9 所示是 μC/OS-Ⅱ控制下的任务状态转换图。

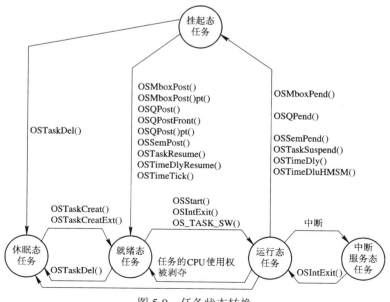

图 5-9　任务状态转换

1. 建立任务(OSTaskCreat( )和 OSTaskCreatExt( ))

μC/OS-Ⅱ要管理用户的任务，就必须先建立任务。通过将任务的地址和其他参数传递给以下两个函数之一来建立任务：OSTaskCreat( )和 OSTaskCreatExt( )。其中，OSTaskCreat( )与 μC/OS 向下兼容；OSTaskCreatExt( )是 OSTaskCreat( )的扩展，提供一些附加的功能。用这两个函数中的任何一个都可以建立任务。任务可以在多任务调度开始前建立，也可以在其他任务的执行过程中建立。但是，在 main( )函数内开始多任务调度(OSStart( ))前，必须至少建立一个任务，而且任务不能由中断服务程序(ISR)建立。

在调用了任务建立函数后，μC/OS-Ⅱ内核会首先从 TCB 空闲列表内申请一个空的 TCB 指针；然后根据用户给出的参数初始化任务堆栈，并在内部的任务就绪表中标记该任务为就绪状态；最后返回。这样就创建了一个任务。

2. 任务堆栈

在 μC/OS-Ⅱ中，每个任务都有自己的堆栈空间。堆栈必须声明为 OS_STK 类型，并且由连续的内存空间组成。可以静态分配堆栈空间(在编译时分配)，也可以动态分配堆栈空间(在运行时分配)，这两种声明方式都应放置在函数外面。

任务所需堆栈的容量由应用程序确定。在确定堆栈容量时，必须考虑到任务调用的所有函数的嵌套情况、任务调用的所有函数为局部变量分配的所有内存的数目以及所有可能的中断服务子程序嵌套对堆栈的需求。此外，堆栈必须能够保存 CPU 所有的寄存器。

μC/OS-Ⅱ提供了堆栈检验函数 OSTaskStkChk( )，用来确定任务实际需要的堆栈空间的大小。这样能够避免为任务分配过多的堆栈空间，从而减少应用程序代码所需的 RAM(内存)数量。调用堆栈检验函数后，所得到的只是一个大致的堆栈使用情况，并不能说明堆栈使用的全部实际情况。为了适应系统以后的升级和扩展，应该多分配 10%~100%的堆栈空间。

3. 删除任务(OSTaskDel( ))

删除任务是指任务将返回并处于休眠状态，任务的代码不再被 μC/OS-Ⅱ调用，而并不是说任务的代码被删除了。通过调用 OSTaskDel( )可以完成删除任务的功能。调用 OSTaskDel( )后，先进行条件判断，当所有的条件都满足后，就会从所有可能的 μC/OS-Ⅱ的数据结构中去除任务的任务控制块 OS_TCB，这样就不会被其他的任务或中断服务子程序置于就绪态，即任务被置于休眠状态。

4. 挂起任务与恢复任务(OSTaskSuspend( )和 OSTaskResume( ))

通过调用 OSTaskSuspend( )函数可以将指定的任务挂起。任务可以挂起自己或其他任务。但是，如果任务在被挂起的同时还在等待延迟时间到，则需要对任务取消挂起操作，并且要继续等待延迟时间到，任务才能转入就绪态。

在 μC/OS-Ⅱ中，只能通过调用 OSTaskResume( )函数才能恢复被挂起的任务。OSTaskResume( )用于将指定的已经挂起的任务恢复为就绪态。但是，该函数并不要求和 OSTaskSuspend( )函数成对使用。

5.5.6 中断服务

中断是一种硬件机制，用于通知 CPU "有一个异步事件发生了"。中断一旦被识别，CPU

便保存部分或全部寄存器的值，跳转到专门的子程序。该子程序称为中断服务子程序(ISR)。在 μC/OS-Ⅱ中，中断服务子程序要用汇编语言编写。如果用户使用的 C 语言编译器支持内嵌汇编，则可以直接将中断服务子程序代码放在 C 语言的程序文件中。中断服务子程序的结构如下：

> 用户中断服务子程序：
> {
> 　　保存全部 CPU 寄存器；
> 　　调用 OSIntEnter( )或 OSIntNesting 直接加 1；
> 　　执行用户代码做中断服务；
> 　　调用 OSIntExit( )；
> 　　恢复所有 CPU 寄存器；
> 　　执行中断返回指令；
> }

在 μC/OS-Ⅱ中，中断服务使正在执行的任务暂时挂起，并在进入中断前将任务执行现场保存到任务堆栈中；然后，中断服务子程序进行事件处理；当处理完成后中断返回时，程序让进入就绪态的优先级最高的任务在中断嵌套全部退出后立即运行。μC/OS-Ⅱ的中断服务过程如图 5-10 所示。

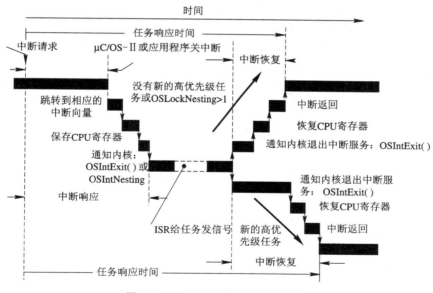

图 5-10　μC/OS-Ⅱ的中断服务过程

5.5.7　时钟节拍与时间管理

时钟节拍(clock tick)是特定的周期性中断。这个中断就像是系统心脏的脉动，而中断之间的时间间隔取决于不同的应用，一般为 10～200 ms。时钟的节拍式中断使得内核可以将任务延时若干个整数时钟节拍，还可以在任务等待事件发生时提供等待超时。时钟节拍率越快，系统的额外开销就越大。μC/OS-Ⅱ的节拍率为 10～100 Hz，时钟节拍的实际频率取决于应用程序的精度。时钟节拍源可以是专门的硬件定时器，也可以是来自交流电源的信号。

在 μC/OS-II 中，必须在多任务系统启动以后，即调用 OSStart( )函数之后，再打开时钟节拍器。也就是说，在调用 OSStart( )函数之后应做的第一件事是初始化定时器中断。如果将时钟节拍器中断放在初始化函数 OSInit( )之后、多任务系统启动函数 OSStart( )之前，则会导致时钟节拍中断有可能在 μC/OS-II 启动第一个任务之前发生，而此时 μC/OS-II 处于一种不确定的状态之中，用户应用程序有可能崩溃。

时钟节拍服务是通过在中断服务子程序中调用函数 OSTimeTick( )来通知 μC/OS-II 发生了时钟节拍中断。OSTimeTick( )能够跟踪所有任务的定时器并进行超时限制。

此外，μC/OS-II 还提供了 5 个时间管理函数来处理有关时间的问题。

1. 任务延时函数(OSTimeDly( ))

函数 OSTimeDly( )被任务调用后会将任务延迟一段特定的时间，这段时间的长短由指定的时钟节拍的数目确定。当任务调用 OSTimeDly( )后，一旦规定的时间到或者其他任务通过调用 OSTimeDlyResume( )取消了延时，该任务就会立即进入就绪态。需要注意的是，调用该函数会使 μC/OS-II 进行一次任务调度，从而执行优先级最高的就绪态任务。只有当该任务在所有就绪任务中的优先级最高时，它才会立即运行。

2. 按时、分、秒、毫秒延时函数(OSTimeDlyHMSM( ))

前面提到，在使用 OSTimeDly( )时，应用程序必须知道延迟时间对应的时钟节拍数目。如果使用 OSTimeDlyHMSM( )函数，就可以按时(h)、分(min)、秒(s)、毫秒(ms)来方便地定义时间。与 OSTimeDly( )一样，调用 OSTimeDlyHMSM( )函数也会使 μC/OS-II 进行一次任务调度，并且执行下一个优先级最高的就绪态任务。在实际的应用中，应避免使任务延迟过长的时间，因为从任务中获得一些反馈行为(如减少计数器、清除 LED 等)经常是很有意义的；但是，如果确实需要长时间地延迟，μC/OS-II 可以将任务延迟长达 256 h(接近 11 天)。

3. 恢复延时任务函数(OSTimeDlyResume( ))

μC/OS-II 允许处于延时期的任务不等待延时期满，而通过其他任务取消延迟时间使自己处于就绪态。通过指定要恢复的任务的优先级来调用 OSTimeDlyResume( )函数就可以实现这一功能。此外，OSTimeDlyResume( )函数也可以唤醒正在等待事件的任务。在这种情况下，等待事件发生的任务会把它当作等待超时处理，从而终止等待事件。

4. 两个系统时间函数(OSTimeGet( )和 OSTimeSet( ))

无论时钟节拍何时发生，μC/OS-II 都会将一个 32 位的计数器加 1。这个计数器在调用 OSStart( )初始化多任务时，被置为 0；并且在 4 294 967 295 个节拍执行完一遍后，重新从 0 开始计数。可以通过调用 OSTimeGet( )函数，获得该计数器的当前值；通过调用 OSTimeSet( )，改变该计数器的值。

5.5.8　任务间同步与通信的管理

和其他多任务操作系统一样，μC/OS-II 通过向任务发信号来使不同的任务相互同步或相互通信。在 μC/OS-II 中，任务或中断服务子程序使用事件控制块(Event Control Block，ECB)来向其他任务发信号。而这里的信号是指某个事件，如信号量、邮箱或消息队列。μC/OS-II

提供一系列的功能函数来实现对这些信号的操作与管理。

1. 事件控制块

事件控制块(ECB)是用于实现信号量管理、消息邮箱管理及消息队列管理等功能函数的基本数据结构。μC/OS-Ⅱ通过定义 OS_EVENT 数据结构来确定一个事件控制块(ECB)的所有信息。OS_EVENT 数据结构如下：

```
Typedef struct
{      INT8U      OSEventType;        /*事件类型*/
       INT8U      OSEventGrp;         /*等待任务所在的组*/
       INT16U     OSEventCnt;         /*计数器(当事件是信号量时)*/
       void       *OSEventPtr;        /*指向消息或消息队列的指针 */
       INT8U      OSEventTbl[OS_EVENT_TBL_SIZE];        /*等待任务列表*/
} OS_EVENT;
```

μC/OS-Ⅱ提供以下几种功能函数来实现对事件控制块(ECB)的操作：

(1) OS_EventWaitListInit( )：初始化一个事件控制块。当要建立一个信号量、邮箱或消息队列时，可通过调用 OS_EventWaitListInit( )来对事件控制块中的等待任务列表进行初始化。该函数初始化一个空的等待任务列表，当初始化完成时，表中没有任何等待事件的任务。

(2) OS_EventTaskRdy( )：使一个任务进入就绪态。函数 OS_EventTaskRdy( )用于使一个任务进入就绪态。当某个事件发生了，要将等待该事件的任务列表中的最高优先级的任务置于就绪态，这个操作是通过调用函数 OS_EventTaskRdy( )实现的。也就是说，该函数从等待任务队列中使最高优先级任务脱离等待状态，并把该任务置于就绪态。

(3) OS_EventTaskWait( )：使一个任务进入等待某事件发生状态。当某个任务需要等待一个事件的发生时，通过调用函数 OS_EventTaskWait( )，将当前任务从就绪任务表中删除，并放到相应事件的事件控制块 ECB 的等待任务列表中。

(4) OS_EventTO( )：由于等待超时而将任务置为就绪态。如果在预先指定的时限内任务等待的事件没有发生，则通过调用 OS_EventTO( )，可以将等待超时的任务的状态置为就绪态。该函数负责从事件控制块中的等待任务列表中将任务删除，并把它置为就绪态，然后从任务控制块中将指向事件控制块的指针删除。

2. 信号量管理

使用信号量可以在任务间传递信息，实现任务与任务或中断服务子程序的同步。μC/OS-Ⅱ中的信号量由两部分组成：一部分是 16 位的无符号整型信号量的计数值(0～65 535)；另一部分是由等待该信号量的任务组成的等待任务列表。μC/OS-Ⅱ提供了以下 6 个函数对信号量进行操作：

(1) OSSemCreat( )：建立一个信号量。在使用一个信号量之前，首先必须建立该信号量。可以调用函数 OSSemCreat( )来建立信号量，并对信号量赋予一个取值范围在 0～65 535 的初始计数值。如果信号量用来表示一个或者多个事件发生，则该信号量的初始值通常赋为 0；如果信号量用来表示对共享资源进行访问，则该信号量的初始值应赋为 1；如果信号量用来表示允许任务访问 n 个相同的资源，则该信号量的初始值应赋为 n，并把该信号量作为一个可计数的信号量使用。

(2) OSSemDel( )：删除一个信号量。函数 OSSemDel( )用来删除一个信号量。需要注意的是，在删除一个信号量时，必须首先删除使用该信号量的所有任务。

(3) OSSemPend( )：等待一个信号量。通过调用函数 OSSemPend( )可以实现等待一个信号量，并对信号量进行减 1 操作。如果信号量是有效的(即信号量的计数值非 0)，则信号量的计数值递减，函数 OSSemPend( )将"无错"代码(OS_NO_ERR)返回给它的调用函数；如果信号量无效(计数值为 0)，且调用它的函数不是中断服务子程序，则调用 OSSemPend( )函数的任务进入挂起态，等待另一个任务(或中断服务子程序)发出该信号量。

(4) OSSemPost( )：发送一个信号量。函数 OSSemPost( )用于发送一个信号量，并对信号量进行加 1 操作。

(5) OSSemAccept( )：无等待地请求一个信号量。函数 OSSemAccept( )完成的功能是：当一个任务请求一个信号量时，如果该信号量暂时无效，则让该任务简单地返回，而不是进入休眠状态。

(6) OSSemQuery( )：查询一个信号量的当前状态。在应用程序中，可以调用函数 OSSemQuery( )来随时查询一个信号量的当前状态。在调用该函数前，必须先定义一个指向数据结构 OS_SEM_DATA 的指针 pdata，用该指针来存储信号量的有关信息。

3. 消息邮箱管理

消息邮箱(简称邮箱)是 μC/OS-Ⅱ中的一种通信机制。在使用消息邮箱时，通常先定义一个指针型的变量，该指针指向一个包含了消息内容的特定数据结构。发送消息的任务或中断服务子程序把这个指针型的变量送往邮箱，接收消息的任务从邮箱中取出该指针变量，从而实现任务间或中断服务子程序与任务间的信息交换。μC/OS-Ⅱ提供 7 种对消息邮箱的操作，它们通过以下函数实现：

(1) OSMboxCreate( )：建立一个邮箱。使用邮箱之前，必须先建立邮箱。通过调用函数 OSMboxCreate( )可以创建一个邮箱，并且指定其初始值。这个初始值一般是 NULL，但也可以使其在最开始就包含一条消息。如果使用邮箱的目的是通知一个事件的发生(即只发送一条消息)，则要初始化该邮箱为空(即 NULL)，因为在开始时事件很有可能还没发生；如果用邮箱共享某些资源，则要初始化该邮箱为一个非空的指针，在这种情况下，邮箱被当成一个二值信号量使用。

(2) OSMboxDel( )：删除一个邮箱。函数 OSMboxDel( )用来删除一个邮箱。使用该函数时要特别注意，多个任务可能还在试图操作已经删除的邮箱。因此，在删除邮箱之前，必须首先删除可能操作该邮箱的所有任务。

(3) OSMboxPend( )：等待邮箱中的消息。通过调用该函数可以实现等待一条消息发送到邮箱中的功能。如果邮箱中有消息(非 NULL 指针)，则从该邮箱中取出该消息，返回给调用该函数的任务，并将 NULL 指针存入邮箱中；如果邮箱为空，则调用该函数的任务进入挂起态，等待另一个任务(或中断服务子程序)通过邮箱发送消息或者等待超时。

(4) OSMboxPost( )：向邮箱发送一条消息。向邮箱发送一条消息可以通过调用函数 OSMboxPost( )来实现。该函数除了发送消息外，还会检查是否有任务在等待该邮箱中的消息，如果有，就会将其唤醒并进行一次任务切换。但是，如果从中断服务子程序中调用 OSMboxPost( )，则不会发生任务切换。

(5) OSMboxPostOpt( )：向邮箱发送一条消息。可以使用一个功能更强的函数 OSMbox-PostOpt( )向邮箱中发送消息。该函数是 μC/OS-Ⅱ新增加的函数，可以替代 OSMboxPost( )。此外，函数 OSMboxPostOpt( )可以向等待邮箱的所有任务发送消息(广播)。

(6) OSMboxAccept( )：无等待地从邮箱中得到一则消息。当需要无等待地从邮箱中获得消息时，可以调用函数 OSMboxAccept( )来实现。如果调用了该函数，即使邮箱为空，应用程序也可以从邮箱中得到消息，而不必使任务进入挂起态。调用函数 OSMboxAccept( )的任务必须检查其返回值，如果返回值是 NULL，则说明邮箱是空的，没有可用的消息；如果该值是非 NULL 值，则说明邮箱中有消息可用。中断服务子程序在试图得到一则消息时，应该使用函数 OSMboxAccept()，而不能使用函数 OSMboxPend( )。

(7) OSMboxQuery( )：查询一个邮箱的状态。函数 OSMboxQuery( )使得应用程序可以随时查询一个邮箱的当前状态。

4．消息队列管理

消息队列(简称队列)是 μC/OS-Ⅱ的另一种通信机制。它可以使一个任务或者中断服务子程序向另一个任务发送以指针定义的变量。针对不同的应用，每个指针指向的包含了消息的数据结构的类型也有所不同。μC/OS-Ⅱ提供了 9 个对消息队列进行操作的函数，即 OSQCreate( )、OSQDel( )、OSQPend( )、OSQPost( )、OSQPostFront( )、OSQPostOpt( )、OSQAccept( )、OSQFlush( )和 OSQQuery( )。其中，除了 OSQPost( )、OSQPostFront( )和 OSQFlush( )，其他几个函数的操作特点都与消息邮箱管理的功能函数类似。这里重点介绍一下这 3 个函数。

(1) OSQPost( )：向消息队列发送一条消息(FIFO)。在向消息队列发送一则消息时，需要注意插入的新消息在队列中的位置。如果调用函数 OSQPost( )，则使用指针变量.OSQIn(指向消息队列中插入下一条消息的位置的指针)作为指向下一个插入消息的单元指针。新消息在消息队列中的位置满足先入先出(FIFO)的原则。

(2) OSQPostFront( )：向消息队列发送一条消息(LIFO)。函数 OSQPostFront( )与 OSQPost( )类似，只是在插入新的消息到消息队列中时，使用 .OSQOut(指向消息队列中下一条取出消息的位置的指针)而不是 .OSQIn，作为指向下一个插入消息的单元指针。因此，新消息在消息队列中的位置满足后入先出(LIFO)的原则。

(3) OSQFlush( )：清空消息队列。函数 OSQFlush( )允许清空一个消息队列中的所有消息，从而使该队列可以重新开始使用。

5.5.9 内存管理

为了避免直接使用ANSI C中的malloc( )和free( )两个函数动态分配/释放内存所造成的内存碎片以及执行时间不确定等缺点，在 μC/OS-Ⅱ中，操作系统把连续的大块内存按分区来管理。每个分区中包含整数个大小相同的内存块。利用这种机制，μC/OS-Ⅱ对 malloc( )和 free( )函数进行了改进，使得它们可以分配和释放固定大小的内存块。而且，这也使得 malloc( )和 free( )函数的执行时间是确定的。

μC/OS-Ⅱ对内存的管理主要是通过内存控制块(Memery Control Block，MCB)和 4 个功能函数来实现的。

1．内存控制块

为了便于管理内存，μC/OS-Ⅱ使用内存控制块来跟踪每一个内存分区，并对系统中的每个内存分区都建立它自己的内存控制块。内存控制块的数据结构如下：

```
Typedef struct
{       void  *OSMemAddr;            /*指向内存分区起始地址的指针*/
        void  *OSMemFreeList;       /*指向下一个空余内存控制块或下一个空余内存块的指针*/
        INT32U    OSMemBlkSize;      /*内存分区中内存块的大小*/
        INT32U    OSMemNBlks;        /*内存分区中总的内存块数量*/
        INT32U    OSMemNFree;        /*内存分区中当前可以获得的空余内存块数量*/
} OS_MEM;
```

2．建立内存分区(OSMemCreat( ))

在使用一个分区之前，必须调用函数 OSMemCreat( )先建立该内存分区。如果函数 OSMemCreat( )操作失败，则它将返回一个 NULL 指针；否则，它将返回一个指向内存控制块的指针。对内存管理的其他操作，如 OSMemGet( )、OSMemPut( )及 OSMemQuery( )等，都需要通过该指针进行。

3．分配内存块(OSMemGet( ))

当调度某任务执行时，必须先从已建立的内存分区中为该任务申请一个内存块。应用程序通过调用函数 OSMemGet( )来从内存分区中申请一个内存块。显然，应用程序必须知道内存块的大小，并且在使用时不能超过其容量。当应用程序不再使用这个内存块后，必须及时将其释放，重新放回到相应的内存分区中。

4．释放内存块(OSMemPut( ))

函数 OSMemPut( )用来将应用程序不再使用的一个内存块释放并放回到相应的内存分区中。需要注意的是，OSMemPut( )并不知道该内存块属于哪个内存分区。

5．查询内存分区的状态(OSMemQuery( ))

μC/OS-Ⅱ提供 OSMemQuery( )函数来查询一个特定内存分区的状态。通过调用该函数，可以知道特定内存分区中内存块的大小、可用内存块数目以及已经使用的内存块数目等信息。所有这些信息都存放在 OS_MEM_DATAS 数据结构中。

5.5.10　μC/OS-Ⅱ的初始化

μC/OS-Ⅱ在调用其他内核服务之前，首先要调用系统初始化函数 OSInit( )来对系统进行初始化。OSInit( )初始化 μC/OS-Ⅱ所有变量和数据结构，并建立空闲任务 OS_TaskIdle( )。空闲任务 OS_TaskIdle( )总是处于就绪态，它的优先级总是设成最低，即 OS_LOWEST_PRIO。如果统计任务允许 OS_TASK_STAT_EN 和 OS_TASK_CREAT_EXT_EN 都设为 1，则空闲任务 OS_TaskIdle( )还要统计任务 OS_TaskStat( )并且使其进入就绪态。统计任务的优先级总是设为 OS_LOWEST_PRIO-1。此外，μC/OS-Ⅱ还初始化了 5 个空的数据结构缓冲区。每个缓冲区都是单向链表，允许 μC/OS-Ⅱ从缓冲区迅速取得或释放一个缓冲区中的元素。

5.5.11　μC/OS-II的启动

通过调用 OSStart( )能够实现 μC/OS-II 的多任务的启动。但是，在启动 μC/OS-II之前，必须至少建立一个应用任务，其过程如下：

```
void   main(void)
{
        OSInit( );          /*初始化 μC/OS-II*/
        …
        /*通过调用 OSTaskCreat( )或 OSTaskCreatExt( )创建至少一个应用任务*/
        …
        OSStart( ); /*开始多任务调度。OSStart( )永远不会返回*/
}
```

5.6　μC/OS-II在 ARM 上的移植

本节将介绍如何将 μC/OS-II移植到 ARM 处理器上。所谓移植，就是使一个实时内核能够在其他的微处理器或微控制器上运行。虽然为了方便移植，μC/OS-II的大部分代码是用 C 语言编写的，但是仍需要使用 C 语言和汇编语言共同完成一些与处理器相关的代码。例如 μC/OS-II在读/写寄存器时只能通过汇编语言来实现。由于 μC/OS-II在最初设计时就已经充分考虑了可移植问题，因此 μC/OS-II的移植还是比较容易的。

5.6.1　μC/OS-II的移植条件

要使 μC/OS-II能够正常运行，处理器必须满足以下条件：

(1) 处理器的 C 编译器能够产生可重入代码。μC/OS-II是一个多任务实时内核，一段代码(如一个函数)可能被多个任务调用，代码的可重入性是保证多任务正确执行的基础。可重入代码是指可以被多个任务调用而数据不会被破坏的一段代码。也就是说，可重入代码在执行过程中如果被中断，能够在中断结束后继续正确运行，不会因为在代码中断时被其他任务重新调用而破坏代码中的数据。可重入代码或者只使用局部变量(即变量保存在CPU 寄存器中或堆栈中)，或者使用全局变量(此时要对全局变量予以保护)。下面两个例子可以说明可重入代码和不可重入代码的区别。

例 1：

```
void   temp (int *x, int *y)
{
        int temp;
        temp = *x;
        *x   = *y;
        *y   = temp;
}
```

例 2：

```
int temp
void   temp (int *x, int *y)
{
        temp = *x;
        *x   = *y;
        *y   = temp;
}
```

两个程序的区别在于变量 temp 的不同。例 1 函数中变量 temp 是局部变量，通常 C 编译器把局部变量保存在寄存器或堆栈中，因此多次调用函数后可以保证每次 temp 的数值互不影响；例 2 函数中变量 temp 是全局变量，多次调用函数的时候，变量值必然被改变。因此，左边的是可重入函数，右边的是不可重入函数。

　　除了在 C 程序中使用局部变量外，还需要 C 编译器的支持。使用 ARM ADS 的集成开发环境，能够生成可重入代码。

　　(2) 处理器支持中断并能产生定时中断(通常在 10～100 Hz 之间)。μC/OS-Ⅱ通过处理器产生的定时器中断来实现多任务之间的调度。而在 ARM7 TDMI 的处理器上可以产生定时器中断。

　　(3) 用 C 语言可以在程序中开/关中断。在本书第 2 章介绍过，ARM 处理器中包含一个 CPSR 寄存器，该寄存器包括一个全局的中断禁止位，控制它就可以打开或关闭中断。在μC/OS-Ⅱ中，可以通过 OS_ENTER_CRITICAL( )和 OS_EXIT_CRITICAL( )两个宏来控制处理器的相应位进行开/关中断的操作。

　　(4) 处理器支持能够容纳一定量(几千字节)数据的存储硬件堆栈。对于一些只有 10 根地址线的 8 位控制器，芯片最多可访问 1 KB 的存储单元。在这样的条件下，移植 μC/OS-Ⅱ是比较困难的。

　　(5) 处理器有将堆栈指针和其他 CPU 寄存器的内容读出并存储到堆栈或内存中的指令。μC/OS-Ⅱ进行任务调度时，首先将当前任务的 CPU 寄存器存放到该任务的堆栈中，然后从另一个新任务的堆栈中恢复其原来的寄存器的值，使之继续运行。所以，寄存器的入栈/出栈操作是 μC/OS-Ⅱ多任务调度的基础。在 ARM 处理器中，汇编指令 stmfd 可将所有寄存器压栈，指令 ldmfd 可将所有寄存器出栈。

5.6.2　μC/OS-Ⅱ的移植步骤

　　移植 μC/OS-Ⅱ主要完成以下三部分工作。

1. 设置与处理器和编译器相关的代码

　　OS_CPU.H 包括了用#define 语句定义的、与处理器相关的常数、宏以及类型。因此，所有需要完成的基本配置和定义全部集中在此头文件中。OS_CPU.H 的大体结构如下：

```
/*********************** 数据类型(与编译器有关) ************************/

typedef unsigned char BOOLEAN;

typedef unsigned char INT8U;              /*无符号 8 位整数*/

typedef signed    char INT8S;             /*有符号 8 位整数*/

typedef unsigned int   INT16U;            /*无符号 16 位整数*/

typedef signed    int   INT16S;           /*有符号 16 位整数*/

typedef unsigned long INT32U;             /*无符号 32 位整数*/

typedef signed    long INT32S;            /*有符号 32 位整数*/

typedef float         FP32;               /*单精度浮点数 */

typedef double        FP64;               /*双精度浮点数 */

typedef unsigned int   OS_STK;            /*堆栈入口宽度为 16 位*/
```

```
typedef unsigned short OS_CPU_SR;          /*定义 CPU 状态寄存器宽度为 16 位*/
/*************************    与处理器有关的代码    *************************/
#define OS_ENTER_CRITICAL( ){ cpu_sr = INTS_OFF( ); }
#define OS_EXIT_CRITICAL( )    { if(cpu_sr == 0)   INTS_ON( ); }
#define OS_STK_GROWH   1             /*定义堆栈方向：1=向下递减，0=向上递增*/
#define OS_TASK_SW( )      ???       /*定义任务切换宏*/
```

(1) 与编译器相关的数据类型。为了确保 μC/OS-Ⅱ 的可移植性，其程序代码不使用 C 语言中的 short、int 及 long 等数据类型，因为它们是与编译器相关的。不同的微处理器有不同的字长，因此 μC/OS-Ⅱ 的移植包括了一系列的数据类型定义，这样定义的数据结构既是可移植的，又很直观。例如 INT16U 表示 16 位无符号整型数。对于像 ARM 这样的 32 位处理器，INT16U 表示 unsigned short 型；而对于 16 位处理器，则表示 unsigned int 型。

此外，用户必须将任务堆栈的数据类型告诉 μC/OS-Ⅱ。这是通过 OS_STK 声明恰当的数据类型来实现的。我们使用的处理器上的堆栈是 16 位的，所以将 OS_STK 声明为无符号整型数据类型。当建立任务时，所有的任务堆栈都必须用 OS_STK 作为堆栈的数据类型。

(2) 定义 OS_ENTER_CRITICAL( ) 和 OS_EXIT_CRITICAL( )。在 5.5 节中分析过，与所有的实时内核一样，μC/OS-Ⅱ 在访问代码的临界段时首先要关中断，并在访问完毕后重新允许中断。这使得 μC/OS-Ⅱ 能够保护临界段代码免受多任务或中断服务子程序的破坏。

通常每个处理器都会提供一定的汇编指令来开/关中断，因此用户使用的 C 编译器必须有一定的机制支持直接从 C 语言中执行这些操作。但是，有些编译器允许在 C 源代码中插入行汇编语句，很容易实现开/关中断的操作；而有些编译器提供语言扩展功能，可以直接从 C 语言中开/关中断。为了隐藏编译器厂商提供的不同实现方法以增加可移植性，μC/OS-Ⅱ 定义了两个宏来开/关中断，即 OS_ENTER_CRITICAL( ) 和 OS_EXIT_CRITICAL( )。

在 ARM 处理器中，开/关中断是通过改变当前程序状态寄存器 CPSR 中的相应控制来实现的。由于使用了软中断，将 CPSR 保存到 SPSR 中，因此软中断退出时会将 SPSR 恢复到 CPSR 中。所以，程序只要改变 SPSR 中相应的控制位就可以实现开/关中断的操作。在 S3C44B0X 上改变这些位是通过嵌入汇编实现的，具体代码如下：

```
INTS_OFF
        mrs   r0, cpsr            ;当前 CPSR
        mov   r1,   r0            ;复制屏蔽
        orr   r1,   r1,   #0xC0   ;屏蔽中断位
        msr   cpsr,  r1           ;关中断
        and   r0,   r0,   #0x80   ;从初始 CPSR 返回到中断位
        mov   pc,   lr            ;返回


INTS_ON
        mrs   r0, cpsr            ;当前 CPSR
        bic   r0,   r0,   #0xC0   ;屏蔽中断
        msr   cpsr,  r0           ;开中断
        mov   pc,   lr            ;返回
```

(3) 定义堆栈增长方向 OS_STK_GROWTH。μC/OS-Ⅱ在结构常量 OS_STK_GROWTH 中指定堆栈的增长方向。绝大多数微处理器和微控制器的堆栈是从上向下递减的，但是有些处理器使用的是相反的方式。μC/OS-Ⅱ被设计成对两种情况都可以处理：

① 置 OS_STK_GROWTH 为 0，表示堆栈从下(低地址)向上(高地址)递增。

② 置 OS_STK_GROWTH 为 1，表示堆栈从上(高地址)向下(低地址)递减。

(4) 定义 OS_TASK_SW( )宏。在 μC/OS-Ⅱ中，处于就绪态任务的堆栈结构看起来就像刚刚发生过中断一样，所有的寄存器都保存在堆栈中。也就是说，μC/OS-Ⅱ要运行处于就绪态的任务就必须从任务堆栈中恢复处理器所有的寄存器，并且执行中断返回指令。为了实现任务调度，可以通过执行 OS_TASK_SW( )来模仿中断的产生。OS_TASK_SW( )是 μC/OS-Ⅱ从低优先级任务切换到高优先级任务时被调用的。任务切换只是简单地将处理器的寄存器保存到将被挂起的任务的堆栈中，并从堆栈中恢复要运行的更高优先级的任务。可以采用以下两种方式定义 OS_TASK_SW( )：如果处理器支持软中断，则中断服务子程序或指令陷阱使 OS_TASK_SW( )的中断向量地址指向汇编语言函数 OSCtxSw( )；否则直接在 OS_TASK_SW( )中调用 OSCtxSw( )函数。

2. 用 C 语言编写 10 个与操作系统相关的函数(OS_CPU_C.C)

这 10 个函数包括 OSTaskStkInit( )、OSTaskCreatHook( )、OSTaskDelHook( )、OSTaskSwHook( )、OSTaskIdleHook( )、OSTaskStatHook( )、OSTaskTickHook( )、OSTaskHookBegin( )、OSTaskHookEnd( ) 和 OSTaskInitHook( )。

在这些函数中，唯一必须移植的函数是 OSTaskStkInit( )，其他 9 个 Hook 函数必须声明，但不一定要包含代码。

(1) OSTaskStkInit( )。函数 OSTaskStkInit( )在任务创建时(OSTaskCreat( )或 OSTaskCreat Ext( ))被调用，作用是初始化任务的堆栈结构。这样，堆栈看起来就像中断刚发生过一样，所有寄存器都保存在堆栈中。在 ARM 微处理器上，任务堆栈空间由高至低依次保存着 PC、LR、R12～R0、CPSR 及 SPSR。OSTaskStkInit( )初始化后的堆栈内容如图 5-11 所示。堆栈初始化结束后，返回新的堆栈栈顶指针。

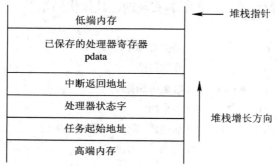

图 5-11　堆栈初始化后的内容

(2) Hook 函数。其余的 9 个函数又称为钩子(Hook)函数，主要用来扩展 μC/OS-Ⅱ的功能。这些 Hook 函数可以不包含任何代码，但必须被声明。在 Hook 函数内部，允许用户添加相应的代码来实现一些特定的功能，从而进一步扩展 μC/OS-Ⅱ的功能。关于 9 个 Hook 函数具体实现的功能就不一一介绍了，读者可以参考 μC/OS-Ⅱ的相关手册。

3. 用汇编语言编写 4 个与处理器相关的函数(OS_CPU_A.ASM)

μC/OS-Ⅱ在移植过程中要求用户编写 4 个简单的汇编语言函数，这 4 个函数包括 **OSStartHighRdy( )**、**OSCtxSw( )**、**OSIntCtxSw( )**和 **OSTickISR( )**。如果 C 编译器支持插入行汇编代码，就可以将所有与处理器相关的代码放到 OS_CPU_C.C 文件中，而不必再建立单独的汇编语言文件。

(1) **OSStartHighRdy( )**：运行就绪态的优先级最高的任务。μC/OS-Ⅱ的多任务启动函数 **OSStart( )**通过调用函数 **OSStartHighRdy( )**使得处于就绪态的、优先级最高的任务开始运行。函数 **OSStartHighRdy( )**负责从最高优先级任务的 TCB 控制块中获得该任务的堆栈指针 SP，并通过 SP 依次将 CPU 现场恢复。这时，系统将控制权交给用户创建的任务进程，直到该任务被阻塞或被其他更高优先级的任务抢占 CPU。该函数仅仅在多任务启动时被执行一次，用来启动最高优先级的任务。函数 **OSStartHighRdy( )**的示意性代码如下(用户应将它转换成汇编语言代码，因为它涉及将处理器寄存器保存到堆栈的操作)：

```
Void   OSStartHighRdy(void)
{
        调用用户定义的 OSTaskSwHook( )；
        OSRunning = TRUE；
        得到将要恢复运行任务的堆栈指针；
        Stack pointer = OSTCBHighRdy -> OSTCBStkPtr；
        从新任务堆栈中恢复处理器的所有寄存器；
        执行中断返回指令；
}
```

(2) **OSCtxSw( )**：任务级的任务切换。任务级的任务切换时可以通过执行软中断指令来实现，或者依据处理器的不同，通过执行 TRAP(陷阱)指令来实现。而中断服务子程序、陷阱或异常处理的向量地址必须指向 **OSCtxSw( )**。

函数 **OSCtxSw( )**由 **OS_TASK_SW( )**宏调用，而 **OS_TASK_SW( )**由函数 **OSSched( )**调用，函数 **OSSched( )**负责任务之间的调度。函数 **OSCtxSw( )**被调用后，先将当前任务的 CPU 现场保存到该任务的堆栈中，然后获得最高优先级任务的堆栈指针，并从该堆栈中恢复此任务的 CPU 现场，使之继续执行。这样函数 **OSCtxSw( )**就完成了一次任务级的任务切换。其示意性代码如下(这些代码必须用汇编语言编写,因为用户不能直接在 C 语言中访问 CPU 寄存器)：

```
Void   OSCtxSw(void)
{
        保存处理器的寄存器；
        在当前任务的任务控制块中保存当前任务的堆栈指针；
        OSTCBCur -> OSTCBStkPtr = Stack pointer；
        OSTaskSwHook( )；
        OSTCBCur = OSTCBHighRdy；
        OSPrioCur = OSPrioHighRdy；
        得到将要重新开始运行的任务的堆栈指针；
```

```
                Stack pointer = OSTCBHighRdy -> OSTCBStkPtr；
        从新任务的任务堆栈中恢复处理器所有寄存器的值；
        执行中断返回指令；
    }
```

(3) OSIntCtxSw( )：中断级的任务切换。OSIntExit( )通过调用函数 OSIntCtxSw( )，在 ISR 中执行任务切换功能。因为中断可能会使更高优先级的任务进入就绪态，所以为了让更高优先级的任务能够立即运行，在中断服务子程序退出前，函数 OSIntExit( )会调用 OSIntCtxSw( )做任务切换，从而保证系统的实时性。

函数 OSIntCtxSw( )和 OSCtxSw( )都是用来实现任务切换功能的，其区别在于不需要在函数 OSIntCtxSw( )中保存 CPU 的寄存器，因为在调用 OSIntCtxSw( )之前已经发生了中断，在中断服务子程序中已经将 CPU 的寄存器保存到了被中断的任务的堆栈中。函数 OSIntCtxSw( )的示意性代码如下(因为在 C 语言中不能直接访问 CPU 寄存器，所以这些代码必须用汇编语言编写)：

```
    Void   OSIntCtxSw(void)
    {
            调用用户定义的 OSTaskSwHook( )；
            OSTCBCur = OSTCBHighRdy；
            OSPrioCur = OSPrioHighRdy；
            得到将要重新执行的任务的堆栈指针；
            Stack pointer = OSTCBHighRdy -> OSTCBStkPtr；
            从新任务的任务堆栈中恢复处理器所有寄存器的值；
            执行中断返回指令；
    }
```

(4) OSTickISR( )：时钟节拍中断服务。μC/OS-Ⅱ要求用户提供一个周期性的时钟源，从而实现时间的延迟和超时功能。为了完成该任务，必须在开始多任务后，即调用 OSStart( ) 后，启动时钟节拍中断。但是，由于 OSStart( )不会返回，因此用户无法实现这一操作。为了解决这个问题，可以在 OSStart( )运行后，μC/OS-Ⅱ启动运行的第一个任务中初始化节拍中断服务函数 OSTickISR( )。

函数 OSTickISR( )首先将 CPU 寄存器的值保存在被中断任务的堆栈中，之后调用 OSIntEnter( )；然后，OSTickISR( )调用 OSTimeTick( )，检查所有处于延时等待状态的任务，判断是否有延时结束就绪的任务；最后，OSTickISR( )调用 OSIntExit( )，如果中断使其他更高优先级的任务就绪且当前中断为中断嵌套的最后一层，那么 OSIntExit( )将进行任务切换。函数 OSTickISR( )的示意性代码如下(因为在 C 语言中不能直接访问 CPU 寄存器，所以这些代码必须用汇编语言编写)：

```
    Void   OSTickISR(void)
    {
            保存处理器的寄存器；
            调用 OSIntEnter( )或者 OSIntNesting++；
            if(OSIntNesting == 1){
```

```
        OSTCBCur -> OSTCBStkPtr = Stack pointer；
    }
    给产生中断的设备清中断；
    重新允许中断(可选)；
    OSTimeTick( )；
    OSIntExit( )；
    恢复处理器寄存器；
    执行中断返回指令；
}
```

5.6.3　测试移植代码

当为处理器做完 μC/OS-Ⅱ的移植后，还需要测试移植的 μC/OS-Ⅱ是否正常工作。应该首先不加任何应用代码地来测试移植好的 μC/OS-Ⅱ，即应该首先测试内核自身的运行状况。接着可以在 μC/OS-Ⅱ操作系统中建立应用程序，通过观察程序执行的结果来检测移植是否成功。

通常采用以下 4 个步骤测试移植代码：

(1) 确保 C 编译器、汇编编译器及链接器正常工作。

(2) 测试函数 OSTaskStkInit( )和 OSStartHighRdy( )。

(3) 测试函数 OSCtxSw( )。

(4) 测试函数 OSIntCtxSw( )和 OSTickISR( )。

5.7　基于 μC/OS-Ⅱ构建的 TCP/IP/PPP 协议栈

嵌入式协议栈对于具有网络功能的嵌入式系统产品是必要的。本节在简要介绍嵌入式协议栈的基础上，举例分析一种基于 μC/OS-Ⅱ的 TCP/IP/PPP 协议栈的构建方法。

5.7.1　嵌入式协议栈概述

嵌入式协议栈的运行必须基于嵌入式操作系统平台的支持，但并不是说协议栈必须依赖于嵌入式操作系统的 API。实际上，许多嵌入式协议栈做到了相对于操作系统的最大独立性，可以与大多数嵌入式操作系统集成运行。

但是，协议栈以及附带的上层接口和下层驱动程序会给嵌入式系统设计设置其他的约束。例如，TCP/IP 协议栈必须有一个相对的准确时间源，以便进行时间管理(处理各种发生在栈中的超时和定时行为)。此外，协议栈还必须包含一个资源管理系统。这个系统可能是一个标准的动态存储管理系统，也可能是为速度预先分配包缓存的客户系统。

目前，嵌入式协议栈的提供有两种方式：一种是独立的第三方协议栈产品；另一种是嵌入式操作系统提供商提供协议栈产品。后一种方法在开发时相对简单些，而且能够提供较强的软件可用性。

5.7.2　选择协议栈

建立基于网络的嵌入式系统需要根据具体的应用环境和使用的网络技术来选择适合的网络协议栈。例如，如果开发的嵌入式产品是基于网络的打印机，且能够通过 Novell 服务器存取，那么就必须采用 Netware 打印协议的协议栈；如果设计的打印机要从尽可能多的网络访问，则最好选择 TCP/IP 协议栈，因为 TCP/IP 是应用最广泛的协议；如果设计的打印机同时支持 TCP/IP 和 Netware 协议，那么打印机既可以通过 TCP/IP 存取，也可以通过 Netware 局域网络存取。

为嵌入式系统选择网络协议栈需要从以下三方面进行考虑：

(1) 网络协议占用的内存。对于一个网络协议栈组件，占用的内存主要表现在两个方面：一个是协议栈代码段占用的存储器的大小；另一个是数据段占用的存储器的大小。其中，数据段包括普通数据段和堆栈段对存储器的占用。选择协议栈时，需要对协议栈占用的内存进行估计。例如，对于常用的 TCP/IP 协议栈，不同的商家提供的产品不同。有的用于 PC 的协议栈产品不一定适合嵌入式系统应用，因为 PC 使用的协议栈可能不考虑对内存的占用，而嵌入式系统对内存的要求比较苛刻。通常厂家会提供这一指标，如 interniche 的 TCP/IP 协议栈占用的内存为 50 KB 左右。

(2) 硬件资源。硬件资源主要指的是与网络有关的部件，如通信控制器、物理层接口等。在选择网络组件时，需要考虑这些硬件资源的成本因素。有时还需要考虑集成和分离两种设计方法的实现成本等因素。

(3) 协议开销。协议开销指的是 CPU 运行协议栈产生的开销。添加网络支持可能会导致系统实时响应的延迟。有时还需要对嵌入式处理器进行升级，从而导致系统成本增加。一般情况下，嵌入式协议栈与嵌入式操作系统是集成在一起的。购买集成的嵌入式协议栈时，商家可以提供集成系统的综合指标。

5.7.3　嵌入式 TCP/IP 协议栈

1. 嵌入式 TCP/IP 协议栈概述

TCP/IP 协议是一项应用广泛的协议标准，利用它可以互联所有的计算机和网络。嵌入式系统通过以太网、电力线和电话线等载体可以实现与 Internet 互联，也可以利用无线接入技术解决基础电缆不到位的问题。

如果是与局域网连接，则只需要为嵌入式设备配备以太网卡和 IP 地址即可。如果是利用电话线路，则设备可以使用电话用户的 ID，通过 PPP 协议与 TCP/IP 进行互联。在这里，PPP 协议运载 IP 数据包。通过 TCP/IP 网络协议栈，几乎可以从世界上任何地方来访问或控制这些实现了互联的嵌入式装置。

一般情况下，TCP/IP 协议栈是通过选择能够支持 TCP/IP 的 RTOS 来实现的。例如，QNX 公司的 Neutrino RTOS、ATI 公司的 Nucleus Plus、WindRiver 公司的 VxWorks 等操作系统都提供了 TCP/IP 协议栈，而且它们提供的协议栈大部分都是可以裁剪的。嵌入式 TCP/IP 协议栈省去了诸如接口间转发软件、全套 Internet 服务工具以及支持电子邮件的工具等几个协议，这些软件工具在嵌入式装置中很少使用。虽然大多数 TCP 或 UDP 的应用可以在任何协议栈上运行,但是较小型的嵌入式 TCP/IP 协议栈对于如何配置系统有一定的局限,也只适用于一定的软插座。例如,QNX 公司的协议栈是模块化的,如果存储器的容量有限,可以在需要使用时进行动态安装。此外,由于 Neutrino 和核心之间不需要机器语言的连接,因此可对系统进行部分更新,可以远程对系统进行更新或重新编程,而不需要进行引导。

嵌入式 TCP/IP 协议栈完成的功能与完整协议栈是相同的,但是由于嵌入式系统的资源有限,嵌入式协议栈的一些指标和接口可能与普通的协议栈不同,这体现在以下几个方面:

(1) 嵌入式协议栈的 API 可能与普通的协议栈不同。普通嵌入式的接口是标准的,如 winsock、BSD socket 等,标准化的优点是可实现应用软件的兼容性,但是带来的问题是为了实现标准化的接口必然使用大量的代码,不仅效率低,而且处理器和存储器的开销大。当然,也有许多厂商将标准的协议栈接口移植到嵌入式系统中。于是,建立在 Berkeley socket 上的协议栈也称为嵌入式的。但是,Berkeley 栈带有许多台式机所需要的特性,而这些特性对于嵌入式的应用是不需要的。总之,建立在专用 socket 基础上的协议栈效率比较高,但是它提供的 API 与通用插座协议栈 API 有所不同。

(2) 嵌入式协议栈的可裁剪性。普通协议栈使用协议栈的全集,只是因为普通计算机的资源丰富。对于资源有限的嵌入式系统来说,可裁减性非常重要。例如,TCP/IP 协议中,UDP 和 TCP 属于传输层协议。TCP 是面向连接的、传输可靠的协议。为了保证到达数据的准确无误,TCP 采用校验和的方式来检查数据是否有错误或丢失,如果发现存在问题则要求重发;再者,TCP 协议在应用层上保证到达数据的前后次序无误,接收数据的节点负责恢复数据的顺序。而 UDP 是无连接的、不能保证可靠传输的协议,UDP 仅仅把校验和作为选项,也不保证数据的顺序,不存在重发的必要,所以它的效率比较高。因此,这两种协议有不同的用途。如果通信系统通道对于可靠性的要求不太高,但是对实时性和效率要求比较高,则可以选用 UDP。UDP 比较适合于传输媒体本身十分可靠的情况,此时不需要采用 TCP 协议那样的服务程序,从而减少了系统的负担。

(3) 嵌入式 TCP/IP 协议栈的平台兼容性。通常,普通协议栈与操作系统的结合比较紧密,协议栈的实现依赖于操作系统提供的服务,移植起来一般比较困难。但是,嵌入式协议栈的设计一般对操作系统的依赖性不大,便于移植,许多商用的嵌入式 TCP/IP 协议栈支持多种操作系统平台,或者需要很少的移植代码。

(4) 嵌入式协议栈的效率较高。这主要体现为占用的代码空间小、需要的数据存储器小、代码的效率高,从而可以减少对处理器的处理速度的要求。

2．嵌入式 TCP/IP 协议栈的几种形式

(1) 应用于 DSP 的协议栈。嵌入式协议栈可以选用以 DSP 为基础的 TCP/IP 协议栈。例如,eDevice 公司提供的 SmartStack 协议栈,就是在 Analog Devices 公司的 AD1218x DSP 芯片的基础上实现的。

基于 DSP 建立协议栈时,还可以把调制解调器的软件和 TCP/IP 协议的软件协议栈同时放在一个芯片上。

此外,也可以根据使用要求的不同,选择 AD1218x 系列产品中的不同型号。例如,仅仅需要实现和 Internet 的连接时,就可以选择功能较少、价格比较便宜的型号。如果除了实

现连接的功能以外，还需要一些 DSP MIPS 功能，则可以选择时钟频率较高、存储器容量较大的型号。例如，用户可以采用超级 MIPS 来播放通过电子装置从网上下载的 MP3 文件或语音信息。

(2) 基于硬件实现的协议栈。大多数 TCP/IP 协议栈使用软件实现。但是，由于目前 TCP/IP 技术已经非常成熟，因此许多厂商将 TCP/IP 协议栈用硬件方法予以实现，从而可以提高效率、降低成本。例如，采用 iReady 的芯片或芯核，虽然使用的是 4 位微处理器，但也能够和 Internet 实现直接连接。

(3) 普通的协议栈。大多数大型的嵌入式设备使用普通的 TCP/IP 协议栈。普通 TCP/IP 协议栈的大部分代码利用软件实现，系统采用普通的嵌入式处理器。IP 协议下面的支持软件主要有两种：对于以太网，利用以太网卡和网卡的驱动程序实现链路层协议；对于远程网络如电话线，使用调制解调器，支持软件采用 PPP 协议。

(4) 代理协议栈。有些应用产品不需要采用 TCP/IP 的全集，也可以让设备通过运行在网关上的代理来间接地接入 TCP/IP 网络。例如，通过 Internet 来控制家庭中的照明灯或控制温度自动启动装置(如自动火警报警系统)。这些装置的功能有限、成本有限，为它们分别安装 TCP/IP 协议栈所增加的成本费用是难以接受的。因此，可以在照明灯和网关之间建立一个协议代理，让网关将信息经过翻译再传输给 TCP/IP，使照明灯和 Internet 之间实现桥接。

运行协议代理的网关有多种形式，它可以是本地 LAN 中的一个装置，也可以是 ISP 或某个端口所支持的一种服务，还可以是目标服务器中的一项功能机构。网关所起的作用是：在适当的时刻识别代理所提供的业务信息，并将此信息导向代理服务器，然后由代理服务器将业务信息转换成 TCP/IP 的业务信息，再送入数据流中。

使用网关还可以提高网络的安全性。网关可以对若干个节点安装一个防火墙，而不需要对每一个节点安装一个防火墙。虽然网关在许多应用中有好处，但是对于某些电子产品，如数码相机，却希望能够直接和各自的家用局域网或 ISP 相联。在这种情况下，除了提供完整的 TCP/IP 协议栈以外，上述几种方式都不能满足需要。

5.7.4　基于 μC/OS-Ⅱ 的 TCP/IP/PPP 协议栈

本节介绍的这种基于 μC/OS-Ⅱ 的 TCP/IP/PPP 协议栈简称 μC/ip，它是基于 BSD 并且源代码公开的协议栈，非常适合初学者学习分析。μC/ip 是为嵌入式微控制器设计的一个非常精简的 TCP/IP 协议栈。μC/ip 为系统提供了一个最小的用户接口和一个串行端口，但是不能支持较为复杂的功能，如键盘、显示器、磁盘驱动器和网络适配器。在不同模式下，通过使用串行连接或通过调制解调器和电话线连接，该协议栈能用于与一个主机的临时连接，或通过网络与一台主机进行连续的通信。μC/ip 主要包括了网络缓冲器、PPP 协议和 TCP/IP 协议。

1. 网络缓冲器(Network Buffers)

μC/ip 使用的核心资源采用了一种基于网络或者内存缓冲器(memory buffer)的策略。BSD 使用的是一个内存缓冲器：标准数据在接口处被传送到一个缓冲器链表中，然后经排队等待通过协议层，最终到达套接字层。μC/ip 修改了内存缓冲器，并重新命名它为网络缓冲器。因为系统只有有限的 RAM 空间，而且必须确保总是有能够使用的存储空间，所以在 µC/ip 中创建了大小确定的网络缓冲器链表，并将其作为一个资源池来进行管理。网络缓冲器模块提供了以下功能：支持网络缓冲器的分配、排队以及各种服务，如初始化、添加一个新的网络缓冲器、从链表中删除一个网络缓冲器等。在这个协议栈中，通过应用接口的串行中断处理机制来使用这些网络缓冲器。

对任何特殊的应用，合理选择网络缓冲器的大小对获取最佳操作性能都是非常重要的。µC/ip 设置网络缓冲器大小采用了以下规则：首先，设置网络缓冲区的大小，使得每一个单个的网络缓冲器在平均意义上能够存放每一个数据包；如果应用程序是与许多小的数据包(很少超过 100 字节)通信，例如一个每次只返回一行数据的远程登录(telnet)应用，那么，设置网络缓冲器的大小约为 50 个字节；如果应用程序是进行批传输，那么设置网络缓冲器的大小能够处理一个完整的 TCP 包，从而能够简化连接。

2．点对点协议(Point to Point Protocol，PPP)

PPP 由许多不同的协议组成，这些协议处理的操作包括连接测试、压缩和用户认证等。从本质上来说，PPP 从串行端口接收网络缓冲器数据包链，然后过滤出代码序列，通过解压缩后最终将一个 IP 数据包传递给 IP 协议。在大多数系统中，PPP 是作为一个数据包驱动器来实现的，因此它适合以太网数据包驱动器的接口(但需要管理另外一套缓冲器)。

3．TCP/IP 协议

与其他所有的嵌入式 TCP/IP 协议栈一样，µC/ip 的 TCP 的代码是基于 BSD 的。但是，它与 BSD 最大的区别在于对定时器的实现和对信号量的使用不同。KA9Q 是为单任务环境的 DOS 系统编写的，因此它使用复查(callback)功能来使应用程序使用协议栈。要想使用较为复杂的模块调用方式，则必须为 TCP 的控制块(TCP Control Block，TCB)建立信号量，从而能够实现同步读、写和连接，并通过互斥型信号量来保护临界段代码。但是，这种设计无法唤醒那些正在等待读或写的多任务，而这个功能在连接已经关闭的情况下却非常有用。

在 UNIX 中，处理 TCP 定时器的一般方法是让程序以 200 ms 和 500 ms 的时间间隔轮流检测所有的 TCB。轮流检测意味着 CPU 将要浪费时间去检测那些不需要被服务的 TCB。但是，这种方法消耗的时间和数量众多的 TCB 是成比例的(如线性比例)。µC/ip 使用了 Linux 类型的定时器。通过预分配定时器结构，将其插入到一个规则链接的列表中。这个列表被系统时钟中断循环检测。这种定时器的设计方案在 TCB 数量较少时工作得比较好；当 TCB 数量较多(几十个)时，从列表中插入或删除定时器消耗的时间将会以非线性的方式增长，远远超过了循环检测所有 TCB 的时间。

µC/ip 的 IP 模块非常基本，只处理一些简单的例程而不处理 IP 碎片。µC/ip 改变了套接字形式的网络地址的使用。当处理任何类型的网络地址(处理 IPv6)时，套接字地址结构的使用非常普遍，因此，µC/ip 采用这种方法来简单地处理 IP 地址。

4．µC/ip 的功能

µC/ip 主要实现了以下功能：

(1) 在 PPP 协议中使用 PAP 协议进行用户认证，使用 VJ 协议进行数据压缩。

(2) 动态 IP 技术。

(3) 优化了简单请求/应答交换。

(4) 用定制的间隔进行 TCP 存活检测。

μC/ip 目前不支持以下功能：

(1) CHAP 协议的用户认证(协议栈中实现了这部分代码但是没有使用这项功能)。

(2) TCP 延时确认技术。

思考与练习题

1. 什么是嵌入式操作系统？请列举几个典型的嵌入式操作系统，并简述其主要特点。

2. 非占先式内核与占先式内核的主要区别是什么？

3. 任务之间的通信方式有哪几种？每种方式的特点是什么？

4. 采用哪些方法可以实现对共享数据结构的互斥操作？

5. 任务之间的同步方式有哪几种？每种方式的特点是什么？

6. 简要说明操作系统的结构组成。

7. 试解释下列术语的含义：

   任务　任务切换　任务调度　临界段　任务控制块(TCB)　事件控制块(ECB)

8. μC/OS-Ⅱ中的任务有哪些状态？

9. 试列举 μC/OS-Ⅱ中两种典型的任务结构。

10. μC/OS-Ⅱ中进行任务管理常用的函数有哪些？

11. 简述 μC/OS-Ⅱ中的中断服务过程。

12. 简述 μC/OS-Ⅱ的启动过程。

13. 移植 μC/OS-Ⅱ需要满足哪些条件？

14. 请简要描述 μC/OS-Ⅱ的移植步骤。

15. 简述基于 μC/OS-Ⅱ的 TCP/IP/PPP 协议栈(即 μC/ip)的特点。

第6章 嵌入式应用程序设计

6.1 引 言

嵌入式程序的创建是嵌入式系统设计的核心。与编写 PC 程序不同，编写嵌入式代码需要满足多种约束条件。设计嵌入式代码不仅需要提供丰富的功能，通常也必须满足一定的运行速率、功耗和适应内存容量限制等。因此，在嵌入式程序的设计过程中需要用到一些特有的技术和方法。随着编译技术、处理器和内存的不断发展，采用高级语言设计应用程序已经变得越来越通用。当编译程序不能产生理想的结果时，程序的部分内容可能仍然需要用汇编语言编写。但是，本章的重点是介绍高级语言(主要是 C 语言)程序设计，因为采用高级语言更容易理解和分析程序的功能。

在分布式嵌入式系统中，嵌入式计算机通过网络连接，相互通信，应用被分布在各个处理元素上，即在网络的各个节点中完成各项工作。这样做的好处是：首先，分布式处理可以有效地减少需要处理的数据，从而减轻处理器的工作量；其次，基于网络的设计也可以更好地实现模块化；再次，分布式系统更容易进行测试；最后，在某些情况下，网络还可以被用于容错系统中。

本章中，6.2 节为嵌入式程序设计方法和技术，主要介绍嵌入式程序设计用到的设计范型和编程模型方法，以及多任务环境下一些典型的程序设计范例和嵌入式程序优化；6.3 节介绍基于网络的嵌入式系统设计，内容包括软硬件体系结构的基本原理、当前分布式嵌入式系统中广泛使用的一些总线和网络技术以及基于网络的嵌入式系统的设计示例；6.4 节完整分析基于 ARM11 和 FPGA 的图像采集处理系统的设计和解决方案。

6.2 程序设计方法与技术

6.2.1 程序设计方法

1. 设计范型

设计范型是解决一类特定问题的方法的通用描述。嵌入式系统广泛使用了两种不同类型程序的设计范型：状态机和循环缓冲区。状态机非常适合于诸如用户界面这样的反应系统。循环缓冲区在数字信号处理中非常有用。

1) 状态机

对于非周期性输入的系统，根据输入和当前系统状态，通过有限状态机的方式能够很方便地描述系统的响应。通常，有限状态机在硬件设计时会用到，而编程的状态机类型也是嵌入式计算的一种有效实现。下面给出一个 C 状态机的示例，如图 6-1 所示。

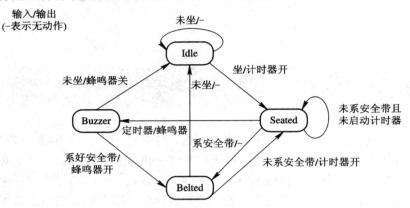

图 6-1　C 状态机示例

设想一个座椅安全带控制器，实现的功能是当乘客坐在座位上一定时间内如果没有系牢安全带则蜂鸣器告警。此系统共有三个输入和一个输出。输入分别为感知乘客坐下的座位传感器、检查安全带是否系牢的安全带传感器和对限定时间计时的计时器，输出是蜂鸣器。

根据状态机的描述，系统工作情况是：当座位上无人时，Idle 状态被激活；当有人坐下时进入 Seated 状态并打开计时器；如果计时器在安全带系牢之前关闭(即超时)，则转入 Buzzer 状态，反之进入 Belted 状态；当人离开座位时，回到 Idle 状态。

下面再用 C 语言编写这些行为。假设已经将三个输入(seat，belt，timer)的当前值载入变量，并临时保持输出到变量(timer_on，buzzer_on)中。变量 state 用来保持当前状态。使用 switch 语句来决定每个状态所采取的行动。代码如下：

```
#define IDLE 0
#define SEATED 1
#define BELTED 2
#define BUZZER 3

switch(state){/*检查当前状态*/
    case IDLE:
        if(seat){state=SEATED;timer_on=TRUE;}
        /*缺省情况是自循环*/
        break;
    case SEATED:
        if(belt)state=BELTED;  /*未听到蜂鸣*/
        else if(timer)state=BUZZER;  /*未按时系上安全带*/
        /*缺省情况是自循环*/
        break;
```

```
        case BELTED:
            if(!seat)state=IDLE; /*乘客离开*/
            else if(!belt)state=SEATED; /*乘客在座*/
            break;
        case BUZZER:
            if(belt)state=BELTED; /*系上安全带，关闭蜂鸣器*/
            else if(!seat)state=IDLE; /*无人在座，关闭蜂鸣器*/
            break;
    }
```

这段代码利用了除非显示改变否则状态保持不变的事实，这使回到同一状态的自循环易于实现。它可能不断地在 while 循环中执行这种状态机或周期性地被其他代码调用。在其他情况下，代码必须被有规律地执行以便能检查当前输入的值并在必要时转入新的状态。

2) 循环缓冲区

在嵌入式系统中，程序不仅需要实时输出结果，而且需要尽量少地使用内存。因此使用循环缓冲区是处理流数据的有效方式。下面以一个 FIR 过滤器的实现来介绍循环缓冲区的使用。

FIR 过滤器要求对每一个样本必须产生一个依赖于最后 n 个输入值的输出。循环缓冲区用来存储数据流的子集。算法在每个时刻都形成一个到流窗口的数据流子集。当抛弃旧值加入新值时，窗口将随着时间滑动。由于窗口尺寸不变，因此可以使用固定尺寸的缓冲区来存储当前数据。缓冲区使用指针指向下一个样本将要放置的位置；每增加一个样本，就自动覆盖需要移出的旧样本。指针到达缓冲区尾部时会绕回到顶部。图 6-2 解释了循环缓冲区的工作原理。

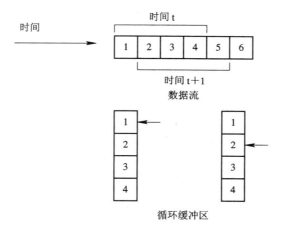

图 6-2 存放流数据的循环缓冲区

以下是 FIR 过滤器的循环缓冲区的 C 语言实现：

```
int circ_buffer[N];             /*循环缓冲区(用来存储数据)*/
int circ_buffer_head=0;         /*缓冲区头部*/
int c[N];                       /*滤波器系数(常量)*/
```

```
int ibuf ,                    /*循环缓冲区的循环指针*/
    ic;                       /*系数数组的循环指针*/
for(f=0, ibuff=circ_buff_head, ic=0;
    ic<N;
    ibuff=(ibuff==(N-1)?0:ibuff++), ic++)
    f=f+c[ic]*circ_buff[ibuf];
```

以上代码假设一些其他代码(如中断处理程序)在相应时间替换循环缓冲区的最后一个元素。语句 ibuff=(ibuff==(N-1)?0:ibuff++实现快速递增 ibuff 并让它在到达循环缓冲区数组尾部之后返回 0。

2．编程模型

使用编程模型能够比使用源代码更容易地进行更有用的分析。在编程模型的基础上可以更清晰地使用汇编语言或高级语言编写程序。编程模型的基础是控制/数据流图(CDFG)。CDFG 用来构造模型的数据操作(计算)和控制操作(条件)。CDFG 的特征是将控制和数据结构进行结合。

CDFG 使用数据流图作为其元素，包含两个基本的节点：判定节点和数据流节点。数据流节点封装了一个完整的数据流图，用来表示一个基本块。在顺序结构的程序中使用一种类型的判定节点能够描绘所有类型的控制(跳转/分支)。

以下是一点控制结构的 C 代码和控制/数据流图(见图 6-3)。图中的矩形节点表示基本块，可通过简单函数调用表示；菱形节点表示条件，可通过标记赋给，同时用判断条件的可能结果标记边。

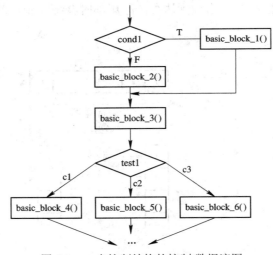

图 6-3　一点控制结构的控制/数据流图

```
if(cond1)
    basic_block_1( );
else
    basic_block_2( );
basic_block_3( );
```

```
switch(test1){
        case c1:basic_block_4( );break;
        case c2:basic_block_5( );break;
        case c3:basic_block_6( );break;
    }
```

以下是 while 循环的 C 代码和控制/数据流图(见图 6-4)。while 循环由一个判断和一个循环体组成,而 for 循环可以由 while 循环定义,因此该 CDFG 同样能够表示 for 循环。

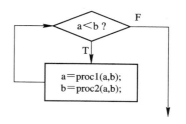

图 6-4　while 循环的控制/数据流图

```
while(a<b){
        a=proc1(a,b);
        b=proc2(a,b);
    }
```

一个完整的 CDFG 模型,可以用一个数据流图使每一个数据流节点模块化,经过扩展即可实现一种分层结构的表示。在执行模型中,可定义一个状态变量来表示 CPU 的程序计数器 PC,通过 PC 指向的节点类型即可确定执行程序时是执行数据流节点还是计算判定节点中的条件以继续相应的边。

6.2.2　程序设计技术

下面我们通过基于 μC/OS-Ⅱ 的几个典型的程序设计来介绍多任务系统中应用程序的一些设计技术。

1. 消息

在多任务系统中,消息是任务间相互通信的常用手段。在系统的主任务中可以使用以下代码来实现消息循环:

```
POSMSG pMsg=0;
//消息循环
for(;;){
    pMsg=WaitMessage(0);        //等待消息
    switch(pMsg->Message){
    case OSM_KEY:
        onKey(pMsg->WParam,pMsg->Lparam);
        break;
    }
    DeleteMessage(pMsg); //删除消息,释放资源
}
```

在上述代码中使用了几个 API 函数。其中,WaitMessage( )函数用来实现等待消息。参数 0 表示等待的超时时间为无穷,即除非主任务接收到消息,否则此函数不会返回。WaitMessage 函数返回的是一个指向系统的消息结构的指针。系统的消息结构定义如下:

```
typedef struct{
    U32 Message;
    U32 WParam;
    U32 LParam;
}OSMSG , *POSMSG;
```

其中，**Message** 成员说明了系统的消息类型。**WParam** 和 **LParam** 是系统消息传递的相应参数。对于不同的消息有不同的含义。例如，对于键盘消息 **OSM_KEY** 来说，**WParam** 表示系统的键盘按键号码，**LParam** 表示同时按下的功能键。

DeleteMessage()函数用来在系统得到消息并完成相应功能之后删除得到的消息，以释放相应的内存资源。

2．任务和任务间同步

μC/OS-Ⅱ允许同时运行 64 个任务，每个任务都要有独立的栈空间和唯一的任务优先级。在应用程序中创建新任务时，必须先为任务定义自己的栈空间，选定一个系统唯一的任务优先级。下面的代码定义了一个 Rtc_Disp_Task 任务，并为该任务分配了一个大小为 STACKSIZE 的栈空间，同时定义该任务的优先级为 14：

```
OS_STK Rtc_Disp_Stack[STACKSIZE]={0, };        //Rtc_Disp_Task 堆栈
void Rtc_Disp_Task(void *Id);                  //Rtc_Disp_Task
#define Rtc_Disp_Task_Prio 14
```

其中，STACKSIZE 为常量，是系统默认的任务栈的大小。如果任务需要分配的栈空间较大，则可以适当地增加栈空间的大小。

以下代码用来创建 Rtc_Disp_Task 任务：

```
OSTaskCreat(Rtc_Disp_Task, (void *)0, (OS_STK *)
&Rtc_Disp_Stack[STACKSIZE-1], Rtc_disp_Task_prio);
```

该任务创建成功后，系统会执行 Rtc_Disp_Task 函数并运行其相应的任务。

在多任务系统中，使用信号量是协调多个任务最简单、有效的方法。以下的代码定义了一个系统的信号量：

```
OS_EVENT *Rtc_Updata_Sem;                      //时钟更新控制权
```

使用 **OSSemCreate** 函数创建一个系统的信号量。参数 1 表示此信号量有效。例如：

```
Rtc_Updata_Sem=OSSemCreate(1);
```

在系统任务中，使用 **OSSemPend** 函数等待一个信号量有效，使用 **OSSemPost** 函数释放一个信号量。例如：

```
void Rtc_Disp_Task(void *Id)        //时钟显示更新任务
{
    U16 strtime[10];
    INT8U err;

    for(;;){
        if(Rtc_IsTimeChange(RTC_SECOND_CHANGE)){        //不需要更新显示
```

```
                    OSSemPend(Rtc_Updata_Sem, 0, &err);

                    Rtc_Format("%H:%I:%S", strtime);

                    SetTextCtrlText(pTextCtrl, strtime, TRUE);

                    OSSemPost(Rtc_Updata_Sem);

                }

                OSTimeDly(250);

            }

        }
```

在上面的代码中，Rtc_Disp_Task 任务用来更新系统的时钟显示。更新之前，需要等待 Rtc_Updata_Sem 信号量有效并获得更新的控制权。更新完毕后，需要及时地释放信号量，以便让其他任务使用此资源。

3．绘图函数

绘图时通常使用绘图设备上下文 DC，这样可保证不同任务绘图的参数相互独立，不会相互影响。绘图设备上下文 DC 在系统中可定义为一个结构体，其定义如下：

```
        typedef struct{

                int DrawPointx;

                int DrawPointy;   //绘图使用的坐标点

                int PenWidth;     //画笔宽度
                U32 PenMode;      //画笔模式
                U32 PenColor;     //画笔颜色

                int DrawOrgx;     //绘图的坐标原点位置
                int DrawOrgy;

                int DrawRangex;   //绘图的区域范围
                int DrawRangey;

                U8 bUpdataBuffer;  //是否更新后台缓冲区及显示
                U32 FontColor;    //字符颜色

        }DC, *PDC;
```

可见，在 DC 中保存了每个绘图对象的相关参数。系统启动时，通过调用 initOSDC( ) 函数初始化 DC，可为以后创建 DC 分配存储空间。

使用 CreateDC( )函数创建 DC，并给 DC 赋予默认的初始值。以下代码演示了如何创建一个 DC。其中，原点坐标设定在液晶屏设备坐标的(170, 50)，绘图的逻辑坐标的水平值设置为 800，垂直范围按照液晶屏实际的纵横比例缩放。

```
        PDC pdc;

        pdc=CreateDC( );

        SetDrawOrg(pdc, 170, 50, &oldx, &oldy);

        SetDrawRange(pdc, 800, -1, &oldxrange, &oldyrange);
```

在创建好绘图设备上下文 DC 并设定其参数后就可以使用 DC 指针在屏幕上绘图了。以下代码演示了如何在屏幕上绘制正弦曲线：

```
PDC pdc;
ClearScreen( );
SetDrawOrg(pdc, 0, LCDHEIGHT/2, &oldx, &oldy);    //设置绘图原点为屏幕左边中点

MoveTo(pdc, 0, 0);
for(x=0;x<LCDWIDTH;x++)
{        y=(int)(50*sin(((double)x)/20.0+offset));
        LineTo(pdc, x, y);
}
```

4．控件

使用控件可以加速 GUI 图形界面的建立。一个通用的系统控件包含了以下数据结构：

```
typedef struct
{      U32 CtrlType;                    //控件的类型
       U32 CtrlID;                      //控件的 ID
       StructRECT ListCtrlRect;         //控件的位置和大小
       U32 FontSize;                    //控件的字符大小
       U32 style;                       //控件的边框风格
       U8 bVisible;                     //是否可见
}OS_Ctrl;
```

其中，控件的 ID(CtrlID)是系统唯一的，即每个控件的 ID 都不同。以下代码演示了一个列表框控件，容量为 100 个列表项目，把系统中扩展名为 .bmp 的文件显示在列表框中：

```
Char FileExName[ ]={'B', 'M' , 'P', 0};
structRECT rect;
char filename[9];
U32 filepos=0;
U16 Ufilename[9];
int i=0;

SetRect(&rect,0,18,80,107);          //创建列表框控件
pMainListCtrl=CreateListCtrl(ID_MainListBox,&rect,100,FONTSIZE_MIDDLE,CTRL_STYLE_
DBFRAME);
SetCtrlFocus(ID_MainListBox);
while(ListNextFileName(&filepos,FileExName,filename)){
        strChar2Unicode(ufilename,filename);
        AddStringListCtrl(pMainListCtrl,Ufilename);
}
ReDrawOSCtrl( );
```

6.2.3　嵌入式程序优化

1．编译过程

　　理解一个高级语言如何被翻译为机器指令对于实现嵌入式程序优化是非常有帮助的。由于在实现一个嵌入式计算系统时经常需要控制处理中断的指令顺序、内存中的数据和指令的位置等，因此理解整个编译过程如何工作能够帮助程序员知道何时不能依赖编译程序。因为很多应用程序对性能非常敏感，所以在理解代码如何产生的基础上，通过编写能够被编译为所需指令的高级代码或者在必要时编写自己的汇编代码，才能够实现性能目标。

　　通常，一个编译命令往往做了产生一个可执行程序所需做的一切。确切地讲，编译过程包括了编译、汇编和链接等若干步骤，如图 6-5 所示。

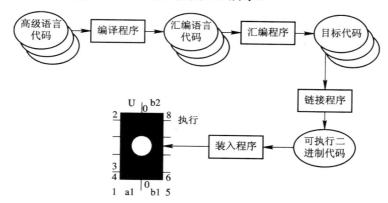

图 6-5　编译和装入的过程

1）编译

　　大多数编译程序并不直接产生机器码，而是以汇编语言形式建立指令级程序。产生汇编语言而不是二进制指令的这一过程中，可以使程序员不用关心与编译过程不相关的一些细节，如指令形式以及指令和数据的确切地址。

　　事实上，编译结合了翻译和优化的过程：

编译 = 翻译 + 优化

　　翻译是指将高级语言程序翻译为低级指令形式，而优化则注重于程序的更多方面，这是由于在某种情况下，编译一条语句的结果可能会对程序的其他部分造成不良影响。如果使用独立翻译源代码语句的技术，则优化将能产生更好的指令顺序。

　　图 6-6 表示了编译的过程。编译开始于像 C 这样的高级语言代码并产生汇编代码。高级语言被分析拆分成语句和表达式。此外，还产生了一个包含程序中所有命名对象的符号表。对于另外一些编译程序，它可能还要完成一种程序输入。这种程序输入被看做对高级语言的修改，而且它不会引用指令的高级优化。

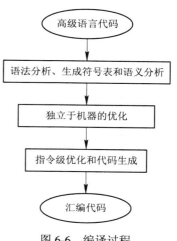

图 6-6　编译过程

简化算术表达式是一个独立于机器的优化的例子。然而，并不是所有编译程序都做这种优化，编译程序能够广泛考虑与这种独立于机器的优化的结合。指令级优化的目标在于产生代码。它可能直接作用于实际指令或后来被映射到目标 CPU 指令的伪指令。这一级的优化通过允许创建后来被优化的更简单代码来帮助模块化编译程序。例如，考虑如下数组访问代码：

　　　　　x[i]=c*x[i]

使用简单的代码生成器编译这条语句将产生两次 x[i] 地址，而且每次运算都会如此。后来的优化阶段认识到作为一个通用表达式，x[i] 样本不必重复产生。虽然在这个简单例子中创建一个无冗余表达式的代码生成器是可能的，但在代码产生时考虑到每一个这种优化是非常困难的。实际的做法是通过先产生简单代码然后优化来得到更好的代码和更可靠的编译程序。

另外一种情况是程序不总是编译好后独立执行，可能有意在执行时才把它翻译成为指令。两种著名的运行时翻译技术是解释与适时(JIT)编译。解释或 JIT 编译会增加执行的开销(时间与内存)。然而，在某些环境下这种开销可以得到很好的补偿。例如，如果只有部分程序在某时段执行，那么即使考虑开销增加的因素，解释或 JIT 编译也可以节省内存。当程序在网络上时，解释与 JIT 编译还提供了额外的安全性。

解释程序位于程序与机器之间，一个解释程序一次翻译一个程序语句。解释程序不一定能生成精确的代码段来表达该语句。解释程序可用高级语言表示，Forth 语言是解释执行的嵌入式语言的典型例子。因为解释程序在任何给定的时间内只翻译很小的一段程序，所以只有很少的内存用于保留程序的中间表示。在许多情况下，Forth 程序加 Forth 解释程序要比同等的本地机器码小。

JIT 编译程序介于解释程序与独立的编译程序之间，为一段程序生成可执行的代码段。然而，JIT 编译程序只编译将被执行的那部分程序(如函数)。与解释程序不同，JIT 编译程序保留代码编译后的版本以便代码在下次执行时不必再翻译。由于 JIT 编译程序在多次出现相同代码的情况下只翻译一次，因此它相对于解释程序可节省许多执行时间，但它为中间表示使用了更多的内存。通常，JIT 编译程序直接生成机器码而不构造如 CDFG 那样的中间程序来表示数据结构。JIT 编译程序与独立编译程序相比通常也只进行简单的优化。目前，JIT 编译程序最为著名的是在 Java 环境中的使用。

2) 汇编

汇编程序的任务是将符号化的汇编语言语句翻译成目标代码的指令位级表示。汇编程序关心指令形式并做了一部分将标记翻译为地址的工作。

如果汇编语言程序的起始地址已经指明，那么在这种程序中的地址被称做绝对地址。但在许多情况下，特别是由若干个组成文件创建可执行文件时，我们不想在汇编前为每一个模块指明地址——如果那样做了，在汇编前必须决定的不仅是每个程序在内存中的长度，还有它们链接到程序的次序。因此大多数汇编程序使用相对地址——通过在文件开始处指明汇编语言模块的起始地址，而模块中的其他地址将相对于该地址来计算。最后，由链接程序负责将相对地址转化为绝对地址。

将汇编代码翻译为目标代码时，汇编程序必须翻译操作码并格式化每条指令中的位，将标记翻译为地址。正是由于标记，可以让编译程序不用关心指令和数据的绝对地址。标记处理过程要求对汇编源码进行以下两步处理：

(1) 扫描代码以决定每个标记的地址。

(2) 用第(1)步中的标记值汇编指令。

如图 6-7 所示，每个符号的名字和它的地址被存储在第(1)步处理生成的符号表中。通过从头至尾扫描指令生成符号表。扫描过程中，当前内存地址被保持在程序位置计数器(PLC)中。与 PC 不同，PLC 不被用于执行程序，仅为标记分配内存地址。例如，PLC 在程序中通常做明确的一步处理，程序计数器却要对一个循环中的代码做多步处理。因此在第(1)步的开始处，PLC 被置为程序起始地址并且汇编程序从第一行看起。检查完该行后，汇编程序将 PLC 更新为下一个位置(由于 ARM 指令是 4 个字节长，因此 PLC 将递增 4)并访问下一条指令。如果指令以一个标记开始，则新的入口将在符号表中获得，该表中包括标记名称和标记的值。标记值等于 PLC 的当前值。第(1)步扫描结束后，汇编程序转回汇编语言文件的开始处处理第(2)步。第(2)步中标记名出现时，该标记在符号表中被检索，并将其值代入指令中的相应位置。

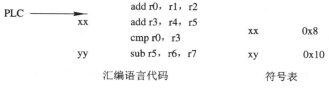

图 6-7　汇编过程中符号表的处理

但我们如何才能知道 PLC 的起始值呢？最简单的情况是绝对寻址。这种情况下汇编语言程序中的第一个语句是一个说明程序的起始地址，即程序中第一个地址位置的伪操作。这种伪操作(例如在 ARM 中使用的)通常被命名为 ORG 语句。例如：

```
ORG        2000
```

这个伪操作通过将 PLC 置入参数值完成这一步，本例中是 2000。当数据或指令必须在内存的不同位置间传递时，汇编程序通常允许一个程序有许多 ORG 语句。

汇编程序允许标记被加入符号表而不占用程序存储器空间。例如：

```
           ADD R0,R1,R2
FOO        EQU 5
BAZ        SUB R3,R4,#FOO
```

其中，EQU 伪操作将一个名为 FOO，值为 5 的标记加入符号表中。因为 EQU 没有前移 PLC，所以 BAZ 标记的值如同 EQU 伪操作不存在一样。新标记在后面的 SUB 指令中被用作常量名，可见 EQU 能够用来定义符号值以使汇编代码更加结构化。

ARM 汇编程序支持特定于 ARM 指令系统的伪操作，在其他结构中，地址可能通过读内存地址载入寄存器(例如间接访问)。ARM 没有能够载入有效地址的指令，所以汇编程序支持 ADR 伪操作创建寄存器地址。它通过使用 ADD 或 SUB 指令产生地址。被载入的地址可以是相对寄存器的内容、相对程序或数字，但它必须被汇编成一条单独的指令。更复杂的地址运算必须被显式编程。

汇编程序产生了一个以二进制形式描述指令和数据的目标文件。通用的用户目标文件形式，开始是为 UNIX 而开发的，现在也用在了其他环境中，以 COFF(通用目标文件格式)著称。目标文件必须描述指令、数据和任何寻址信息并且通常为了以后调试使用而装载符号表。

产生相对代码而不是绝对代码为汇编语言处理引入了一些新的挑战。相对于用 **ORG** 语句提供起始地址，汇编代码使用伪操作指明事实上该代码是可重定位的代码。类似地，我们将输出目标文件标记为相对代码。由于我们还不知道置入 **PLC** 位中的确切值，因此我们可以先用初始化为 0 来表示地址是相对于文件开始的。为了最终生成绝对代码，还必须首先产生重定位代码。我们以目标文件形式使用附加位来将相应域标记为重定位，并将标记的相对值插入该域。因此，当链接程序发现一个域标记为相对值时必须修改产生的代码，即以正确地址的绝对值代替相对值。

3) 链接

很多汇编语言程序用几个小块文件而不是一个单独的大文件写成。将一段大程序分割成小文件有助于描述出程序的模块化。链接是指修改汇编代码并将由汇编程序产生的目标文件生成文件间的必要连接。

一些标记在同一个文件中被定义并使用，其他一些标记在一个单独文件中被定义但在其他地方被引用，如图 6-8 所示，标记在文件中被定义的地方称做入口点，标记在文件中被引用的地方称做外部引用。装入程序的主要工作是解释基于可用入口点的外部引用。由于需要知道如何将定义和引用连接起来，因此汇编程序传递给链接程序的不仅有目标文件，还有符号表。即使符号表不为以后的调试目的而保存，它至少也要传递该入口点。外部引用在目标代码中被它们的相对符号标识符所指明。

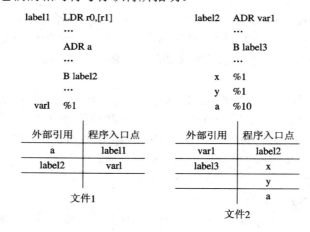

图 6-8 外部引用和入口点

链接程序分两个阶段进行。首先，决定每一目标文件开端的绝对地址。目标文件被载入的顺序由用户给定，或者通过装入程序运行时指明参数，或者通过创建装入映像文件产生文件置入内存顺序。给出文件载入内存的顺序和每一目标文件的长度后，就很容易计算出每个文件的起始地址。在第二阶段开始，装入程序把所有目标文件符号表合并为单独的一个大表，然后编辑目标文件，变相对地址为绝对地址。装入程序将附加位写入目标文件是标识引用标记的指令和域的典型操作。如果一个标记不能在合并的符号表中找到，那它就是未定义的并将出错消息发送给用户。

在嵌入式系统中控制代码模块在何处载入内存很重要。某些数据结构和指令(例如中断管理指令)必须被置入严格的存储单元中运行。其他情况下，不同类型的存储器可能被置入不同的地址范围。例如，如果一些位置是 EPROM，其他位置是 DRAM，则我们必须确定写入位置是在 DRAM 单元中。

工作站和 PC 提供动态链接库，一些完善的嵌入式计算环境可能也提供。动态链接库不是把 I/O 操作这样的通用例程的单独拷贝链接到系统上的每一个可执行程序中，而是允许它们在程序开始执行时链入。动态链接库的主要链接过程是在程序刚开始执行时运行的，使用代码库链入所需例程中。这不仅节省了存储空间，而且使得使用这些库的程序更容易被更新，但其缺点是延迟了程序的执行。

最后，装入程序将程序载入内存以便执行。

2．执行时间优化

嵌入式系统实时性的特点要求我们了解程序的执行时间，并能做出优化。分析程序执行时间也有助于分析功耗的特性。

然而在实践中，程序的执行时间很难被精确地确定，原因包括：

(1) 输入的数据在程序中往往会选择不同的执行路径，而程序的执行时间也会随之变化。例如，循环可能被执行不同的次数，并且不同的分支可能执行不同复杂度的块。

(2) 高速缓存是影响程序性能的另一个主要因素，并重复影响。高速缓存的行为部分依赖于输入程序的数据值。

(3) 即使在指令水平上，执行次数也可能改变。浮点运算对于数值来说是最为敏感的，但是正常的整数执行流水线也能引入数据依赖型变体。通常，一条指令在流水线中的执行时间不仅依赖于这条指令本身，而且还依赖于在流水线中的该指令周围的指令。

虽然如此，我们最关心的还是以下三种类型的程序性能：

(1) 平均执行时间：对于典型数据所期望的典型执行时间。显然，首要的难点在于定义典型输入。

(2) 最坏执行时间：显然，这对于必须满足期限的系统来说非常重要。

(3) 最佳执行时间：这对于多速率实时系统而言可能很重要。

测量程序执行速度的方法很多，如利用一些 CPU 的仿真器、连接到微处理器总线的计时器和逻辑分析仪来进行测量。虽然这些方法在一定程度上可以满足我们的要求，但是也都存在一定的限制。因此，我们需要首先在更多的细节上关注程序性能的本质，然后再考虑在程序执行和行为观察的基础上跟踪其性能。

1) 程序性能分析

程序执行时间可表示为

$$执行时间＝程序路径＋指令耗时$$

程序路径是指程序执行的指令序列。指令耗时基于被程序路径跟踪的指令序列，它需要考虑数据相关性、流水线行为和高速缓存。

(1) 程序路径。程序性能的某些方面可以通过直接查看 C 程序来估计。例如，如果一个程序包含了一个大的固定的迭代范围或如果一个条件分支比另一个分支更长，那么我们至少可以得到一个粗略的概念：这些程序段将消耗更多的时间。

当然，精确的性能估计还依赖于被执行的指令，因为不同的指令执行需要不同的时间。

以下的例子解释了数据依赖的程序路径：

```
if(a||b){/*test1*/
    if(c)/*test2*/
        {x=r*s+t;/*assignment1*/}
    else{y=r+s;/*assignment2*/}
    z=r+s+u;/*assignment3*/
}else{
    if(c)/*test3*/
        {y=r-t;/*assignment4*/}
}
```

这是一对嵌套的 if 语句，条件的测试与赋值均已在每一个 if 语句中标记，这使它更容易标识路径。一个枚举所有路径的方法是创建一个事实类表结构。路径通过 if 条件中的变量 a、b、c 控制。对这些变量的任何一个给定的值，我们可跟踪整个程序来看哪个分支在哪一个 if 语句中被执行，哪一个赋值被执行。例如，当 a=1，b=0，c=1 的时候，测试 1 为真，并且测试 2 为真，这意味着首先执行赋值 1，然后执行赋值 3。

所有控制变量值的结果如下：

a	b	c	路　　径
0	0	0	测试 1 假，测试 3 假：无赋值
0	0	1	测试 1 假，测试 3 真：赋值 4
0	1	0	测试 1 真，测试 2 假：赋值 2，3
0	1	1	测试 1 真，测试 2 真：赋值 1，3
1	0	0	测试 1 真，测试 2 假：赋值 2，3
1	0	1	测试 1 真，测试 2 真：赋值 1，3
1	1	0	测试 1 真，测试 2 假：赋值 2，3
1	1	1	测试 1 真，测试 2 真：赋值 1，3

这里只有四个不同的情况：无赋值、赋值 4、赋值 2 与赋值 3、赋值 1 与赋值 3，分别对应于经过嵌套 if 的可能路径。由此，我们可以检查每一个路径来加入这些变量值。

下面通过前面 FIR 过滤器的例子来解释如何通过固定迭代 for 循环来枚举路径。循环代码重新编码如下：

```
for(i=0,f=0;i<N;i++)
    f=f+c[i]*x[i];
```

通过检查代码的 CDFG(见图 6-9)，可以更容易地确定变量语句被执行的次数。

CDFG 更清晰地表明循环初始化块只执行了 1 次，测试执行了 N+1 次，并且循环体与循环变量更新了 N 次。

为了测量最长路径长度，我们必须通过优化后的 CDFG 找到最长路径，因为编译程序可能改变控制和数据流结构来优化程序实现。由于 CDFG 中节点的执行时间很大程度上依赖于该节点表示的指令，因此通过 CDFG 的最长路径依赖于节点的执行次数。通常，一种很好的策略就是先估选通过该程序的几个最长路径，然后尽量详细地测量这几个路径的长度，以保证找到最长路径。

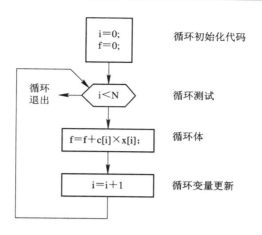

图 6-9　for 循环的 CDFG

（2）指令耗时。一旦我们知道程序的执行路径，就必须测量沿着该路径执行指令的时间。最简单的估计就是假定每一个指令消耗相同数目的时钟周期，这意味着只要通过对指令计数，并与每条指令执行时间相乘，即可获得程序的总执行时间。然而，即使忽略高速缓存的影响，由于下列原因的存在，这种方法也显得过于简单。

① 不是所有的指令均消耗相同的时间。尽管 RISC 体系结构趋向于提供统一指令执行次数以保持 CPU 的流水线是满的，但仍然有许多 RISC 体系结构需要使用不同的时间去执行相同的指令。多装载/存储指令就是 ARM 体系结构中执行时间较长的例子。浮点指令在执行时间上也存在很大差异。基本乘法与加法运算是快速的，但一些超常的函数可能要花费上千个周期去执行。

② 指令的执行次数不是独立的。一条指令的执行时间依赖于它周围的指令。例如，当一条指令的结果用于下一条指令的时候，许多 CPU 采用寄存器传递以加速指令序列的执行。结果是一条指令的执行时间可能依赖于其目标寄存器是否用于下一个运算的源(反之亦同)。

③ 一条指令的执行时间可能依赖于操作数的值。例如，浮点指令需要不同数目的迭代来计算结果，一些特定的指令能够执行与迭代次数相关的整数运算。

因为对主存的访问时间可以是访问高速缓存的 10 倍，所以通过改变指令与数据的访问次数，可使得高速缓存对指令的执行时间有巨大的影响。又由于高速缓存的内容依赖于访问的历史，因此高速缓存的性能相应地依赖于程序的执行路径。

2）优化执行速度

我们可以通过解决以下几个方面的问题来提高程序执行的速度：

首先，确信你的代码确实需要提高执行效率。例如，在处理一个大程序时，使用了大量运行时间的那部分代码对系统执行效率的影响可能并不明显。当系统由多个程序构筑而成时，程序的运行通过进程间通信来协同。一个执行速度较慢的程序不一定会降低系统的总体性能。通常可以先了解一下程序的轮廓来帮助发现一些热点问题。

其次，可以重新设计算法来提高执行效率。一个看起来简单的高级语言语句背后也许隐藏着一长串的操作，这就降低了算法执行速度。使用动态分配就是一个明显的例子，由于管理堆要花费很长时间，而这一点对程序员是隐藏的。例如，一个使用动态存储的复杂算法在实际运行时，可能比使用静态分配内存执行较多操作的算法要慢。通常通过检查渐近性能来达到执行较少的操作是提高性能的关键。

最后，可以检查程序的实现。以下是一些关于程序实现的要点总结：

(1) 尽可能有效地使用寄存器。成组访问一个值以便使该值可被写入寄存器保存起来。

(2) 在任何可能的情况下，使用分页模式访问内存系统。分页模式读/写能够减少访问内存时的步骤。可以通过组织变量使更多的变量被连续引用，从而提高分页模式的使用率。

(3) 分析高速缓存的行为来发现主要的高速缓存冲突。以相应的方式重新构建代码，尽可能消除以下冲突：

① 指令冲突。如果冲突的代码段较小，试着重写代码段，使之尽可能小，以便更好地适用于高速缓存，此时使用汇编语言也许很有必要。如果冲突的代码段跨度很大，应尽量移动指令或用 NOP 填充。

② 标量数据冲突。可把数据值移到不同的位置以尽量减少冲突。

③ 数组数据冲突。可以考虑移动数组或者改变数组访问模式来减少冲突。

3. 能量优化

对于电池供电的计算机系统而言，功耗是一个非常重要的设计指标。而对于电网供电的系统而言，功耗也变得越来越重要，这主要是由于控制系统的功耗可以减少快速芯片运行的发热量，提高系统稳定性并降低系统成本。

我们可以通过多种途径来降低功耗，例如：使用工作效率高而且省电的算法来取代现有的算法；优化内存访问；在不需要时关闭系统的一部分，如 CPU 的子系统、外围芯片等。

1) 程序能量优化

在进行程序能量优化时，我们首先需要了解程序究竟消耗了多少能量。测试一条指令或一小段代码的功耗是可能的。我们可以通过测量流过 CPU 的电流，计算出整个循环，包括循环体和其他代码的功耗；然后，单独测量没有循环体的空循环的功耗；最后，计算全部循环的功耗和空循环的功耗之差，以确定循环体代码的功耗。

程序的能量消耗取决于以下几方面因素：

(1) 程序能量消耗随指令的不同而不同。

(2) 指令次序对能量消耗有影响。

(3) 操作码以及操作数的位置对能量消耗也有影响。

对大多数 CPU 来说，着力于优化指令级的能量消耗只能获得有限的回报，程序必须进行一定数量的计算来完成它的功能。当有更好的算法来完成该运算时，基本运算消耗的能量只能改变系统能量消耗总量的相当小的一部分，通常还要为此付出极大的努力。

2) 存储器效果

在许多应用程序中，致力于内存系统的优化会带来最大的节能效益。如图 6-10 所示，内存传输是迄今为止 CPU 完成的操作中能量消耗最大的操作。一次内存传输操作耗费的能量是一次加法运算的 33 倍多。因此，优化能量消耗的最好方法是合理组织内存中的数据和指令。访问寄存器是节能效益最高的；缓存访问比大多数的主存访问效率要高。

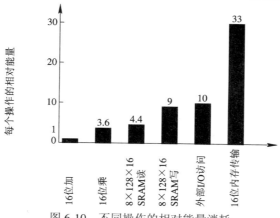

图 6-10　不同操作的相对能量消耗

高速缓存是节能的重要因素。一方面，一次高速缓存可节省大量的主存访问；另一方面，高速缓存本身相对节能一些(因为高速缓存是由 SRAM 而非 DRAM 制成的)。

随着高速缓存大小的提高，CPU 中软件的能量消耗下降，但是指令高速缓存本身又成为了能量消耗的主要部分。几种基准测试试验表明：许多程序在能量消耗上有"拐点"。如果高速缓存太小，则程序运行较慢且系统由于代价较高的内存访问而消耗大量能量。如果高速缓存太大，则功耗太高且没有带来与此相应的性能上的提高。取中间值，则能够使执行时间和功耗都有好的结果。

3) 能量优化

一般而言，使程序运行得更快同样也能降低能量消耗。其中，能够被编程人员合理控制的最大因素是内存访问模式。例如，如果修改程序，减少指令或数据高速缓存冲突，存储系统所需要的能量就会显著降低。通过重新组织指令或选择不同的指令产生的效率依赖于所涉及的处理器，但它们通常都比高速缓存优化的效率低。

前面提到的性能优化方法对改进能量消耗也很有用处，这些方法包括：

(1) 尽量有效地使用寄存器。成组访问一个变量值以便使这个值被写入寄存器并保存起来。

(2) 分析高速缓存行为来发现主要的高速缓存冲突。重构该代码，尽可能消除以下冲突：

① 指令冲突。如果冲突的代码段较小，试着重写代码段，使之尽可能小，以便更好地适用于高速缓存，此时使用汇编语言也许很有必要。如果冲突的代码段跨度很大，则尽量移走指令或用 NOP 填充。

② 标量数据冲突。可以把数据值移到不同的位置以尽量减少冲突。

③ 数组数据冲突。可以考虑移动数组或修改数组访问模式以减少冲突。

(3) 在任何可能的情况下，使用分页模式访问内存系统。原因前面已介绍过，这里不再赘述。

4．长度优化

一个程序的内存覆盖区是由程序的数据和指令的大小决定的。在最小化程序长度时，这两方面都需予以考虑。

数据为程序长度最小化提供了一个很好的机会，因为数据高度依赖于编程风格。低效率的程序经常保存着好几份数据副本，确认并消除数据副本有助于显著地节省内存，而这只需付出很小的性能上的代价。应该小心地确定缓冲区的大小，而不是定义一个程序永远用不到的大的数据数组，确定保存在缓冲区中数据的最大数量，并相应地分配数组。数据有时候可以被压缩，例如可以在一个字中设置几个标志并通过使用位级操作来提取它们。

一个相当低级的最小化数据的技术是数值复用。例如，如果几个常数恰好有相同的值，则它们可以被映射到同一个位置。数据缓冲区在程序的几个不同地方可以被复用。使用这种技术时必须非常谨慎，因为程序的后续版本可能不让常数使用同一个值。一个更一般的技巧是在运行时产生数据而不是存储数据。当然，产生数据所需的代码会占用程序的空间，但是，当涉及复杂的数据结构时，使用程序来产生数据可以节省空间。

最小化程序指令的大小要求混合高级程序变换并精心选择指令。仔细封装函数在子例程中可以减少程序的长度。因为子例程有参数传递的开销，而从高级语言代码来看不明显，子例程起作用的函数体较小。有变长指令长度的体系结构很适合通过精心编程来减少程序长度，其中关键程序段可能需要使用汇编语言编码。在一些情况下，一个指令或指令序列可能比另一种替代实现要小得多。例如，一个多重累加比单独的算术操作小而且执行速度快。

当减少程序中的指令数时，一个重要的技巧是适当使用子例程。如果程序重复执行同一操作，这些操作自然适合作为子例程处理。即使操作有某些变化，也可以适当地构造一个参数化的子例程来节省空间。当然，考虑到节约代码空间，子例程的链接代码也要计算进去。在子例程程序体中不仅有额外的代码，而且在处理参数的子例程调用里也有额外的代码。

在某些情况下，适当地选择指令可以减少代码的大小。在使用变长指令的 CPU 中这一点尤为重要。某些微处理器体系结构支持密集指令系统——一种特别设计的使用较短的指令格式来进行指令编码的指令系统，例如 ARM 的 Thumb 指令系统和 MIPS-16 指令系统。在许多情况下，支持密集指令系统的微处理器也支持普通指令系统。特殊的编译方式产生了基于密集指令系统的程序。当然，程序长度随程序类型不同而异。使用密集指令系统的程序是等价的普通指令系统程序长度的 70%～80%。

另一种减少代码的方法是使用统计压缩算法，即在汇编后压缩程序，在运行时再解压缩。统计压缩把数据压缩后视为符号流，它依靠如下事实，即并非所有的符号或符号序列都有相同的概率，因此，概率较大的数据部分用较少的位数编码，概率较小的数据部分用较多的位数编码。文件压缩程序如 gzip 等可以把文件压缩到原文件大小的 50%。然而，文件压缩算法不能直接用于动态代码解压。首先，压缩算法不能强迫在执行前解压整个程序——这样会破坏压缩的目的，因为整个程序都会驻留在内存中。我们必须能在执行时解压一小部分代码，这又产生了分支问题。因为分支中的地址可能引用的是未压缩的单元，而不是压缩程序中分支目标的单元。其次，必须能够快速解压代码块，以免过度降低 CPU 的速度。

代码压缩的技术有好几种，图 6-11 所示为一种常见的技术。在这一方案里，被压缩的代码块从主存中取出，并被解压到高速缓存中。由于解压发生在高速缓存未命中的情况下，因此该情形发生得不频繁，并且高速缓存被组织成可以处理代码块。当文件被链接而形成可执行文件时，在代码被编译的最后进行压缩；压缩过程产生了用于解压缩单元的表。不同的压缩算法可以用于生成能够产生快速硬件解压逻辑的压缩代码。

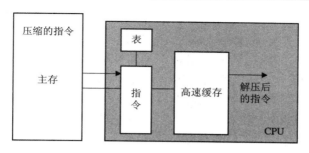

图 6-11　基于高速缓存的指令压缩

IBM 为 PowerPC 处理器开发了一个代码解压模块。当代码从主存中被读出来之后，它们被解压单元解压缩。由于发现把一个 32 位指令分成两个 16 位的等分会提高压缩率，因此 IBM 使用霍夫曼压缩方法压缩分割后的两部分，压缩指令放在 64 字节的块中。一个索引表(TLB)被用来把未压缩的地址(例如分支指令的地址)转换成压缩代码中指令的新位置。IBM 也把 K 位加入到 TLB 中来指示内存中的页是否有压缩的指令。使用这种方法后，基准程序可以被压缩为原来的 55%～60%。

6.3　基于网络的嵌入式系统设计

6.3.1　分布式嵌入式系统

1．系统概述

通常，嵌入式系统有两种应用方式：单机方式和网络方式。单机方式以嵌入式处理器为核心，与一些外部接口部件如监测、伺服和指示设备配合，实现一定的功能。网络方式是指把嵌入式设备通过网络连接在一起，相互通信，完成协作、并行等功能。连接网络的嵌入式设备具有通信控制器部件，通过该部件和通信协议软件的集成，可以实现嵌入式设备与网络的连接。

设计基于网络的嵌入式系统有以下几方面的原因：

(1) 计算和处理器资源的分散性。在一些应用系统中，计算机处理的资源可能分布在不同的位置，它们需要通过网络连接起来。例如，工业自动化系统中，传感器、执行器等设备位于工厂的不同位置，它们工作时需要通过网络来互传数据。

(2) 减少处理器的数据量。例如，在数据采集设备中，采集的数据在智能采集节点进行预处理，可以减少数据的冗余，然后通过网络传输到目的节点。

(3) 模块化设计需求。例如，当一个大型的系统装配在已有的组件之外时，这些组件可以通过使用总线的方式把一个网络端口用作一个新的不干扰内部操作的接口。此外，分布式系统还比较易于调试，因为位于网络某一部分的微处理器可以探测这个网络的其他部分的组件。

(4) 系统可靠性要求。在一些情况下，网络被用于容错系统，如双机/多机备份系统。多个处理器系统通过网络连接在一起，当其中的一个设备出现故障时，其他的设备可以很容易地进行切换。

采用网络方式连接嵌入式系统目前主要应用在以下几方面：

(1) 物理层联网。物理层联网主要指的是比较简单的网络，通常使用串行总线(如RS–232、RS–485 等)进行信号级的网络互联。

(2) 通信领域。典型的应用是移动通信以及基于移动通信技术的网络应用和增值业务。目前，典型的设备有 GSM、CDMA 等。基于这种网络的增值业务包括短消息、宽带多媒体网络业务、手机浏览互联网等。

(3) 工业控制领域。工业控制系统从单元自动化向网络方面发展，由集散控制系统向基于网络的分布式控制系统方面发展。代表这一趋势的关键技术是现场总线技术，它是未来工业自动化方面的关键技术。

(4) Internet 应用。Internet 的最大特点是覆盖区域大，可以覆盖世界的各个角落。Internet已经成为重要的基础信息设施之一，是信息流通的重要渠道。将嵌入式系统连接到 Internet中，通过 Internet 可把信息传送到世界的各个地方。

2．OSI 模型

计算机网络提供了高级别的服务，却对系统中其他组件隐藏了数据传输的很多细节。国际标准化组织(ISO)针对网络提出了著名的 7 层结构模型，即开放式系统互联参考模型(Open System Interconnect Reference Model，OSI/RM)。

OSI 模型的分层结构如图 6-12 所示，它展示了网络的结构和各层的功能。某些网络设备在实现时并不需要 7 层中的某一层或几层，因为高层或者中间层并不是必需的。例如，大多数工业级网络由于实时性的要求就省去了消耗时间的某些层。

图 6-12　OSI 模型的分层结构

OSI 模型各层的具体功能如下：

(1) 物理层。物理层规定了系统间基本的接口特性，如物理连接(连接插件和线缆)、电气特性、电子部件和物理部件的基本功能、位交换的基本过程等。

(2) 数据链路层。数据链路层的主要作用是检测错误和控制一条单个链路。但是，如果网络需要通过几个数据链路实现多转发，那么数据链路层将不再保证转发的数据的完整性，它只能在单转发中保证这一点。

(3) 网络层。网络层定义了基本的点到点数据传输服务。网络层在多转发网络中特别重要。

(4) 传输层。传输层定义了面向连接的服务，它可以保证数据按一定的顺序无差错地在多条链路上传送。这一层同时会对网络资源的利用做一些优化工作。

(5) 表示层。表示层规定了数据交换的格式并为应用程序提供有效的转换工具。

(6) 应用层。应用层提供了终端用户程序和网络之间的应用程序接口。

尽管嵌入式系统比较简单，一般不需要使用完整的 OSI 模型，但是这个模型在实际应用中是非常有用的。即使相对简单的嵌入式系统也提供了物理层、数据链路层和网络层服务。

3．网络结构

一个分布式嵌入式系统能用很多不同的方式来组织，但是它的基本单元是网络设备(一般是嵌入式网络设备)和网络本身，如图 6-13 所示。

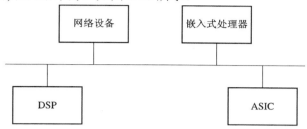

图 6-13　一个分布式嵌入式系统的结构

网络设备可以是一个指令系统处理器，如 DSP、嵌入式处理器；也可以是不可编程元件，如用来实现 PE4 的 ASIC 和完整的设备。一个智能的 I/O 设备也可以是一个网络设备，只要它安装了通信控制器并能够在网络中使用网络协议同其他网络设备进行通信。这种情况下的网络可以是总线结构，也可能是其他的拓扑结构。

此外，系统也可能使用了一个以上的网络。不同的子网通过网络互联装置(如网关、网桥等设备)进行互联。子网内部的通信量比较大，子网之间的通信量相对不太大。网络设备和网络形成了实际应用所需要的硬件平台。

由于网络上的嵌入式系统设备之间进行通信时，通信速度是不可预知的，位于不同处理器上的设备之间的通信延迟也具有随机性，因此设计应用于网络环境的嵌入式系统时，需要考虑由于网络引起的延迟。

4．网络编程

这里提到的网络编程技术主要是指报文传递编程。常用的报文传递编程有两种：普通的请求/应答方式和推移方式。

1) 请求/应答方式

这种方式是指通信的双方通过向对方发送请求/应答报文进行通信，它类似于客户/服务器的通信方式，通信的一方发送请求报文，通信的另一方对收到的报文进行应答。

连接在网络上的嵌入式设备通过传递报文进行通信。指定的报文作为一个基本的自然通信单位，可以被拆分成分组在网络上传送。

在程序设计上，分组发送可以使用查询方式，也可以使用中断方式。如果使用中断方式，则通常设计一个发送队列。应用程序需要发送的报文先放在发送队列中，发送中断服务程序从发送队列中读取报文并进行发送，这一过程如图 6-14 所示。

图 6-14　报文发送程序模块结构

由于接收操作的随机性，分组接收通常以中断的方式实现。最简单的过程接口会检查一个接收到的选项是否在缓冲区中。在比较复杂的基于 RTOS 的系统中，为了减少中断处理的时间，接收中断服务例程只从通信控制器的接收缓冲区中读取收到的数据分组，而把处理分组的工作交给一个中断任务来完成，这一过程如图 6-15 所示。图中的中断控制器接收到一个报文时，会产生一个中断，然后执行中断服务程序。如果中断服务程序执行的时间比较短，那么可以在中断服务程序中处理接收到的报文；否则，把报文交给中断任务，由中断任务完成报文的处理。在实际应用中，第二种情况比较常见。这是因为网络通信的报文一般比较长，处理起来需要很多时间。如果利用中断服务程序处理报文，则会耽误下一个报文的接收。

图 6-15　报文接收程序模块结构

网络编程可以是阻塞的，也可以是非阻塞的。报文传递的最简单的实现方法是阻塞式的，即直到接收方收到或者发送方发送完数据才返回。非阻塞方式的通信编程思路是：发送方调用一个发送过程后，不等待发送完成就可以返回，以处理别的事务，要想知道发送是否成功，需要查询发送的状态；对于接收方而言，先检查接收的状态，如果有数据则读取数据，否则立刻返回。非阻塞的网络接口需要一个等待发送数据队列。网络驱动程序发送队列首部的分组，把接收到的分组放到队列尾部。非阻塞的通信机制只在计算和数据传输之间的并发性可用时才有意义。

2) 推移方式

所谓推移方式，是指数据的发送方在不需要等待请求的情况下主动发送数据。推移方式适用于数据发送方周期性产生数据的系统，例如工厂中传感器节点不断向主机发送数据的连续过程控制系统、广泛应用于汽车上的 CAN 总线网络系统、现场总线网络的过程数据的通信机制等。

由于相对于请求/应答方式，数据推移程序设计省掉了发送请求的通信量，因此它适用于周期性的数据传送场合，可以减少网络流量。如果数据总是以规律的时间间隔被产生和使用，则可以通过在需要时自动发送的方法来减少网络上的数据流量。

例如，在汽车网络系统中，分布的传感器和传动装置同中央控制器对话，如图 6-16 所示。传感器周期性地采集数据，进行本地预处理，然后周期性地发送给主控单元。在这样一个系统中，对于传感器而言，自动传输它的数据而不是等待主控制器来请求它，是非常有意义的。

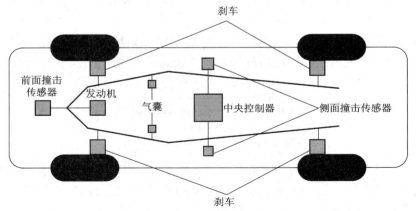

图 6-16　汽车网络系统

5．设计技术

在基于网络的嵌入式系统设计中，必须及时调度数据处理的任务量并把它们分配到适当的处理器或嵌入式设备上。此外，在许多分布式网络中，对通信的调度和分配是重要的附加设计任务。许多嵌入式网络在设计时，首要考虑的因素是低成本，因而不能保证提供特别高的通信速度。因此，如果在设计时未注意网络速度的问题，网络就可能成为系统设计中的瓶颈。

1）通信分析

要分析网络的性能，必须了解如何确定在传输报文时引入的延迟。首先假设报文传递是可靠的，这意味着不需要重传报文。在不考虑竞争(如点对点连接)的前提下，单个报文的报文延迟可以表示为

$$t_m = t_x + t_n + t_r$$

其中，t_x 是发送方的开销，t_n 是网络传输时间，t_r 是接收方的开销。

上式表示，运行于两个通过网络连接的不同设备上的进程之间的通信延迟由三部分组成：发送方的开销、网络传输时间和接收方的开销。一般情况下，网络传输时间 t_n 的影响比较大，设计时需要重点考虑。

2）系统性能分析

网络的复杂性使得对嵌入式网络系统的性能分析非常困难。对复杂的基于网络应用的嵌入式系统进行精确的性能分析，要使用 CAD 工具。有些算法可以有效地确定进程开始和完成时间的上界和下界。

如果没有计算机辅助分析工具来帮助分析性能，那么手工设计必须满足硬实时要求的嵌入式系统时要非常谨慎。系统在力图达到硬实时的时间确定性要求时，应该确保关键性的任务是活动的，这一点非常重要。例如，设计一个嵌入式硬实时系统，包括通信部分、数据处理部分和人机界面部分，为了保证系统的时间确定性，通常用户界面的活动和其他非基本任务都可以临时关掉。

如果需要多个关键性任务能够同时发生或运行，那么系统设计时一定要保证它们不共享任何处理器资源和通信链接资源。这是一种保守的设计策略，使用 CAD 工具有助于放宽某些限制，以便更充分地提高硬件效率。

3）网络中的优先级倒置

优先级倒置是指低优先级的任务占用了一个临界资源，于是高优先级的任务无法得到资源，因而等不到处理器的服务，在宏观上表现为低优先级的任务在运行，高优先级的任务不在运行的反常情况。优先级倒置这一概念一般出现在多任务操作系统的应用设计场合，在实时系统的设计中是要避免的。

在网络中，由于通信是以分组为单位的，在大多数情况下不能中断一个正在进行的分组传输行为来收回网络使用权，以供高优先级分组使用，因此，网络会表现出优先级倒置现象。优先级倒置主要存在以下两种情况：

(1) 报文的优先级不同。当一个低优先级的报文在网络上传输时，网络的使用权就被分配给这个低优先级的报文，并允许它阻塞任何高优先级的报文，直到把它传输完为止。因为每个报文的长度都是有限的，所以这种优先级倒置现象不会导致死锁，但是可能会延

迟关键性的通信。对此，唯一能做的就是分析网络的行为来确定优先级倒置是否可能导致一些报文延迟时间过长。

(2) 报文的优先级相同。例如，采用循环仲裁的网络中，所有的通信具有相同的优先级。但是，每个设备中运行的进程的优先级不同，从整个网络方面来考虑，认为网络的用户具有不同的优先级。在某一时刻，低优先级用户的发送操作会阻碍高优先级用户的发送，这种情况也属于优先级倒置问题。

4) 硬件平台设计、分配与调度

通过前面的分析，我们已经知道了网络传输报文延迟的影响因素。因此，在系统设计时，应该考虑开发时选用何种策略来设计进程和通信的调度以及分配。硬件平台的设计与选择的进程调度和分配方法密切相关，应使用尽可能少的硬件。但是，直到能够构建系统的调度时才可能知道需要使用多少硬件。此外，在建立调度表时需要把进程分配到网络设备的处理器上，这又需要知道有哪些可用的硬件。

在设计硬件平台时，必须做出以下设计选择：

- 所需要的处理器数目；
- 所有处理器的类型；
- 所需要的网络数目；
- 网络的类型以及数据速率。

在做出这些选择时，必须构造进程的分配和调度方案，以便对平台作出评估。在这之前还需要进行系统性能分析。

根据正在设计系统的类型，下面的两种策略会有助于快速设计出有效的系统。

(1) 对于 I/O 密集型系统，从 I/O 设备以及关联的处理入手。这类系统中的数据可能直接传输到网络上，也可能需要进行一些本地处理后才传输到网络上。在系统设计时，应遵循以下步骤：

① 编制所需 I/O 设备的详细清单。

② 根据预算确定哪个处理工作具有过短的时间确定性要求，以至于这个要求不能被任何网络满足。不需要本地处理的 I/O 设备可以用最简单的可用接口连接到网络上。

③ 确定哪些设备可以共享处理器或网络接口。

④ 分析通信时间，确定关键性通信是否可能相互影响；确定为了达到通信的时限要求是否需要使用复杂网络或多个网络。

⑤ 为 I/O 设备分配所需要的最小数量的处理器资源。

⑥ 用计算密集型系统的设计步骤来设计系统的其他部分。

(2) 对于计算密集型系统，从进程入手，按以下步骤来考虑进程和进程最后期限以及通信：

① 从具有最短时间确定性要求的任务开始。任务的时限性越短，越有可能需要自己的一个或多个处理器。如果一个高优先级的任务与一个低优先级的任务共享处理器，则不仅需要更昂贵的处理器，而且还会非线性地增加调度开销。

② 分析通信时间，确定关键性通信是否会相互影响。

③ 尽可能把低优先级的任务分配到共享的处理器上。

④ 设计出符合性能要求的基本系统以后，需要进一步改进它，以满足功耗要求以及其他要求。

一旦有了最初的设计，就能够以系统的调度为指导进行细调。通过重新分配进程，有可能在多个方面(如硬件成本、空闲调度时间、功耗等)改进系统。此外，负载平衡通常是一个好的思路。如果有一些处理器的负载比其他处理器重得多，就有可能把一些进程移到另外的处理器上，由此能够降低因为错误估计运行时间而导致系统无法满足最后期限的可能性。

6.3.2 嵌入式系统网络

现在，许多不同的网络已经在分布式嵌入式系统中被广泛应用。本节将介绍几种常用的嵌入式网络，包括 I²C 总线、CAN 总线、Ethernet、GPRS、蓝牙以及 Internet 协议中的基本概念。其他一些常用的总线和网络技术，如 PCI、PC104、USB、IrDA、IEEE 1394 等，读者可参看相关书籍或资料。

1. I²C 总线

I²C 总线常用于将微控制器链接到系统。例如，I²C 用来作为 MPEG2 视频芯片的命令接口。

1) 物理层

I²C 被设计成低成本、易实现、中速的(标准总线达到 100 kb/s，扩展总线达到 400 kb/s)总线。I²C 只使用两条线：串行数据线(SDL)，用于数据传送；串行时钟线(SCL)，用于指示什么时候数据线上是有效数据。图 6-17 展示了一个典型的 I²C 总线系统结构。网络中的每一个节点都被连接到 SCL 和 SDL，一些节点能够起到总线主控器的作用(总线可以有多个主控器)，其他节点可以起到响应总线主控器请求的总线受控器的作用。

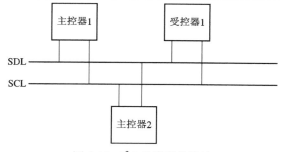

图 6-17 I²C 总线系统结构

2) 电路接口

图 6-18 展示了 I²C 总线的基本电路接口。总线不规定使用电压的高低以便双极电路或 MOS 电路都能够连接到总线。所有的总线信号使用开放集电极/开放漏极电路。一个上拉电阻保持信号的默认状态为高电平，当 0 被传输时每一条总线的晶体管用于下拉该信号。开放集电极/开放漏极信号允许一些设备同时写总线而不引起电路故障。

I²C 总线被设计成多主控器总线结构——不同设备中的任何一个可以在不同时刻起主控设备的作用，结果是没有一个全局的主控器在 SCL 上产生时钟信号。相反，当传送数据时，主控器同时驱动 SDL 和 SCL。当总线空闲时，SCL 和 SDL 都保持高电位。当两个设备试图改变 SCL 或 SDL 到不同的电位时，开放集电极/开放漏极电路能够防止出错。每一个主控设备在传输时必须监听总线状态以确保报文之间不相互影响，当设备收到了不同于它要传送的值时，它就知道报文之间相互影响了。

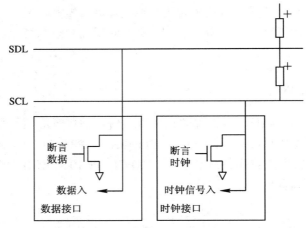

图 6-18 I^2C 总线电路接口

3) 数据链路层

每一个 I^2C 设备都有自己的地址。设备的地址是由系统设计者决定的，通常是 I^2C 驱动程序的一部分。这个地址的选择必须保证任何两个设备之间的地址都不相同。在标准的 I^2C 定义中，设备地址是 7 位的(扩展的 I^2C 允许 10 位地址)。地址 0000000 一般用于发出通用呼叫或总线广播，总线广播可以同时给所有的设备发出信号。地址 11110×× 为 10 位地址机制保留，还有一些其他的保留地址。

总线事务包含一系列单字节数据传送和一个地址传送。I^2C 形成了一种数据推移设计风格。当一个主控器试图写受控器时，它将传送后面跟有数据的受控器地址。因为受控器不能执行传输，所以主控器必须发送一个带着受控器地址的读请求让受控器传送数据。因此，地址传输包括 7 位地址和表示数据传输方向的一个位：0 代表从主控器写到受控器，1 代表从受控器读到主控器。

地址传输格式如图 6-19 所示。

总线事务由一个开始信号启动，以一个结束信号完成。

(1) 开始信号通过保留 SCL 为高电平并且在 SDL 上发送 1 到 0 的转换产生。

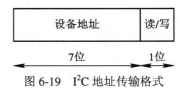

图 6-19 I^2C 地址传输格式

(2) 结束信号通过设置 SCL 为高电平并且在 SDL 上发送 0 到 1 的转换产生。

开始和结束信号必须成对出现。主控器可以通过数据传送后发送开始信号来先写后读(或先读后写)，接着是另一地址的传输，然后是更多的数据传输。

典型的完整总线事务格式如图 6-20 所示。在第一个例子中，主控器向受控器中写入两个字节的数据。在第二个例子中，主控器向受控器请求一个读操作。在第三个例子中，主控器只向受控器写入一个字节的数据，然后发送另一个开始信号来启动从受控器中读的操作。

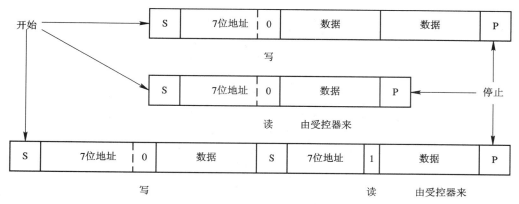

图 6-20　I²C 总线上的典型总线事物格式

4) 字节格式

图 6-21 显示了总线上的数据字节是如何传送的，其中包括了开始和停止事件。当 SCL 保留高电平同时 SDL 变为低电平时传送开始。这个开始状态之后，时钟信号变低来启动数据传送。在每一个数据位，时钟线在确保数据位正确时变为高电平。在每一个 8 位数据的结尾发送一个确认信号，而不管它是地址还是数据。在确认时，传送端不会把 SDL 变为低电平，如果正确接收到了数据，则允许接收端把电位变为 0。确认信号后，当 SCL 处于高电平时 SDL 从低电平变为高电平，指示数据传送停止。

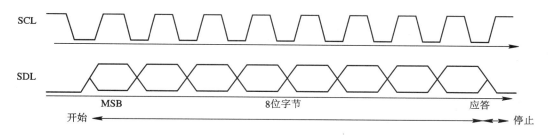

图 6-21　I²C 总线上一个字节的传输

5) 总线属性

总线使用设备监听特性来仲裁每一个报文。如果设备试图发送一个逻辑 1，但是却监听到一个逻辑 0，它会立即停止传送并且把优先权让给其他发送设备。在许多情况下，仲裁在传送地址部分时完成。但是仲裁也可以在数据部分继续。当两个设备都试图向同一地址发送同样数据时，它们之间不会互相影响且最后都会成功发送报文。

6) 应用接口

在微控制器上的 I²C 接口可以用不同比例的软/硬件功能来实现。如图 6-22 所示，一个典型的系统可由一个带有例程的一位硬件接口完成字节级的功能。I²C 设备负责生成数据和时钟。应用程序调用例程来发送地址和数据字节等。I²C 接口产生 SCL 和 SDL 信号、确认信号等。一个微控制器的定时器通常用于控制总线上的位长。中断用来识别位。但是，在主控模式下时，如果没有其他挂起任务可以执行，那么轮询 I/O 也是可以被接受的(因为主控器启动了自己的传输)。

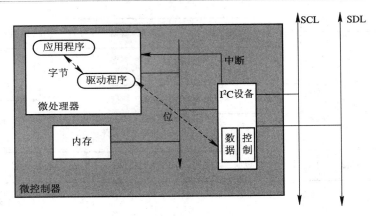

图 6-22 微控制器中的 I^2C 接口

2. CAN 总线

CAN 总线最初是为汽车电子设备设计的。当数字电子设备应用于汽车组件时，不只单个组件变得更智能，而且由于通信的需要，它们的功能也在不断增加。现在，CAN 也被应用于汽车电子系统以外的应用中。

CAN 总线使用位串行数据传输。CAN 可以以 1 Mb/s 的速率在 40 m 双绞线上传输数据。光缆连接也可以使用，并且在这种总线上的总线协议支持多主控器。CAN 与 I^2C 总线的许多细节类似，但也有一些明显的区别。

1) 物理层

如图 6-23 所示，CAN 总线上的每一个节点都以 AND 方式连接到总线的驱动器和接收器上。

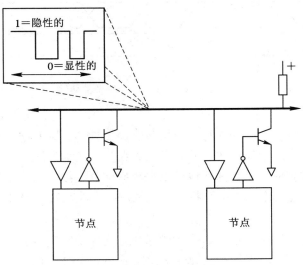

图 6-23 一种 CAN 总线的物理电器组织结构

在 CAN 的术语中，在总线上的逻辑 1 被称做隐性的(recessive)，逻辑 0 被称做显性的(dominant)。当总线上任何节点拉低总线电位时，驱动电路会使总线被拉到 0。当所有节点都传送 1 时，总线被称做处于隐性状态；当一个节点传送 0 时，总线处于显性状态。数据以数据帧的形式在网络上传送。

CAN 是一种同步总线。为了总线仲裁能够工作,所有的发送器必须同时发送。节点通过监听总线上位传输的方式使自己与总线保持同步。数据帧的第一位提供了帧中的第一个同步机会。节点按照每个帧中接下来的数据使自己保持与总线同步。

2) 数据帧

CAN 数据帧的格式如图 6-24 所示。数据帧以一个 1 开始,以七个 0 结束(在两个数据帧之间至少有三个位的域)。分组中的第一个域包含目标地址,该域被称为仲裁域。目标标识符长度是 11 位。当数据帧被用来从标识符指定的设备请求数据时,后面的远程传输请求(RTR)位被设置为 0。当 RTR=1 时,分组被用来向目标识别符写入数据。控制域提供一个标识符扩展和 4 位的数据长度,在它们之间有一个 1。数据域的范围是从 0 到 64 字节,数据域的大小取决于控制域中给定的值。数据域后发送一个循环冗余校验(CRC),用于错误检测。应答域被用于发出一个是否帧被正确接收的标识信号:发送端把一个隐性位(1)放到应答域的 ACK 插槽中,如果接收端检测到了错误,那么它强制该值变为显性的 0 值。如果发送端在 ACK 插槽中发现了一个 0 在总线上,它就知道必须重发。ACK 插槽后面跟着帧结束域,两者由单位分隔符隔开。

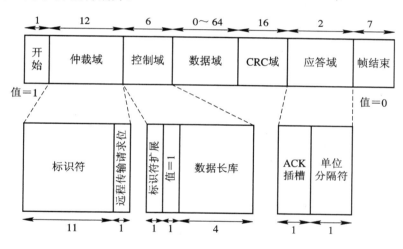

图 6-24　CAN 数据帧格式

3) 属性

CAN 总线的控制使用 CSMA/AMP(带有优先级仲裁的载波监听多路访问)技术。这种方法类似于 I²C 总线的仲裁方法。网络节点同步传输,因此它们可以同时发送它们的标识符域。当一个节点在标识符域中监听到一个显性位而它正试图发送一个隐性位时,该节点停止发送。在仲裁域的末尾,只有一个发送器会被保留。标识符域起优先级标积符的作用,全 0 的标识符具有最高优先级。

4) 远程帧

远程帧通常用于从另外一个节点请求数据。请求方将 RTR 位置为 0 来指示一个远程帧,它同时也指示了一个 0 数据位。标识符域中指定的节点将对具有该请求值的数据帧做出响应。在远程帧中节点没有办法发送参数,因为不能使用标识符来标识设备,也不能提供一个参数来说明哪个设备的哪个数据值是所需要的。相反地，每一个可能的数据请求必须有自己的标识符。

5) 出错处理

出错帧可以由总线上的任何一个检测到错误的节点产生。检测到错误时，一个节点用一个出错帧来中断当前的传输。它由一个错误标志组成，后跟 8 位隐性的错误分隔符域。错误分隔符域允许总线返回到静止状态，以使数据帧传输可以重新开始。总线也支持超载帧，这是一个内部帧处于静止周期时的特殊错误帧。超载帧指示节点已经超载，将不能处理下一个消息。CRC 域也能用来测检报文的数据域的正确性。

如果发送节点没有接收到数据帧的确认信号，它会重发数据帧直到数据被确认。这种动作对应于 OSI 模型中的数据链路层。

图 6-25 展示了一个典型 CAN 控制器的基本体系结构。控制器实现物理层和数据链路层功能。既然 CAN 是一种总线，它就不需要网络层的服务来建立端到端的连接。当仲裁丢失而必须重发报文和接收报文时，协议控制器决定何时发送报文。

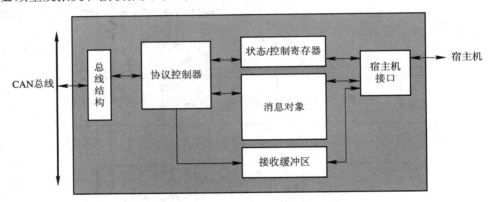

图 6-25　CAN 控制器的基本体系结构

3. Ethernet

Ethernet(以太网)是广泛用于通用计算的局域网。由于它的普遍性及其低廉的接口价格，它已经作为一种网络出现在嵌入式运算中。当以 PC 作为平台使标准组件的使用成为可能，以及网络不需要满足严格的实时需求时，以太网特别有用。

如图 6-26 所示，以太网的物理组成非常简单。该网络是一条具有单信号路径的总线。以太网标准可以有几种不同的实现方法，比如双绞线和同轴电缆。

与 I²C 和 CAN 总线不同，以太网上的节点不是同步的，它可以在任何时间发送数据。I²C 和

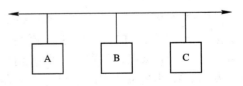

图 6-26　以太网组织结构

CAN 依靠同步机制在一个位的发送时间内实现冲突的检测和取消，而以太网的节点不是同步的，所以如果两个节点同时发送数据，那么报文将会被破坏。以太网仲裁机制被称做带冲突检测的载波监听多路访问，即 CSMA/CD，其算法如图 6-27 所示。一个带有报文的节点等待总线空闲时传送数据。它同步地侦听总线，当它侦听到影响它的传送的另一传送时，

它会停止传送并且等待重发。等待的时间是随机的，但是以报文被中止发送的次数的指数函数加权。由于一个报文在发送的过程中可能会被影响几次，因此指数补偿技术可以帮助网络在命令多的情况下不过载。等待时间的随机因素极大地减少了两个信息重复相互影响的可能性。

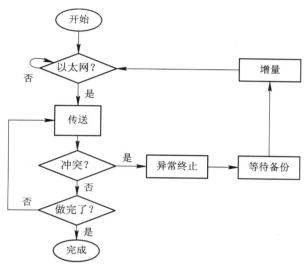

图 6-27　以太网 CSMA/CD 算法

以太网的最大长度取决于节点检测冲突的能力。最坏的情况发生在总线两端的节点同时发送数据的情况下。因为两个节点都会检测到冲突，所以每个节点的信号必定能够传播到总线的另一端以便它能被另一端的节点监听到。实际上，以太网是在几百米范围内工作的。

图 6-28 显示了以太网分组的基本格式。它提供了目的地址和源地址，同时还提供了要传送的有效数据。

前同步信号	起始帧	目的地址	源地址	长度	数据	填充	CRC

图 6-28　以太网分组格式

成功传送一个报文可能需要经过几次尝试，并且等待时间包含了一个随机因素的事实使得以太网的性能难以分析。在以太网上实现数据流和其他实时动作是可能的，特别是当网络的总负荷保持在一个合理范围内时，但设计这样的系统时必须谨慎。

4．GPRS

通用分组无线业务(General Packet Radio Service，GPRS)是欧洲电信协会 GSM 系统中有关分组数据所规定的标准。GPRS 是解决移动通信信息服务的一种较完美的形式。

GPRS 通信模块是为使用 GPRS 服务而开发的无线通信终端设备，可应用到下列集成系统中：远程数据监测系统、远程控制系统、自动售货系统、无线定位系统、门禁保安系统、物质管理系统等。

1) GPRS 的特点

GPRS 是一种基于 GSM 系统的无线分组交换技术，提供端到端的、广域的无线 IP 连接。GPRS 充分利用共享无线信道，采用 IP Over PPP 实现数据终端的高速、远程接入。作为现有 GSM 网络向第三代移动通信演变的过渡技术，GPRS 在许多方面都具有显著的优势。

GPRS 有下列特点：

(1) 可充分利用 GSM 的现有资源，方便、快速、低建设成本地为用户数据终端实现远程接入网络。

(2) 传输速率高。GPRS 数据传输速率可达到 57.6 kb/s，最高可达到 115～170 kb/s，完全可以满足用户应用的需求。下一代 GPRS 业务的速度可以达到 384 kb/s。这也使得一些对传输速率敏感的移动多媒体应用成为可能。

(3) 接入时间短。GPRS 接入等待时间短(平均接入时间为 2 s)，可快速建立连接。

(4) 提供实时在线(always online)功能。用户将始终处于在线状态，这将使访问服务变得非常简单、快速。

(5) 按流量计费。GPRS 用户只有在发送或接收数据期间才占用资源，用户可以一直在线，按照用户接收和发送数据包的数量来收取费用。没有数据流量时，用户即使挂在网上也不收费。

2) GPRS 系统结构

GSM 移动数据业务主要分为电路型数据业务和分组型数据业务。GSM 第一阶段提供的 9.6 kb/s 以下数据业务及 Phase 2+ 阶段提出的 HSCSD 都属于电路型数据业务，Phase 2+ 阶段提出的 GPRS 则属于分组型数据业务。后者相对于前者具有显著的优越性。两者特点对比如表 6-1 所示。

表 6-1　电路型数据业务与分组型数据业务的对比

对比内容	电路型数据业务 (9.6 kb/s 以下数据业务及 HSCSD)	分组型数据业务 (GPRS)
无线信道	专用，最多 4 个时隙捆绑 (固定占用时隙)	共享，最多 8 个时隙捆绑 (动态时隙分配)
链路建立时间	呼叫建立时间长	呼叫建立时间短 (always online)
传输时延	短，适合于实时性强的业务	适度的传输时延
传输速率	从小于 9.6 kb/s 到 57.6 kb/s	最大 171.2 kb/s
网络升级费用	初期投资少，需增加 IWF 单元及对 BTS/BSC 进行软件升级	费用较大，需增加网络设备，但可节省基站投资
提供相同业务代价	价格昂贵，占用系统资源多	价格较便宜，占用系统资源少

GPRS 网是在 GSM 电话网的基础上增加以下功能实体构成的，即 SGSN(服务 GPRS 支持节点)、GGSN(网关 GPRS 支持节点)、PTMSC(点对多点服务中心)。具体实现方法包括：共用 GSM 基站，但基站要进行软件更新；采用新的 GPRS 移动台；在 GPRS 中增加新的移动性管理程序；通过路由器实现 GPRS 骨干网互联；对 GSM 网络系统进行软件更新和增加新的 MAP 信令与 GPRS 信令等。GPRS 骨干网的逻辑结构如图 6-29 所示。

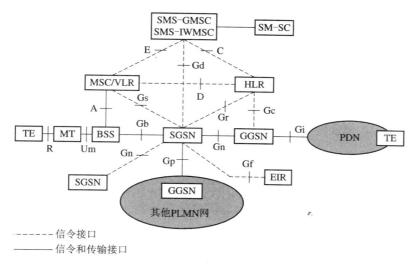

图 6-29 GPRS 骨干网的逻辑结构

GPRS 网上增加了一些接口，主要包括：

(1) Gb 口。SGSN 通过 Gb 口与基站 BSS 相连，为移动台 MS 服务，通过逻辑控制协议(LLC)建立 SGSN 与 MS 之间的连接，提供移动性管理(位置跟踪)和安全管理功能。SGSN 完成 MS 和 SGSN 之间的协议转换，即将骨干网使用的 IP 协议转换成 SNDCP 和 LLC 协议，并提供 MS 鉴权和登记功能。

(2) Gn 口。SGSN 通过 Gn 口和 GGSN 相连，通过 GPRS 隧道协议(GTP)建立 SGSN 和外部数据网(X.25 或 IP)之间的通道，实现 MS 和外部数据网的互联。

(3) Gs 口。Gs 口用于 SGSN 向 MSC/VLR 发送地址信息，并从 MSC/VLR 接收寻呼请求，实现分组型业务和非分组型业务的关联。

(4) Gr 口。Gr 口用于 HLR 保存 GPRS 用户数据和路由信息(IMSI、SGSN 地址)，每个 IMSI 还包含分组数据协议 PDP 信息，该信息包括 PDP 类型(X.25 或 IP)、PDP 地址及其 QoS 等级以及路由信息。

(5) Gi 口。GGSN 通过 Gi 口实现 GPRS 网和外部数据网(PDP)的互联。GGSN 实际上是两个互联网网关，GPRS 本身属于 IP 领域网络，Gi 口支持 X.25 和 IP 协议。从 PDN 网看 GGSN，可将其看做一个路由器连到 PDN 网。GGSN 包含用于连接 GPRS 用户的路由信息，为将外部数据网的 PDU 送到 MS 提供通道。通过 GGSN 与 GPRS 网互联的分组数据网 PDN，可以是两种网络：一是 PSPDN，这时，GPRS 支持 ITU-T X.121 和 ITU-T E.164 编号方案，提供 X.25 虚电路及对 X.25 的快速选择，还支持网间的 X.75 协议连接；另一个是 Internet，基于 IP 协议，在 IP 数据报传输方式中，GPRS 支持 TCP/IP 头的压缩功能。

3) GPRS 业务

移动通信未来的发展方向将是在 GSM 以语音为基础的运营模式上，以终端客户为核心，把具有增值意义的业务和应用加到 GSM 上，如简单信息和远程数据查询、信息接入、高质量的多媒体、广播业务及纵向的应用等。其中，80%～90%的业务都可以在现在的 GSM 网上通过 GPRS 实现，其突出的特点是多个用户可以共享一个信道，可以充分利用网络资源，可以按照用户的需要来提供带宽，大幅度提高数据传输速率。

GPRS 网主要为移动数据用户提供突发性数据业务，能快速建立连接，无建链时延。GPRS 特别适用于频繁传送少量数据和非频繁传送大量数据。GPRS 除能提供 PTP(点对点)和 PTM(点对多点)数据业务外，还能支持补充业务和短信息业务。

GPRS 网提供的承载业务包括：

(1) 点对点面向无连接网络业务(PTP-CLNS)。PTP-CLNS 属于数据报类型业务，各个数据分组彼此相互独立，用户之间的信息传输不需要端到端的呼叫建立程序，分组的传送没有逻辑连接，分组的交付没有确认保护，主要支持突发非交互式应用业务，是由 IP 协议支持的业务。

(2) 点对点面向连接的数据业务(PTP-CONS)。PTP-CONS 属于虚电路型业务，它为两个用户或多个用户之间传送多路数据分组建立逻辑虚电路(PVC 或 SVC)。PTP-CONS 业务要求有建立连接、数据传送和连接释放工作程序。PTP-CONS 支持突发事件处理和交互式应用业务，是面向连接的网络协议，如 X.25 协议的业务。利用确认方式可以提高无线接口的可靠性。

(3) 点对多点数据业务(PTM)。GPRS 提供的点对多点业务可根据某个业务请求者的要求，把信息送给多个用户。它又可细分为点对多点多信道广播业务(PTM-M)、点对多点群呼业务(PTM-G)和 IP 广播业务(IP-M)。

(4) 其他业务。其他业务包括 GPRS 补充业务、GSM 短消息业务、匿名的接入业务和各种 GPRS 电信业务。

5. 蓝牙技术

蓝牙(Bluetooth)技术是一种近距离无线通信的开放性全球规范，它定位于现代通信网络末端的无线连接，其目的是提供一个低成本、高可靠性、支持较高质量的语音和数据传输的无线通信网络。

1997 年 Ericsson 公司首先提出"蓝牙"一词。1999 年成立蓝牙特别兴趣小组(Special Interest Group，SIG)，创始者包括 Ericsson、IBM、Intel、Nokia、Toshiba、3COM、Lucent、Motorola、Microsoft。蓝牙 SIG 负责开发标准、规范、资格认证及测试程序，并从事全球标准、频率和规则的协调。

在宽带无线通信的小范围应用中，比较典型的有：以无线局域网 WLAN 为典型应用的 IEEE 802.11 和 HiperLAN、由家用射频工作组(Home Radio Frequency Working Group，HRFWG)提出的以家庭应用为主要背景的共享无线访问协议(Shared Wireless Access Protocol，SWAP)、蓝牙系统。从网络的角度来看，继广域网 WAN 和局域网 LAN 之后，无线个人区域网络(Wireless Personal Area Network，WPAN)概念的提出倍受重视。IEEE 802.15 下设 4 个工作组，专门研究有关协议及协调现有标准与 WPAN 的互存性问题。比较而言，蓝牙系统与 WPAN 的概念相辅相成，可称之为 WPAN 的雏形，因此在小范围应用中更具有代表性。

整个蓝牙协议的体系结构包括底层硬件模块、中间协议层和高端应用层，如图 6-30 所示。其中，链路管理(LM)层、基带(BB)层和射频(RF)构成底层模块；逻辑链路控制与适配协议(L2CAP)、服务发现协议(SDP)、串口仿真协议(RFCOMM)和电话控制协议规范(TCS)构成中间协议层；协议栈最上部是高端应用层，对应于各种应用模型的剖面。

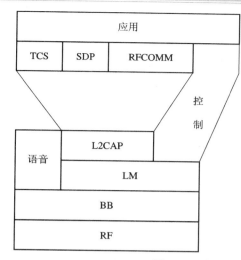

RF：射频
BB：基带
LM：链路管理
L2CAP：逻辑链路控制与适配协议
TCS：电话控制协议规范
SDP：服务发现协议
RFCOMM：串口仿真协议

图 6-30　蓝牙体系结构

1) 蓝牙硬件模块

硬件模块中的射频部分通过 2.4 GHz 无需授权的 ISM 频段，实现数据位流的过滤和传输，主要定义蓝牙收发器应满足的要求。基带层负责跳频和蓝牙数据及信息帧的传输。链路管理层负责连接的建立和拆除以及链路的安全和控制。

蓝牙采用跳频技术来消除干扰和降低衰落，跳频速率为 1600 次/秒。目前，蓝牙在两种频段上定义了两种信道分配方案。一种是美国、欧洲和其他大多数国家的标准，频段为 2.400～2.4835 GHz，信道分配为 f = 2402 + k MHz(k=0, 1, 2, …, 78)，共计 79 个跳频信道；由于法国等在此频段范围有限制，因此使用另一种跳频方案，频段为 2.4465～2.4835 GHz，信道分配为 f = 2454 + k MHz(k=0, 1, 2, …, 22)，共计 23 个跳频信道。为减少带外辐射和干扰，系统在上/下频带边缘使用保护带。对于 79 信道系统，下保护带是 2 MHz，上保护带是 3.5 MHz。每个信道为 1 MHz 带宽，支持的信道配置如表 6-2 所示。

表 6-2　信 道 配 置

配　　置	上行最大数据速率/(kb/s)	下行最大数据速率/(kb/s)
3 个同步语音信道	64 × 3 信道	64 × 3 信道
对称数据	432.6	432.6
不对称数据	721 或 57.6	57.6 或 721

RF 定义了三种功率级别，即 100 mW、2.5 mW 和 1 mW。设备功率为 1 mW(0 dBm) 时，发射范围一般可达 10 m。在发送过程中蓝牙使用功率控制来限制发射功率。

蓝牙为支持电路交换和分组交换分别定义了两种链路类型,即同步面向连接(SCO)链路和异步面向无连接(ACL)链路。SCO 链路预留时隙，可以看做电路交换连接，一般用于时间受限的应用。主节点通过链路管理器协议(LMP)发送一个SCO建立消息来建立SCO链路。对于没有被 SCO 链路预留的时隙，主节点可以与任何从节点进行数据交换。ACL 链路提供了一种分组交换的机制，主节点可以与任何从节点进行异步的或同步的通信。在一个主节点和从节点之间只能存在一个 ACL 链路，对于多个 ACL 分组，分组重传可以用来确保数据的完整性。蓝牙的双工方式为时分复用(TDD)。

　　蓝牙组网时最多可以由 256 个蓝牙单元设备连接起来组成微微网(Piconet)，其中 1 个主节点和 7 个从节点处于工作状态，而其他节点则处于空闲模式。主节点负责控制 ACL 链路的带宽，并决定微微网中的每个节点可以占用多少带宽及连接的对称性。从节点只有被选中时才能传送数据，即从节点在发送数据前必须接受轮询(Poll)。ACL 链路也支持接收主节点发给微微网中所有从节点的广播消息。微微网之间可以重叠交叉，从设备单元可以共享。由多个相互重叠的微微网组成的网络称为散射网(Scatternet)。

　　蓝牙的节能状态包括三种，依照节能效率以升序排列依次是呼吸(Sniff)、保持(Hold)和停等(Park)。在 Sniff 状态，从节点降低了从微微网收听消息的速率；在 Hold 状态，节点停止传送数据，一旦激活，数据传递立即重新开始；在 Park 状态，节点被赋予 Park 节点地址 PMA，并以一定间隔监听主节点的消息。主节点的消息包括：询问该节点是否愿意成为活动节点，询问任何停等节点是否愿意成为活动节点，广播消息。

　　蓝牙的纠错方案包括：1/3 前向纠错 FEC、2/3 前向纠错和自动重传 ARQ。前向纠错一般应用于噪声干扰较大的信道。对于 SCO 链路，使用 1/3 前向纠错；对于 ACL 链路，使用 2/3 前向纠错。ARQ 要求传送的数据在下一个时隙得到确认，而确认消息的产生要求数据在收端必须通过报头错误检测和循环冗余校验 CRC。

　　跳频技术本身即是一种安全保障，另外在链路层安全管理方面，蓝牙还提供了认证、加密和密匙管理等功能。蓝牙为每个用户都赋予了一个个人标识码(Personal Identification Number，PIN)，PIN 被译成 128 bit 的链路密匙进行单双向认证。认证完毕后，链路会以不同长度的密码进行加密。蓝牙密匙最长 128 bit，以 8 bit 为单位增减。蓝牙系统还支持高层协议栈的不同应用体内特殊的安全机制。蓝牙自身的安全机制主要依于 PIN 在设备之间建立信任关系，关系建立后 PIN 将存储在设备中以备将来便捷地连接。

　　2) 蓝牙软件模块

　　蓝牙底层硬件模块与上层软件模块之间的消息和数据传递必须通过蓝牙主机控制器接口(Host Controller Interface，HCI)的解释才能进行。HCI 提供了一个调用下层 BB、LM、状态和控制寄存器等硬件的统一命令接口。HCI 以上的协议软件实体运行在主机上，以下的功能由蓝牙设备完成，二者之间通过传输层进行交互。

　　软件模块中 L2CAP 属于数据链路层的一部分，负责向上层提供面向连接和无连接的数据服务，其功能包括协议的复用能力、分组的分割和重组、组提取。SDP 为应用提供了一个发现可用协议和决定这些可用协议特性的方法。SDP 强调蓝牙环境的特性，使用基于客户机/服务器机制定义根据蓝牙服务类型和属性发现服务的方法，还提供了服务浏览的方法。RFCOMM 是射频通信协议，可以仿真串行电缆接口协议。通过 RFCOMM，蓝牙可以在无线环境下实现对高层协议，如 PPP、TCP/IP、WAP 等的支持。RFCOMM 还支持 AT 命令集，从而实现移动电话、传真机等与 MODEM 之间的无线连接。TCS 是一个基于 ITU-T 建议 Q.931、面向比特的协议，定义了蓝牙设备间建立语音和数据呼叫的控制信令，用于处理蓝牙 TCS 设备的移动性管理过程。

　　3) 蓝牙应用模型

　　蓝牙的应用模式相当广泛。结合蓝牙 SIG 定义的几种基本应用模型，可以列出以下一些显著的应用模式：

- 一机多用电话模式；
- 头戴式耳机/听筒设备模式；
- 互联网网桥模式；
- 局域网接入模式；
- 文件传输模式；
- 同步运行模式；
- 数字影像模式；
- 智能汽车系统模式；
- 家庭信息网络模式；
- 流动办公与电子商务模式。

概括起来，可以将蓝牙的应用模型划分为以下三种：

(1) 替代线缆(Cable Replacement)。最简单的应用是点对点的替代线缆，再复杂一些的就是由至多 8 个蓝牙设备构成的微微网。

(2) 因特网桥(Internet Bridge)。蓝牙规范基于网络基础设施(Infrastructured Network)定义了网络接入点(Network Access Point)的概念，允许设备通过蓝牙接入点(Bluetooth Access Point，BAP)访问网络资源，如访问 LAN、Intranet、Internet 和基于 LAN 的文件服务与打印设备。通过接入点和微微网的结合，最终可实现不同类型和功能的设备依托此网络结构共享语音和数据业务服务。建立这样的蓝牙网络除了 BAP 之外，还需要本地网络服务器及网络管理软件。

(3) 临时组网(Ad Hoc Network)。临时组网指没有固定的路由设备，网络中所有的节点都可以自由移动，并以任意方式动态连接，即节点可以随时加入或离开，网络中的一些节点客串路由器来发现和维护与其他节点间的路由。蓝牙规范基于无网络基础设施(Infrastructure-less Network)定义了散射网(Scatternet)的概念，其意图即在建立完全对等的临时组网。在保证一定误码率和冲突限度的前提下，一个散射网可由至多 10 个微微网构成。但是当前的蓝牙协议并不支持完全对等的通信，如果微微网中充当主节点的设备突然离去，那么剩余的设备不会自发地组建新的微微网。同时，蓝牙协议也不支持特定业务的分配和管理，蓝牙的业务发现协议 SDP 集中于对蓝牙设备上可用业务的发现，而没有定义访问这些业务的方法以及对访问业务的控制和选择等。上述问题有待进一步解决。

4) 蓝牙技术存在的问题

蓝牙技术存在的主要问题包括：

(1) 2.4 GHz ISM 频段使用的电磁兼容和频率共用问题。

(2) 互操作与兼容性问题。

(3) 保密安全问题。

(4) 与其他相关技术的竞争问题。

(5) 价格、可靠性等综合吸引力问题。

6. Internet

IP 是 Internet 上最基本的协议。它提供了无连接的、基于分组的通信。基于因特网的嵌入式系统已经在工业自动化中有了良好的应用。使用因特网的信息工具已快速成为嵌入式运算中 IP 的另一用途。

IP 不是定义在特定的物理实现上，它是一种网际互联标准。因特网分组采取能够被其他网络(例如以太网)承载的形式。一般来说，一个因特网分组从源地址到目的地址会经过几种不同的网络。IP 允许数据通过这些网络，无损失地从一端用户流动到另一端用户。IP 和单个网络之间的关系如图 6-31 所示。IP 工作在网络层。当节点 A 发送数据到节点 B 时，应用层数据通过协议栈的几层到达网络层。IP 创建路由到目的地分组并将其发送到数据链路层和物理层。在不同类型的网络之间传输数据的节点叫路由器。路由器的功能必须到达网络层，但是由于它不执行应用，因此它就不需要到达 OSI 模型的更高层。一般来说，一个分组到达它的目的地址也许要经过几个路由器，在目的地址，网络层给传输层提供数据并且尽可能地接收应用层数据。当数据经过协议栈的几层时，IP 分组数据被以适合于每一层分组的格式封装起来。

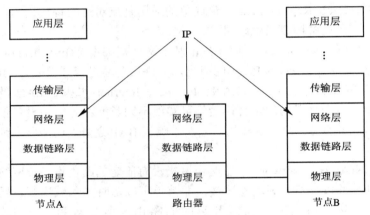

图 6-31　因特网通信中的协议利用

IP 分组的基本格式如图 6-32 所示。头部和数据有效载荷都具有可变的长度，最大长度是 65 535 字节。

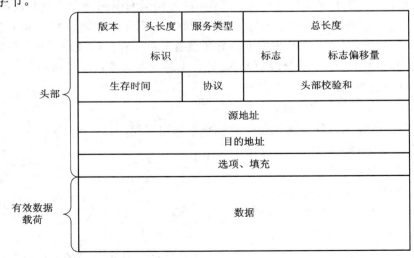

图 6-32　IP 分组的基本格式

一个因特网地址是一个数字(早期的 IP 版本是 32 位，IPv6 中是 128 位)。IP 地址的典型写法是×××.××.××.××。用户和应用指向因特网节点的名字，例如 foo.baz.com，通过调用域名服务器(DNS)将其翻译成 IP 地址。DNS 是一种建立在 IP 顶部的高层次的服务。

　　IP 工作在网络层，因此它不能确保分组被传送到目的地址。而且，分组到达时也许会改变顺序，这就是最大尝试路由。因为数据的路由也许会沿不同路径被路由的后续分组很快地以不同的延迟改变，所以很难预知 IP 的实时性。当一个小型网络整个地包含在嵌入式系统中时，因为可能的输入是有限的，所以其性能可通过仿真或其他的方法来估计。但是由于因特网的性能依赖于全球使用模式，因此它的实时性很难预知。

　　因特网还提供构建于 IP 顶端的高级服务。传输控制协议(TCP)是其中的一个例子。它提供了面向连接的服务，确保数据按正确的顺序到达，并使用了确认协议来确保分组的到达。因为许多高性能的服务是建立在 TCP 之上的，所以基本协议通常指 TCP/IP 协议。

　　图 6-33 显示了 IP 和高级因特网服务之间的关系。使用 IP 作为基础，TCP 被用来为批量文件传输提供文件传输协议(FTP)，超文本传输协议(HTTP)用于万维网服务，简单邮件传输协议(SMTP)用于 E-mail，Telnet 用于虚拟终端。另外一个单独的用户数据报协议(UDP)被用作由简单网络管理协议(SNMP)提供的网络管理服务的基础。

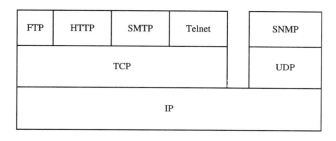

图 6-33　因特网服务栈

　　虽然因特网提供了一些对时间更为敏感的传送机制的高级服务，但是因特网本质上并不太适合硬实时操作。然而，因特网确实为非实时交互提供了丰富的环境，而 IP 是一个能让嵌入式系统与其他系统进行交互的非常好的途径，IP 可以为专用程序和通用程序(如 Web 浏览器)提供一种能与嵌入式系统交互的方法，这种非实时的交互可以用于监视系统、进行配置以及信息交换等。

　　鉴于在大多数嵌入式系统中，代码的规模都是一个需要重点考虑的问题，因此虽然因特网提供了大量基于 IP 构造的服务，然而可达 Internet 系统必须在体系结构方面作出一定的选择，以确定哪些因特网服务是系统需要的。这种选择一方面依赖于所需的数据服务的类型(例如无连接或面向连接，流式或非流式)，另一方面还依赖于应用代码及其服务。

6.3.3　基于网络的设计示例

1. 远程温度检测系统

该系统是在 C8051F020 单片机上实现基于 μC/OS- II 的远程多点温度检测的。它采用

C/S 模式,设计为简单的应用服务器,用户可以通过网络中任一 PC 的浏览器界面完成对温度的实时检测。

1) 硬件设计

系统的硬件结构框图如图 6-34 所示。C8051F020 的 P7 口采用复用方式与以太网控制器 RTL8019AS 的数据/地址线相接。P5.2 与 RTL8019AS 的复位端相接,对其实现冷复位。RTL8019AS 外接一个隔离 LPF 滤波器,通过 RJ-45 接口接入以太网。多个单总线温度传感器 DS18B20 共享一条总线,由 P3.0 口进行控制。

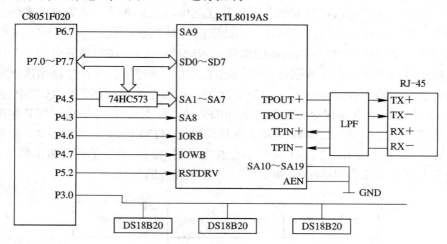

图 6-34 系统的硬件结构框图

2) 软件实现

(1) TCP/IP 协议实现。

介质访问层主要由以太网控制器 RTL8019AS 来实现,其数据通信协议采用 IEEE 802.3 标准,它只处理接收地址与本机物理地址相符或为广播地址的以太帧,并且只对 ARP 和 IP 数据报进行处理。

网络层实现 IP、ARP 和 ICMP 协议。IP 数据报的首部保留 20 字节的基本控制信息,每个 IP 数据报包含一个分片,实现完整的 ARP 协议。对于 ICMP 协议,只实现 ICMP 中类型号为 0、代码为 0 的 Ping 应答协议。

传输层实现 TCP 协议。在系统中,TCP 协议只用于支持 HTTP 协议。由于在连接时系统一直处于被动服务的状态,因此在设计中省去了 SYN－SENT 状态和 CLOSED 状态,让它一开始就处于 LISTEN 状态,以监听客户端的连接请求,避免了主动打开的操作,可更高效地服务于客户机。当该服务器发出数据报时,并不存储这个数据报,只是记录下这个数据报的状态信息。由于系统中数据传输量少,因此滑动窗口设置为一个固定值(1500 字节)。

应用层实现 HTTP 协议。现场监测设备与用户的交互式数据交换通过 HTTP 协议来实现。HTTP 在端口 80 上使用 TCP 的服务。

系统 TCP/IP 协议部分的程序流程如图 6-35 所示。

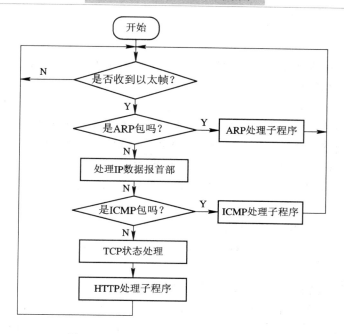

图 6-35 TCP/IP 协议部分的程序流程图

(2) μC/OS-Ⅱ 的温度监测实时管理。

首先，需要完成 μC/OS-Ⅱ 在 C8051F020 单片机上的移植。在移植过程中主要完成五个文件的修改，它们是与 CPU 相关的文件 OS_CPU_A.ASM、OS_CPU_C.C 和 OS_CPU.H，以及与应用相关的文件 OS_CFG.H 和 INCLUDES.H。

由于每个嵌入式监测系统可以同时与多个 PC 连接，向不同用户提供信息，因此在 OS_CFG.H 头文件中定义了一个包含各种连接信息的结构变量。当监测系统收到 TCP 报文时，检查该报文使用的连接状态信息是否与已存在的连接相符，如果不存在则建立新的连接。这种处理可以使嵌入式监测系统同时处理来自同一或不同 PC 的连接。OS_CFG.H 头文件如下：

```
        typedef      struct{
            INT32U  ipaddr;
            INTl6U  port;
            INT8U   timer;
            INT8U   inactivity;
            INT8U   state;
            Char    query[20];
        }CONNECTION;
```

在 ARP 协议部分，嵌入式系统将接收到的 IP 数据报的物理地址存放在一个结构变量中，这样如果是向同一 PC 发送数据报，就不需要再次发送 ARP 请求来得到目的主机的物理地址，减少了建立连接的时间。该结构变量定义如下：

```
        typedef struct{
            INT32U      ipaddr;
```

```
        INT8U      hwaddr[6];
    }ARP_CACHE;
```

存储系统的使用方式是将 C8051F020 的 XRAM 作为输入/输出数据的内部缓冲区，将 RTL8019AS 内部的 16 KB SRAM 作为单片机的外部数据缓冲区，存储输入/输出以太帧队列。这样，C8051F020 就可以采用查询方式读取以太帧，并有充足的时间处理数据。由于输入帧的大小不定，同时在 ARP 数据报发送或接收时，输出帧必须存于输出缓冲区中，因此输入/输出数据缓冲区在 C8051F020 的 XRAM 中使用动态分配。网页存储于单片机的 Flash Memory 中。当嵌入式系统向 PC 发送网页时，先将网页从 Flash Memory 中取出放入 XRAM，再根据用户请求进行整理后放入 RTLS019AS 的 SRAM，最后发送到以太网上。

作为网络服务器，C8051F020 需要注意以下几点：

① 服务器向一客户机发送 ARP 查询分组后，如果在 0.5 s 内未收到 ARP 响应分组，则重发 ARP 分组。

② 如果 TCP 连接在 0.5 s 内未被激活，则初始化断开连接。

③ 为了控制丢失数据报，TCP 在规定时间(0.5 s)内如果没有收到确认包，就重组这个包并发送，这样不需要占用存储区来存储包。当 TCP 收到客户机接收到信息包的确认包后，就断开连接。

下面是基于 μC/OS-Ⅱ 的任务创建、优先级设置及延时时间设置，根据需要在系统中创建了 5 个任务：

```
任务 1：  OSTaskCreate(eth_arive，0，&mystack1[0]，4);
          //查询 RTL8019AS，是否有以太帧到达
          OSTimeDlyHMSM(0，0，0，500);        //延时 0.5 s
任务 2：  OSTaskCreate(arp_retran，0，&mystack2[0]，5);
          //重发 ARP 分组
          OSTimeDlyHMSM(0，0，1，0);          //延时 1 s
任务 3：  OSTaskCreate(tcp_inact，0，&mystack3[0]，6);
          //初始化断开连接
          OSTimeDlyHMSM(0，0，1，500);        //延时 1.5 s
任务 4：  OSTaskCreate(read_temp，0，&mystack3[0]，7);
          //读温度值
          OSTimeDlyHMSM(0，0，2，0);          //延时 2 s
任务 5：  OSTaskCreate(tcp_retran，0，&mystack3[0]，8);
          //TCP 数据报重发
          OSTimeDlyHMSM(0，0，2，500);        //延时 2.5 s
```

2．基于 VoIP 和蓝牙的无线电话系统

整个系统设计由 1 台认证服务器、2 台基站(PC1，PC2)、14 台移动终端和多台有线终端组成。其中基站以蓝牙模块 ROK101 008 为无线接口，可实现移动终端与基站的高速通信；移动终端以 ARM 为核心处理器。系统框图如图 6-36 所示。

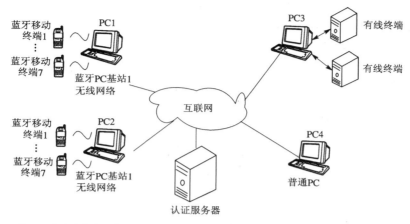

注：PC为个人电脑；蓝牙PC基站为网络客户端；认证服务器为网络服务器。

图 6-36 系统框图

由图 6-36 可见，每台基站可以带 7 台移动终端，构成一个蓝牙微微网。PC1～PC4 为 VoIP 网关，其中 PC1、PC2 提供蓝牙移动终端接入，PC3 和 PC4 挂接有线终端。认证服务器存放各用户的信息并提供身份认证，VoIP 网关 PC1～PC4 作为客户端，同认证服务器构成一个服务器/客户端结构的网络。

1) 移动终端设计

移动终端以无线方式接入基站，可提供呼叫、来电显示、语音通话等多种服务，由蓝牙模块 ROK101 008 提供高速数据传输。语音压缩编码算法采用连续可变斜率增量调制(CVSD)方案，通过 ARM 处理器实现。ARM 处理器采用 Philips 公司的 LPC2104 芯片。ARM 处理器实现的功能有语音编/解码、模拟接口、蓝牙 HCI 接口、键盘处理与液晶显示等。移动终端的硬件组成如图 6-37 所示。

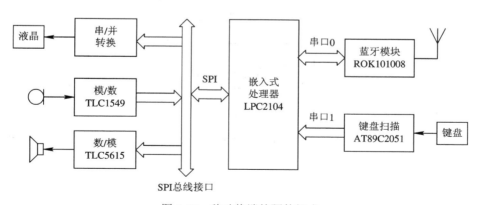

图 6-37 移动终端的硬件组成

硬件层设计主要包括串口和 SPI 总线接口设计，它们用于收/发语音数据、处理键盘中断和完成对 A/D、D/A 以及液晶显示的控制。任务层设计主要是建立了 8 个任务，按其优先级从高到低排列，依次为监控任务、键盘处理任务、模拟接口任务、蓝牙接口任务、编码任务、解码任务、液晶显示任务和空闲任务。其中，监视任务和空闲任务是为增强系统稳健性而设计的。各任务的状态有 4 种：就绪态、运行态、等待/挂起态以及中断态。在操作系统层，基于 μC/OS-Ⅱ采用消息机制实现任务间通信，完成各个任务间的数据交换。其软件体系结构如图 6-38 所示。

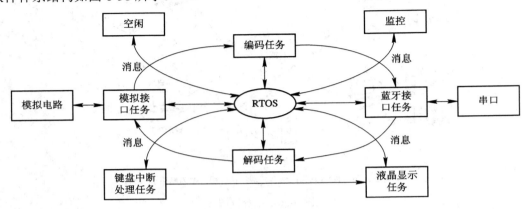

图 6-38　移动终端软件体系结构

2) 蓝牙无线数据传输

如图 6-39 所示，主机通过主机控制器接口(HCI)访问蓝牙模块，实现高速数据传输。

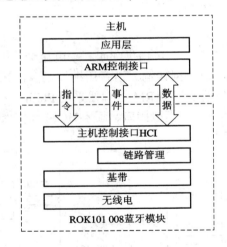

图 6-39　蓝牙体系结构

通过 HCI 传输层发送的 HCI 分组共有 3 种：HCI 指令分组、HCI 事件分组和 HCI 数据分组，如表 6-3 所示。

表 6-3　HCI 分组格式

HCI 指令分组	操作码		参数总长	参数 0	参数 1	…	参数 N
	OCF	OGF					
HCI 事件分组	事件码		参数总长	事件参数 0	事件参数 1	…	事件参数 N
HCI 数据分组	链接句柄	标志	数据总长	数据			
		PB	BC				

(1) HCI 指令分组：用于从主机到蓝牙主控制器发送指令。其中，操作码(OPCODE)用于唯一标识指令的类型，由操作码组字段(OGF)和操作码命令字段(OCF)构成。

(2) HCI 事件分组：当事件存在时，蓝牙主控制器用该分组通知主机。其中事件码大小为 1 位，用于唯一标识事件类型。

(3) HCI 数据分组：用于在主机和蓝牙主控制器之间进行数据交换。其中链接句柄大小为 12 位，用于发送数据分组或分段；标志(Flags)包括 1 个边界标志(PB)和 1 个广播标志(BC)。

通过 HCI 分组可以实现主机和蓝牙主控制器的高速通信，完成本地设备的初始化、查找蓝牙设备、建立连接、交换数据、增加或者减少网络中蓝牙设备的数目等功能。

3) VoIP 网络设计

采用实时传输协议 RTP 来支持 IP 电话语音数据传输。实时传输协议 RTP 提供具有实时特征的、端到端的数据传输业务。在 RTP 报头中，包含装载数据的标识符、序列号、时间戳以及传送监视等，以免因网络传输时各数据包传输时间不等而产生语音回放时间乱序。实时传输协议 RTP 是一个会话层协议，驻留于用户数据报协议 UDP 之上。RTP 协议数据单元用 UDP 分组来承载，而且为了尽量减少时延，分组中的语音净荷通常都很短。在低速的串行链路上，RTP 报头、UDP 报头和 IP 报头占用约 40 字节，开销很大，因此常采用 CRTP(压缩 RTP)技术将报头压缩以减少传输时延。

认证服务器存放着所有用户的身份认证信息，负责网络中用户身份的认证以及信令的传输。所有信令流通过认证服务器认证转发。当收到呼叫请求时，认证服务器负责将两个网关的 IP 及用户信息通知对方，然后让 VoIP 网关之间建立 RTP 会话，传送压缩之后的数据包，并分发给各终端，经解压后通过 D/A 还原为音频信号。

3．机顶盒

机顶盒用作视频传输服务与用户电视之间的接口，频视传输一般使用电缆或通信卫星作为传输媒介。有线电视的机顶盒传统上是基于电视信号的模拟电路，由微型控制器提供少量的用户接口功能。数字电视的机顶盒通常能提供更高级的用户接口。机顶盒对数字电视信号进行解码，并把数字信号转换成为适合于用户电视的形式。同时，机顶盒提供用户接口功能，它连接电视显示器并通过一个红外线(IR)接口监听遥控指令。为了实现选择特定的节目或其他选项，有些机顶盒还通过一个反向通道传送信息给节目提供者，这个反向通道通常采用电话线。

图 6-40 展示了一台机顶盒的硬件体系结构。其中，网络接口模块通过光纤网络接收和发送数据。视频信号以 MPEG 格式进行传输。一个元件集合把压缩的位流转换为电视能接收的模拟信号。MPEG 传输多路分解器把 MEPG 数据流分解成音频和视频两部分，MPEG 解码器随后对音频和视频部分进行解码。把数字信号转换成电视机的模拟信号的工作是由一个无线电频率(RF)调制器、一个 NTSC 编码器和模拟的数/模转换器完成的。主微处理器采用 Motorola 的 MC68341，它包括了一个 68020 CPU、两个 DMA 控制通道、两个串行通道、一个定时器和一个串行外围设备接口。CD-I 图形处理器用于生成屏幕上的图像。I/O 微处理器和机顶盒的键盘、接收远程命令的 IR 以及一个读卡器进行通信。PCMCIA 插槽提供了扩展存储器的能力。MPEG 系统、主微处理器和 I/O 微处理器都有自己的总线。把 MPEG 系统和主处理器进行分离是为了保证在视频解码时有足够的总线容量。同时，许多子系统

也都有自己的存储器，如果所有的存储器共用一条总线的话，那么将需要很高的存储器带宽。

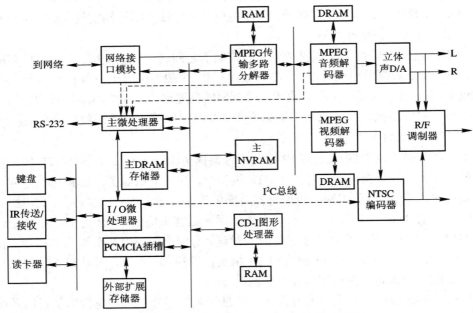

图 6-40　光纤视频传输机顶盒的硬件体系结构

该机顶盒的软件结构如图 6-41 所示。主处理器运行的是以 DAVID 为应用程序接口(API)的 OS-9 操作系统。MPEG2 解码器工作在操作系统之下。因为解码器的各项功能是由专用硬件实现的，而这些功能属于很底层的操作，所以并不会直接影响主处理器的应用的调度。

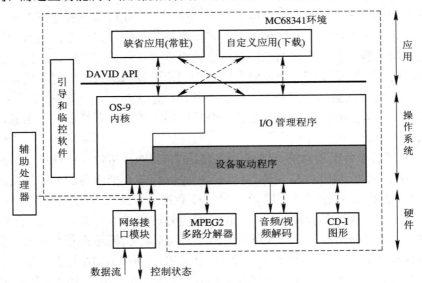

图 6-41　光纤视频传输机顶盒的软件体系结构

图 6-42 展示了另一种机顶盒的软件体系结构。这个机顶盒也是构建在 OS-9 操作系统之上的。系统层包括了许多基本的处理过程。软件被结构化，以便使所有的操作都运行于

被结构化为文件形式的对象之上，例如以文件的形式出现的 MPEG 流。RTNFM 是实时网络文件管理器，它处理所有的文件对象。SPF 是顺序分组文件管理器，它管理着网络接口。MPEG 解码由 MPFM(MPEG 文件管理器)控制。CD-I 图形处理器由 UCM(用户通信管理的任务)管理。PCFM 是 PDI-CIA 端口管理器。

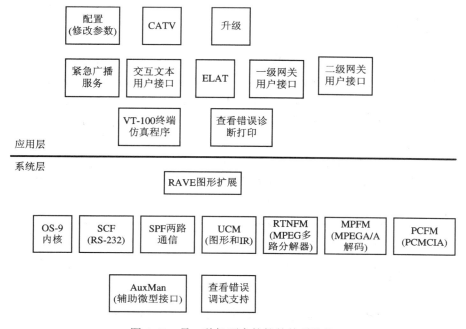

图 6-42　另一种机顶盒的软件体系结构

　　在应用层，导航器是主要的用户接口。导航器实际上是一个分布式应用程序，它在本机上处理一些命令，而且还把另一些命令发送给网络组件。一级和二级网关提供了从网络获得服务的方法。一级网关用于为终端下载新的应用程序。这可用来做许多事，如用来支持视频游戏。二级网关用于视频请求服务的视频流。配置应用程序负责设置网络地址及其他一些网络应用。为了反映从其他应用程序传来的消息，显示处理在电视上提供了一个虚拟终端显示。紧急广播服务处理能让用户注意正在网络上传输的有关自然灾害或其他紧急事件的警报。IAT 应用程序允许用户上传消息给服务提供者，就像互动式游戏演示那样。

6.4　基于 ARM11+FPGA 的图像采集处理系统设计

　　在视频监控领域，数字化、多路化、高分辨率和小型化已经成为一种趋势，实时动态视频采集和传输也已经成为一种趋势，且成为了信息和计算机领域的研究热点。目前，常见的设计方案主要有 4 种：① 基于专用的视频采集卡的方案，该方案的缺点是只能进行上层的应用软件开发，不能对其硬件电路进行更改，体积大，成本高，不适合嵌入式应用领域；② 基于专用的多媒体嵌入式处理器的方案，该方案的缺点是每路视频采集都需要独立的视频编码解码芯片和处理器，进行多路视频采集时有局限性，且浪费了大量的处理器资源；③ 基于 FPGA 的方案，FPGA 主要面向逻辑控制和时序控制，可实现多路视频信号的采集，但要实现视频信号的编码则相对困难。④ 基于 DSP 技术的方案，该方案设计灵活，但是不适合进行上层应用程序的开发，且设计复杂，开发周期长，成本高。这里介绍一种利用 ARM11 高性能处理器和 FPGA 相结合，完成对 4 路视频的采集处理，并进行压缩远传的嵌入式系统解决方案。

6.4.1　系统总体结构

系统主要由四部分组成，一是多路模拟视频输入单元，由 4 个模拟摄像机组成；二是多路视频信号采集单元，由 FPGA 芯片、4 片视频解码芯片(SAA7111)、两片 SRAM、时钟源和配置电路组成，完成对 4 路模拟视频信号的采集、存储和整合，并以 BT.656 格式的视频信号输出到下一个单元；三是视频信号压缩编码和传输单元，由 ARM11 高性能处理器(S3C6410)、外围存储器、以太网模块等组成，利用 Camera IF 接收整合后的多路视频信号，在 MFC 模块中对输入的视频信号进行 H.264 压缩，并通过 IP 网络发送到远程监控端；四是远程监控单元，一方面可以显示远端采集的视频信号，另一方面，也可以用于控制远端多路视频采集系统，如视频矩阵的切换和云台控制等。整个系统组成如图 6-43 所示。

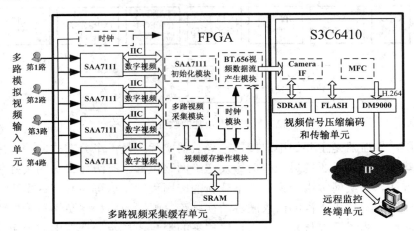

图 6-43　系统组成框图

第二个单元和第三个单元是系统的核心，在设计时需要解决以下问题：① 多路视频信号的时钟同步；② 多路视频信号数据的存储；③ FPGA 与 ARM11 数据接口的实现；④ 对视频数据的压缩编码。

6.4.2　多路视频信号的采集、缓存和时序同步

1. 多路视频信号的时钟同步

FPGA 通过 IIC 总线，对 4 片 SAA7111 进行工作模型、输入端口、色彩控制和输出格式等图像采集的控制参数进行配置。由于 4 片 SAA7111 在工作时是不同步的，每次上电后输出的时钟和数据都具有不确定性，而最终采集到的 4 路视频数据要求存储在同一显示缓存中的相应位置处，因此必须对 4 片 SAA7111 输出的视频信号进行同步。利用 FPGA 内部

的锁相环模块,对任意一路(这里不妨设成第 1 路)SAA7111 的输出像素时钟信号 LLC(27 MHz)
进行 4 倍频,生成采样时钟信号 sample_clock(108 MHz),这样在 4 个 sample_clock 周期内
刚好完成对每一路视频信号的一次采集;以第一路 SAA7111 输出的帧同步信号(VREF1)为
基准,当其输出第一个需要采集的像素点时,开始进行采样,这样又可以在一个帧周期内,
完成对 4 路视频信号中所有需要的像素点的采样。

2. 对多路视频数据的缓存

系统中的 FPGA 需要先对 4 片 SAA7111 采集到的有效数据进行缓存,然后通过 BY.656
视频格式将数据发送给 ARM11,进行编码处理。

在视频缓存操作模块中,对于与多路视频采集模块相连的输入端,设置四组输入 FIFO
组,分别缓存采集到的四路视频数据;每组 FIFO 又由三个队列,分别缓存 Y、U、V 三个
分量。通过一个四选一控制器,判断选择相应的 FIFO 组中的数据。每对 SRAM 进行一次
写操作,都要读取某路 FIFO 组中的 U 队列(或 V 队列)和 Y 队列中的数据各 1 次,共 16 bit
的数据,存储到 SRAM 中的一个单元中。对于与 BT.656 视频流生成模块相连的输出端,
需要设置一组输出 FIFO 组,同样也由分别缓存 Y、U、V 三个分量的队列组成。每对 SRAM
进行一次读操作,将数据的高 8 bit 放置在 U(V)队列中,将低 8 bit 放置在 Y 队列中。这里
需要说明的是,由于 U、Y 和 V 分量之间是同步的,因此每个 FIFO 组的三个 FIFO 队列的
"满"或"空"状态也是同步的,程序设计时使用任意一个队列的状态信号即可。对多路
视频信号的缓存过程,如图 6-44 所示。

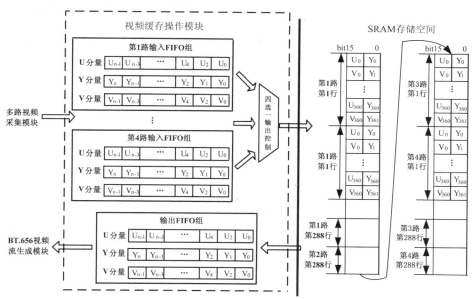

图 6-44　对多路视频信号的缓存过程

系统采用的"读/写 SRAM 时分复用机制",就是以 FPGA 内部主时钟 master_clk 为基
准,根据对多路视频信号的采集、BT.656 视频格式、读/写 SRAM 三者的时序要求,按照
一定的时间间隔,分时对 SRAM 进行读操作和写操作,解决了一片 SRAM 作为视频数据
缓存所存在的读/写冲突问题。

3. FPGA 与 ARM11 数据接口的实现

为了能对采集后的多路视频信号进行压缩编码，FPGA 要将显示缓存(SRAM)中的视频数据以 BT.656 格式输出，因为 SAA7111 输出的数据格式已经配置成 YUV 656 8 bit，因此这里需要再次生成 BT.656 视频的时序信号，将视频缓存操作模块中的输出 FIFO 中的数据读出即可。

6.4.3 视频信号的压缩编码

系统的 ARM 处理器 S3C6410，内部集成的多媒体编解码器(MFC)支持 MPEG4/H.263/H.264 的编码与解码，并支持 VC1 解码，性能可以达到全双工 30fps@640×480 同时编解码和半双工 30fps@720×480 或 25fps@720×576 编解码。同时，自带摄像头接口(Camera IF)，可以支持 ITU R BT-601/656 YUV 8-bit 标准的视频数据，并支持 90°旋转功能，两个 DMA 输出通道，一个与其显示控制器相连，用于本地显示；一个与 MFC 相连，用于视频数据的编解码后续处理。系统所使用的处理器 S3C6410 的生产厂商三星公司已经提供了相应的操作系统 s3c-linux-2.6.21 的源码，以及摄像头模块、MFC 和网络设备的驱动源码，在此只需对操作系统内核各功能模块进行剪裁，再创建镜像文件即可，具体方法不再赘述。

S3C6410 利用 Camera IF 接口接收 FPGA 采集到的多路视频信号，将 FPGA 作为一个设备文件映射到内存中，绕过了内核缓冲区，进程可以像访问普通内存一样对文件进行访问，同时还可采用了双缓存的思想设计，加快了视频数据的读/写速度。同样，加载了 MFC 驱动之后，可以像操作普通文件一样调用 MFC 函数对视频数据进行 H.264 编码。ARM 处理器接收视频数据及编码流程如图 6-45 所示。最后，经编码后的视频数据，通过系统的网络接口进行远程传输，远端监控主机利用一般的视频解码软件进行解码即可。

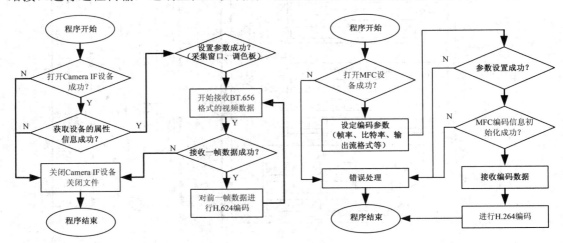

图 6-45　处理器接收视频数据及编码流程

6.4.4　结论

系统基于 ARM11 和 FPGA 实时对多路视频信号进行采集、编码和传输，实现了多路视频监控功能，测试采集传输 VGA 的图像可达到 25fps，图像经过 H.264 编码后平均每帧只有 12 k 左右，占用网络宽带很少，传输图像清晰稳定，具有很强的实用性和广阔的应用前景。

思考与练习题

1. 嵌入式系统广泛使用了哪些设计范型？它们分别适用于哪些场合？

2. CDFG 的主要用途和特征是什么？

3. 编译过程结合了哪些步骤？它们各自实现了什么功能？

4. 简述链接程序的两个阶段。

5. 为什么程序的执行时间很难被精确地确定？对嵌入式系统程序的执行时间优化时，最关心的程序性能有哪些？

6. 进行能量优化的方法有哪些？

7. 为什么要设计基于网络的嵌入式系统？

8. 什么是 OSI 参考模型？每一层完成哪些功能？

9. 请解释网络中出现优先级倒置的原因。

10. 在嵌入式系统中，I^2C 总线的主要用途是什么？主控器和受控器之间是如何进行数据交换的？

11. 简述 CAN 总线的数据帧结构。

12. 简述以太网的 CSMA/CD 机制。

13. GPRS 网提供的承载业务主要包括哪些？

14. 蓝牙协议的体系结构由哪几层模块组成？各个模块的主要功能是什么？

15. 简述在 Internet 中 IP 传输数据的过程。

第 7 章　系统设计技术

7.1　引　言

多数真正的嵌入式系统的设计实际上是很复杂的，其功能要求非常详细，且必须遵循许多其他要求，如成本、性能、功耗、质量、开发周期等。大多数嵌入式系统的复杂程度使得无法由个人设计和完成，而必须在一个开发团队中相互协作来完成。这样就使得开发人员必须遵循一定的设计过程，明确分工，相互交流并达成一致。

设计过程还会受到内在和外在因素的影响。外在影响包括如消费者的变化、需求的变化、产品的变化以及元器件的变化等。内在影响包括如工作的改进、人员的变动等。

这些都要求嵌入式系统开发人员必须掌握一定的系统设计方面的技术。因此，本章我们将研究设计方法学方面的一些知识；7.2 节介绍嵌入式系统的设计流程，内容包括嵌入式系统开发的一般过程和通常采用的一些设计流程；7.3 节介绍系统定义过程中进行需求分析和规格说明的方法；7.4 节介绍在规格说明的基础上如何进行系统的体系结构设计。

7.2　设　计　流　程

7.2.1　开发过程

嵌入式系统是专用的计算机系统，运行在特定的目标环境中，需要同时满足功能和性能等方面的要求。在嵌入式系统的开发过程中，要考虑到实时性、可靠性、稳定性、可维护性、可升级、可配置、易于操作、接口规范、抗干扰、物理尺寸、重量、功耗、成本、开发周期等多种因素。良好的设计方法在嵌入式系统的开发过程中是必不可少的。首先，好的方法有助于规划一个清晰的工作进度，避免遗漏重要的工作，例如性能的优化和可靠性测试对于一个合格的嵌入式产品而言是不可或缺的。其次，采用有效的方法可以将整个复杂的开发过程分解成若干可以控制的步骤，通过一些先进计算机辅助设计工具的辅助，我们可以按部就班、有条不紊地完成整个项目。最后，通过定义全面的设计过程，可以使整个开发团队的各个成员更好地理解自身的工作，方便成员之间相互交流与协作。在嵌入式系统的开发过程中，团队的概念至关重要。

图 7-1 是嵌入式系统开发的一般过程。

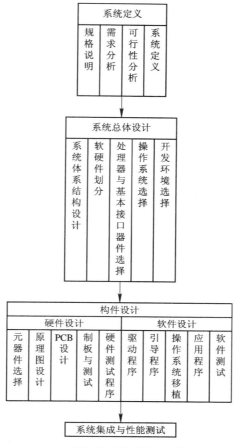

图 7-1　嵌入式系统开发的一般过程

下面分阶段介绍整个开发过程。

1．系统定义阶段

系统定义阶段需要确定系统开发最终实现的目标、实现目标的可行性、实现目标应采用的策略、估计完成系统开发所需的资源和成本、制定工程进度安排计划。这一阶段的工作主要包括了系统定义、可行性分析、需求分析和规格说明这四方面的内容。其中，需求分析是指从用户那里搜集系统的非形式描述。以此为基础进一步提炼，得到系统的规格说明，并以此来设计系统的体系结构和系统构件。

通常，用户仅了解和关心实际使用问题及需要具备的功能，但是往往不能完整、准确地表达这种需求，更不清楚怎样利用计算机去实现所需的功能。为了对系统进行准确无误地定义，就要求开发人员和用户之间充分交流，开发人员需要详细考察，最终得出经用户确认的、明确的系统实现逻辑模型。

需求可分为功能部分和非功能部分。非功能性需求包括性能、价格、物理尺寸和重量、功耗等方面的因素。

确认需求最好的方法是建立模型。模型可以使用原始数据来模拟功能，并可以在计算机上运行。模型还应让用户了解系统是如何工作的，以及用户如何与系统交互。通常，系统的非功能模型可以让用户了解系统的特性。

对一个大型的系统进行系统定义和需求分析是一件繁琐的工作，可以从先获取相对少量的、简单的信息入手。表 7-1 为一个简单的需求表格的样本。

表 7-1　需求表格样本

名称	
目的	
输入	
输出	
功能	
性能	
生产成本	
功耗	
物理尺寸和重量	

- 名称——给项目取一个好的名称，可以使设计目的更加明确，也便于交流、讨论时使用。

- 目的——用最精炼的语言来描述清楚系统需要满足的需求。

- 输入和输出——系统的输入和输出包含了大量的细节，如数据类型，包括模拟信号、数字信号、机械输入等；数据特性，包括周期性或非周期性数据、用户的输入、数据位数等；I/O 设备类型，包括按键、ADC、显示器等。

- 功能——功能的描述可以从对输入到输出的分析中得出，如当系统接收到输入时，执行哪些动作；用户通过界面输入的数据如何对该功能产生影响；不同功能之间如何相互作用。

- 性能——系统控制物理设备或者处理外界输入的数据都需要花费一定的时间。在大部分情况下，嵌入式系统在计算时间上都有要求，因此从系统定义和需求分析开始，这种性能的要求就必须明确，并在执行过程中加以认真考虑，以便随时检查系统能否满足其性能要求。系统的处理速度通常又是系统实用性和成本的主要决定因素。在大多数情况下，软件的性能在很大程度上决定了系统的性能。

- 生产成本——产品的成本会影响其价格。成本包含两个主要部分：生成成本，包括购买构件以及组装费用等；不可再生的工程成本，包括人力成本以及设计费用等。生产成本主要包括的是硬件成本。通过对硬件成本的估计，可以大略估计产品形成后的价格；或者，基于产品最终的粗略价格来计算构建系统可以使用的硬件构件，因为价格最终会影响系统的体系结构。

- 功耗——由电池供电的系统必须对功耗问题认真考虑。而系统的功耗需要在设计开始时就至少有一个粗略的了解。通常，基于这种了解可以使开发者决定系统是采用电池供电还是采用市电。

- 物理尺寸和重量——产品的物理尺寸和重量因使用领域的不同而不同。例如，对飞机上的电子设备，其重量应严格限制。又如，手持设备对系统的物理尺寸和重量都有严格限制。对系统的物理尺寸和重量有一定的了解，有助于系统体系结构的设计。

需求分析需要对其内部一致性进行检查。规格说明可以使设计者花费最少的时间和精力创建一个工作系统。规格说明应该足够明晰，以便别人可以验证它是否符合系统需求并且完全满足客户的期望；亦不能有歧义，设计者应知道什么是他们需要构造的。设计者可能碰到各种不同类型的由于不明确的规格说明而导致的问题。如果在某个特定的状况下的某些特性在规格说明中不明确，那么设计者就可能设计出错误的功能。如果规格说明的全局特征是错误的或者是不完整的，那么由该规格说明建造的整个系统的体系结构就可能不符合实际的要求。

2．总体设计阶段

总体设计是设计的第一步，其目的是描述系统如何实现由系统定义规定的那些功能。它需要解决嵌入式系统的总体构架，从功能实现上对软硬件进行划分；在此基础上，选定处理器和基本接口器件；根据系统的复杂程度确定是否使用操作系统，以及选择哪种操作系统；此外，还需要选择系统的开发环境。

本阶段应提供系统总体设计报告，推荐一个基本的软硬件配置方案，包括系统中各模块间的接口关系。确立总体方案时，要使用系统流程图或其他工具，描述每一种可能的系统组成，估计每一种方案的成本和效益，最终使总体方案建立在充分权衡各种方案利弊的基础上。总体设计中对系统体系结构的描述必须同时满足功能上和非功能上的需求。一般地，功能约束在构建系统总体框图时集中考虑，而非功能约束在构建硬件和软件体系结构时考虑。在构建体系结构时对非功能约束的估算部分来源于经验，而建造一个简化的模型往往有助于做出更精确的估算。

3．构件设计阶段

构件通常包括硬件和软件两部分。构件设计使得构件、体系结构和规格说明相一致。

一些构件是标准的，可以直接使用，如 CPU 和存储器。如果采用标准数据库，我们就可以用标准例程对该数据库进行访问。这些数据库中的数据不仅使用预定义的格式，而且被高度压缩以节省存储空间。在这些访问函数中使用标准软件不仅节约设计时间，而且有可能较快地实现如数据解压缩这样的专用函数。

在大部分情况下，我们必须自己设计一些构件，如使用集成电路设计 PCB、做大量定制的编程等。在设计期间，我们经常会利用一些计算机辅助设计工具和开发平台，并且对每个构件都需要进行功能和性能等方面的测试。嵌入式系统的设计还要求有较高的设计技能，在设计软件时要非常谨慎地读/写存储器以减少功耗。由于存储器访问是主要的功耗来源，因此存储器事务必须精心安排，以避免多次读取同样的数据。

4．系统集成与性能测试阶段

系统集成与性能测试阶段的工作包括将测试完成的软件系统装入制作好的硬件系统中，进行系统综合测试，验证系统功能是否能够准确无误地实现，各方面指标是否符合设计要求，最后将正确无误的软件固化在目标硬件中。在系统集成阶段通常会发现错误。按阶段构建系统并正确运行选好的测试，可以更容易地找出这些错误。如果每次只对一部分模块排错，则可以更容易地发现和识别较简单的错误。也只有在早期修正这些简单的错误，才能发现那些只有在系统高负荷时才能确定的、较复杂、较含混的错误。因此，我们必须确保能够在体系结构和构件设计阶段尽可能容易地按阶段组装系统和相对独立地测试系统功能。

由于嵌入式系统使用的调试工具比起在桌面系统中可利用的工具有限得多，因此足够详细地观察系统以准确确定错误，通常很难。我们可以在设计过程中谨慎地加入恰当的调试工具以简化一些系统集成中的问题，然而嵌入式计算本身的特性就决定了在系统集成时确定错误和排除错误是整个开发过程中最复杂和最费时的工作。

7.2.2 设计流程

设计流程是指在系统设计期间应遵循的一系列步骤，其中的一些步骤可以由工具软件，如编译程序或者 CAD 系统完成；其他的步骤只可用手工完成。本节将讲述设计流程的基本特性。

1. 瀑布模型

图 7-2 演示了瀑布模型，这是一个为软件开发过程提出的模型。

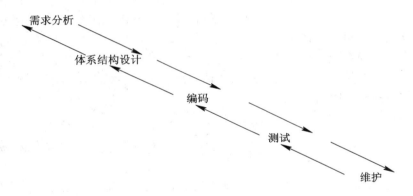

图 7-2　软件开发的瀑布模型

瀑布开发模型由五个主要阶段构成：需求分析，确定目标系统的基本特点；体系结构设计，将系统的功能分解为主要的构件；编码，编写程序段并将其集成；测试，检测错误；维护，修改软件以适应环境变化，并改正错误，进行系统升级。各阶段的工作和信息总是由高级抽象到较详细设计步骤的单向流动(只有少量的到高一级的反馈)。

自顶向下的设计可以使得在早期设计阶段就对要完成的系统有很好的预见，但大多数的设计者并没有完全遵循这种自顶向下的设计顺序。很多设计项目要进行试验和更改，就需要有从下到上的回溯。瀑布模型对于理解其他设计流程对它的改进是很重要的。

2. 螺旋模型

图 7-3 演示了螺旋模型。

瀑布模型假设系统被一次性整体建立，而螺旋模型假设要建立系统的多个版本，早期的版本只是一个简单的实验模型，用于帮助设计者建立对系统的直观认识和积累开发此系统的经验。随着设计的进行，会创建更加复杂的系统，在每一层设计中，设计者都会经过需求、结构设计和测试阶段。后期，当构成更复杂的系统版本时，每一个阶段都会有更多的工作，并需要扩大设计的螺旋。这种逐步求精的方法使得设计者可以通过一系列的设计循环加深对所开发系统的理解。

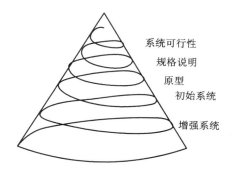

图 7-3　软件设计的螺旋模型

　　螺旋模型比瀑布模型更加符合实际。为了完成一个设计，经常需要成倍的重复工作来补充足够多的细节。

3．逐步求精

图 7-4 演示了逐步求精的设计方法。

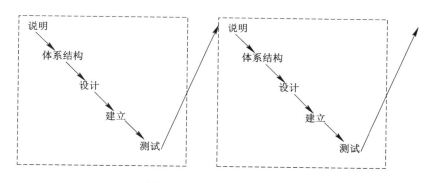

图 7-4　逐步求精开发模型

　　在这种方法中，一个系统被建立多次。第一个系统被用作原型，其后逐个系统将进一步被求精。当设计者对正建造的系统的应用领域不是很熟悉时，这种方法很有意义。通过建造几个愈加复杂的系统，从而使系统精炼，使设计者能检验体系结构和设计技术。

4．分层设计流程

　　许多复杂的嵌入式系统自身是由更多的小设计组成的。完整的系统可能需要有效的软件构件、专用的集成电路(ASIC)等，而且这些部件又可能由尚需设计的更小的部件组成。从最抽象的完整系统设计到为个别部件的设计，设计流程随着系统中的抽象层次而变化。流程的实现阶段从规格说明到测试，本身是一个完整的流程。在一个大项目中，每一个流程可能会由单独的人或小组来完成，每个组必须依靠其他组的结果。各个分组从上级小组获得要求，同时上级小组依靠各个分组的设计质量和测试性能。充分交流在这样的大项目中非常重要。其设计流程如图 7-5 所示。

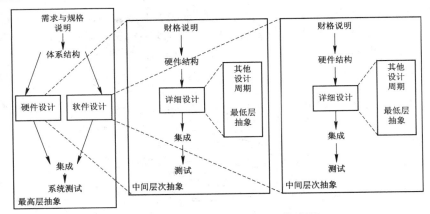

图 7-5　嵌入式系统分层设计工作流程

5. 并行工程

当众多的设计者一起设计一个大系统时,非常容易偏离完整的设计流程,导致每个设计者对自己在设计流程中的角色产生狭隘的看法。并行工程试图采用一种更宽的方法,使整个流程优化。对于并行工程而言,缩减设计时间是一个重要的目标,它为设计流程的很多方面提供了捷径,例如可靠性、性能、功耗等。特别需要指出的是,要从并行工程中获得最多收益,通常需要消除设计和制造之间的隔阂。为了获得最优结果,需要注意以下几点:

(1) 交叉功能组应包括来自不同学科的成员,包括制造业、硬件/软件设计和市场营销等。

(2) 并行产品实现过程的活动是并行工程的中心。同时做几件事,例如同时设计几个不同的子系统,减少设计时间是关键性的。

(3) 递增的信息共享和使用将有助于减少并行产品的实现导致意外的可能性。一旦新的信息可用,它就被共享并且集成到设计中。交叉功能组对于及时和高效的信息共享是很重要的。

(4) 综合的工程管理保证有人对整个工程负责,而且这种职责决不能在工程的某一方面一旦完成就放弃。

(5) 提供商尽早地和不间断地参与,有助于充分利用提供商的能力。

(6) 客户尽早地和不间断地关注,有助于确保产品能最好地满足其需要。

6. 其他

软件工程的方法直接影响到设计流程。目前,软件开发过程结合了面向对象的方法和第四代工具。该方法针对嵌入式系统还在不断完善。

在基于面向对象的开发过程中,开发组成员可以遵循并行过程的方法,并发地设计组件。例如,一个小组设计设备驱动程序,另一个小组设计错误处理程序,还有一个小组设计应用程序。

第四代软件工具能够根据较高级的设计规范生成代码,例如自动报表生成、自动高级图形生成、创建数据库查询以及在创建网站时自动生成 HTML 代码等。

总之,不断改进的模型,其过程的生命周期是迭代的,直到进行验证、确认和交付或安装到系统的 ROM 中为止。

7.3　需求分析与规格说明

需求分析和规格说明都是指导系统的外部表示，而非内部结构。需求分析是用户所想要的非形式化的描述。规格说明是对系统体系结构的更详尽、更精确、更一致的描述。

7.3.1　需求分析

创建一个需求文档的目的是使用户和设计者可以有效地交流。设计者应该知道用户期望他们设计什么，而用户应该明白他们将得到什么。

需求有两种类型：功能性需求和非功能性需求。一个功能性需求说明了这个系统必须做什么，例如 FFT 运算。一个非功能性需求可以是其他属性中的一些性质，包括物理尺寸、价格、功耗、开发周期、可靠性等。

一套好的需求分析应该满足以下测试要求：

(1) 正确性。需求不能错误地描述用户的要求。正确性还包括应该避免超出需要的需求，需求不应该加上那些不必要的条件。

(2) 无二义性。需求文档应该清晰，并且只用一种明确的语言解释。

(3) 完整性。所有的需求都应该被包括。

(4) 可检验性。应该有一个有效的方法来确保最后的产品满足每一种需求。例如，在不符合"吸引力"定义的情况下，一个想使系统组装吸引人的需求是很难验证的。

(5) 一致性。一个需求不能和另一个需求相矛盾。

(6) 可修改性。需求文档应结构化，以便在不影响一致性、可检验性等情况下可以被修改以适应变化的需求。

(7) 可追踪性。每个需求应满足以下可追踪性：

——可以追踪需求知道每个需求存在的价值。

——可以追踪需求之前创建的文档来理解它们如何与最终的需求相关联。

——可以向前追踪来理解每个需求在实现中如何被满足。

——可以向后追踪以便知道哪一个需求是用户满意的。

那么怎样确定需求呢？首先，直接的用户合同可以让设计者得到用户需求的初步模型。其次，市场或销售部门所作的用户需求调查也是一个采集信息的途径。而设计者同用户直接进行交流对需求的确定显然也是非常有益的。和用户交流也可能包括产品调查、组织集中的用户组或请一些用户来测试一个实体模型或原型。

7.3.2　规格说明

1. SDL

SDL(System Descriptive Language，系统描述语言)是一种广泛使用的状态机规格说明语言，这种语言是通信产业为通信协议、电话系统等开发的。如图 7-6 所示，SDL 规格说明包括状态、操作以及状态间有条件的和非条件的转换。SDL 是一个面向事件的状态机模型，状态间的转换由内部或外部事件引发。

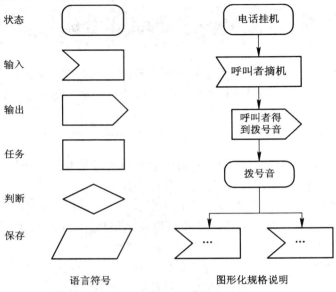

语言符号　　　　　　　　　　　图形化规格说明

图 7-6　SDL 规格说明语言

2. 状态图表

状态图表是一种常用的基于状态的规格说明的方法，它基于一种事件驱动模型建立。状态图表允许状态被组合在一起表示普通的功能。两种基本的组合是 OR(或)和 AND(与)。图 7-7 通过用 OR 状态描述的状态图表与传统的状态转换图的比较演示了一个 OR 状态的例子。该状态机描述了当 s1、s2、s3 收到输入 i2 时，机器将从 s1、s2、s3 的任一状态转换到状态 s4。状态图表也可以通过在 s1、s2、s3 周围标出 OR 状态来表示这种特性。s123 是 OR 状态的名字，在状态上方的小方块中给出。从 OR 状态 s123 出来的唯一转换表明了状态机处于 s123 包括的任意一个状态时，若接收到 i2 输入，状态机都会进入状态 s4。OR 状态不但允许成员状态间的相互转换，还允许内部状态间的相互转换(例如从 s1 到 s3、从 s2 到 s3)。OR 状态仅仅是表明与这些状态相关的转换的一种工具。

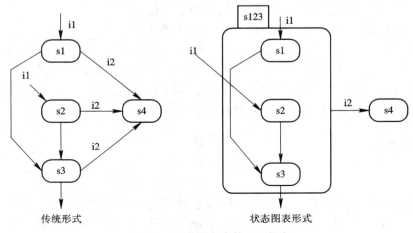

传统形式　　　　　　　　　　　状态图表形式

图 7-7　状态图表中的 OR 状态

图 7-8 通过与传统状态机模型的比较演示了用状态图表符号表示的 AND 状态。传统的模型中，状态间有大量的转换，并且一组状态中只有一个入口点和一个出口点。

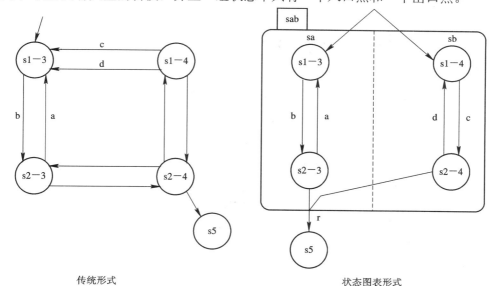

传统形式   状态图表形式

图 7-8　状态图表中的 AND 状态

该状态图表中，AND 状态 sab 可分解为两个部件 sa 和 sb。机器进入 AND 状态时，它同时占据了部件 sa 的状态 s1 和部件 sb 的状态 s3。 我们可以认为这时的系统状态是多维的。当它进入 sab 时，要知道整个状态机的状态需要检测 sa 和 sb。

传统状态机中状态的名字显示了它们与 AND 状态部件的联系。这样，s1－3 状态相当于状态图表的状态机 sa 部件处于 s1 状态且 sb 部件处于 s3 状态，依此类推。在传统方法中，我们能跳出这一组状态，进入 s5 状态，当且仅当我们处于状态 s2－4 时接收到 r，在 AND 状态图中相当于 sa 处于 s2 状态、sb 处于 s4 状态且状态机在这种组合状态下接收到 r 输入。尽管传统图模型与状态图表模型描述了同样的行为，然而当每个部件有两种状态并且状态间存在关系时，状态图表看起来要简单一些。

3. AND/OR 表

图 7-9 演示了一个 AND/OR 表的例子及其所描述的布尔表达式。AND/OR 表中的每一行用表达式中的基本变量标记。每一列相当于表达式中的一个 AND 项。例如，AND 项(条件 2 与非条件 3)在第二列中用使条件 2 为真、条件 3 为假、条件 1 忽略来表示，这就相当于 AND 条件要为真时，必须有条件 2 为真且条件 3 为假。我们用这种表来估计一个给定的条件在系统中是否有效。变量的当前状态与表中的元素相比较，如果所有当前变量的值与该列中给定的要求的值相等，则该列的值就为真。当我们期望一个 AND/OR 表达时，若列中任一值为真，则这个表为真。这个符号表和状态图表最大的不同

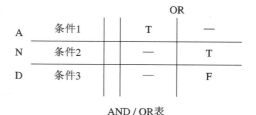

条件1 or 条件2 and！条件3
表达表

		OR	
A	条件1	T	—
N	条件2	—	T
D	条件3	—	F

AND / OR表

图 7-9　AND/OR 表

在于"否"的情况在表中明确地表示了出来。实践证明，这样的表示对在一个规格说明表中寻找问题有很大帮助。

7.4　系统分析与体系结构设计

把一个规格说明变成一种体系结构设计，这对于理解一个复杂系统的整体结构是一种非常有用的方法。

CRC 卡方法是帮助分析一个系统结构的一种普遍、实用的方法。由于它支持封装数据和功能，因此特别适用于面向对象的设计。

缩写 CRC 代表此方法所要确认的以下三个主要项目：

* 类(Class)——定义了数据和功能的逻辑分组。
* 责任(Responsibility)——描述类所要做的工作。
* 协作者(Collaborator)——与给定类相关的其他类。

CRC 卡的命名源自人们习惯于将此方法写在标签上，在其空白处填写类的名字、责任、协作者以及其他的相关信息。CRC 卡方法的实质是要人们填写这些卡片，讨论并更新卡片内容，直到获得自己满意的结果。图 7-10 所示为 CRC 卡的示意图。

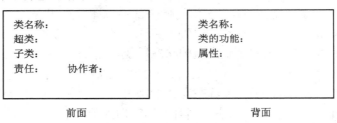

图 7-10　CRC 卡示意图

对于计算机系统设计而言，CRC 卡方法似乎是一种比较原始的方法。然而，它有一些重要的优点。首先，它很容易让非计算机专业人员来创建 CRC 卡。在系统设计中，获得领域专家的忠告是非常重要的，这些专家可能是擅长汽车电子设备方面的汽车设计人员，也可能是从事 PDA 设计的人类遗传因子研究方面的权威人士。CRC 卡方法很简便，所以它对非计算机领域的专家使用此方法并不产生影响，而且还允许收集他们的输入信息。其次，通过鼓励领域专家分组工作和分析情况，可以很好地帮助计算机专家进行工作。在 CRC 卡方法中运用的预排过程对于明确设计范围和决定系统的哪一部分未被充分地理解是非常有用的。在基于工具的设计和编码中这种简便方法很有价值。而软件工程工具对自动创建 CRC 卡非常有效。

在 CRC 卡方法中，类的应用实际上更像面向对象编程语言中的对象——CRC 卡类习惯于表示系统中的一个实体，CRC 卡类可以很容易变为面向对象设计中的类定义。

用 CRC 卡分析系统时，应该按下列步骤进行：

(1) 设计类的初始清单。写下类的名称和一些注释来说明它是什么。一个类可以表示一个现实对象或者结构对象。识别类属于哪一类目(可以在现实对象的名字旁边标注一个星号)是有益的。每一个小组成员都应该负责处理系统的一部分。小组成员应该在这个过程中充分讨论，以确定没有被遗漏和重复的类。

(2) 书写责任和协作者初始清单。其中，责任清单帮助在更具体的细节中描写相应的类做什么。协作者清单应该由各种类之间的明显的关系来创建。责任和协作者的关系将在以后的设计阶段得到细化。

(3) 创建一些使用脚本。脚本描写系统做些什么，这些脚本也许始于某些类型的外部激励，这是一个很重要的用来识别相关现实对象的原因。

(4) 预演脚本。这是该方法的中心。在预演期间，小组的每一个成员代表一个或一个以上的类。使用脚本应该通过动作来仿真：人们能够说出他们这个类在干什么，并且要求其他的类执行什么操作等。如显示数据的传输过程，能够帮助人们对系统的一些操作有可视化的了解。在预演期间，创建所有信息的目的在于使系统得到进一步更新和求精。其中包括类、类的责任、类的协作者以及使用脚本。类在这个过程中可以被创建、撤消、修改。另外，脚本本身的许多漏洞可能也会被发现。

(5) 求精类、责任、协作者。这项工作的某些方面可以在预演期间完成，实际上这是对该脚本创建后所作的第二遍求精。只有观察透视的时间越长，对 CRC 卡进行的修改才越具有全局性。

(6) 添加类之间的关系。一旦 CRC 卡被求精，子类和超类的关系就会变得更清楚，并能被加到 CRC 卡上。

一旦创建好了 CRC 卡，就有必要利用它们来帮助开发人员启动实现的方法。在有些情况下，将 CRC 卡作为实施者的直接数据源来使用可能会使工作更有效。在其他一些情况下，可以用 UML 或其他语言写出在 CRC 卡分析期间捕捉到的一些信息的更形式化的描述，然后使用这种更形式化的描述作为系统实施者的设计文档。

思考与练习题

1. 简要描述需求和规格说明之间的差异。
2. 简要描述规格说明和体系结构之间的差异。
3. 在设计方法学的哪一个阶段确定使用 CPU 的类型？
4. 在设计方法学的哪一个阶段选择编程语言？
5. 在设计方法学的哪一个阶段针对功能正确性来测试设计？
6. 开发一个状态图，定义一次电话呼叫中的基本活动，包括摘机、拨号、接通、通话、挂机和结束呼叫。在可能的时候使用 AND 和 OR 状态。

第8章　嵌入式系统开发调试方法

8.1　引　言

由于嵌入式系统是一个受资源限制的系统，因此直接在嵌入式系统硬件上进行编程开发显然是不合理的。在嵌入式系统的开发过程中，一般采用的方法是：首先在通用 PC 上的集成开发环境中编程；然后通过交叉编译和链接，将程序转换成目标平台(嵌入式系统)可以运行的二进制代码；接着通过嵌入式调试系统进行调试；最后将程序下载到目标平台上运行。

显然，选择合适的开发工具和调试工具，对整个嵌入式系统的开发都非常重要。

本章在 8.2 节着重讲述嵌入式系统的硬件开发基础及流程，内容包括电子元器件的封装、PCB 基础知识和硬件开发调试中的常用工具；在 8.3 节具体介绍嵌入式系统交互式开发调试工具，包括嵌入式系统集成开发环境、交互式开发调试方法；在 8.4 节介绍几种其他实用工具，包括 Source Insight 和 SkyEye。

8.2　嵌入式系统硬件开发基础及流程

8.2.1　电子元器件的封装

封装，就是把硅片上的电路引脚，用导线接引到外部接头处，以便与其他器件连接。封装形式是指安装半导体集成电路芯片用的外壳，起着安装、固定、密封、保护芯片及增强电热性能等方面的作用。芯片上的接点通过导线连接到封装外壳的引脚上，这些引脚又通过印制电路板上的导线与其他器件相连接，从而实现内部芯片与外部电路的连接。芯片必须与外界隔离，以防止空气中的杂质对芯片电路的腐蚀而造成电气性能下降。另一方面，封装后的芯片也更便于安装和运输。

封装主要分为双列直插(Dual In-line Package, DIP)和表面贴片(Surface Mount Device, SMD)两种。在结构方面，封装经历了从早期的晶体管 TO 到双列直插封装，再到后来的由 PHILIP 公司开发出的 SOP(Small Outline Package，小外型封装)。从材料介质方面而言，包括金属、陶瓷、塑料等形式的封装，目前很多高强度工作条件需求的电路如军工和宇航级别仍有大量的金属封装。引脚形状则包括长引线直插、短引线或无引线贴装和球状凸点等形式。半导体工业造就了许多不同的集成芯片封装类型，封装类型的选择主要考虑大小、引脚数量、功耗、使用环境以及经济成本等因素，这里主要介绍一些常用的封装类型。

1．SOP/SOIC

SOP(图 8-1)技术于 1968～1969 年由菲利浦公司开发成功，以后逐渐派生出 SOJ(Small Out line J-Leaded package, J 型引脚小外形封装)、TSOP(Thin Small Outline Package，薄小外形封装)、VSOP(Very Small Outline Package，甚小外形封装)、SSOP(Shrink Small Outline Package，缩小型小外型封装)、TSSOP(Thin Shrink Small Outline Package，薄的缩小型 SOP)及 SOT(Small Outline Transistor，小外形晶体管)、SOIC(Small Outline IC Package，小外形集成电路封装)等。

图 8-1 SOP

2．DIP

DIP 是插装型封装之一，引脚从封装两侧引出，封装材料有塑料和陶瓷两种，如图 8-2 所示。DIP 是最普及的插装型封装，应用范围包括标准逻辑 IC、存储器、大规模集成电路以及微机电路等。

图 8-2 DIP

3．PLCC

PLCC(Plastic Leaded Chip Carrier，塑封引线芯片封装)外形呈正方形，32 脚封装，四周都有引脚，外形尺寸比 DIP 小得多，如图 8-3 所示。PLCC 适合用 SMT 表面安装技术在 PCB 上安装布线，具有外形尺寸小、可靠性高的优点。

图 8-3 PLCC

4．QFP

QFP(Quad Flat Package，小型方块平面封装)如图 8-4 所示，在颗粒四周都带有引脚，识别起来相当明显；四侧引脚扁平封装；表面贴装型封装之一，引脚从四个侧面引出，呈海鸥翼(L)型；基材有陶瓷、金属和塑料三种。从数量上看，其塑料封装占绝大部分，当没有特别表示出材料时，多数情况下为塑料 QFP。塑料 QFP 是最普及的多引脚 LSI 封装，不仅用于微处理器、门阵列等数字逻辑 LSI 电路，而且也用于 VTR 信号处理、音响信号处理等模拟 LSI 电路。其引脚中心距有 1.0 mm、0.8 mm、0.65 mm、0.5 mm、0.4 mm、0.3 mm 等多种规格。0.65 mm 中心距规格的最多引脚数为 304。

图 8-4　QFP

在引脚中心距上不加区别，而是根据封装本体厚度分为 QFP(2.0 mm～3.6 mm)、LQFP(1.4 mm)和 TQFP(1.0 mm)三种；有的 LSI 厂家把引脚中心距为 0.5 mm 的 QFP 专门称为收缩型 QFP 或 SQFP、VQFP，但有的厂家把引脚中心距为 0.65 mm 及 0.4 mm 的 QFP 也称为 SQFP，致使名称稍有些混乱；封装的四个角带有树脂缓冲垫的为 BQFP；带树脂保护环覆盖引脚前端的为 GQFP；在封装本体里设置测试凸点，放在防止引脚变形的专用夹具里就可进行测试的为 TPQFP。

此外，TQFP(Thin Quad Flat Package，薄塑封四角扁平封装)也是常用的封装，其四边扁平封装工艺能有效利用空间，从而降低了对印制电路板空间大小的要求。由于缩小了高度和体积，这种封装工艺非常适合对空间要求较高的应用，如 PCMCIA 卡和网络器件。几乎所有 ALTERA 的 CPLD/FPGA 都有 TQFP。PQFP(Plastic Quad Flat Package，塑封四角扁平封装)的芯片引脚之间距离很小，引脚很细，一般大规模或超大规模集成电路采用这种封装形式，其引脚数一般都在 100 以上。TSOP(Thin Small Outline Package，薄型小尺寸封装)内存封装技术的一个典型特征就是在封装芯片的周围做出引脚。TSOP 适合用 SMT 技术(表面安装技术)在 PCB(印制电路板)上安装布线。TSOP 封装外形尺寸时，寄生参数(电流大幅度变化时，引起输出电压扰动)减小，适合高频应用，操作比较方便，可靠性也比较高。

5．BGA 封装

20 世纪 90 年代随着技术的进步，芯片集成度不断提高，I/O 引脚数急剧增加，功耗也随之增大，对集成电路封装的要求也更加严格。为了满足发展的需要，BGA(Ball Grid Array，球栅阵列)封装(图 8-5)开始被应用于生产。

采用 BGA 技术封装的内存，可以使内存在体积不变的情况下容量提高二到三倍，BGA 封装与 TSOP 相比，具有更小的体

图 8-5　BGA 封装

积，更好的散热性能和电性能。BGA 封装技术使每平方英寸的存储量有了很大提升，采用 BGA 封装技术的内存产品在相同容量下，体积只有 TSOP 封装的三分之一；另外，与传统 TSOP 方式相比，BGA 封装方式有更加快速和有效的散热途径。BGA 封装的 I/O 端子以圆形或柱状焊点按阵列形式分布在封装下面。BGA 封装技术的优点是 I/O 引脚数虽然增加了，但引脚间距并没有减小反而增加了，从而提高了组装成品率；虽然增加了功耗，但 BGA 技术能用可控塌陷芯片法焊接，从而可以改善它的电热性能；厚度和重量都较以前的封装技术有所减少；寄生参数减小，信号传输延迟小，使用频率大大提高；组装可用共面焊接，可靠性高。

8.2.2　PCB 基础知识

通常把在绝缘材料上，按预计设定，制成印制电路、印制元件或两者组合而成的导电

图形称为印刷电路。而在绝缘基材上提供元器件之间电器连接的导电图形，称为印制电路。这样就把印制电路或印制线路的成品称为 PCB(Printed Circuit Board，印制电路板)。一块完整的 PCB 主要由绝缘基材、铜箔面、阻焊层、字符层和孔组成。PCB 为集成电路等各种电子元器件固定、装配提供了机械支撑，实现了集成电路等各种电子元器件之间的布线和电气连接，也实现了集成电路及各种电子元器件之间的绝缘。常用的 PCB 出图软件有 Protel99SE 等 Protel 系列软件。

1. 分类

根据电路层数，PCB 分为单面板、双面板和多层板。常见的多层板一般为 4 层板或 6 层板，复杂的多层板可达几十层。

(1) 单面板(Single-Sided Board)。在最基本的 PCB 上，零件集中在其中一面，导线则集中在另一面。因为导线只出现在其中一面，所以这种 PCB 叫作单面板，如图 8-6 所示。因为单面板在设计线路上有许多严格的限制(因为只有一面，布线间不能交叉而必须绕独自的路径)，所以只有早期的电路才使用这类板子。

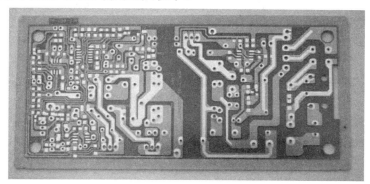

图 8-6　单面 PCB

(2) 双面板(Double-Sided Board)。这种电路板的两面都有布线，不过要用上两面的导线，必须要在两面间有适当的电路连接才行，如图 8-7 所示。这种电路间的"桥梁"叫做导孔(Via)。导孔是在 PCB 上充满或涂上金属的小洞，它可以与两面的导线相连接。因为双面板的面积比单面板大了一倍，而且因为布线可以相互交错(可以绕到另一面)，它更适合用在比单面板更复杂的电路上。

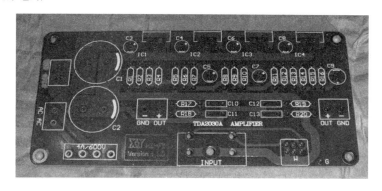

图 8-7　双面 PCB

(3) 多层板(Multi-Layer Board)。为了增加可以布线的面积，多层板(图 8-8)用上了更多单或双面的布线板。用一块双面作内层、两块单面作外层或两块双面作内层、两块单面作外层的印制线路板，通过定位系统及绝缘粘结材料交替在一起且导电图形按设计要求进行互连的印制线路板就成为四层、六层印制电路板了，也称为多层印制线路板。板子的层数就代表了有几层独立的布线层，通常层数都是偶数，并且包含最外侧的两层。大部分的主机板都是 4 到 8 层的结构，不过从技术方面理论上可以做到近 100 层的 PCB。大型的超级计算机大多使用相当多层的主机板，不过因为这类计算机已经可以用许多普通计算机的集群代替，超多层板已经渐渐不被使用了。PCB 中的各层都结合紧密，一般不太容易看出实际数目，但如果仔细观察主机板，还是可以看出来的。

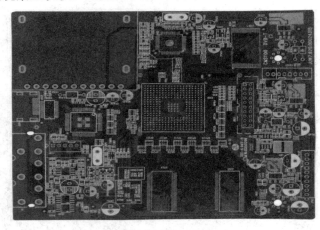

图 8-8　多层 PCB

2. 流程

(1) 原理图设计。进行硬件设计开发，首先要进行原理图设计，需要将一个个元器件按一定的逻辑关系连接起来。设计一个原理图的元件来源是"原理图库"。除了元件库外还可以由用户自己增加建立新的元件，用户可以用这些元件来实现所要设计系统的逻辑功能。例如，利用 Protel 中的画线、总线、网标等工具，将电路中具有电气意义的导线、符号和标示根据设计要求连接起来，构成一个完整的原理图。

(2) 输出网络表。原理图设计完成后要进行网络表输出。网络表是电路原理图设计和印制电路板设计中的一个桥梁，它是设计工具软件自动布线的灵魂，可以从原理图中生成，也可以从印制电路板图中提取。

(3) 设置环境参数。在 PCB 编辑器中开始绘制电路板之前，设计者可以根据习惯设置 PCB 编辑器的环境参数，其中包括栅格大小、光标捕捉区域的大小、公制/英制转换参数及工作层面颜色等。环境参数设置好坏直接影响电路板设计的效率。

(4) 规划电路板。规划电路板包括以下内容。

① 电路板的选型，选择单面板、双面板或者多面板。

② 确定电路板的外形，包括设置电路板的形状、电气边界和物理边界等参数。

③ 确定电路板与外界的接口形式，选择具体接插件的封装形式及确定接插件的安装位置和电路板的安装方式等。

从设计的并行性角度考虑，电路板的规划工作有一部分应当放在原理图绘制之前，比如电路板类型的选择、电路板的接插件和安装形式等。在电路板的设计过程中，千万不能忽视这一步工作，否则有的后续工作将无法进行。

(5) 载入网络表和元器件封装。在 PCB 编辑器中，只有载入了网络表和元器件封装后才能开始电路板的绘制。在 Protel99SE 中，利用系统提供的更新 PCB 设计功能或者载入网络表的功能，既可以在原理图编辑器中将元器件封装和网络表更新到 PCB 编辑器中，又可以在 PCB 编辑器中载入元器件封装和网络表。

(6) 元器件布局。元器件布局是设计 PCB 的第一步。正确的 PCB 布局不但可以增加 PCB 的视频美感，还可以提高布线效率。元器件布局应当从机械结构、散热、电磁干扰、布线的方便性等方面进行综合考虑。先布置与机械尺寸和安装尺寸有关的器件，然后布置大的、占位置的器件和电路的核心元器件，最后布置外围的小元器件。如果器件布线很散，则器件之间的传输线就可能很长，印制线条长，阻抗增加，抗噪声能力下降，成本会增加。如果器件过于集中布放，则散热不好，且邻近线条易受耦合、串扰。因此必须根据电路的功能单元对电路全部器件进行布局，同时考虑电磁兼容、热分布、敏感和非敏感器件、I/O 接口、复位电路、时钟等因素。

(7) 电路板布线。在电路板布线阶段，设计者可采用系统提供的自动布线功能，也可以采用手工的方法来对电路板进行布线。

采用 Protel99SE 提供的自动布线功能时，设计者只需进行简单、直观的设置，系统就会根据设定好的设计法则和自动布线规则，选择最佳的布线策略对电路板进行布线。但是对于比较复杂的电路板采用自动布线功能就不一定能够满足设计者的要求，这时就需采用手动布线。手动布线要求设计者必须对电路板和相关的电路知识比较熟悉，并且设计工作量比较大，但它能够最大限度地满足设计者对电路板的性能要求。

(8) 地线覆铜。对信号层上的接地网络和其他需要保护的信号进行覆铜或包地，可以增强 PCB 抗干扰的能力和负载电流的能力。

(9) 设计规则检查。设计规则检查简称 DRC(Design Rule Check)。对布完线的电路板进行 DRC 设计检验，可以确保电路板设计符合设计者制定的设计规则，并且所有的网络均已正确连接。

(10) 对照检验。最后，针对复杂的电路设计，为了避免在布线时遗漏某条逻辑连线或是操作不当造成线路连接错误，可以通过对照网络表进行检查。利用画好的 PCB 生成一份网络表，与通过原理图生成的网络表进行对比，会自动生成对比结果，从而可以知道自己的 PCB 布线是否完全和原理图的逻辑连接一致。

3．PCB 制作注意事项

在设计时要注意以下几点：

(1) 尽量不要使用自动布线。

(2) 布线顺序合理。先布时钟和敏感信号线，再布高速信号线，在确保此类信号线的过孔足够少、分布参数特性良好以后，最后才布一般的不重要的信号线。

(3) 减少高频噪声。布线时避免 90° 折线，减少高频噪声发射电容，以减少 IC 对电源的影响。注意高频电容的布线，连线应靠近电源端并尽量粗短，否则等于增大了电容的等效串联电阻，会影响滤波效果。

（4）充分考虑电源对处理器的影响。电源做得好，整个电路的抗干扰就解决了一大半。许多嵌入式处理器对电源噪声特别敏感，要给处理器电源加滤波电路或稳压器，以减小电源噪声对单片机的干扰。

（5）注意晶振布线。晶振与处理器引脚应尽量靠近，用底线把时钟区隔离起来，晶振外壳接地并固定。电路板合理分区，如强/弱信号、数字、模拟信号等分区。尽可能把干扰源(如电机、继电器)与敏感元件远离。用地线把数字区与模拟区隔离。数字地与模拟地要分离，最后在某一点接入电源地。A/D、D/A 芯片的布线也以此为原则。

（6）布线时尽量减少回路环的面积，以降低感应噪声。布线时，电源线和地线要尽量粗，除了可以减小压降外，更重要的是能够降低耦合噪声。对于嵌入式处理器闲置的 I/O 口，不要悬空，要接地或者接电源。其他 IC 的闲置端在不改变系统逻辑的情况下接地或接电源。

（7）使用电源监控及看门狗电路。使用电源监控及看门狗电路，如 IMP809、IMP706、IMP813、X5043 和 X5045 等，可大幅度提高整个电路的抗干扰性能。在速度能满足要求的前提下，尽量降低系统晶振和选用低速数字电路。IC 器件尽量直接焊在电路板上，少用 IC 座。

（8）印制板工艺抗干扰。电源线加粗，合理走线、接地，三总线分开可以减少互感振荡；CPU、RAM 和 ROM 等主芯片，V_{CC} 和 GND 之间接电解电容及瓷片电容，可去掉隔离低频干扰信号；独立系统结构，减少插件与连线，可以提高可靠性，减少故障率；集成块与插座接触可靠，用双簧插座，最好集成块直接焊在 PCB 上，以防止器件接触不良的故障。

8.2.3　硬件设计调试中常用工具

嵌入式系统的 PCB 制作完毕后，需要将所有的电子元器件焊接好，但在加电烧写程序之前，必须对硬件电路板进行检验和调试。具体的检验和调试内容及方法将在后续章节介绍，这里仅介绍经常用到的调试检验工具。

1．万用表

万用表又叫多用表、三用表、复用表，如图 8-9 所示，分为指针式万用表和数字式万用表。它是一种多功能、多量程的测量仪表，一般可测量直流电流、直流电压、交流电流、交流电压、电阻和音频电平等，有的还可以测量电容量、电感量及半导体的一些参数。

2．示波器

示波器是一种用途十分广泛的电子测量仪器，如图 8-10 所示，它能把肉眼看不见的电信号变换成看得见的图像，便于人们研究各种电现象的变化过程。示波器利用狭窄的、由高速电子组成的电子束，打在涂有荧光物质的屏面上，就可产生细小的光点。在被测信号的作用下，电子束就好像一支笔的笔尖，可以在屏幕上描绘出被测信号的瞬时值的变化曲线。利用示波器能观察各种不同信号幅度随时间变化的波形曲线，还可以用它测试各种不同的电量，如电压、电流、频率、相位差、调幅度等等。

图 8-9 万用表

图 8-10 示波器

3. 逻辑分析仪

逻辑分析仪是利用时钟从测试设备上采集和显示数字信号的仪器，如图 8-11 所示，最主要作用在于时序判定。由于逻辑分析仪不像示波器那样有许多电压等级，通常只显示两个电压(逻辑 1 和 0)，因此设定了参考电压后，逻辑分析仪将被测信号通过比较器进行判定，高于参考电压者为 High，低于参考电压者为 Low，在 High 与 Low 之间形成数字波形。

4. 频谱分析仪

频谱分析仪是研究电信号频谱结构的仪器，如图 8-12 所示，用于信号失真度、调制度、谱纯度、频率稳定度和交调失真等信号参数的测量，可用以测量放大器和滤波器等电路系统的某些参数，是一种多用途的电子测量仪器。它又可称为频域示波器、跟踪示波器、分析示波器、谐波分析器、频率特性分析仪或傅里叶分析仪等。现代频谱分析仪能以模拟方式或数字方式显示分析结果，能分析 1 Hz 以下的甚低频到亚毫米波段的全部无线电频段的电信号。仪器内部若采用数字电路和微处理器，具有存储和运算功能；配置标准接口，很容易构成自动测试系统。

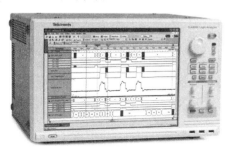

图 8-11 逻辑分析仪

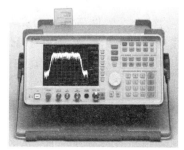

图 8-12 频谱分析仪

8.3 嵌入式系统交互式开发调试工具

8.3.1 嵌入式系统集成开发环境

进行嵌入式系统开发时，选择合适的开发工具可以加快开发进度，降低开发成本，因此，一套含有编辑软件、编译软件、汇编软件、连接软件、调试软件、工程管理以及函数库的集成开发环境(Integrated Debugger Environment，IDE)是必不可少的。至于嵌入式实时操作系统、评估板等其他开发工具，则可以根据应用软件规模和开发计划选用。

目前比较常见的嵌入式系统开发工具包括 ARM SDT、ARM ADS、Green Hills Tools 等。

ARM SDT(the ARM Software Development Tookit)是 ARM 公司提供的一整套由 C 编译器、连接定位器、C 语言调试器和 Angel 监控器组成的开发软件包。ARM SDT 可用来编写和调试 ARM 系列的 RISC 处理器的应用程序，可以开发 C++或 ARM Assembly 程序，由于其价格比较适中而得到了比较广泛的应用。ARM SDT 可以运行在 Windows 95/98/NT 以及 Solaris 2.5/2.6 上，支持最高到 ARM9 的所有 ARM 处理器(包括 Strong ARM)。

Green Hills 的 ARM 软件工具包能够支持 ARM6、ARM7、ARM7M、ARM7TM、ARM7TDMI、ARM7500FE、ARM8、ARM9、ARM10 以及 Strong ARM 等系列的处理器。它由编译器、交叉工具包、集成开发环境和调试接口等组成。Green Hills 使用 Compiler 作为高优化性能的 C/C++编译器。Green Hills 的 Cross Tool Chain 交叉开发工具包括了汇编器(Assembler)、链接器(Linker)、库函数以及目标代码格式转换器。Green Hills 的 MULTI 集成环境综合了软件开发和调试过程中要用到的各种工具，如源级调试器、工程管理器、版本控制器、文本编辑器、性能分析器、图形浏览器、运行出错检测器、ARM 指令集仿真器以及底层调试接口等。用户可方便地在 MULTI 环境中利用上述工具来开发应用程序。Green Hills 的 Servers 提供两类调试接口供用户选择使用：一类用于 Angel 监控器、在线仿真器以及 EPI 公司的 JEENI JTAFG 仿真器等；另一类则用于商用操作系统及用户自己编写的操作系统。

下面专门介绍 ARM ADS。

1. ARM ADS 简介

ARM ADS(ARM Developer Suite)是 ARM 公司提供的专门用于 ARM 相关的应用开发和调试的综合性软件工具。ADS 最新版本为 2.2，但国内大部分开发者使用的均是 1.2 版本。ADS 在功能和易用性上较 SDT 都有提高，是一款功能强大又易于使用的开发工具，可以安装在包括 Windows 和 Linux 在内的多种操作系统下。

ADS 包括了一系列的应用，并有相关的文档和实例的支持。使用者可以用它来编写和调试各种基于 ARM 系列处理器的应用，可以用于开发、编译、调试各种采用 C、C++和 ARM 汇编语言编写的程序。

ADS 由命令行开发工具、ARM 时库、GUI 开发环境(CodeWarrior 和 AXD)、实用程序和支持软件组成，下面对这些部件进行一一介绍。

1) 命令行开发工具

这些工具完成将源代码编译、链接成可执行代码的功能。ADS 提供以下命令行开发工具：

(1) armcc。armcc 是 ARMC 编译器。armcc 用于将用 ANSI C 编写的程序编译成 32 位 ARM 指令代码。因为 armcc 是最常用的编译器，所以对此作一个详细的介绍。

在命令控制台环境下，输入命令"armcc -help"可以查看 armcc 的语法格式以及最常用的一些操作选项。

armcc 最基本的用法为："armcc [options] file1 file2 ... filen"。其中，options 是编译器所

需要的选项，file1、file2、···、.filen 是相关的文件名。有关详细的选项说明，可查看 ADS 软件的在线帮助文件。

(2) armcpp。armcpp 是 ARM C++编译器。它将 ISO C++ 或 EC++ 编译成 32 位 ARM 指令代码。

(3) tcc。tcc 是 Thumb C 编译器。该编译器通过了 Plum Hall C Validation Suite 为 ANSI C 的一致性测试。tcc 将 ANSI C 源代码编译成 16 位的 Thumb 指令代码。

(4) tcpp。tcpp 是 Thumb C++ 编译器。它将 ISO C++ 和 EC++ 源码编译成 16 位 Thumb 指令代码。

(5) armasm。armasm 是 ARM 和 Thumb 的汇编器。它对用 ARM 汇编语言和 Thumb 汇编语言编写的源代码进行汇编。

(6) armlink。armlink 是 ARM 链接器。该命令既可以将编译得到的一个或多个目标文件和相关的一个或多个库文件进行链接，生成一个可执行文件，也可以将多个目标文件部分链接成一个目标文件，以供进一步的链接。ARM 链接器生成的是 ELF 格式的可执行映像文件。

(7) armsd。armsd 是 ARM 和 Thumb 的符号调试器。它能够进行源码级的程序调试。用户可以在用 C 或汇编语言写的代码中进行单步调试，设置断点，查看变量值和内存单元的内容。

2) ARM 运行时库

(1) 运行时库的类型和建立选项。

ADS 提供两种运行时库来支持被编译的 C 和 C++ 代码。

① ANSI C 库函数。这个 C 函数库是由以下几部分组成的：

(i) 在 ISO C 标准中定义的函数。

(ii) 在 semihosted 环境下(semihosting 是针对 ARM 目标机的一种机制，它能够根据应用程序代码的输入/输出请求，与运行有调试功能的主机通信。这种技术允许主机为通常没有输入和输出功能的目标硬件提供主机资源)用来实现 C 库函数的与目标相关的函数。

(iii) 被 C 和 C++ 编译器所调用的支持函数。ARM C 库提供了额外的一些部件支持 C++，并为不同的结构体系和处理器编译代码。

② C++ 库函数。C++ 库函数包含由 ISO C++ 库标准定义的函数。C++ 库依赖于相应的 C 库来实现与特定目标相关的部分，C++ 库的内部本身是不包含与目标相关的部分的，主要是由以下几部分组成的：

(i) 版本为 2.01 的 Rogue Wave Standard C++ 库。

(ii) C++ 编译器使用的支持函数。

(iii) Rogue Wave 库所不支持的其他的 C++ 函数。

正如上面所说，ANSI C 库使用标准的 ARM semihosted 环境提供如文件输入/输出等功能。semihosting 是由已定义的软件中断(Software Interrupt)操作实现的。在大多数情况下，semihosting SWI 是被库函数内部的代码所触发的，用于调试代理程序处理 SWI 异常，调试代理程序为主机提供所需要的通信。ARMulator、Angel 和 Multi-ICE 支持 semihosted。用户可以使用在 ADS 软件中的 ARM 开发工具去开发用户应用程序，然后在 ARMulator 或在一个开发板上运行和调试该程序。再者，用户可以把 C 库中与目标相关的函数作为自己应用程序的一部分，重新进行代码的实现。这为用户带来了极大的方便，用户可以根据自己的执行环境，适当地裁剪 C 库函数。除此之外，用户还可以针对自己的应用程序的要求，对与目标无关的库函数进行适当的裁剪。

在 C 库中有很多函数是独立于其他函数的，并且与目标硬件没有任何依赖关系。对于这类函数，用户可以很容易地在汇编代码中使用它们。

在建立自己的应用程序的时候，用户必须指定一些最基本的操作选项，例如：

- 字节顺序：是大端模式，还是小端模式；
- 浮点支持：可能是 FPA、VFP、软件浮点处理或不支持浮点运算；
- 堆栈限制：是否检查堆栈溢出；
- 位置无关(PID)：数据是从与位置无关的代码还是从与位置相关的代码中读/写，代码是位置无关的只读代码还是位置相关的只读代码。

当用户对汇编程序、C 程序或 C++ 程序进行链接的时候，链接器会根据在建立时所指定的选项，选择适当的 C 或 C++ 运行时库的类型。选项的各种不同组合都对应一个特定的 ANSI C 库类型。

(2) 库路径结构。

库路径是在 ADS 软件安装路径的 lib 目录下的两个子目录。例如，若 ADS 软件安装在 d:\arm\adsv1_2 目录下，则 d:\arm\adsv1_2\lib 目录下的两个子目录 armlib 和 cpplib 是 ARM 的库所在的路径。

① armlib。这个子目录包含了 ARM C 库、浮点代数运算库、数学库等各类库函数。与这些库相应的头文件在 d:\arm\adsv1_2\include 目录中。

② cpplib。这个子目录包含了 Rogue Wave C++ 库和 C++ 支持函数库。Rogue Wave C++ 库和 C++ 支持函数库合在一起被称为 ARM C++ 库。与这些库相应的头文件安装在 d:\arm\adsv1_2\include 目录下。

环境变量 ARMLIB 必须被设置成指向库路径。另外一种指定 ARM C 和 ARM C++ 库路径的方法是在链接的时候使用操作选项-libpath directory(directory 代表库所在的路径)，来指明要装载的库的路径。无需对 armlib 和 cpplib 这两个库路径分开指明，链接器会自动从用户所指明的库路径中找出这两个子目录。

这里，读者需要特别注意以下几点：

① ARM C 库函数是以二进制格式提供的。

② ARM 库函数禁止修改。如果要对库函数创建新的实现，则可以把这个新的函数编译成目标文件，然后在链接的时候把它包含进来。这样在链接的时候，使用的是新的函数实现而不是原来的库函数。

③ 通常情况下，为了创建依赖于目标的应用程序，在 ANSI C 库中只有很少的几个函数需要重建。

④ Rogue Wave Standard C++ 函数库的源代码不是免费发布的，可以从 Rogue Wave Software Inc.或 ARM 公司通过支付许可证费用来获得源文件。

3) CodeWarrior 集成开发环境

CodeWarrior for ARM 是一套完整的集成开发工具，充分发挥了 ARM RISC 的优势，使产品开发人员能够很好地应用尖端的片上系统技术。该工具是专为基于 ARM RISC 的处理器而设计的，它可加速并简化嵌入式开发过程中的每一个环节，使得开发人员只需通过一个集成软件开发环境就能研制出 ARM 产品。在整个开发周期中，开发人员无需离开 CodeWarrior 开发环境，因此节省了在操作工具上所花费的时间，使得开发人员有更多的精力投入到代码编写上。

ADS 的 CodeWarrior 集成开发环境(IDE)是基于 Metrowerks CodeWarrior IDE 4.2 版本的，它经过适当的裁剪后可以支持 ADS 工具链。CodeWarrior IDE 为管理和开发项目提供了简单、多样化的图形用户界面。用户可以使用它为 ARM 和 Thumb 处理器开发用 C、C++ 或 ARM 汇编语言编写的程序代码。通过提供下面的功能，CodeWarrior IDE 缩短了用户开发项目代码的周期：

(1) 全面的项目管理功能。

(2) 子函数的代码导航功能，使得用户可迅速找到程序中的子函数。

CodeWarrior IDE 中涉及的 target 有两种不同的语义：

(1) 目标系统(Target system)：特指代码要运行的环境，是基于 ARM 的硬件。例如，若要为 ARM 开发板编写运行在它上面的程序，则这个开发板就是目标系统。

(2) 生成目标(Build target)：指用于生成特定目标文件的选项设置(包括汇编选项、编译选项、链接选项以及链接后的处理选项)和所用文件的集合。

CodeWarrior IDE 能够让用户将源代码文件、库文件、其他相关的文件以及配置设置等放在一个工程中。每个工程可以创建和管理生成目标设置的多个配置。例如，要编译一个包含调试信息的生成目标和一个基于 ARM7TDMI 的硬件优化生成目标，生成目标可以在同一个工程中共享文件，同时使用各自的设置。

CodeWarrior IDE 为用户提供下面的功能：

(1) 源代码编辑器：集成在 CodeWarrior IDE 的浏览器中，能够根据语法格式，使用不同的颜色显示代码。

(2) 源代码浏览器：保存了在源码中定义的所有符号，能够使用户在源码中快速方便地跳转。

(3) 查找和替换功能：用户可以在多个文件中，利用字符串通配符，进行字符串的搜索和替换。

(4) 文件比较功能：可以使用户比较路径中不同文本文件的内容。

针对 ARM 的配置面板，CodeWarrior IDE 为用户提供了在其集成环境下配置各种 ARM 开发工具的能力，这样用户无需在命令控制台下就能够使用在前面介绍的各种命令行工具中的命令。

尽管大多数的 ARM 工具链已经集成在 CodeWarrior IDE 中了，但是仍有许多功能在该集成环境中没有实现。这些功能大多数是和调试相关的，但 ARM 的调试器没有将其集成到 CodeWarrior IDE 中，这就意味着用户不能在 CodeWarrior IDE 中进行断点调试和查看变量。

4) 实用程序

ADS 提供以下实用工具来配合前面介绍的命令行开发工具的使用。

(1) fromELF。这是 ARM 映像文件转换工具。该命令将 ELF 格式的文件作为输入文件，将该格式的文件转换为各种输出格式的文件，包括 plain binary(BIN 格式映像文件)、

Motorola 32-bit S-record format(Motorola 32 位 S 格式映像文件)、Intel Hex 32 format(Intel 32 位格式映像文件)和 Verilog-like hex format(Verilog 十六进制文件)。fromELF 命令也能够为输入映像文件产生文本信息，例如代码和数据长度。

(2) armar。ARM 库函数生成器将一系列 ELF 格式的目标文件以库函数的形式集合在一起，用户可以把一个库传递给一个链接器以代替几个 ELF 文件。

(3) Flash downloader。该工具用于把二进制映像文件下载到 ARM 开发板上的 Flash Memory。

5) 支持的软件

ADS 为用户提供软件 ARMulator，使用户可以在软件仿真的环境下或者在基于 ARM 的硬件环境下调试用户应用程序。

ARMulator 是一个 ARM 指令集仿真器，集成在 ARM 的调试器 AXD 中，它提供对 ARM 处理器的指令集的仿真，为 ARM 和 Thumb 提供精确的模拟。用户可以在硬件尚未做好的情况下开发程序代码。

2. 使用 ADS 创建工程

下面通过一个具体实例，介绍如何使用 ARM ADS 集成开发环境，利用 CodeWarrior 提供的工程模板建立自己的工程，并学会如何进行编译链接，生成包含调试信息的映像文件和可以直接烧写的 Flash Memory 中的 .bin 格式的二进制可执行文件。

1) 建立一个工程

建立一个新工程的方法如下：

(1) 在 CodeWarrior 中新建一个工程的方法有两种：可以在工具栏中单击 New 按钮，也可以在 File 菜单中选择 New 菜单。这样就会打开一个如图 8-13 所示的 New 对话框。该对话框包括 3 个标签页，即 Project、File 和 Object。

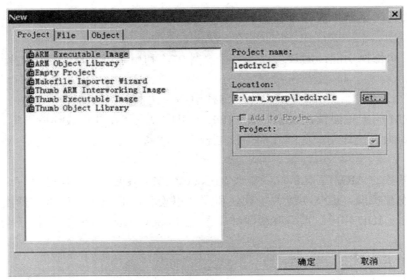

图 8-13 New 对话框

(2) 在 New 对话框中单击选择 Project 标签页。该标签页中为用户提供了以下 7 种可选择的工程项目模板：

① ARM Executable Image：用于由 ARM 指令的代码生成一个 ELF 格式的可执行映像文件。

② ARM Object Library：用于由 ARM 指令的代码生成一个 armar 格式的目标文件库。

③ Empty Project：用于创建一个不包含任何库文件或源文件的工程。

④ Makefile Importer Wizard：用于将 Visual C 的 nmake 或 GNU make 文件转换成 CodeWarrior IDE 工程文件。

⑤ Thumb ARM Executable Image：用于由 ARM 指令和 Thumb 指令的混和代码生成一个可执行的 ELF 格式的映像文件。

⑥ Thumb Executable Image：用于由 Thumb 指令创建一个可执行的 ELF 格式的映像文件。

⑦ Thumb Object Library：用于由 Thumb 指令的代码生成一个 armar 格式的目标文件库。

这里选择 ARM Executable Image，用于由 ARM 指令的代码生成一个可执行的 ELF 格式的映像文件。

(3) 在 Project name 文本框中输入工程文件名称，本例为 "ledcircle"。

(4) 点击 Location 文本框的 Set...按钮，浏览选择想要将该工程保存的路径。

(5) 将这些设置好后，点击 "确定" 按钮，即可建立一个新的名为 ledcircle 的工程。此时会出现 ledcircle.mcp 的窗口，有三个标签页，分别为 Files、Link Order 和 Targets，默认显示第一个标签页 Files，如图 8-14 所示。通过在该标签页点击鼠标右键，选中 "Add Files..."，即可把要用到的源程序添加到工程中。对于本例，由于所有的源文件都还没有建立，所以首先需要新建源文件。

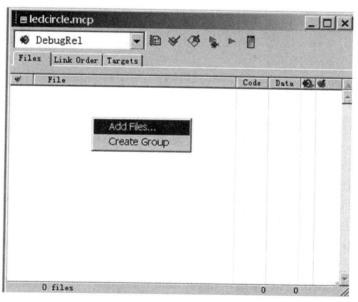

图 8-14　新建工程打开窗口

选择"File"→"New"菜单项，在打开的如图 8-13 所示的对话框中，选择标签页 File，在 File name 中输入要创建的文件名，输入"Init.s"，点击"确定"按钮关闭窗口。在打开的文件编辑框中输入文件"Init.s"的汇编源代码并保存。用同样的方法，再建立一个名为 main.c 的 C 源代码文件。

现在需要把新建的两个源文件添加到工程中。为工程添加源码常用的方法有两种：既可以使用如图 8-14 所示的方法，也可以选择"Project"→"Add Files"菜单项。这两种方法都会打开文件浏览框，用户可以把已经存在的文件添加到工程中。当选中要添加的文件时，会出现一个对话框，如图 8-15 所示，询问用户把文件添加到哪一类目标中。这里选择 DebugRel 目标，把创建的两个文件添加到工程中。这样就建立了一个完整的工程。

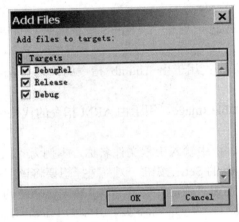

图 8-15　选择添加文件到指定目标

2) 编译和链接工程

一个工程中可以包含多个生成目标。每个生成目标具有不同的生成选项，这些选项包括编译器选项、汇编选项和链接器选项等，它们决定了 CodeWarrior IDE 如何处理工程项目，并生成特定的输出文件。因此，在进行编译和链接前，首先介绍一下如何配置各个生成选项。

在 ADS 中通过 Debug Settings 对话框设置一个工程中的各生成目标的生成选项。在 Target Settings 窗口中设置的各生成选项只适用于当前的生成目标。例如，当使用 ADS 中的可执行映像文件工程项目时，新工程中通常包括以下三个生成目标：

• DebugRel：使用该目标，在生成目标的时候，会为每一个源文件生成调试信息。

• Debug：使用该目标为每一个源文件生成最完整的调试信息。

• Release：使用该目标不会生成任何调试信息。

在当前生成目标是 Debug 时，通过 Debug Settings 对话框设置的各种生成选项对于其他两个生成目标 DebugRel 及 Release 是无效的。

这里使用默认的 DebugRel 目标。点击 Edit 菜单，选择"DebugRel Settings"（注意，这个选项会因用户选择的不同目标而有所不同），出现如图 8-14 所示的对话框。

(1) 设置 Target Settings 选项组。Target Settings 选项组中的选项如图 8-16 所示。其中各选项的含义及设置方法如下：

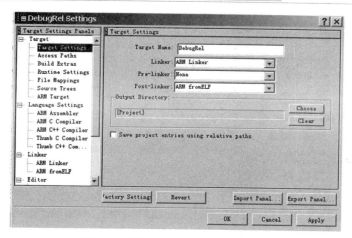

图 8-16　设置 Target Settings 选项组

① Target Name：用于设置当前生成目标的名称。这里是默认的 DebugRel。

② Linker：该选项供用户选择要使用的链接器。它决定了 Target Settings 对话框中其他选项的显示。默认选择的是 ARM Linker。使用该链接器，将使用 armlink 链接编译器和汇编器所生成的目标文件。此外，这个设置中还有两个可选项。其中，None 表示不用任何链接器，这时工程中的所有文件都不会被编译器或汇编器处理；ARM Librarian 表示将编译或汇编得到的目标文件转换为 ARM 库文件。对于本例，使用默认的链接器 ARM Linker。

③ Pre-linker：目前 CodeWarrior IDE 不支持该选项。

④ Post-linker：用于选择对链接器输出的文件的处理方式。可能的取值包括 None(不进行链接后的处理)、ARM fromELF(使用 ARM 工具 fromELF 处理链接器输出的 ELF 格式的文件，它可以将 ELF 格式的文件转换成各种二进制文件格式)、FTP Post-linker(Code Warrior IDE 当前没有使用本选项值)、Batch File Runner(在链接完成后运行一个 DOS 格式的批处理文件)。因为在本例中希望生成一个可以烧写到 Flash Memory 中的二进制代码，所以这里选择 ARM fromELF。

⑤ Output Directory：用于定义本工程的数据目录。工程的生成文件存放在该目录中。默认的取值为{Project}，用户可以单击 Choose 按钮修改该数据目录。

(2) 设置 Language Settings 选项组。Language Settings 选项组用于设置 ADS 中各语言处理工具的选项，包括汇编器的选项和编译器的选项。这些选项对于工程中的所有源文件都适用，不能单独设置某一个源文件的编译选项和汇编选项。

首先了解一下 ARM 汇编器，它实际就是前面介绍的 armasm。默认的 ARM 体系结构是 ARM7TDMI，字节顺序默认是小端模式，对于其他设置使用默认值即可。

而 ARM C 编译器实际就是调用的命令行工具 armcc。使用默认的设置即可。

此外，在设置框的右下角，若对某项设置进行了修改，则该行中的某个选项会发生相应的改动，如图 8-17 所示。实际上，这行文字显示的是相应的编译或链接选项。由于有了 CodeWarrior，因此开发人员可以不用再查看繁多的命令行选项，只要在界面中选中或撤消某个选项，软件就会自动生成相应的代码，这为不习惯在 DOS 下键入命令的用户提供了极大的方便。

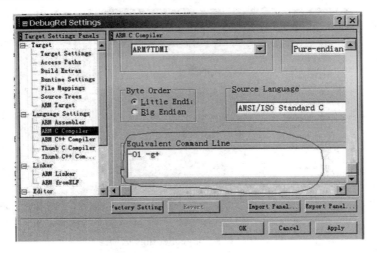

图 8-17　命令行工具选项设置

（3）设置 Linker。链接器选项 Linker 用于设置与链接器相关的选项以及与 fromELF 工具相关的选项。用鼠标选中 **ARM Linker**，则出现如图 8-18 所示对话框。

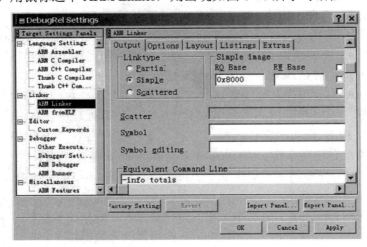

图 8-18　链接器设置

Output 标签页用来控制链接器进行链接的操作类型。ARM 链接器在 Linktype 中提供了三种链接方式：

① **Partial**：表示链接器只进行部分链接操作。部分链接生成 ELF 格式的目标文件，可以作为以后进一步链接时的输入文件。

② **Simple**：该方式是默认的链接方式，也是使用最频繁的链接方式。链接器根据选项中指定的地址映射方式，链接生成简单的 ELF 格式的映像文件。这时所生成的映像文件中地址映射关系比较简单，如果地址映射关系复杂，则需要使用下一种链接方式。

③ **Scattered**：该方式使得链接器根据 scatter 格式文件中指定的地址映射，生成地址映射关系复杂的 ELF 格式的映像文件。这个选项一般情况下使用不太多。

这里选择默认的 Simple 方式。在选中 Simple 方式后，需要设置下列链接器选项：

① RO Base：用于设置映像文件中包含有 RO 属性输出段的加载域地址和运行域地址(为同一个地址)，默认是 0x8000。用户要根据自己硬件的实际 SDRAM 的地址空间来修改这个地址，保证在这里填写的地址是程序运行时 SDRAM 地址空间所能覆盖的地址。这里使用默认地址值。

② RW Base：用于设置包含 RW 和 ZI 输出段的运行域的起始地址。如果同时选中 split 选项，则链接器生成的映像文件将包含两个加载域和两个运行域。此时，在 RW Base 中所输入的地址为包含 RW 和 ZI 输出段的域设置了加载域地址和运行域地址。

③ Ropi：选中该设置则映像文件中 RO 输出段的加载域和运行域是位置无关(Position Independent，PI)的。使用该选项，链接器将保证下面的操作——检查各段之间的重定址是否有效；确保任何由 armlink 自身生成的代码是只读位置无关的。在 ARM 系统中，只有在 ARM 链接器处理完所有的输入段后，才能够知道生成的映像文件是否是只读位置无关的。

④ Rwpi：选中该选项将会告诉链接器，映像文件中包含 RW 和 ZI 输出段的加载域和运行域是位置无关的。如果这个选项没有被选中，则相应的域被标识为绝对的，每一个可写的输入段必须是读/写位置无关的。如果这个选项被选中，则链接器将进行下面的操作——检查并确保可读/可写(R/W)属性的运行域的输入段设置了位置(PI)无关属性；检查在各段之间的重定位地址是否有效；在 Region\$\$Table 和 ZISection\$\$Table 中添加基于静态存储器 sb 的选项，该选项要求 RW Base 有值，若没有给它指定数值，则默认值为 0。

⑤ Split Image：选择这个选项将把包含 RO 属性和 RW 属性的输出段的加载域分成两个加载域，一个加载域包含所有 RO 属性的输出段，另一个加载域包含所有 RW 属性的输出段。该选项要求 RW Base 有值，如果没有给 RW Base 选项设置值，则默认是-RW Base 0。

⑥ Relocatable：选择这个选项将保留映像文件的重定位地址偏移量。这些偏移量为程序加载器提供了有用信息。

Options 标签页中，Image entry point 文本框指定了映像文件的初始入口点地址值。当映像文件被加载程序加载时，加载程序会跳转到该地址处执行。初始入口点必须满足以下条件：

① 初始入口点必须位于映像文件的运行域内。

② 包含初始入口点的可执行域不能被覆盖，它的加载域地址和运行域地址必须是相同的。

③ 入口点地址值：这是一个数值，例如-entry 0x0，指定初始入口点地址在 0x0 处。

④ 地址符号：该选项指定映像文件的入口点为指定符号所代表的地址处。例如-entry int_handler，指定初始入口点地址在标号 int-handler 处。如果该符号在映像文件中有多个定义存在，则 armlink 将产生出错信息。

⑤ offset+object(section)：该选项指定在某个目标文件段内部某个偏移量处为映像文件的入口地址，例如-entry 8+startup(startupseg)。在此处指定的入口点用于设置 ELF 映像文件的入口地址。需要注意的是，这里不可以用符号 main 作为入口点地址符号，否则将会出现类似 "Image dose not have an entry point(Not specified or not set due to multiple choice)" 的错误信息。

关于 ARM Linker 的设置还有很多，如想进一步深入了解，可以查看帮助文件。

(4) 设置 fromELF。在 Linker 下还有一个 ARM fromELF 选项，如图 8-19 所示。只有

在 Target 设置中选择了 Post-linker，才可以使用该选项。

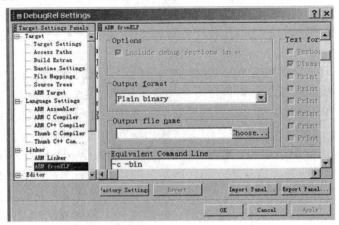

图 8-19　ARM fromELF 可选项

使用 fromELF 工具可以将 ARM 链接器产生的 ELF 格式的映像文件转换成其他格式的文件。

Output format 下拉框中为用户提供了多种可以转换的目标格式。这里选择 Plain binary，它是一个二进制格式的可执行文件，可以被烧写到目标板的 Flash Memory 中。

Output file name 文本框用于设置 fromELF 工具的输出文件的名称。可以指定存放的路径，或通过点击 Choose…按钮从文件对话框中选择输出文件。如果在这个文本域不输入路径名，则生成的二进制文件存放在工程所在的目录下。

完成上述相关设置后，在后面对工程进行 make 时，CodeWarrior IDE 就会在链接完成后调用 fromELF 来处理生成的映像文件。

(5) 编译链接。点击 CodeWarrior IDE 的菜单 Project 下的 make 菜单项，可以对工程进行编译和链接。整个编译链接过程如图 8-20 所示。

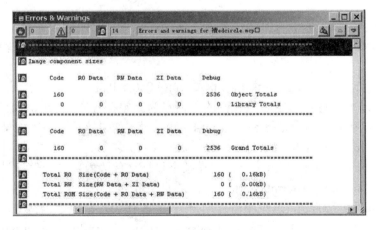

图 8-20　编译和链接过程

通过前面的设置，在工程 ledcircle 所在的目录下会生成一个名为"工程名_data"的目录，这就是 ledcircle_data 目录。在这个目录下不同类别的目标对应不同的目录。由于使用的是 DebugRel 目标，所以生成的最终文件都应该在该目录下。进入到 DebugRel 目录中，会看到 make 后生成的映像文件和二进制文件。映像文件用于调试，二进制文件可以烧写到目标板的 Flash Memory 中运行。

3) 使用命令行工具编译应用程序

有些情况下，用户开发的工程比较简单，或者只是想用到 ADS 提供的各种工具而并不想在 CodeWarrior IDE 中进行开发。在这种情况下，可使用一种不在 CodeWarrior IDE 集成开发环境下开发用户应用程序的方法。这种方法对于开发包含较少源代码的工程是比较实用的。

首先用户可以用任何编辑软件(比如 UltraEdit)编写前面提到的两个源文件 Init.s 和 main.c；然后可以利用 makefile 的知识，编写自己的 makefile 文件。由于 ADS 在安装的时候没有提供 make 命令，因此可以将要用到的 make 命令直接拷贝到 ADS 安装路径的 bin 目录下。假如 ADS 安装在目录 e:\arm\adsv1_2 下，则可以将 make 命令拷贝到 e:\arm\adsv1_2\bin 目录下。经过上述编译链接以及链接后的操作，在 e:\arm_xyexp\ledcircle 目录下会生成两个新的文件：main.axf 和 main.bin。

用这种方式生成的文件与在 CodeWarrior IDE 界面通过各个选项的设置生成的文件是一样的。

下面介绍如何用 AXD 对程序进行源码级的调试。

3．使用 AXD 调试代码

1) ADS 调试器简介

调试器本身是一个软件，用户通过这个软件使用 Debug agent 可以对包含有调试信息的、正在运行的可执行代码进行诸如变量查看、断点控制等调试操作。

ADS 中包含有三个调试器：

• AXD(ARM eXtended Debugger)：ARM 扩展调试器。

• armsd(ARM Symbolic Debugger)：ARM 符号调试器。

• 与老版本兼容的 Windows 或 UNIX 下的 ARM 调试工具：ADW/ADU(Application Debugger Windows/UNIX)。

下面对在调试映像文件中所涉及的一些方法作一个简单的介绍。

(1) Debug target。在软件开发的最初阶段，可能还没有具体的硬件设备。如果要测试所开发的软件是否达到了预期的效果，则可以由软件仿真来完成。即使调试器和要测试的软件运行在同一台 PC 上，也可以把目标当作一个独立的硬件来看待。

当然，也可以搭建一个 PCB，这个板上可以包含一个或多个处理器，在这个板上可以运行和调试应用软件。

只有当通过硬件测试或软件仿真所得到的结果达到了预期的效果，才算是完成了应用程序的编写工作。调试器能够发送以下指令：

① 装载映像文件到目标内存。

② 启动或停止程序的执行。

③ 显示内存、寄存器或变量的值。

④ 允许用户改变存储的变量值。

(2) Debug agent。Debug agent 执行调试器发出的命令动作，如设置断点、从存储器中读数据、把数据写到存储器等。Debug agent 既不是被调试的程序，也不是调试器。在 ARM 体系中，有这样几种调试方式：Multi-ICE(Multi-processor in-circuit emulator)、ARMulator 和 Angel。其中 Multi-ICE 是一个独立的产品，是 ARM 公司自己的 JTAG 在线仿真器，不是由 ADS 提供的。

AXD 是 ADS 软件中独立于 CodeWarrior IDE 的图形软件。打开 AXD 软件，默认打开的目标是 ARMulator，它是调试的时候最常用的一种调试工具。AXD 可以在 Windows 和 UNIX 下进行程序的调试。它为用 C、C++和汇编语言编写的源代码提供了一个全面的 Windows 和 UNIX 环境。

2) AXD 调试器的使用

要使用 AXD，必须首先生成含有调试信息的程序。前面已经生成的 ledcircle.axf 或 main.axf 就是含有调试信息的可执行 ELF 格式的映像文件。

(1) 在 AXD 中打开映像文件。选择"File"→"Load image"菜单项，打开 Load Image 对话框，找到要装载的 .axf 映像文件，单击"打开"按钮，把映像文件装载到目标内存中。在所打开的映像文件中会有一个蓝色的箭头指示当前执行的位置，如图 8-21 所示。

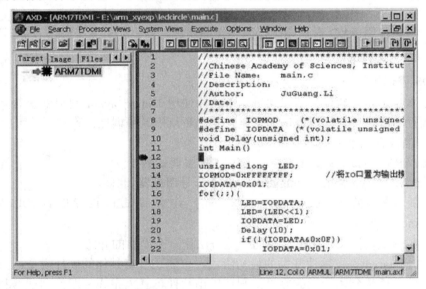

图 8-21 在 AXD 中打开映像文件

选择"Execute"→"Go"菜单项，将全速运行代码。如果进行单步的代码调试，则选择"Execute"→"Step"菜单项或按 F10 键即可，窗口中蓝色箭头会发生相应的移动。

有些情况下，用户希望程序在执行到某处时，能够查看一些所关心的变量值，可以通过断点设置达到此要求。将光标移动到要进行断点设置的代码处，选择"Execute→Toggle Breakpoint"菜单项或按 F9 键，在光标所在位置就会出现一个实心圆点，表明该处为断点。

此外，还可以在 AXD 中查看寄存器值、变量值、某个内存单元的数值，等等。

(2) 查看存储器内容。在程序运行前，可以先查看变量的当前值。方法是选择"Processor Views→Memory"菜单项，如图 8-22 所示。在 Memory Start address 选择框中，用户可以根据要查看的存储器的地址输入起始地址，在下面的表格中会列出连续的 64 个地址。

图 8-22　查看存储器内容

（3）设置断点。可以在程序中设置断点：将光标定位在指定语句处，使用快捷键 F9 在该处设置断点。按 F5 键，程序将运行到断点处。如果读者想查看子函数 Delay 是如何运行的，则可以选择"Execute"→"Step In"菜单项或按下 F8 键，进入到子函数内部进行单步程序的调试。

（4）查看变量值。如果用户希望查看函数内部某个变量的值，比如查看变量 i 的值，则可以选择"Processor Views"→"Watch"菜单项，会出现如图 8-23 所示的 Watch 窗口，然后用鼠标选中变量 i，单击鼠标右键，在快捷菜单中选中"Add to watch"，这样变量 i 默认添加到 Watch 窗口的 Tab1 中。程序运行过程中，用户可以看到变量 i 的值在不断变化。

图 8-23　查看变量

变量数值默认情况下是以十六进制格式显示的。如果用户不习惯这种显示格式，可以通过在 Watch 窗口点击鼠标右键，在弹出的快捷菜单中选择"Format"选项，如图 8-24 所示，用户可以选择所查看的变量显示数据的格式。

图 8-24　改变变量的显示格式

8.3.2　交互式开发调试方法

随着应用系统复杂性的提高，系统调试在整个嵌入式系统开发过程中占有的比重越来越大。高效、强大的调试系统可以帮助开发人员减少系统的开发时间，加快产品面市，减轻系统开发工作量。ARM 体系结构包含了完善的调试手段，本节将介绍 ARM 体系中调试系统的原理以及一些常用的调试工具。

调试是嵌入式系统开发过程中必不可少的重要环节。通用计算机应用系统与嵌入式系统的调试环境存在明显差异。在一般的桌面操作系统中，调试器和被调试的程序常常位于同一台计算机上，操作系统也相同。例如，在 Windows 平台上利用 Visual C++ 语言等开发应用程序，调试器进程通过操作系统提供的接口来控制被调试的程序。而在嵌入式系统中，开发主机和目标主机处于不同的机器中，程序在开发主机上进行开发(如编辑、交叉编译、链接定位等)，然后装载到目标机(嵌入式系统)进行运行和调试，即远程调试。这样的方式引出了以下问题：位于不同操作系统(机器)之上的调试器与被调试程序之间如何通信，被调试程序如果出现异常现象将如何告知调试器，调试器又如何控制以及访问被调试程序等。目前，在嵌入式调试系统中有两种常用的调试方式可以解决上述问题，即 monitor 方式和片上调试方式。

monitor 方式指的是在目标操作系统与调试器内分别添加一些功能模块，两者相互通信来实现调试功能。调试器与目标操作系统通过指定的通信端口并依赖远程调试协议来实现通信。目标操作系统的所有异常处理最终都必须转向通信模块，通知调试器此时的异常号，调试器再依据该异常号向用户显示被调试程序发生了哪一类型的异常现象。调试器控制及访问被调试程序的请求都将被转换为对调试程序的地址空间或目标平台的某些寄存器的访问。这使得目标操作系统接收到此类请求时，可以直接进行处理。采用 monitor 方式时，目标操作系统必须提供支持远程调试协议的通信模块和多任务调试接口，还需要改写异常处理的相关部分，以及定义一个设置断点的函数。

片上调试方式是在处理器内部嵌入额外的硬件控制模块，当满足了特定的触发条件时，进入某种特殊的状态。在该状态下，被调试程序停止运行，主机的调试器可以通过处理器外部特殊设置的通信接口来访问系统资源并执行指令。主机通信端口与目标板调试通信接口通过一块简单的信号转换电路板连接。内嵌的控制模块以监控器或纯硬件资源的形式存在，包括一些提供给用户的接口，如 JTAG 方式。

1．ARM 调试系统概述

在嵌入式应用系统中，通常将运行目标程序的计算机系统称为目标机。由于目标系统中常常没有进行输入/输出处理的人机接口，因此需要在另外一台计算机上运行调试程序。这台运行调试程序的计算机通常是一台 PC，称为宿主机或调试机。主机和目标机之间通过一定的信道进行通信。这样，一个调试系统通常包括三个部分：主机、目标机、主机和目标机之间的通信信道。ARM 调试系统的结构如图 8-25 所示。

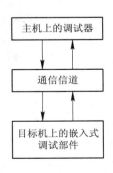

图 8-25　ARM 调试系统的结构

在主机上运行的调试程序用于接收用户的命令，将用户命令通过主机和目标机之间的通信信道发送给目标机，接收从目标机返回的数据并按照用户制定的格式进行显示。在 ADS 中包含的 ADW 就是一个基于 Windows 操作系统的调试器。

通常运行在目标机上的嵌入式调试部件称为调试代理(Debug agent)，它能够接收主机上调试器发来的命令，并可以在目标程序中设置断点、单步执行目标程序、显示程序断点处的运行状态(如寄存器和内存值等)。在 ARM 体系中，调试代理有以下四种实现方式：

(1) 基于 JTAG 的 ICE 类型的调试代理。基于 JTAG 仿真器的调试代理是 ARM 开发中采用最多的一种方式，ARM 公司的 Multi-ICE 以及 EmbeddedICE 属于这种类型的调试代理。这类调试代理利用 ARM 处理器中的 JTAG 接口以及一个嵌入的调试单元实现和主机上的调试器之间的通信，虽然价格昂贵，但使用方法简单，调试快捷方便，无需占用系统资源。这类调试代理主要完成以下工作：

① 实时设置基于指令地址值或基于数据值的断点。

② 控制程序单步执行。

③ 访问并控制 ARM 处理器内核。

④ 访问 ASIC 系统。

⑤ 访问系统中的存储器。

⑥ 访问 I/O 系统。

(2) Angel 调试监控程序。该程序包括在主机上运行的调试器和在目标机上运行的 Monitor。通过串口通信，Angel 调试监控程序具有基本调试、通信、任务管理、异常行为处理等功能，可以接收主机上调试器发出的命令，执行诸如设置断点、单步执行目标程序、观察或修改寄存器/存储器内容之类的操作。使用 Angel 调试监控程序可以调试在目标系统上运行的 ARM 程序或 Thumb 程序。虽然 Angel 调试监控程序成本低，但是与基于 JTAG 的调试代理不同，它需要占用目标机一定的系统资源，如内存、串行端口等。此外，Angel 调试监控程序还需要软件支持，或者是嵌入式操作系统的支持，做不到完全的实时仿真。而 JTAG 仿真是通过硬件和控制 EmbeddedICE 实现的，可以做到实时仿真。

(3) ARMulator。这是一种比较特殊的调试代理。与其他的调试代理运行在目标机上有所不同，它独立于处理器硬件而运行在主机上，是一个指令级的仿真程序。使用 ARMulator 时，不需要硬件目标系统就可以开发运行于特定 ARM 处理器上的应用程序。由于 ARMulator 能够报告各指令的执行时间及其周期，因此它还能用来进行应用程序的性能分析。但是，模拟器毕竟是以一种处理器模拟另一种处理器的运行，在指令执行时间、中断响应、定时器等方面很可能与实际处理器有相当的差别。另外，它无法和 ICE(在线实时仿真器)一样，仿真嵌入式系统在应用系统中的实际执行情况。

(4) 调试网关。通过调试网关，主机上的调试器可以使用 Agilent 公司的仿真模块开发基于 ARM 的应用系统。

在主机和目标机之间需要一定的通信信道，通常使用的是串行端口、并行端口或者以太网卡。在主机和目标机之间进行数据通信时要使用一定的通信协议，这使得主机上的调试器能够使用一个统一的接口来与不同的调试代理进行通信。目前广泛使用的协议是 ADP(Angel Debug Protocol)，它是一个基于数据包的通信协议，具有纠错功能。

2. 基于 Angel 的调试系统

1) 基于 Angel 的调试系统简介

基于 Angel 的调试系统由主机上的调试器和目标机上的 Angel 调试监控程序两部分组成，这两部分之间通过一定的通信信道连接，通常使用的信道是串行口，并通过调试协议 ADP 进行通信。图 8-26 所示是一个典型的 Angel 调试系统的结构。

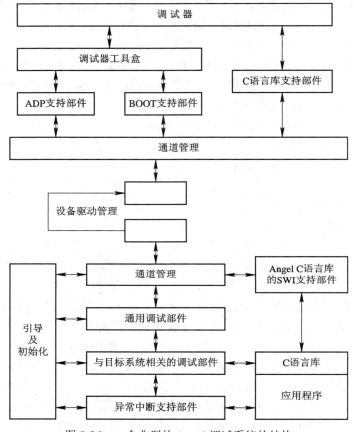

图 8-26　一个典型的 Angel 调试系统的结构

(1) 位于主机上的调试器(Debugger)：用于接收用户命令，将其发送到位于目标机上的 Angel，使其执行相应的操作，并将目标机上 Angel 返回的数据以一定格式显示给用户。ARM 公司提供的各调试器都支持 Angel。对于其他的调试器，如果它支持 Angel 所使用的调试协议 ADP，则也可以支持 Angel。

(2) 位于目标机上的 Angel 调试监控程序：用于接收主机上调试器传来的命令，并返回相应的数据。通常 Angel 有两个版本——完整版本和最小版本。完整版本包含所有的 Angel 功能，可以用于调试应用系统；最小版本只包含一些有限的功能，可以包含在最终的产品中。

在 Angel 调试系统中，主机上的调试器向目标机上的 Angel 发送请求；目标机上的 Angel 截取这些请求，并根据请求的类型执行相应的操作。例如，当主机上的调试器请求设置断点时，Angel 在目标程序的相应位置插入一条未定义的指令，当程序运行到该位置时，产生未定义指令异常中断，然后在未定义指令异常中断处理程序中完成断点需要的功能。

主机上的调试器通常由下面几部分组成：

① 调试器：可以是 ARM 公司的调试器，如 ADW 和 ADU 等，也可以是第三方的调试器。

② 调试器工具盒：是调试器和 RDI(Remote Debug Interface，远程调试接口)之间的界面。

③ ADP 支持部件：提供 RDI 与 ADP 消息之间的协议转换。

④ BOOT 支持部件：用于建立主机和目标机之间的通信连接。例如，对于使用串行通信的系统，可以设置波特率。

⑤ C 语言库支持部件：用于处理目标 C 语言库的 semihosting 请求。

⑥ 主机通道管理：管理主机上的通信通道，可以提供高层次的通信功能。

⑦ 主机设备驱动程序：实现主机上的通信设备功能，可以为主机通道管理提供需要的服务。

目标机上的 Angel 调试监控程序由以下部件组成：

① 目标机设备驱动程序：实现目标机上的通信设备功能，可以为目标机通道管理提供需要的服务。

② 目标机通道管理：管理目标机上的通信通道，可以提供高层次的通信功能。

③ 通用调试部件：使用目标机通道与主机通信，处理 ADP 消息并接收主机发送的请求。

④ 与目标系统相关的调试部件：提供与具体目标系统相关的调试功能。例如，设置断点、读/写存储器等。

⑤ 异常中断支持部件：处理所有的 ARM 异常中断。

⑥ C 语言库支持部件：提供对目标 C 语言库以及 semihosting 请求的支持。

⑦ 引导以及初始化部件：完成诸如启动检查、设备驱动程序设置、存储系统和数据栈等的设置、将引导信息发送到主机上的调试器等操作。

目标机上的 Angel 主要完成了以下功能：

① 基本的调试功能：包括报告存储器和处理器状态、将应用程序下载到目标系统中、设置断点等。

② C 语言库的支持：在目标系统上运行的应用程序可以与 C 语言库连接。其中有些 C 语言库需要 semihosting 支持，Angel 使用 SWI 机制完成这些 semihosting 请求。在 ARM 程序中，Angel 使用的 SWI 号为 0x123456；在 Thumb 程序中，Angel 使用的 SWI 号为 0xab。

③ 通信支持：Angel 使用 ADP 通信协议，并支持串行端口、并行端口和以太网接口这三种通信信道。主机和目标机上的通道管理部件保证逻辑通道能够被可靠地复用，并监视通道的使用情况，处理带宽溢出等情况。主机和目标机上的设备驱动程序处理数据包的发送和接收，能够检测并扔掉发生错误的数据包。

④ 任务管理功能：保证任何时候只有一个操作在执行；为一个任务分配优先级并根据优先级调度一个任务；控制 Angel 运行环境的处理器模式。

⑤ 异常中断处理：Angel 使用除了复位异常中断以外的其他 ARM 异常中断。

2) 使用 Angel 的调试应用程序

(1)　使用 Angel 所需要的资源。

使用 Angel 所需要的资源包括以下几个方面：

①　系统资源。Angel 使用的系统资源包括可配置的系统资源和不可配置的系统资源。可配置的系统资源包括一个 ARM 程序的 SWI 号和一个 Thumb 程序的 SWI 号；不可配置的资源包括两条未定义的 ARM 指令和一条未定义的 Thumb 指令。

②　内存资源。Angel 需要使用 ROM 来保存其代码，使用 RAM 来保存其数据；当需要下载一个新版本的 Angel 时，还需要使用额外的 RAM 资源。

③　异常中断向量。Angel 通过初始化系统的异常中断向量表来安装自己，从而使其有机会接管系统的控制权，完成相应的功能。

④　FIQ 及 IRQ 异常中断。Angel 使用三种异常中断来实现主机和目标机之间的通信功能。这三种异常中断包括 FIQ 中断、IRQ 中断、同时使用 FIQ 和 IRQ 中断。推荐使用的是 IRQ 异常中断。

⑤　数据栈。Angel 需要使用自己的特权模式的数据栈。当用户应用程序需要调用 Angel 功能时，用户需要建立自己的数据栈。

(2) 使用完整版本的 Angel 调试应用程序。

完整版本的 Angel 独立存在于目标系统中，并支持所有的调试功能。使用完整版本的 Angel 开发应用程序主要从以下几个方面着手：

①　确定开发应用程序时需要规划的内容。在着手开发应用程序之前，必须确定以下选项：

(i)　应用程序使用的 ATPC 调用标准。

(ii)　在应用程序中是否包含 ARM 程序和 Thumb 程序的相互调用。

(iii)　目标系统的内存模式。

(iv)　在生成的映像文件中是否包含调试时需要的信息。这将影响目标映像文件的大小和代码的可调试性。

(v)　目标系统的通信需求。用户需要设计通信时使用的各个设备的驱动程序。

(vi)　目标系统中的存储器大小。目标系统中的存储器必须能够保存 Angel 和应用程序，并且必须能够提供程序运行需要的存储空间。

(vii)　最终产品中是否包含最小版本的 Angel。如果不包含，用户必须自己编写系统引导和初始化部分的代码，并处理系统中的异常中断。

(viii)　在最终产品中是否需要 C 语言运行库的支持。如果需要，则用户必须自己实现这些 C 语言运行库的支持函数，因为在最终产品中不能使用 semihosting 请求主机资源。

②　明确编程限制。在使用完整版的 Angel 开发应用程序时，由于 Angel 需要一定的资源，因此给程序设计带来了一定的限制。这些限制包括：

(i)　Angel 需要使用自己的处理器特权模式下的数据线，因此在 Angel 和实时操作系统 RTOS 一起使用时，必须确保在 Angel 运行时，RTOS 不会切换处理器模式，否则可能造成死机。

(ii)　用户应用程序尽量避免使用 SWI 0x123456 以及 SWI 0xab。这两个 SWI 异常中断号保留给 Angel 使用。Angel 使用它们来实现目标程序中 C 语言运行时库的 semihosting 请求。

(iii) 如果用户应用程序中使用了 SWI，则在退出该 SWI 时必须将各寄存器的值还原成进入 SWI 时的值。

(iv) 如果应用程序中需要使用未定义的指令异常中断，必须注意 Angel 使用了该异常中断。

③ 如果用户应用程序在处理器特权模式下执行，则必须设置应用程序自己的特权模式数据栈。Angel 在进入 SWI 时，需要使用应用程序的特权模式数据栈中 4 个字节的空间；在进入 SWI 后，Angel 将使用自己的特权模式的数据栈。因此，当应用程序在特权模式下调用 Angel 的 SWI 时，必须保证它的特权模式数据栈为 FD(满且地址递减)类型，并有足够 Angel 进入 SWI 时需要的可用空间。

④ 异常中断处理程序连接。Angel 使用除了复位异常中断以外的其他 ARM 异常中断，包括 SWI 异常中断、未定义指令异常中断、数据中止和指令预取中止异常中断、FIQ 及 IRQ 异常中断。这样，如果用户应用程序需要使用其中的某些异常中断，则用户应用程序中相应的异常中断处理程序必须恰当地连接到 Angel 中异常中断处理程序上，否则可能会使 Angel 无法正常工作。

⑤ 确定 C 语言运行库的使用方式。ARM 公司随 ADS(SDT)一起提供的 C 语言运行库通过 Angel 的 SWI 来实现 semihosting 请求。用户应用程序中可以连接 C 语言运行库，具体方法如下：

(i) 在应用程序开发工程中使用 ARM C 语言运行库，在最终的产品中使用用户自己的 C 语言运行库或者操作系统提供的 C 语言运行库。

(ii) 在用户应用程序中实现 Angel SWI，然后在应用程序或者操作系统中使用 ARM C 语言运行库。

(iii) 用户重新实现 ARM C 语言运行库，使之适应自己的使用环境。ARM C 语言运行库是以源代码形式提供的。

(iv) 在用户启动代码中使用 Embbed C。

⑥ 在调试时使用断言(assertions)。在 Angel 代码中包含了大量的断言，这些断言是通过 ASSERT_ENABLED 来使能或禁止的。如果用户应用程序希望使用这种机制，则可以使用下面的格式将相应的断言语句包含起来：

```
#if ASSERT_ENABLED
    …
#endif
```

⑦ 断点的设置。Angel 只能在 ARM 中设置断点，不能在 ROM 以及 Flash Memory 中设置断点。此外，在异常中断处理程序中设置断点时要非常谨慎。

(3) 使用最小版本的 Angel 开发应用程序。

最小版本的 Angel 只包含了 Angel 的部分功能。它不能用来调试应用程序，只能在应用程序开发的最后阶段，将其与应用程序连接在一起，从而提供一定的引导和初始化的功能。最小版本的 Angel 不包括以下功能：

① 调试协议 ADP。最小版本的 Angel 与主机的通信是基于字节流的。

② 在 ADP 上的可靠通信。

③ 目标机上的 C 语言运行库的 semihosting 请求。

④ 在一个设备上复用多个通信通道。

⑤ 未定义的指令异常中断。

⑥ 任务管理。

(4) 使用 Angel 下载应用程序。

可以通过以下多种方法使用 Angel 下载应用程序。

① 使用 Angel 通过串行口下载应用程序。这种方法的优点是只需要一个简单的串行口就可以下载应用程序。如果目标系统支持 Flash Memory 的写入操作，则这种方式还可以将应用程序写入到 Flash Memory 中。

② 使用 Angel 通过串行口和并行口下载应用程序。这种方式能够提供中等的下载速度。如果目标系统支持 Flash Memory 的写入操作，则这种方式还可以将应用程序写入到 Flash Memory 中。

③ 使用 Angel 通过以太网接口下载应用程序。这时可以提供很快的下载速度，但是需要目标系统中有以太网接口以及相关的驱动程序。如果目标系统支持 Flash Memory 的写入操作，则这种方式还可以将应用程序写入到 Flash Memory 中。

④ Flash Memory 烧入。这时目标系统中要有 Flash Memory 以及相应的烧入程序。

⑤ 使用 ROM 仿真器下载应用程序。

⑥ 整片地烧入 ROM 或者 EPROM。

3. 基于 JTAG 的调试系统

1) 基于 JTAG 的调试系统概述

JTAG(Joint Test Action Group)是 IEEE 1149.1 标准。基于 JTAG 的调试方法是目前 ARM 开发中采用最多的一种方式。基于 JTAG 的调试系统连接比较方便，实现价格比较便宜，实现了完全非插入式调试，且不使用片上资源，不需要目标存储器，不占用目标系统的任何端口，可以做到实时仿真。

一个典型的基于 JTAG 的调试系统结构如图 8-27 所示。

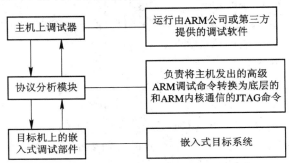

图 8-27 基于 JTAG 的调试系统结构

位于主机上的调试器通常是由 ARM 公司或者第三方提供的调试软件，如 ARM 公司的 ADW 等。这些调试软件可以接收用户的命令，并将其发送到目标系统中的调试部件；还能接收从目标系统返回的数据，并以一定的格式显示给用户。

在主机和目标系统之间进行协议分析、转换的模块负责将主机发出的高级 ARM 调试命令转换成底层的、与 ARM 内核通信的 JTAG 命令。它通常是一个独立的硬件模块，与主机之间通过串行口或者并行口连接，与目标系统之间通过 JTAG 接口相连。

目标系统就是包括硬件嵌入式部件的调试对象。如图 8-28 所示，以一个典型的 ARM7 TDMI 处理器内核为例，目标系统主要包括以下三个部分：

(1) 需要进行调试的处理器内核。

(2) EmbbeddedICE 逻辑电路，包括一组寄存器和比较器，可以用来产生调试时需要的异常中断，如产生断点等。

(3) TAP 控制器，可以提供 JTAG 接口控制各个硬件扫描链。

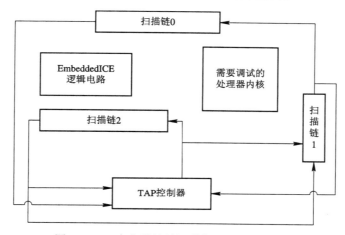

图 8-28　一个典型的目标系统 JTAG 调试结构

目标系统包含的硬件调试功能扩展部件可以实现的功能包括：停止目标程序的执行、查看目标内核的状态、查看和修改存储器的内容、继续程序的执行等。

图 8-28 中 3 条扫描链的含义如下：

(1) 扫描链 0 可以用来访问 ARM7 TDMI 的所有外围部件，包括数据总线在内。整个扫描链从输入到输出包括三个部分：

- 数据总线，从位 0 到位 31；
- 控制信号；
- 地址总线，从位 31 到位 0。

(2) 扫描链 1 是扫描链 0 的一部分，包括数据总线和控制线 BREAKPT。整个扫描链从输入到输出包括：

- 数据总线，从位 0 到位 31；
- 控制信号 BREAKPT。

(3) 扫描链 2 主要用于访问 EmbbeddedICE 逻辑部件中的各寄存器。

2) 基于 JTAG 的调试过程

在 ARM 开发调试时，首先要通过一定的方式使目标系统进入调试状态，然后在调试状态下完成各种调试功能，例如查看处理器状态、查看和修改存储器内容等。ARM7 TDMI 可以通过以下三种格式进入调试状态：

(1) 通过设置程序断点(breakpoint)进入调试状态。

(2) 通过设置数据断点(watchpoint)进入调试状态。

(3) 通过相应的外部请求进入调试状态。

在目标程序中指定的位置设置断点后，当该位置处的指令进入指令流水线时，ARM7 TDMI 内核将该指令表示为断点指令。当程序执行到断点指令时，处理器进入调试状态，此时的断点指令还未被执行。这时，用户就可以执行需要的调试功能，如查看处理器状态等。

当断点设置在条件指令上时，不管该指令执行的条件能否得到满足，当该指令到达执行周期时，处理器都会进入调试状态。

在某条指令上设置了断点后，如果在该指令到达执行周期之前程序发生了跳转或者异常中断，则断点指令可能不能执行。在这种情况下，处理器将刷新指令流水线，从而使得处理器不会在该断点指令处进入调试状态。

当用户设置了数据断点时，目标系统中的调试部件将会监视数据总线。如果满足了用户设置的条件，则处理器将在执行完当前指令后进入调试状态。如果当前指令是 LDM 或者 STM，则处理器将在完成所有指令操作后进入调试状态。

8.4　其他实用工具

除了前面介绍的嵌入式系统的开发编译工具和调试工具外，在进行嵌入式软件开发时，还经常用到一些其他的实用软件。本节将介绍几款应用于软件开发的实用工具。

8.4.1　Source Insight

1．Source Insight 简介

Source Insight 是 Windows 支持的一个功能强大的程序编辑器，内置了对 C/C++、Java 和 x86 汇编语言程序的解析功能，并通过动态数据库使得在源码编辑时提供有用的文本提示，如有关的函数、宏、参数等。当 Source Insight 和 ARM ADS 配合使用时，不会因为两个软件打开同一个文件而发生错误，因此可以在 Source Insight 中编辑源码，然后在 ARM ADS 中进行编译。

与其他的编辑器相比，Source Insight 具有以下技术特点：

(1) Source Insight 提供了可快速访问源代码和源信息的功能。与其他的编辑器产品不同，它还可以帮助用户分析源代码，并在用户编辑的同时立刻提供有用的信息和分析。

(2) Source Insight 可自动创建并维护自己高性能的符号数据库，包括函数、method、全局变量、结构、类和工程源文件里定义的其他类型的符号。Source Insight 可以迅速更新用户的文件信息，并将符号数据库的符号自动创建到用户的工程文件中。

(3) Source Insight 可将变量类型动态分解。

(4) Source Insight 的符号窗口显示在每个源窗口的旁边，可以动态更新。

(5) Source Insight 的 Context 窗口能在背景中更新，并且追踪正在进行的编辑任务。只要用户点击标识符，Context 窗口就会自动显示符号的定义。若标识符是个变量，则在 Context 窗口中会显示出它的基础结构(base structure)或类型。Context 窗口还可以在工程窗

口中自动显示所选定的文件、相关窗口的符号和 Clip 窗口中选定的 Clip。

(6) 语法格式化是 Source Insight 重要的新功能。它提供了许多先进的显示功能，包括带有用户定义功能的文本格式等。

2．Source Insight 的使用方法

安装 Source Insight 的系统需求包括：

- 操作系统：Windows 95 以上。
- 处理器：Pentium 或更快，建议使用 Pentium Ⅱ 以上。
- 内存：大于 64 MB。

Source Insight 的安装非常简单。和其他软件的安装一样，双击安装文件名，然后按提示进行就可以完成。下面简单介绍一下 Source Insight 的使用方法。

(1) 启动 Source Insight，选择 Project 菜单下的 new，新建一个工程，输入工程名。

(2) 在 Add and Remove Files 中把要读的源代码(包括*.c 和*.h 文件)加入到 Source Insight 的工程中，用该软件分析所加的源代码。

(3) 分析完后，可以进行源代码阅读。

(4) 对于打开的阅读文件，如果想查看某一变量的定义，可先把光标定位于该变量，然后单击工具条上的相应选项，该变量的定义就显示出来了。对于函数的定义与实现也可以同样操作。

8.4.2　SkyEye

1．SkyEye 简介

SkyEye 是一个开源软件(OpenSource Software)，中文名是"天目"。SkyEye 的目标是在通用的 Linux 和 Windows 平台上实现一个纯软件模拟集成开发环境，模拟常见的嵌入式计算机系统。可以在 SkyEye 上运行 Linux、μClinux 以及 μC/OS-Ⅱ等多种嵌入式操作系统和各种系统软件(如 TCP/IP、图形子系统、文件子系统等)，并能够对它们进行源码级的分析和测试。

SkyEye 是一个指令级模拟器，可以模拟多种嵌入式开发板，可以支持多种 CPU 指令集。在 SkyEye 上运行的操作系统将意识不到它正在一个虚拟的环境中运行，而且开发人员可以通过 SkyEye 调试操作系统和系统软件。由于 SkyEye 的目标不是验证硬件逻辑，而是协助开发、调试和学习系统软件，因此在实现上 SkyEye 与真实的硬件环境相比还是有一定差别的。SkyEye 在时钟节拍的时序上不保证与硬件完全相同，对软件透明的一些硬件模拟进行了一定的简化，这样使得 SkyEye 的执行效率更高。

在 32 位嵌入式 CPU 领域中，ARM 系列 CPU 所占比重相当大，因此 SkyEye 首先选择了 ARM CPU 核作为模拟目标 CPU 核。目前，可以在 SkyEye 上运行并进行源码级调试 Linux、μClinux、μC/OS-Ⅱ和 LwIP(一个著名的嵌入式 TCP/IP 实现)等系统软件。SkyEye 可以用于学习、分析、开发多种嵌入式操作系统内核(如 Linux、μClinux、μC/OS-Ⅱ)和 TCP/IP 实现，了解 ARM 嵌入式 CPU 编程，等等。

2．SkyEye 模拟的硬件

目前 SkyEye 模拟了大量的硬件，包括 CPU 内核、开发板系列、存储器、存储器管理

单元、缓存单元、串口、网络芯片等。下面作一简单介绍。

(1) CPU 系列。目前 SkyEye 可以模拟的 CPU 主要是基于 ARM 内核的 CPU，包括 ARM7 TDMI、ARM7 20T、ARM9 TDMI、ARM9xx、ARM10xx、StrongARM 和 XScale 等。ARM7/9/10 TDMI 是 ARM 系列 CPU 的核心部分，它们不支持 MMU/CACHE 和一些扩展指令，是 ARM CPU 基本核。ARM7 20T、ARM9 20T、ARM10xx、StrongARM、Xscale 建立在以上 ARM CPU 核上，并扩展了 MMU/CACHE 和其他功能。各硬件开发公司可以根据它们的需求在上述 CPU 核上加上特定的扩展，形成基于各种 ARM 基本核心的特定 CPU，如 Atmel91X40 和 ep7312，分别扩展了 ARM7 TDMI 和 ARM7 20T 的内存控制和各种 I/O 控制器，简化了开发板的逻辑设计，大大增强了开发板的功能。

(2) 开发板系列。目前 SkyEye 模拟的开发板包括基于 Atmel91X40/AT91RM92 CPU 的开发板、基于 Crirus Logic ep7312 的开发板、基于 StrongARM CPU 的 ADSBITSY 开发板、基于 XScale PXA250 CPU 的 LUBBOCK 开发板、基于 SAMSUNG S3C4510B/S3C44B0 CPU 的开发板、基于 SHARP LH7A400 CPU 的开发板、基于 Philip LPC22xx CPU 的开发板等，主要模拟了对应各个开发板的串口、时钟、RAM、ROM、LCD、网络芯片等硬件外设。

(3) 存储器管理单元和缓存单元。MMU(Memory Management Unit，存储器管理单元)是用来管理虚拟内存系统的硬件。MMU 的两个主要功能是：将虚地址转换成物理地址；控制存储器的存取权限。MMU 关掉时，虚地址直接输出到物理地址总线。MMU 本身有少量存储空间存放从虚拟地址到物理地址的匹配表，此表称做 TLB(Translation Lookaside Buffers)。TLB 表中保存的是虚拟地址及其对应的物理地址、权限、域和映射类型。当 CPU 对一虚拟地址进行存取时，首先搜索 TLB 表以查找对应的物理地址等信息，如果没有查到，则查找 translation table，称为 Translation Table Walk(简称 TTW)。经过 TTW 过程后，将查到的信息保存到 TLB，然后根据 TLB 表项的物理地址进行读/写。CACHE 是缓存单元，主要用于缓存内存中的数据，其读/写速度远快于内存的读/写速度，所以可以提高 CPU 的内存数据的访问效率。

write/read buffer 硬件单元的作用与 CACHE 的作用类似。MMU、CACHE、write/read buffer 一般是高性能 CPU 的重要组成部分，且不同类型 CPU 的 MMU、CACHE、write/read buffer 的逻辑行为也有一定的差异。为了支持模拟多种类型 CPU 的 MMU/CACHE，SkyEye 包含了一个通用的 MMU/CACHE 模拟实现。通过对一些参数的调整可以支持模拟多种类型的 MMU/CACHE 物理结构和逻辑行为。

(4) 网络芯片。目前 SkyEye 模拟了网络芯片 8019AS，其特点是：与 NE2000 兼容，内建 16 KB RAM 缓冲区，10 MB/s 传输速率。虽然目前模拟的开发板上不一定有网络芯片 8019AS，但我们可以在模拟的开发板上加上网络芯片 8019AS 的模拟。这样再加上在不同操作系统上的 8019AS 驱动程序，就可以方便地完成各种网络应用的开发和设计。目前已经在基于 Atmel91X40 CPU 的开发板上实现了网络芯片 8019AS 扩展，并增加了 μC/OS-Ⅱ 和 μClinux 的网络驱动程序，可以支持大量的网络应用程序，如 LwIP (一个 TCP/IP 协议栈实现)、nfs server/client、http server/client、telnet server/client、ftp server/client 等。

3. SkyEye 的使用

SkyEye 仿真的硬件配置和模拟执行行为由配置文件 skyeye.conf 中的选项确定。根据实现功能的不同，skyeye.conf 的选项分为硬件配置选项和模拟执行选项。目前 skyeye.conf

的配置定义如下：

(1) 基本 CPU 核配置选项。

目前存在的选项有 ARM7 TDMI、ARM720T、StrongARM 和 xScale。

格式为

   cpu: cpuname

需要注意的是，cpuname 表示一个代表 CPU 名字的字符串。例如：

   cpu：ARM7 TDMI

(2) 具体的开发板(包括 CPU 扩展)配置选项。

目前存在的选项有 at91、ep7312、adsbitsy、pxa_lubbock。

格式为

   mach：machinename

注意，machinename 表示一个代表基于特定 CPU 的开发板名字的字符串。例如：

   mach: at91

(3) 内存组配置选项。

一个内存组内的地址是连续的，类型分为 RAM space、ROM space 和 mapped IO space。

格式为

   mem_bank：map=M|I, type=RW|R, addr=0xXXXXXXXX, size=0xXXXXXXXX, file=imagefilename, boot=yes|no

其中：

• map=M 表示 RAM/ROM space，map=I 表示 mapped IO space。

• type=RW，且如果 map=M，则表示 RAM space；type=R，且如果 map=M，则表示 ROM space。

• addr=0xXXXXXX 表示内存组的起始物理地址(32 bit，十六进制)。

• size=0xXXXXXX 表示内存组的大小(32 bit，十六进制)。

• file=imagefilename，file 的值 imagefilename 是一个字符串，实际上表示了一个文件，一般是一个可以执行的 binary image 格式的可执行程序，或操作系统内核文件，或一个 binary image 格式的根文件系统。如果存在这个文件，则 SkyEye 会把文件的内容直接写到对应的仿真内存组地址空间中。

• boot=yes/no，如果 boot=yes，则 SkyEye 会把仿真硬件启动后的第一条指令的地址定位到对应的内存组的起始地址。

(4) 网络芯片 8019AS 的配置。

格式为

   nic info state=on/off mac=xx:xx:xx:xx:xx:xx ethmod=tuntap/vnet hostip=dd.dd.dd.dd

• xx 表示两位十六进制数，dd 表示两位十进制数。

• state 表示仿真开始后，网络芯片是否开始工作。

• mac 表示模拟的 nic 的 mac 地址。

• ethmod 表示 SkyEye 所处主机上的网络仿真方式，目前有 tuptap 和 vnet 两种模式。tuntap 是 linux kernel 支持的一个点到点虚拟网络实现，vnet 是 SkyEye 实现的一个功能更多的、基于虚拟 HUB 的网络。

- hostip 表示主机方与 SkyEye 交互用的 IP 地址。

例如：

    net: state=on, mac=0:4:3:2:1:f, ethmod=tuntap, hostip=10.0.0.1

(5) SkyEye 的 UART 控制选项。

UART 选项可以控制 SkyEye 在另一个与某个串口连接的终端上的输入/输出字符。

格式为

    uart: fd_in=indevname, fd_out=outdevname

其中：

- fd_in=indevname indevname 表示用于输入的设备文件名，其值为实际的串口设备文件/dev/ttySx。
- fd_out=outdevname outdevname 表示用于输出的设备文件名，其值为实际的串口设备文件/dev/ttySx。

例如：

    uart: fd_in=/dev/ttyS0, fd_out=/dev/ttyS0

(6) SkyEye 的 log 控制选项。

log 选项用于控制 SkyEye 输出硬件系统的执行状态信息，包括每次执行指令时的指令值、寄存器值、各种硬件状态等。

格式为

    log: logon=0|1, logfile=filename, start=number1, end=number2

其中：

- logon=0|1，值等于 0 表示不进行记录；值等于 1 表示要进行记录。
- logfile=filename，其值是一个字符串，表示用于记录信息的文件名。
- start=number1，其值是一个大于等于 0 的十进制整数，表示系统执行到第 number1 条指令时开始进行记录。
- end=number2，其值是一个大于等于 0 的十进制整数，表示系统执行到第 number2 条指令时停止记录。

例如：

    log: logon=0, logfile=/tmp/sk1.log, start=100000, end=200000

思考与练习题

1. ADS 可以完成哪些操作和应用？它由哪几部分组成？各部分的主要功能是什么？
2. 嵌入式调试系统中两种常用的调试方法是什么？
3. 在 ARM 体系中，调试代理的实现方式有哪几种？
4. 简述基于 Angel 的调试系统的结构特点。
5. 请简单描述基于 JTAG 的调试过程。

附录 A 嵌入式专业词汇与缩略语

ACK(ACKnowledge) 应答

Ad Hoc Network 自组织网络

ADC(Analog-to-Digital Converter) 模/数转换器

ADP(Angel Debug Protocol) 一个基于数据包的通信协议，具有纠错功能

ADS(ARM Developer Suite) ARM 开发者套件

ADSL(Asymmetric Digital Subscriber Line) 非对称数字用户线

ADU(Application Debugger UNIX) 与老版本兼容的 UNIX 下的 ARM 调试工具

ADW(Application Debugger Windows) 与老版本兼容的 Windows 下的 ARM 调试工具

AHB(Advanced High-Performance Bus) 高性能总线

always online 实时在线功能

AMBA(Advanced Microcontroller Bus Architecture) 高性能微控制器总线结构

ANSI(American National Standards Institute) 美国国家标准学会

APB(Advanced Peripheral Bus) 高性能外围总线

API(Application Program Interface) 应用程序接口

ARM(Advanced RISC Machines) 先进 RISC 机器

armasm ARM 和 Thumb 的汇编器

armasm 汇编器

armcc ARM C 编译器

armcpp ARM C++编译器

ARML(Advanced RISC Machines Limited) 先进 RISC 机器公司

armlink ARM 连接器

armsd(ARM Symbolic Debugger) ARM 符号调试器

ARMulator ARM 指令集仿真器

ARQ(Automatic Retransmission Request) 自动重传请求

AS(Ascending Stack) 递增堆栈

ASIC(Application-Specific Integrated Circuit) 专用集成电路

Assembler 汇编器

ATPCS(ARM-Thumb Procedure Call Standard) ARM-Thumb 函数过程调用标准

Autonomous 自主

AXD(ARM eXtended Debugger) ARM 扩展调试器

BAP(Bluetooth Access Point) 蓝牙接入点

BB(Base Band) 基带

BC(Broadcast)　广播

Bilateral Rendezvous　双向同步

BIOS(Basic Input/Output System)　基本输入/输出系统

BKPT(breakpoint)　程序断点

Bluetooth　蓝牙

Branch　分支

BSP(Board Support Package)　板级支持包

BSS(Base Station Subsystem)　基站子系统

Build target　生成目标

Bulk　批量

Burst　突发

Bus Hound　总线驱动

C/S(Client/Server)　客户机/服务器

Cable Replacement　替代线缆

Cache　高速缓冲存储器

CAD(Computer Aided Design)　计算机辅助设计

Callback　复查

CAN(Controller Area Network)　控制器区域网络

CAS(Column Address Strobe)　列地址选通脉冲

CDFG(Control Data Flow Diagram)　控制/数据流图

CDMA(Code Division Multiple Access)　码分多址

CF(Compact Flash)　一种存储卡

CISC(Complex Instruction Set Computer)　复杂指令集计算机

Client Program　客户端程序

Clock Oscillator　时钟振荡器

Clock Tick　时钟节拍

CLZ(Count Leading Zeroes)　计数前导零

CMM(Capability Maturity Model for Software)　软件能力成熟度评价模型

CMOS(Complementary Metal‑Oxide‑Semiconductor)　互补式金属氧化物半导体

COFF(Common Object File Format)　通用目标文件格式

Collaborator　协作者

Comment　语句的注释

Configuration　配置

Context Switch　任务切换

CORBA(Common Object Request Broker Architecture)　通用对象请求代理结构

CPCI(Compact Peripheral Component Interconnect)　紧凑型外围设备互连

CPSR(Current Program Status Register)　当前程序状态寄存器

CPU(Central Processing Unit)　中央处理器

CRC(Cyclic Redundancy Check)　循环冗余校验

Critical Operation 关键操作

Critical Sections 临界段

CRT(Cathode-Ray Tube) 阴极射线管

CSMA/AMP(Carrier Sense Multiple Access/Arbitration by Message Priority) 载波侦听多路访问/消息优先仲裁

CSMA/CD(Carrier Sense Multiple Access/Collision Detect) 载波侦听多路访问冲突检测

CVSD(Continuously Variable Slope Delta) 连续可变斜率增量

DAC(Digital-to-Analog Converter) 数/模转换器

Data Packet 数据包

DCE(Data Communication Equipment) 数据通信设备

Debug agent 调试代理

Debugger 调试器

Defined 定义级

Delta OS 道系统

Descriptor 描述符

Device Descriptor 设备描述符

Directive 伪操作

DMA(Direct Memery Access) 直接存储器访问

DOC(Disk On Chip) 芯片磁盘

DOM(Disk On Module) 硬盘模块

Dormant 休眠态

Downstream 下游

DRAM(Dynamic Random Access Memory) 动态随机存储器

DS(Descending Stack) 递减堆栈

DSL(Digital Subscriber Line) 数字用户线路

DSP(Digital Signal Processing) 数字信号处理

DSP(Digital Signal Processor) 数字信号处理器

DTE(Data Terminal Equipment) 数据终端设备

ECB(Event Control Block) 事件控制块

EDA(Electronic Design Automation) 电子设计自动化

EEPROM(Electrical Erasable Programmed ROM) 电可擦可编程 ROM

EIA(Electronic Industry Association) 美国电子工业协会

ELF(Executable and Linkable Format) 文件格式

Endpoint 端点

Enq(Enquiry) 查询

EPROM(Erasable Programmable Read-Only Memory) 可擦除可编程只读存储器

ES(Empty Stack) 空堆栈

Ethernet 以太网

ETM(Embedded Trace Macrocell) 嵌入式跟踪宏单元

Exception　异常

Fast Ethernet　快速以太网

FDS(Full Descending Stack)　满递减堆栈

FFT(Fast Fourier Transform)　快速傅立叶变换

FILO(First In Last Out)　先进后出

Flash Memory　闪速存储器

Flexible Second Operand　灵活的第二操作数

foreground/background　前后台

FS(Full Stack)　满堆栈

FTP(File Transfer Protocol)　文件传输协议

GGSN(Gateway GPRS Support Node)　网关 GPRS 支持节点

GPRS(General Packet Radio Service)　通用分组无线业务

GPS(Global Positioning System)　全球定位系统

GSM(Global System for Mobile communications)　全球移动通信系统

GTP　通用 GPRS 隧道协议

GUI(Graphical User Interface)　图形用户界面

HAL(Hardware Abstract Layer)　硬件抽象层

Halt　停机状态

Handshake Packet　握手信号包

HCD(Host Control Driver)　主控制器驱动程序

HCI(Host Controller Interface)　主机控制器接口

HDL(Hardware Description Language)　硬件描述语言

HLR(Home Location Registration)　本地位置寄存器

Hold　保持

Hook　钩子函数

Hopen OS　女娲计划

Host Controller　主机控制器

Host　主机

hot plug　热插拔

HRFWG(Home Radio Frequency Working Group)　家用射频工作组

HTTP(HyperText Transmission Protocol)　超文本传输协议

Hub　集线器

I/O(Input / Output)　输入/输出

I^2C(IIC，Inter-Integrated Circuit)　集成电路之间

IC(Integrated Circuit)　集成电路

ICE(In Circuit Emulator)　在线仿真器

ICMP(Internet Control Message Protocol)　Internet 控制报文协议

IDE(Integrated Debugger Environment)　集成开发环境

IDF(Intergrated Development Framework)　集成开发工具

Immediate Offset　立即数偏移

Infrastructured Network　网络基础设施

Infrastructure-less Network　无网络基础设施

Instruction　指令

Inter Task Communication　任务间的通信

Interface　接口

Internet Bridge　因特网桥

IO(Input Output)　输入输出

IP(Intellectual Property)　知识产权

IP-M(Internet Protocol Multicast)　IP 广播业务

IR(Infrared Radiation)　红外线

ISA(Industrial Standard Architecture)　工业标准结构总线

ISO(International Organization for Standardization)　国际标准化组织

Isochronous　同步

ISR(Interrupt Service Routine)　中断服务子程序

JTAG(Joint Test Action Group)　联合测试行动小组或一种国际标准测试协议

L2CAP(Logical Link Control and Adaptation Protocol)　逻辑链路控制与适配协议

Latency　间隔时间

LCD(Liquid Crystal Display)　液晶显示

LED(Light Emitting Diode)　发光二极管

LIFO(Last In First Out)　后进先出

Linker　连接器

LM(Link Management)　链路管理

Loosely-coupled　松耦合

LSL(Logical Shift Left)　逻辑左移

LSR(Logical Shift Right)　逻辑右移

M_PROM(Mask-Programmed ROM)　工场可编程 ROM，即掩膜可编程 ROM

Macros　宏

MCB(Memery Control Blocks)　内存控制块

MCU(Micro Controller Unit)　微控制器

Memory Buffer　内存缓冲器

Memory Stick　记忆棒

MII(Media Independent Interface)　媒体独立接口或介质无关接口

MIMD(Multiple Instruction Multiple Data)　多指令多数据流

MIPS(Microprocessor without Interlocked Pipeline Stages)　无内部互锁流水级的微处理器

MIPS(Million Instructions Per Second)　每秒百万条指令

MMU(Memory Management Unit)　存储器管理单元

Modem　调制解调器

MPEG(Moving Picture Experts Group)　运动图像专家组，也是视频编码标准

MPU(MicoProcessor Unit)　微处理器

MSC(Main Storage Controller)　主存储器控制器

Multi-ICE(Multi-processor In-Circuit Emulator)　多处理器内部电路仿真器

Network Access Point　网络接入点

Network Buffers　网络缓冲器

N-MOS(N chanel Metal Oxide Semiconductor)　金属氧化物半导体

Non-Preemptive Kernel　非占先式内核

OCF(Operation Command Field)　操作码命令字段

OEM(Original Equipment Manufacturer)　原(初)始设备制造厂家

OGF(Operation Group Field)　操作码组字段

OpenSource Software　开源软件

Optimizing　优化级

Organizer　管理器

OSI/RM(Open System Interconnect Reference Model)　开放式系统互联参考模型

Packet　包

Park　停等

PB　边界标志

Program Counter　程序计数器

PC(Person Computer)　个人电脑

PCB(Printed Circuit Block)　印制电路板

PCI(Peripheral Component Interconnection)　外设部件互连

PCMCIA(Personal Computer Memory Card International Association)　个人计算机存储器卡
　　国际联合会

PDA(Personal Digital Assistant)　个人数字助理

PDU(Protocol Data Unit)　协议数据单元

Pending　挂起态

PI(Position Independent)　位置无关

Piconet　微微网

PIN(Personal Identification Number)　个人标识码

PLC(Program Location Counter)　程序位置计数器

Plug-and-Play　即插即用

Poll　轮询

Polling Loop　循环轮询

Portable　可移植性

PPP(Point-to-Point Protocol)　点到点协议

Preemptive Kernel　占先式内核

PROM(Programmed ROM)　可编程 ROM

Pseudo-Instruction　伪指令

PTM(Point To Multi-Point)　点对多点

PTM-G(Point To Multi-Point GroupCall)　点对多点群呼业务

PTM-M(Point To Multi-Point Multi-channel broadcasting)　点对多点多信道广播业务

PTMSC(Point To Multi-Point Service Center)　点对多点服务中心

PTP(Point To Point)　点对点

PTP-CLNS(Point To Point ConnectionLess Network Service)　点对点无连接网络业务

PTP-CONS(Point To Point Connection-Oriented　Network Service)　点对点面向连接的网络业务

PWM(Pulse width modulate)　脉冲宽度调制

QA(Quality Assurance)　质量保证

QoS(Quality of Service)　服务质量

RAID(Redundant Access Independent Disk)　冗余阵列磁盘机

RAM(Random Access Memory)　随机存取存储器

RAS(Raw Address Select)　行地址选择

RDI(Remote Debug Interface)　远程调试接口

Ready　就绪态

Recessive　隐性的

Repeatable　可重复级

Resist Tampering　抗篡改

Reverse Engineering　反工程

RF(Radio Frequency)　射频

RFCOMM(RF communication protocol)　射频通信协议

RISC(Reduced Instruction Set Computer)　精简指令集计算机

ROM(Read Only Memory)　只读存储器

ROR(Rotate Right)　循环右移

Round-Robin Scheduling　时间片轮转调度法

Router　路由器

RRX(Rotate Right eXtended by 1 place)　扩展为 1 的循环右移

RS(Recommend Standard)　推荐标准

RTC(Real Time Clock)　实时时钟

RTNFM(Real Time Net File Managment)　实时网络文件管理

RTOS(Real Time Operating System)　实时操作系统

RTP(Real-timeTransport Protocol)　实时传输协议

Running　运行态

Scalable　可裁剪

Scatternet　散射网

SCDMA(Synchronous Code Division Multiple Access)　同步码分多址

Scheduler　调度器

SCL(Serial Clock Line)　串行时钟线

SCO(Synchronous Connection-Oriented)　同步面向连接

SDL(System Descripitive Language)　一种广泛使用状态机的规格说明语言

SDP(Service Discovery Protocol)　服务发现协议

SDT(Software Development Tookit)　软件开发工具集

Section　段

Semaphore　信号量

SGI(Silicon Graphics, Inc.)　硅谷图形公司

SGSN(Serving GPRS Support Node)　服务 GPRS 支持节点

SIG(Special Interest Group)　特别兴趣小组

SIM(Subscriber Identity Module)　用户标识模块

SIMD(Single Instruction Multiple Data)　单指令多数据流

SNMP(Simple Network Management Protocol)　简单网络管理协议

SOC(System On Chip)　片上系统

Software Interrupt　软件中断

SP(Stack Pointer)　堆栈指针

SPSR(Saved Program Status Register)　程序状态保存寄存器

SRAM(Static Random Access Memory)　静态随机存取存储器

Stereotype　模板

Subclass　子类

SWAP(Shared Wireless Access Protocol)　共享无线访问协议

SWI(Software Interrupt Instruction)　软件中断指令

Symbol　符号

Target System　目标系统

Task Scheduling　任务调度

TCB(Task Control Blocks)　任务控制块

TCS(Telephony Control protocol Specification)　电话控制协议规范

TDD(Time Division Duplexing)　时分复用

Telnet　远程登录

TFTP(Trivial File Transfer Protocol)　普通文件传输(送)协议

Throughput　吞吐量

Tightly-coupled　紧耦合

TLB(Translation Lookaside Buffers)　翻译后援缓冲器

Token Packet　标志包

Transaction　块

TTW(Translation Table Walk)　进行查找 translation table

UART(Universal Asynchronous Receiver and Transmitter)　通用异步收发器

UCM(User Communication Management)　用户通信管理的任务

UDP(User Datagram Protocol)　用户数据报协议

UHCD(Universal Host Controler Driver)　通用主控制器驱动程序

UML(Unified Modeling Language)　一种面向对象的可视化语言

Unbufferable　非缓存的

Uncachable　非高速缓存

Unilateral Rendezvous　单向同步

USB(Universal Serial Bus)　通用串行总线

UV_EPROM(UV Erasable Programmed ROM)　紫外线可擦可编程 ROM

μC/OS-Ⅱ　微控制器操作系统版本 2

Variant　变种

VFP(Vector Floating Point)　向量浮点

VLSI(Very Large Scale Integrated circuites)　超大规模集成电路

Waiting　等待事件态

Watchpoint　数据断点

Wintel(Windows & Intel)　意指微机的体系结构由 MS-Windows 操作系统和 Intel 的 CPU
　　组成

WLAN(Wireless Local Area Network)　无线局域网络

WPAN(Wireless Personal Area Network)　无线个人区域网络

Wrapping Around　卷绕

XML(Extensible Markup Language)　可扩展标记语言

Xmodem　一种文件传输协议

Ymodem　一种文件传输协议，是 XMODEM 的扩充

ZI　零创建

Zmodem　一种文件传输协议，是 YMODEM 的扩充，支持重传

附录 B　ARM 指令集列表

ARM 存储器访问指令列表

助 记 符	说　明	操　作	条件码位置
LDR Rd，addressing	加载字数据	Rd←[addressing]，addressing 索引	LDR{cond}
LDRB Rd，addressing	加载无符字节数据	Rd←[addressing]，addressing 索引	LDR{cond}B
LDRT Rd，addressing	以用户模式加载字数据	Rd←[addressing]，addressing 索引	LDR{cond}T
LDRBT Rd，addressing	以用户模式加载无符号字数据	Rd←[addressing]，addressing 索引	LDR{cond}BT
LDRH Rd，addressing	加载无符号半字数据	Rd←[addressing]，addressing 索引	LDR{cond}H
LDRSB Rd，addressing	加载有符号字节数据	Rd←[addressing]，addressing 索引	LDR{cond}SB
LDRSH Rd，addressing	加载有符号半字数据	Rd←[addressing]，addressing 索引	LDR{cond}SH
STR Rd，addressing	存储字数据	[addressing]←Rd，addressing 索引	STR{cond}
STRB Rd，addressing	存储字节数据	[addressing]←Rd，addressing 索引	STR{cond}B
STRT Rd，addressing	以用户模式存储字数据	[addressing]←Rd，addressing 索引	STR{cond}T
STRBT Rd，addressing	以用户模式存储字节数据	[addressing]←Rd，addressing 索引	STR{cond}BT
STRH Rd，addressing	存储半字数据	[addressing]←Rd，addressing 索引	STR{cond}H
LDM{mode} Rn{!}，reglist	批量(寄存器)加载	reglist← ［Rn…]，Rn 回存等	LDM{cond}{more}
STM{mode} Rn{!}，rtglist	批量(寄存器)存储	[Rn…]← reglist，Rn 回存等	STM{cond}{more}
SWP Rd，Rm，Rn	寄存器和存储器字数据交换	Rd←[Rd]，[Rn]←[Rm](Rn≠Rd 或 Rm)	SWP{cond}
SWPB Rd，Rm，Rn	寄存器和存储器字节数据交换	Rd←[Rd]，[Rn]←[Rm](Rn≠Rd 或 Rm)	SWP{cond}B

ARM 数据处理指令列表

助 记 符	说　明	操　作	条件码位置
MOV Rd ，operand2	数据传送	Rd←operand2	MOV {cond}{S}
MVN Rd ，operand2	数据非传送	Rd←(operand2)	MVN {cond}{S}
ADD Rd，Rn operand2	加法运算指令	Rd←Rn+operand2	ADD {cond}{S}
SUB Rd，Rn operand2	减法运算指令	Rd←Rn-operand2	SUB {cond}{S}
RSB Rd，Rn operand2	逆向减法指令	Rd←operand2-Rn	RSB {cond}{S}
ADC Rd，Rn operand2	带进位加法指令	Rd←Rn+operand2+carry	ADC {cond}{S}
SBC Rd，Rn operand2	带进位减法指令	Rd←Rn-operand2-(NOT)Carry	SBC {cond}{S}
RSC Rd，Rn operand2	带进位逆向减法指令	Rd←operand2-Rn-(NOT)Carry	RSC {cond}{S}
AND Rd，Rn operand2	逻辑与操作指令	Rd←Rn&operand2	AND {cond}{S}
ORR Rd，Rn operand2	逻辑或操作指令	Rd←Rn|operand2	ORR {cond}{S}
EOR Rd，Rn operand2	逻辑异或操作指令	Rd←Rn ^ operand2	EOR {cond}{S}
BIC Rd，Rn operand2	位清除指令	Rd←Rn&(～operand2)	BIC {cond}{S}
CMP Rn，operand2	比较指令	标志 N、Z、C、V←Rn-operand2	CMP {cond}
CMN Rn，operand2	负数比较指令	标志 N、Z、C、V←Rn+operand2	CMN {cond}
TST Rn，operand2	位测试指令	标志 N、Z、C、V←Rn&operand2	TST {cond}
TEQ Rn，operand2	相等测试指令	标志 N、Z、C、V←Rn ^ operand2	TEQ {cond}

ARM 乘法指令列表

助　记　符	说　明	操　作	条件码位置
MUL Rd，Rm，Rs	32 位乘法指令	Rd←Rm*Rs　　　(Rd≠Rm)	MUL{cond}{S}
MLA Rd，Rm，Rs，Rn	32 位乘加指令	Rd←Rm*Rs+Rn　　(Rd≠Rm)	MLA{cond}{S}
UMULL RdLo，RdHi，Rm，Rs	64 位无符号乘法指令	(RdLo,RdHi)←Rm*Rs	UMULL{cond}{S}
UMLAL RdLo，RdHi，Rm，Rs	64 位无符号乘加指令	(RdLo,RdHi)←Rm*Rs+(RdLo,RdHi)	UMLAL{cond}{S}
SMULL RdLo，RdHi，Rm，Rs	64 位有符号乘法指令	(RdLo,RdHi)←Rm*Rs	SMULL{cond}{S}
SMLAL RdLo，RdHi，Rm，Rs	64 位有符号乘加指令	(RdLo,RdHi)←Rm*Rs+(RdLo,RdHi)	SMLAL{cond}{S}

ARM 跳转指令列表

助　记　符	说　明	操　作	条件码位置
B label	跳转指令	Pc←label	B{cond}
BL label	带链接的跳转指令	LR←PC-4，PC←label	BL{cond}
BX Rm	带状态切换的跳转指令	PC←label，切换处理状态	BX{cond}

ARM 协处理器指令列表

助　记　符	说　明	操　作	条件码位置
CDP coproc，opcodel，CRd，CRn，CRm{，opcode2}	协处理器数据操作指令	取决于协处理器	CDP{cond}
LDC{L} coproc，CRd，〈地址〉	协处理器数据读取指令	取决于协处理器	LDC{cond}{L}
STC{L} coproc，CRd，〈地址〉	协处理器数据写入指令	取决于协处理器	STC{cond}{L}
MCR coproc，opcodel，Rd，CRn，{，opcode2}	ARM 寄存器到协处理器寄存器的数据传送指令	取决于协处理器	MCR{cond}
MRC coproc，opcodel，Rd，CRn，{，opcode2}	协处理器寄存器到 ARM 寄存器到数据传送指令	取决于协处理器	MCR{cond}

ARM 杂项指令列表

助　记　符	说　明	操　作	条件码位置
SWI immed_24	软中断指令	产生软中断，处理器进入管理模式	SWI{cond}
MRS Rd，psr	读状态寄存器指令	Rd←psr，psr 为 CPSR 或 SPSR	MRS{cond}
MSR psr_fields，Rd/#immed_8r	写状态寄存器指令	psr_fields←Rd/#immed_8r，psr 为 CPSR 或 SPSR	MSR{cond}

ARM 伪指令列表

伪指令助记符	说　明	操　作	条件码位置
ADR　register,expr	小范围的地址读取伪指令	Register←expr 指向的地址	ADR{cond}
ADRL register,expr	中等范围的地址读取伪指令	Register←expr 指向的地址	ADR{cond}
LDR register,=expr/label-expr	大范围的地址读取伪指令	Register←expr/label-expr 指定的数据/地址	LDR{cond}
NOP	空操作伪指令	无	无

附录 C　Thumb 指令集列表

Thumb 存储器访问指令列表

助 记 符	说 明	操 作	影响标志
LDR Rd，[Rn，#immed_5×4]	加载字数据	Rd←[Rm,#immed_5 × 4]，Rd，Rn 为 R0～R7	无
LDRH Rd，[Rn，#immed_5×2]	加载无符号半字数据	Rd←[Rm,#immed_5 × 2]，Rd，Rn 为 R0～R7	无
LDRB Rd，[Rn，#immed_5×1]	加载无符号字节数据	Rd←[Rm,#immed_5 × 1]，Rd，Rn 为 R0～R7	无
STR　Rd，[Rn，#immed_5×4]	存储字数据	Rn,#immed_5 × 4Rd←Rd，Rn 为 R0～R7	无
STRH Rd，[Rn，#immed_5×2]	存储无符号半字数据	Rn,#immed_5 × 2]Rd←Rd，Rn 为 R0～R7	无
STRB Rd，[Rn#immed_5×1]	存储无符号字节数据	Rn,#immed_5 × 1]Rd←Rd，Rn 为 R0～R7	无
LDR Rd，[Rn，Rm]	加载字数据	Rd←[Rn，Rm]，Rd，Rn，Rm 为 R0～R7	无
LDRH Rd，[Rn，Rm]	加载无符号半字数据	Rd←[Rn，Rm]，Rd，Rn，Rm 为 R0～R7	无
LDRB Rd，[Rn，Rm]	加载无符号字节数据	Rd←[Rn，Rm]，Rd，Rn，Rm 为 R0～R7	无
LDRSH Rd[Rn，Rm]	加载有符号半字数据	Rd←[Rn，Rm]，Rd，Rn，Rm 为 R0～R7	无
LDRSB Rd[Rn，Rm]	加载有符号字节数据	Rd←[Rn，Rm]，Rd，Rn，Rm 为 R0～R7	无
STR Rd，[Rn，Rm]	存储字数据	[Rn，Rm]←Rd，Rd，Rn，Rm 为 R0～R7	无
STRH Rd，[Rn，Rm]	存储无符号半字数据	[Rn，Rm]←Rd，Rd，Rn，Rm 为 R0～R7	无
STRB Rd，[Rn，Rm]	存储无符号字节数据	[Rn，Rm]←Rd，Rd，Rn，Rm 为 R0～R7	无
LDR Rd，[PC，#immed_8×4]	基于 PC 加载字数据	Rd←{PC，#immed_8×4]Rd 为 R0～R7	无
LDR Rd，label	基于 PC 加载字数据	Rd←[label]，Rd 为 R0～R7	无
LDR Rd，[SP，#immed_8×4]	基于 SP 加载字数据	Rd←{SP，#immed_8×4]Rd 为 R0～R7	无
STR Rd，[SP，#immed_8×4]	基于 SP 存储字数据	{SP，#immed_8×4]←Rd，Rd 为 R0～R7	无
LDMIA Rn{!}reglist	批量(寄存器)加载	regist←[Rn…]，Rn 回存等(R0～R7)	无
STMIA Rn{!}reglist	批量(寄存器)加载	[Rn…]←reglist，Rn 回存等(R0～R7)	无
PUSH {reglist[，LR]}	寄存器入栈指令	[SP…]←reglist[，LR]，SP 回存等(R0～R7，LR)	无
POP　{reglist[，PC]}	寄存器入栈指令	reglist[,PC]←[SP…]，SP 回存等(R0～R7，PC)	无

Thumb 数据处理指令列表

助 记 符	说 明	操 作	影响标志
MOV Rd，#expr	数据转送	Rd←expr，Rd 为 R0～R7	影响 N、Z
MOV Rd，Rm	数据转送	Rd←Rm，Rd、Rm 均可为 R0～R15	RdT 和 Rm 均为 R0～R7 时，影响 N、Z，清零 C、V
MVN Rd，Rm	数据非传送指令	Rd←(~Rm)，Rd、Rm 均为 R0～R7	影响 N、Z
NEG Rd，Rm	数据取负指令	Rd←(−Rm)，Rd、Rm 均为 R0～R7	影响 N、Z、C、V
ADD Rd.Rn，Rm	加法运算指令	Rd←Rn+Rm，Rd、Rn、Rm 均为 R0～R7	影响 N、Z、C、V
ADD Rd.Rn，#expr3	加法运算指令	Rd←Rn+expr#，Rd、Rn 均为 R0～R7	影响 N、Z、C、V
ADD Rd，#expr8	加法运算指令	Rd←Rd+expr8，Rd 为 R0～R7	影响 N、Z、C、V
ADD Rd，Rm	加法运算指令	Rd←Rd+Rm，Rd、Rm 均可为 R0～R15	Rd 和 Rm 均为 R0～R7 时，影响 N、Z、C、V
ADD Rd，Rp#expr	SP/PC 加法运算指令	Rd←SP+expr 或 PC+expr，Rd 为 R0～R7	无
ADD SP，#expr	SP 加法运算指令	SP←SP+expr	无
SUB Rd，Rn，Rm	减法运算指令	Rd←Rn−Rm，Rd、Rn、Rm 均为 R0～R7	影响 N、Z、C、V
SUB Rd，Rn，#expr3	减法运算指令	Rd←Rn−expr3，Rd、Rn 均为 R0～R7	影响 N、Z、C、V
SUB Rd，#expr8	减法运算指令	RD←Rd−expr8，Rd 为 R0～R7	影响 N、Z、C、V
SUB SP，#expr	SP 减法运算指令	SP←SP−expr	无
ADC Rd，Rm	带进位加法指令	Rd←Rd+Rm+Carry，Rd、Rm 为 R0～R7	影响 N、Z、C、V
SBC Rd，Rm	带位减法指令	Rd←Rd−Rm−(NOT)Carry，Rd、Rm 为 R0～R7	影响 N、Z、C、V
MUL Rd，Rm	乘法运算指令	Rd←Rd*Rm，Rd、Rm 为 R0～R7	影响 N、Z
AND Rd，Rm	逻辑与操作指令	Rd←Rd&Rm，Rd、Rm 为 R0～R7	影响 N、Z
ORR Rd，Rm	逻辑或操作指令	Rd←Rd|Rm，Rd、Rm 为 R0～R7	影响 N、Z
EOR Rd，Rm	逻辑异或操作指令	Rd←Rd^Rm，Rd、Rm 为 R0～R7	影响 N、Z
BIC Rd，Rm	位清除指令	Rd←Rd&(~Rm)，Rd、Rm 为 R0～R7	影响 N、Z
ASR Rd，Rs	算术右移指令	Rd←Rd 算术右移 Rs 位，Rd、Rs 为 R0～R7	影响 N、Z、C
ASR Rd，Rm，#expr	算术右移指令	Rd←Rm 算术右移 expr 位，Rd、Rm 为 R0～R7	影响 N、Z、C
LSL Rd，Rs	逻辑左移指令	Rd←Rd<<Rs，Rd、Rs 为 R0～R7	影响 N、Z、C
LSL Rd，Rm，#expr	逻辑左移指令	Rd←Rm<<expr，Rd、Rm 为 R0～R7	影响 N、Z、C
LSR Rd，Rs	逻辑右移指令	Rd←Rd>>Rs，Rd、Rs 为 R0～R7	影响 N、Z、C
LSR Rd，Rm，#expr	逻辑右移指令	Rd←Rm>>mexpr，Rd、Rm 为 R0～R7	影响 N、Z、C
ROR Rd，Rs	循环右移指令	Rd←Rm 循环右移 Rs 位，Rd、Rs 为 R0～R7	影响 N、Z、C
CMP Rn，Rm	比较指令	状态标←Rn−Rm，Rn、Rm 为 R0～R15	影响 N、Z、C、V
CMP Rn，#expr	比较指令	状态标←Rn−expr，Rn 为 R0～R7	影响 N、Z、C、V
CMN Rn，Rm	负数比较指令	状态标←Rn+Rm，Rn、Rm 为 R0～R7	影响 N、Z、C、V
TST Rn，Rm	位测试指令	状态标←Rn&Rm，Rn、Rm 为 R0～R7	影响 N、Z、C、V

Thumb 跳转指令及软中断指令列表

助 记 符	说　　明	操　　作	条件码位置
B label	跳转指令	PC←label	B{cond}
BL label	带链接的跳转指令	LR←PC←4，PC←label	无
BX Rm	带状态切换的跳转指令	PC←label 切换处理器状态	无
SWI immed_8	软中断指令	产生软中断，处理器进入管理模式	无

Thumb 伪指令列表

伪指令助记符	说　　明	操　　作	条件码位置
ADR register，expr	小范围的地址读取伪指令	Register←expr 指向的地址	无
LDR register，=expr/label−expr	大范围的地址读取伪指令	Register←expr/label−expr 指定的数据/地址	无
NOP	空操作伪指令	无	无

附录 D 汇编预定义变量及伪指令

1．预定义的寄存器和协处理器名

ARM 编译器对 ARM 的寄存器进行了预定义(包括 APCS 对 R0～R15 寄存器的定义)，所有的寄存器和协处理器名都是大小写敏感的。预定义的寄存器如下：

(1) 通用寄存器：

R0～R15 和 r0～r15 (16 个通用寄存器)；

a1～a4 (参数，结果或临时寄存器，同 R0～R3)；

v1～v8 (变量寄存器，同 R4～R11)；

SB 和 sb (静态基址，同 R9)；

SL 和 sl (堆栈限制，同 R10)；

FP 和 fp (帧指针)；

IP 和 ip (过程调用中间临时寄存器，同 R12)；

SP 和 sp (堆栈指针，同 R13)；

LR 和 lr (链接寄存器，同 R14)；

PC 和 pc (程序计数器，同 R15)。

(2) 程序状态寄存器：

CPSR 和 cpsr；

SPSR 和 spsr；

(3) 浮点数寄存器：

F0～F7 和 f0～f7 (FPA 寄存器)；

S0～S7 和 s0～s7 (VFP 单精度寄存器)；

D0～D7 和 d0～d7 (VFP 双精度寄存器)；

(4) 协处理器及协处理器寄存器：

p0～p15 (协处理器 0～15)；

c0～c15 (协处理器寄存器 0～15)。

2．内置变量列表

ARM 汇编器中定义了一些内置变量，如下表所示。这些内置变量不能使用伪指令设置(如 SETA，SETL，SETS)，一般用于程序的条件汇编控制等，如下：

```
IF    {CONFIG}=16
...
ELSE
...
```

ENDIF

B　　　　　　　　;跳转到当前地址，即死循环

内 置 变 量 表

变　　量	说　　明
{PC}或"."	当前指令的地址
{VAR}或"@"	存储区位置计数器的当前值
{TRUE}	逻辑真
{FALSE}	逻辑假
{OPT}	当前设置列表选项值。OPT用来保存当前列表选项，改变选项值，或恢复原始值
{CONFIG}	如果汇编器汇编 ARM 代码，则值为 32；若是汇编 Thumb 代码，则值为 16
{ENDLAN}	如果汇编器在大端模式下，则值为 big；若在小端模式下，则值为 little
{CODESIZE}	如果汇编 Thumb 代码，则值为 16，否则为 32。同{CONFIG}变量
{CPU}	选定的 CPU 名，缺省为 ARM7 TDMI。如果用命令行-cpu 选项，则为 genericARM
{FPU}	设定的 FPU 名，缺省为 SoftVFP
{ARCHITECTURE}	选定的 ARM 体系结构的值，如 3，3M，4，4T，4TxM
{PCSTOREOFFSET}	STR pc，[…]或 STR Rb，{…PC}指令的地址和 PC 的存储值之间的偏移量
{ARMASM_VERSION}或lads$ version|	ARM ASM 的版本号，为整数

3. 伪指令列表

伪指令类型	伪指令	功　　能
符号定义指示符	GBLA	声明一个全局的算术变量，并将其初始化为 0
	GBLL	声明一个全局的逻辑变量，并将其初始化为{FALSE}
	GBLS	声明一个全局的字符串变量，并将其初始化为空字符串""
	LCLA	声明一个局部的算术变量，并将其初始化为 0
	LCLL	声明一个局部的逻辑变量，并将其初始化为{FALSE}
	LCLS	声明一个局部的字符串变量，并将其初始化为空字符串""
	SETA	给一个全局/局部的算术变量赋值
	SETL	给一个全局/局部的逻辑变量赋值
	SETS	给一个全局/局部的字符串变量赋值
	RLIST	为一个通用寄存器列表定义名称
	CN	给一个协处理器寄存器命名，协处理器寄存器编号为 0～15
	CP	为一个协处理器定义名称，协处理器编号为 0～15
	DN	为一个双精度的 VFP 寄存器定义名称
	SN	为一个单精度的 VFP 寄存器定义名称
	FN	为一个 FPA 浮点寄存器定义名称

续表一

伪指令类型	伪指令	功　　能
数据定义指示符	LTORG	声明一个文字池
	MAP 或^	定义一个机构化的内存表首地址
	FIELD 或#	定义机构化内存表中的一个数据域
	SPACE 或%	分配一块内存空间，并用 0 初始化
	DCB 或=	分配一段字节的内存单元，并用指定的数据初始化
	DCD 或&	分配一段字的内存单元，并用指定的数据初始化
	DCDU	分配一段双字的内存单元，并用指定的数据初始化(不需要字对齐)
	DCDO	分配一段字的内存单元，将每个单元的内容初始化为该单元相对于静态基地址寄存器的偏移量
	DCFD	分配一段双字的内存单元，并用双精度的浮点数初始化
	DCFDU	分配一段双字的内存单元，并用双精度的浮点数据初始化(不需要字对齐)
	DCFS	分配一段字的内存单元，并用单精度的浮点数据初始化
	DCFSU	分配一段字的内存单元，并用单精度的浮点数据初始化(不需要字对齐)
	DCI	分配一段字节的内存单元，用指定的数据初始化，指定内存单元存放的是代码而不是数据
	DCQ	分配一段双字的内存单元，并用 64 位的整数数据初始化
	DCQU	分配一段双字的内存单元，并用 64 位的整数数据初始化(不需要字对齐)
	DCW	分配一段半字的内存单元，并用指定的数据初始化
	DCWU	分配一段半字的内存单元，并用指定的数据初始化(不需要字对齐)
报告指示符	ASSERT	在汇编编译器对汇编程序的第二遍扫描中，如果 ASSERT 条件不成立，ASSERT 伪指令将报告该错误信息
	INFO 或!	在汇编编译器对汇编程序的第一遍或第二遍扫描时报告诊断信息
	OPT	在源程序中设置列表选项
	TTL	在列表文件中的每一页的开头插入一个标题
	SUBT	在列表文件中的每一页的开头插入一个子标题

续表二

伪指令类型	伪指令	功　　能
汇编控制指示符	IF 或[	IF、ELSE 和 ENDIF 伪指令能够根据条件把一段源代码包括在汇编源程序内或将其排除在外
	ELSE 或|	
	ENDIF 或]	
	MACRO	MACRO 和 MEND 伪指令用于宏定义
	MEND	
	MEXIT	退出宏定义
	WHILE	WHILE 和 WEND 伪指令用于根据条件重复汇编相同的或几乎相同的一段源代码
	WEND	
杂项指示符	ALIGN	通过添加补丁字节使当前位置满足一定的对齐方式
	AREA	定义一个代码段或数据段
	CODE16	指示汇编编译器后面的指令为 16 位的 Thumb 指令
	CODE32	指示汇编编译器后面的指令为 32 位的 ARM 指令
	END	指示汇编编译器源文件已结束
	ENTRY	指定程序入口点
	EQU 或*	为数字常量、基于寄存器的值和程序中的标号定义一个名称
	EXPORT 或 GLOBAL	声明一个符号可以被其他文件引用。相当于声明了一个全局变量
	IMPORT 或 EXTERN	指示编译器当前的符号不是在本源文件中定义的,而是在其他源文件中定义的,在本源文件中可能引用该符号
	GET 或 INCLUDE	将一个源文件包含到当前源文件中,并将被包含的文件在其当前位置进行汇编处理
	INCBIN	将一个文件包含到当前源文件中,而被包含的文件不进行汇编处理
	KEEP	指示编译器保留符号表中的局部符号
	NOFP	禁止源程序中包含浮点运算指令
	REQUIRE	指定段之间的依赖关系
	REQUIRE8	指示当前文件请求堆栈为 8 字节对齐
	PRESERVE8	指示当前文件保持堆栈为 8 字节对齐
	RN	给一个特殊的寄存器命名
	ROUT	定义局部标号的有效范围
ARM 伪指令	ADR	小范围的地址读取伪指令
	ADRL	中等范围的地址读取伪指令
	LDR	大范围的地址读取伪指令
	NOP	空操作伪指令
Thumb 伪指令	ADR	中等范围的地址读取伪指令
	LDR	大范围的地址读取伪指令
	NOP	空操作伪指令

4. 指令条件码列表

条件码助记符	标　志	含　义
EQ	Z=1	相等
NE	Z=0	不相等
CS/HS	C=1	无符号数大于或等于
CC/LO	C=0	无符号数小于
MI	N=1	负数
PL	N=0	正数或零
VS	V=1	溢出
VC	V=0	没有溢出
HI	C=1，Z=0	无符号数大于
LS	C=0，Z=1	无符号数小于或等于
GE	N=V	带符号数大于或等于
LT	N!=V	带符号数小于
GT	Z=0，N=V	带符号数大于
LE	Z=1，N!=V	带符号数小于或等于
AL	任何	无条件执行(指令默认条件)

附录 E μC/OS-Ⅱ内核函数

```
/******************************************************************************
*                        μC/OS-Ⅱ 实时操作系统内核函数
* 文件: OS_CORE.C
* 功能: 操作系统核心代码
*******************************************************************************
*/
#ifndef OS_MASTER_FILE
#define OS_GLOBALS
#include "includes.h"
#endif
/*
*******************************************************************************
*
* 任务就绪表优先级别获取辅助常数数组，用查表的方法加速运算
*
*******************************************************************************
*************
*/

INT8U  const  OSMapTbl[]  = {0x01, 0x02, 0x04, 0x08, 0x10, 0x20, 0x40, 0x80};

/*00000001    0x01*/
/*00000010    0x02*/
/*00000100    0x04*/
/*00001000    0x08*/
/*00010000    0x10*/
/*00100000    0x20*/
/*01000000    0x40*/
/*10000000    0x80*/
/******************************************************************************
*/
```

```
INT8U  const  OSUnMapTbl[] = {
    0, 0, 1, 0, 2, 0, 1, 0, 3, 0, 1, 0, 2, 0, 1, 0,    /*0x00 to 0x0F*/
    4, 0, 1, 0, 2, 0, 1, 0, 3, 0, 1, 0, 2, 0, 1, 0,    /*0x10 to 0x1F*/
    5, 0, 1, 0, 2, 0, 1, 0, 3, 0, 1, 0, 2, 0, 1, 0,    /*0x20 to 0x2F*/
    4, 0, 1, 0, 2, 0, 1, 0, 3, 0, 1, 0, 2, 0, 1, 0,    /*0x30 to 0x3F*/
    6, 0, 1, 0, 2, 0, 1, 0, 3, 0, 1, 0, 2, 0, 1, 0,    /*0x40 to 0x4F*/
    4, 0, 1, 0, 2, 0, 1, 0, 3, 0, 1, 0, 2, 0, 1, 0,    /*0x50 to 0x5F*/
    5, 0, 1, 0, 2, 0, 1, 0, 3, 0, 1, 0, 2, 0, 1, 0,    /*0x60 to 0x6F*/
    4, 0, 1, 0, 2, 0, 1, 0, 3, 0, 1, 0, 2, 0, 1, 0,    /*0x70 to 0x7F*/
    7, 0, 1, 0, 2, 0, 1, 0, 3, 0, 1, 0, 2, 0, 1, 0,    /*0x80 to 0x8F*/
    4, 0, 1, 0, 2, 0, 1, 0, 3, 0, 1, 0, 2, 0, 1, 0,    /*0x90 to 0x9F*/
    5, 0, 1, 0, 2, 0, 1, 0, 3, 0, 1, 0, 2, 0, 1, 0,    /*0xA0 to 0xAF*/
    4, 0, 1, 0, 2, 0, 1, 0, 3, 0, 1, 0, 2, 0, 1, 0,    /*0xB0 to 0xBF*/
    6, 0, 1, 0, 2, 0, 1, 0, 3, 0, 1, 0, 2, 0, 1, 0,    /*0xC0 to 0xCF*/
    4, 0, 1, 0, 2, 0, 1, 0, 3, 0, 1, 0, 2, 0, 1, 0,    /*0xD0 to 0xDF*/
    5, 0, 1, 0, 2, 0, 1, 0, 3, 0, 1, 0, 2, 0, 1, 0,    /*0xE0 to 0xEF*/
    4, 0, 1, 0, 2, 0, 1, 0, 3, 0, 1, 0, 2, 0, 1, 0     /*0xF0 to 0xFF*/
};


/*
*********************************************************************************
*                          内部函数声明
*********************************************************************************
*/
static  void  OS_InitEventList(void);        /*初始化空事件块链表*/
static  void  OS_InitMisc(void);             /*操作系统运行前参数初始化*/
static  void  OS_InitRdyList(void);          /*初始化任务就绪表*/
static  void  OS_InitTaskIdle(void);         /*初始化空闲任务*/
static  void  OS_InitTaskStat(void);         /*初始化统计任务*/
static  void  OS_InitTCBList(void);          /*空任务控制块链表初始化*/


/*$PAGE*/
/*
*********************************************************************************
*                  操作系统初始化函数void  OSInit(void)
*
* 描述: 这个函数是操作系统运行前的初始化，必须在操作系统启动、创建任务前被调用
*
* 功能: 初始化操作系统参数
```

```
*
* 备注：
*        1  OSInitHookBegin()与OSInitHookEnd 在os_cpu_c.c中
*        2  创建统计任务OS_InitTaskIdle()
*************************************************************************************
*/

void  OSInit(void)
{
#if OS_VERSION >= 204
   OSInitHookBegin();                    /*调用钩子函数，用户代码*/
#endif

   OS_InitMisc();                        /*基础参数初始化*/

   OS_InitRdyList();                     /*初始化任务就绪表*/

   OS_InitTCBList();                     /*初始化任务控制块*/

   OS_InitEventList();                   /*初始化事件控制块*/

/*****************************根据条件编译*****************************************/
#if(OS_VERSION >= 251)&&(OS_FLAG_EN > 0)&&(OS_MAX_FLAGS > 0)
   OS_FlagInit();                        /*事件标志组初始化*/
#endif

#if(OS_MEM_EN > 0)&&(OS_MAX_MEM_PART > 0)
   OS_MemInit();                  /*内存初始化*/
#endif

#if(OS_Q_EN > 0)&&(OS_MAX_QS > 0)
   OS_QInit();                          /*消息队列初始化*/
#endif

   OS_InitTaskIdle();                    /*创建空闲任务(无条件)*/

#if OS_TASK_STAT_EN > 0
   OS_InitTaskStat();            /*创建统计任务*/
#endif
```

```
#if OS_VERSION >= 204
   OSInitHookEnd();                    /*钩子函数，用户代码*/
#endif
}
/*$PAGE*/
/*
*************************************************************************************
*                       中断进入函数        void  OSIntEnter(void)
*
* 描述: 在 μC/OS-II 操作系统下进入中断服务程序首先必须调用这个函数，它的作用是通知操作系统
*       已经进入中断，并且记录中断嵌套的次数
*
* 功能: 将中断计数器OSIntNesting加1
*
* 返回:
*
* 备注：1  这个函数必须在中断禁止的情况下调用
*       2  OSIntNesting 必须是一个全局变量
*       3  这个函数必须与中断退出函数OSIntExit()成对使用，因为有进入就必然有退出
*       4  也可以直接让OSIntNesting加1 而不调用本函数，效果一样
*       5  退出时不可以直接将OSIntNesting加1， 而必须调用OSIntExit()
*       6  中断嵌套最多允许255层
*       7  用OS_ENTER_CRITICAL()和OS_EXIT_CRITICAL()来确保OSIntEnter()与OSIntExit()在中断禁
*          止的环境下被调用
*
*************************************************************************************
*/

void  OSIntEnter(void)
{
  if(OSRunning == TRUE)
  {
    if(OSIntNesting < 255)
    {
      OSIntNesting++;          /*中断进入计数主要用于中断嵌套 OSIntNesting加1*/
    }
  }
}
```

/*$PAGE*/
/*
****
*　　　　　　　　　　　中断退出函数　　　void　OSIntExit(void)
*
* 描述: 这个函数是 μC/OS-Ⅱ 操作系统退出中断时调用的。当系统从最后一层中断退出时调用本函数，
*　　　通知操作系统，同时作一次任务调度，让任务就绪表中就绪的最高优先级任务准备进入运行
* 功能 : OSIntNesting减1，同时让就绪的最高优先级的任务运行
*
* 返回 :
*
* 备注：1 这个函数必须与中断退出函数OSIntEnter()成对使用，因为有进入就必然有退出
*　　　2 退出时不可以直接将OSIntNesting加1， 而必须调用OSIntExit()
*　　　3 用OS_ENTER_CRITICAL()和OS_EXIT_CRITICAL()来确保OSIntEnter()与OSIntExit()在中断禁
*　　　　止的环境下被调用
*　　　4 OSIntCtxSw()在os_cpu_a.s中
****
*/

void OSIntExit(void)
{
#if OS_CRITICAL_METHOD == 3　　　　　　　/*有些编译器可以得到处理器的状态字*/
  OS_CPU_SR cpu_sr;　　　　　　　　　　/*OS_CPU_SR 这个宏就会在os_cpu.h中定义*/
#endif

  if(OSRunning == TRUE)　　　　　　　　/*判断操作系统是否已经启动*/
  {
   OS_ENTER_CRITICAL();　　　　　　　　/*代码临界段，不允许中断*/
    if(OSIntNesting > 0)
    {
      OSIntNesting--;　　　　　　　　　/*计数器减1*/
    }
　　　　　　　　　/*没有了其他中断且任务调度没有锁定中断退出进行任务调度的条件*/
    if((OSIntNesting == 0)&&(OSLockNesting == 0))
    {
　　　　　　　　　/*获取最高优先级别的任务在任务就绪表中的纵向位置 Y*/
      OSIntExitY = OSUnMapTbl[OSRdyGrp];
　　　　　　　　　/*获取最高优先级别的任务的优先级别*/

```
        OSPrioHighRdy =(INT8U)((OSIntExitY << 3)+ OSUnMapTbl[OSRdyTbl[OSIntExitY]]);
                    /*如果当前就绪任务中最高优先级别不等于当前中断的任务优先级，则进行任务切换*/
        if(OSPrioHighRdy != OSPrioCur)
          {                                          /*获取最高优先级别的任务控制块指针*/
          OSTCBHighRdy = OSTCBPrioTbl[OSPrioHighRdy];
          OSCtxSwCtr++;                              /*任务调度切换次数计数*/
          OSIntCtxSw();                              /*进行中断级任务调度切换*/
          }
        }
    OS_EXIT_CRITICAL();                              /*打开中断*/
  }
}
/*$PAGE*/
/*
*********************************************************************************
*                     任务调度锁定函数   void  OSSchedLock(void)
*
* 描述: 锁定任务调度，锁定后任务将不做切换，一直执行一个任务直到重新启动任务调度
*
* 功能: 任务调度锁定          OSLockNesting加1
*
* 返回:
*
* 备注: 1   任何情况下OSSchedLock()和OSSchedUnlock()必须成对使用
*       2   不要轻易锁定任务调度，这样会严重破坏 μC/OS-II 的实时性
*       3   当OSLockNesting>0时系统将禁止任务调度
*       4   多次调用OSSchedLock()需要同等次数的OSSchedUnlock()调用才能解锁
*********************************************************************************
*/

#if OS_SCHED_LOCK_EN > 0
void OSSchedLock(void)
{
#if OS_CRITICAL_METHOD == 3      /*有些编译器可以得到处理器的状态字*/
    OS_CPU_SR  cpu_sr;           /*OS_CPU_SR 这个宏就会在os_cpu.h中定义*/
#endif


    if(OSRunning == TRUE)        /*确认系统正在运行，若不在运行也无所谓锁定*/
```

```
  {
    OS_ENTER_CRITICAL();              /*代码临界段*/
    if(OSLockNesting < 255)           /*最多允许锁定255次*/
    {                                 /*禁止 OSLockNesting回到0，这里 255+1=0*/
       OSLockNesting++;               /*任务调度锁定次数加1*/
    }
    OS_EXIT_CRITICAL();
  }
}
#endif
```

```
/*$PAGE*/
/*
*************************************************************************************
*                    解锁任务调度    void  OSSchedUnlock(void)
*
* 描述: 开启任务调度
*
* 功能: OSLockNesting--  若OSLockNesting=0，则打开任务调度，引发任务调度
*
* 返回:
*
* 备注: 1   任何情况下OSSchedLock()和OSSchedUnlock()必须成对使用
*        2   要明确的是调用了这个函数并不代表就真地打开了任务调度，只是将OSLockNesting减1，
*            只有OSLockNesting=0才能打开任务调度，任务调度锁定是可以嵌套的
*
*************************************************************************************
*/
```

```
#if OS_SCHED_LOCK_EN > 0
void  OSSchedUnlock(void)
{
#if OS_CRITICAL_METHOD == 3                    /*参见前面*/
  OS_CPU_SR  cpu_sr;
#endif


  if(OSRunning == TRUE)
  {                              /*确认操作系统正在运行 */
```

```
    OS_ENTER_CRITICAL();
    if(OSLockNesting > 0)
     {                                      /*确认任务调度已经被锁定*/
       OSLockNesting--;                     /*锁定次数减1*/
       if((OSLockNesting == 0)&&(OSIntNesting == 0))
        {                                   /*没有中断,并且没有了锁定*/
          OS_EXIT_CRITICAL();
          OS_Sched();                       /*任务调度*/
                                            /*这里引发了一次任务调度*/
        }
       else
        {
          OS_EXIT_CRITICAL();
        }
     }
    else
     {
       OS_EXIT_CRITICAL();
     }
  }
}
#endif


/*$PAGE*/
/*
*********************************************************************************
*                        启动操作系统void  OSStart(void)
*
* 描述: 操作系统启动函数,启动操作系统之前必须调用OSInit()初始化,并且至少建立1个任务
*
* 功能: 获取任务就绪表中最高优先级别的任务并运行
*
* 返回:
*
* 备注: 调用OSStartHighRdy()来运行就绪的最高优先级的任务
*       1 设置操作系统启动 OSRunning =1
*       2 调用钩子函数OSTaskSwHook( )
*       3 加载并运行操作系统中就绪的最高优先级的任务
*
```

```
*******************************************************************************
*/
void  OSStart(void)
{
   INT8U y;
   INT8U x;


   if(OSRunning == FALSE)                        /*确保操作系统没有在运行*/
    {
      y        = OSUnMapTbl[OSRdyGrp];           /*获取任务就绪表中就绪的最高优先级*/
      x        = OSUnMapTbl[OSRdyTbl[y]];
      OSPrioHighRdy =(INT8U)((y << 3)+ x);
      OSPrioCur    = OSPrioHighRdy;
      OSTCBHighRdy = OSTCBPrioTbl[OSPrioHighRdy];       /* 指向就绪的最高优先级的任务控制块*/
      OSTCBCur     = OSTCBHighRdy;

      OSStartHighRdy();
          /*这是软中断函数，主要功能是告诉系统已经启动 OSRunning=1，同时装载任务*/
          /*函数在os_cpu_c.c中，函数调用os_cpu.h 中的软中断_OSStartHighRdy()
             实际核心代码采用汇编语言编写在Os_cpu_a.s中*/
    }
}
/*$PAGE*/
/*
*******************************************************************************
*              初始化统计任务 void  OSStatInit(void)
*
* 描述: 这个函数的功能是计算没有其他任务运行的情况下，计算出1 s内统计任务运行的次数，
*       为用户的应用程序计算用户任务的CPU使用效率做准备
*
* 功能: 获取1 s 中计数的最大值在 OSIdleCtrMax(系统只在统计任务的情况下)
*
* 备注: 1  用户任务的CPU使用比例计算公式:
*                          OSIdleCtr
*           CPU Usage (%) = 100 * (1 -  ------------------------ )
*                          OSIdleCtrMax
*******************************************************************************
*/
```

```
#if OS_TASK_STAT_EN > 0
void    OSStatInit (void)
{
#if OS_CRITICAL_METHOD == 3                        /*为CPU状态寄存器分配存储空间*/
    OS_CPU_SR    cpu_sr;


    cpu_sr = 0;                                    /*防止编译警告*/
#endif
    OSTimeDly(2);                                  /*时钟节拍同步*/
    OS_ENTER_CRITICAL();
    OSIdleCtr       = 0L;                          /*清除空闲指针*/
    OS_EXIT_CRITICAL();
    OSTimeDly(OS_TICKS_PER_SEC / 10);              /*指定最大空闲计数器的值为1/10秒*/
    OS_ENTER_CRITICAL();
    OSIdleCtrMax = OSIdleCtr;                      /*在1/10秒内存储最大空闲计数器*/
    OSStatRdy       = TRUE;
    OS_EXIT_CRITICAL();
}
#endif
/*$PAGE*/
```

参 考 文 献

[1] 马忠梅, 马广云, 徐英慧, 等. ARM 嵌入式处理器结构与应用基础. 2 版. 北京: 航空航天大学出版社, 2007.

[2] Jean J Labrosse. 嵌入式实时操作系统 μC/OS-II. 2 版. 邵贝贝, 译. 北京: 航空航天大学出版社, 2007.

[3] 李善平, 刘文峰, 王焕龙, 等. Linux 与嵌入式系统. 北京: 清华大学出版社, 2006.

[4] 王田苗. 嵌入式系统设计与实例开发——基于 ARM 处理器与 μC/OS-II 实时操作系统. 3 版. 清华大学出版社, 2008

[5] 杜春雷. ARM 体系结构与编程. 2 版. 北京: 清华大学出版社, 2015.

[6] 冯新宇. ARM Cortex-M3 体系结构与编程. 北京: 清华大学出版社, 2016.

[7] M Tim Jones. 嵌入式系统 TCP/IP 应用层协议. 路晓村, 徐宏, 等译. 北京: 电子工业出版社, 2003.

[8] 田泽. 嵌入式系统开发与应用. 2 版. 北京: 航空航天大学出版社, 2010.

[9] James A Langbridge. 嵌入式 ARM 开发实战. 陈青华, 张龙杰, 等译. 北京: 清华大学出版社, 2015.

[10] Andrew N Sloss, Dominic Symes, Chris Wright. ARM 嵌入式系统开发——软件设计与优化. 沈建华, 译. 北京: 航空航天大学出版社, 2005.

[11] Furber S. ARM SoC 体系结构. 2 版. 田泽, 于敦山, 盛世敏, 译. 北京: 航空航天大学出版社, 2002.

[12] 桑楠. 嵌入式系统原理及应用开发技术. 2 版. 北京航空航天大学出版社, 2008.

[13] 罗蕾. 嵌入式实时操作系统及应用开发. 3 版. 北京航空航天大学出版社, 2011.

[14] 萧奋洛, 王元祥, 杨志专. 基于 VoIP 和蓝牙技术的无线电话系统. 单片机与嵌入式系统应用, 2005, 5.

[15] 袁晓莉, 徐爱均. 基于 μC/OS-II 和 TCP/IP 的远程温度检测系统. 单片机与嵌入式系统应用, 2005, 5.

[16] 赵皆升, 王琪. 基于 ARM 与 FPGA 图像采集存储系统设计. 计算机与现代化, 2009, 11.

[17] 王永欣, 佟立飞, 唐艺灵. 基于 FPGA 网络图像采集处理系统设计. 现代电子技术, 2011, 5.

[18] Raj Kamal. Embedded System: Architecture, Programming and Design. McGraw-Hill Companies, Inc. 2003.

[19] Wayne Wolf. Computers as Components: Principles of Embedded Computing System Design. 3rd Edition. Morgan Kaufmann. 2014.

[20] Edward A Lee. Embedded Software. Advances in Computers. 2002 ,Vol 56.

[21] Michael Barr. Programming Embedded Systems: With C and GNU Development Tools. O'Reilly & Associates, Inc. 2006.

[22] ARM 公司. ARM Architecture Reference Manual. 2005.

[23] ARM 公司. The ARM-Thumb Procedure Call Standard. 2000.

[24] Samsung 公司. S3C44B0X_datasheet.pdf.

[25] Samsung 公司. S3C4510B_datasheet.pdf.